国家科学技术学术著作出版基金资助出版

食品质量安全快速无损检测技术及装备

Advanced Nondestructive Detection Technologies and Equipments for Food Quality and Safety

陈全胜　林　颢　赵杰文　著

科学出版社

北　京

内 容 简 介

本书从技术原理、装备系统、信号处理和数据挖掘、相关的应用案例等方面入手，系统性地介绍了利用食品与农产品智能无损检测的计算机视觉技术、仿生传感技术、近红外光谱技术、光谱成像技术、气味成像化技术、振动力学传感技术、多传感器信息融合技术等快速检测新技术。同时，本书也专门介绍了近些年所发展起来的食品与农产品现场快速便携式检测装备以及食品加工过程中的智能监控装备，并介绍了相关的应用案例。

本书内容新颖，实用性强，可作为从事食品质量安全检测领域的科研和技术人员的参考书，也可以作为食品科学与工程专业本科生的专业书籍及相关专业研究生的参考书籍。

图书在版编目(CIP)数据

食品质量安全快速无损检测技术及装备/陈全胜，林颢，赵杰文著. —北京：科学出版社，2023.7

ISBN 978-7-03-074331-2

Ⅰ. ①食… Ⅱ. ①陈… ②林… ③赵… Ⅲ. ①食品安全–食品检验–无损检验 Ⅳ. ①TS207

中国版本图书馆 CIP 数据核字(2022)第 241462 号

责任编辑：惠 雪 曾佳佳/责任校对：郝璐璐

责任印制：张 伟/封面设计：许 瑞

科学出版社 出版

北京东黄城根北街 16 号

邮政编码：100717

http://www.sciencep.com

北京九州迅驰传媒文化有限公司 印刷

科学出版社发行 各地新华书店经销

*

2023 年 7 月第 一 版 开本：720×1000 1/16

2023 年 7 月第一次印刷 印张：21 1/4

字数：425 000

定价：169.00 元

(如有印装质量问题，我社负责调换)

前　言

食品工业在保障民生、拉动消费、促进经济与社会发展等方面持续发挥重要的支撑作用。近年来，中国食品产业正在进行结构调整和转型升级，尤其在食品质量安全检测领域，传统检测技术难以满足食品加工过程在线监测和流通过程现场检测要求，已成为制约食品产业现代化升级的一个重要因素。如何通过科技创新驱动提高食品加工制造效率，实现食品产业智能化、信息化升级，已经成为食品工业迈向新发展时代的重要课题，也是食品工业未来发展的一个新方向。

无损检测是指在不损害或不影响被检测对象使用性能，不伤害被检测对象内部组织的前提下，利用检测对象结构品质变化等引起的热、声、光、电、磁等响应差异，借助现代化的技术和设备器材，对检测对象的结构、品质、状态及缺陷等变化进行检查和测试的方法。食品无损检测技术属食品检测领域的前沿研究，涉及多学科交叉知识。随着微纳制造、智能传感、网络通信和大数据处理技术的快速发展，各种新型无损检测技术不断问世。食品无损检测技术由于具有快速、无损等优势，逐步成为推动食品工业迈向智能化和信息化的重要技术支撑，食品加工过程质量安全的无损监控也是实现食品工业智能制造的重要环节。

本书系统性介绍了无损检测的相关技术原理、装备系统、数据挖掘及相关应用案例等。按照无损检测的技术原理，分门别类地介绍了近红外光谱检测技术、仿生传感检测技术、彩色成像检测技术、光谱成像检测技术、气味成像化检测技术、声(力)学检测技术、多传感器信息融合检测技术等；同时，本书也着重介绍了近些年所发展起来的便携式、智能化现场快速检测装备及食品加工过程中的智能监控装备，并介绍了相关应用案例。本书内容大多来自作者多年的科研成果，所提及的检测技术是一种平台技术，不仅可用于食品质量安全的快速无损检测，也可为轻工业、农业领域中其他非食用产品的检测提供参考，具有鲜明的特征和实用性。

本书所涉及的研究工作得到了多个国家自然科学基金项目和“十二五”国家科技支撑计划及“十三五”国家重点研发项目的资助，本书出版也获得国家科学技术学术著作出版基金的支持。此外，本书撰写过程中，康文翠、郑涵予、王甫云、梁玥、朱阿芳和丁小丹等同学在图表编辑和文字校对等方面做了大量的工作，在此一并表示衷心感谢！

无损检测技术的研究领域覆盖面广且具有一定理论深度，尽管作者力图注重理论和实际结合，突出前沿性和创新性，但由于作者的经验和水平有限，疏漏之处在所难免，衷心希望同行和读者不吝指正。

作　者

2022 年 12 月

目　录

第1章 绪　　论

2021年是我国经济和社会发展“十四五”规划的开局之年，我国食品工业主动适应经济发展成为新常态。近年来，在刚性需求和消费升级的推动下，食品工业保持稳定增长，不断调整、优化产业结构，加快转型升级步伐。据工信部网站消息，2019年1～12月，全国食品企业工业增加值保持稳定增长，农副食品加工业累计同比增长1.9%，食品制造业累计同比增长5.3%[1]。2021年1～12月，全国食品工业规模以上企业总利润同比增长5.5%。其中，农副产品加工业总利润同比下降9.2%，食品制造业总利润同比下降0.1%，而酒、饮料和精制茶制造业利润同比增长24.1%[2]。食品制造业在保障民生、拉动消费、促进经济与社会发展等方面继续发挥重要的支撑作用。随着食品工业总产值的高速增长，食品加工制造业技术也在不断更新，但与此同时，传统食品企业高能低效以及相对粗放的加工方式，使得食品产业面临巨大的挑战。尤其在食品收储以及加工过程中，相对滞后的检测手段已成为制约食品产业现代化升级的一个重要因素。近年来，高端制造技术、智能传感技术、现代网络技术和大数据的发展，推动着中国加工制造业逐步迈向智能化和信息化。食品行业作为国民经济的支柱产业，也逐步向智能化、信息化方向转型升级。由于无损检测技术具有速度快、成本低、易在线等特点，现已成为食品检测领域极具活力的朝阳技术，也是食品加工业走向现代化的重要保障。在食品工业高度发展的今天，快速无损检测技术可以为食品产业升级、克服发展瓶颈提供重要的创新动力。同时，其绿色高效的技术特点，可为食品行业的持续发展提供重要的科技支撑，引领食品行业向智能化、信息化方向发展。

1.1 食品无损检测技术概述

1.1.1 食品无损检测技术内涵

无损检测是指在不损害或不影响被检测对象使用性能，不伤害被检测对象内部组织的前提下，利用检测对象结构品质变化等引起的热、声、光、电、磁等响应差异，借助现代化的技术和设备器材，对检测对象的结构、品质、状态及缺陷等变化进行检查和测试的方法[3]。食品无损检测技术针对不同测定对象输入光、力、声、电、磁等某种或几种形式的物理能量，由于检测对象不同，相应的响应信号也不一样，对于食品物料而言，这种输入和输出间的信号差异就反映了被测对象外观或内部成分、结构等特征的品质差异。

例如，食品物料受到外界光作用后，其能量状态会发生一定的变化，通常表现为吸收一定频率的光，从低能态向高能态跃迁或从基态向激发态跃迁，再辐射出一定频率的光。吸收光和辐射光的频率与构成物质的分子、原子的种类性质有关，具有高度选择性。因此，根据食品物料的光学特性可以鉴定其外观或内部的品质特征。通常而言，紫外光到可见光波长范围内的光线可使食品的电子能级产生激励，红外区域的光线可使物质分子间的振动能级和转动能级产生激励。力学法是指根据食品的振动力学特性，对试样施加振动或扭动激励，再测定试样的振动幅度、相位运动衰减等特征，依此判定检测对象的品质。声学法分析方式与力学法相似，同样是采用外界激励的方式，根据被激励后的食品所发出的声波信号变化，可判断食品的内外结构等品质特征。食品的电磁特性可分为主动电磁法和被动电磁法两种，前者是利用被检对象自身所具有的某种电磁性质如仿生传感或者生物电等特征判别检测对象，后者是以试样受电磁场作用后反作用于外部环境的特性为依据检测食品的品质。

食品无损检测技术是20世纪后期发展起来的应用科学相关的技术，该技术依托于物理学、信息科学、传感技术、光电技术、数据处理和计算机应用等交叉学科的知识体系。由于食品无损检测技术对食品物料检测输入和输出的均为物理能量，不会对检测对象造成破坏。此外，通常而言，食品物料的检测过程速度很快，在短时间内即可完成检测对象的品质检测，适用于现代食品工业中食品物料质量安全快速高通量检测。因此，我国食品工业在高速增长的今天，食品无损检测技术已成为食品检测领域极为活跃的朝阳技术，在食品产业智能化升级中扮演着越来越重要的角色。

1.1.2 食品无损检测技术发展历程

国外发达国家开展食品无损检测技术研究相对较早，如美国在20世纪30年代即开始使用电子分选机分选大豆和花生。此外，美国农业部拉塞尔研究中心也根据瓜果含糖量的高低对红外光吸收程度的不同制成了实用型的瓜熟红外测定器。1953年，美国开始使用商品化的电子色选机；20世纪60年代Norris开发了与计算机相连的高密度分光光度计，利用这一系统完成了多种农产品外观品质的测定。此后，Ben-Gera等利用近红外光谱检测肉类食品的脂肪和水分，取得了较好的结果[4]。此后，学者们对光电无损检测技术以及在食品和农副产品中的散射特性原理和应用进行了深入研究，研究结果表明光电技术在食品、农产品的品质检测分级方面有较大的潜力。

日本自20世纪70年代起开展了光特性检测研究，利用农产品的延迟发光特性成功地进行了西红柿、香蕉、 橘子、生茶等的分选试验。日本工业技术院发明一种大米品质测定器，它通过传感器测定大米的透光率和分光比结合数学模型检测大米的成熟度、虫病及色泽等级。日本积水化学工业株式会社发明了基于光纤技术的液体糖度检测器。

此外，以色列、荷兰、法国、德国、意大利、西班牙等国家也陆续开展食品、农产品无损检测研究，并研制相关的技术装备。例如，以色列研发了水果分级机，利用反射光谱特性分析水果表面缺陷，再配以称重系统将采集到的信息经计算机综合评定，给水果分级。

我国开展食品、农产品无损检测技术研究起步相对较晚，20 世纪 70 年代曾有个别院所开始探索采用无损检测技术对食品的质量进行检测分析的可行性。例如，北京市粮食科学研究所电子技术应用组在 20 世纪 70 年代就曾探讨过用近红外反射法快速检测谷物、油料成分的可能性[5]。20 世纪 80 年代后期，陆续有高校和科研院所采用近红外光谱技术检测谷物、禽蛋、水果等成分、新鲜度、成熟度等，并进行研究分析；采用生物电特征对有精蛋和无精蛋进行识别；采用荧光技术对花生等农产品的毒素进行检测分析等。

21 世纪，食品无损检测技术得到长足发展，各种无损检测新技术不断涌现，如新型的仿生传感技术、高(多)光谱成像技术、气味成像化技术，以及多传感器信息融合等技术的涌现；而机器视觉、近红外光谱等传统无损检测技术也在不断更新换代和拓展应用领域。食品无损检测技术在食品收购、运输、储藏过程中的质量安全监控以及食品、农产品加工过程中的品质检验监控，都发挥着越来越重要的作用。

1.1.3 国际食品无损检测技术发展趋势

为了更全面了解食品无损检测技术发展的基础研究状况与发展趋势，本书作者对国际食品无损检测技术基础研究演化趋势进行全面检索。食品无损检测技术萌芽于 20 世纪 50 年代，当时发表的论文相对较少，仅有零散的论文发表，该状况持续到 70 年代末。图 1-1 为 80 年代后国际食品无损检测技术基础研究演化趋势图，从图 1-1 可以看出，80～90 年代食品无损检测领域开始有少量的基础研究论文发表。进入 21 世纪后，该领域所发表论文有了突破性增长，2000 年可检索到的发表论文数超过 200 篇，2013 年发表论文数则超过 1000 篇，从 2018 年开始，每年发表论文数均可达到 1600 篇以上。在所发表的论文中，近红外光谱技术一直是食品质量安全无损检测领域最活跃、发表论文数量最多的无损检测技术(图 1-1)。此外，有关仿生传感技术、机器视觉技术、光谱成像技术方面的研究也较为活跃。

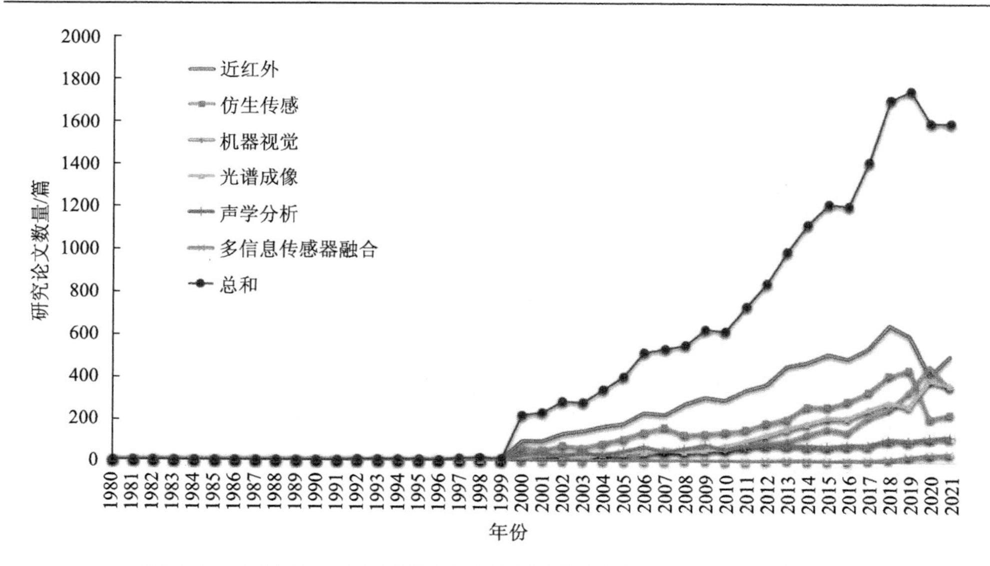

图 1-1　20 世纪 80 年代后国际食品无损检测技术基础研究演化趋势

图 1-2 为 21 世纪后国际食品无损检测技术基础研究主要国家(地区)分布趋势图。从食品无损检测相关研究的国家(地区)分布来看(图 1-2)，在食品无损检测领域开展研究初期，美国一直占据该技术研究的主导地位，法国、德国等发达国家也有较好的基础。中国学者早期在食品无损检测领域发表文章一直相对较少，

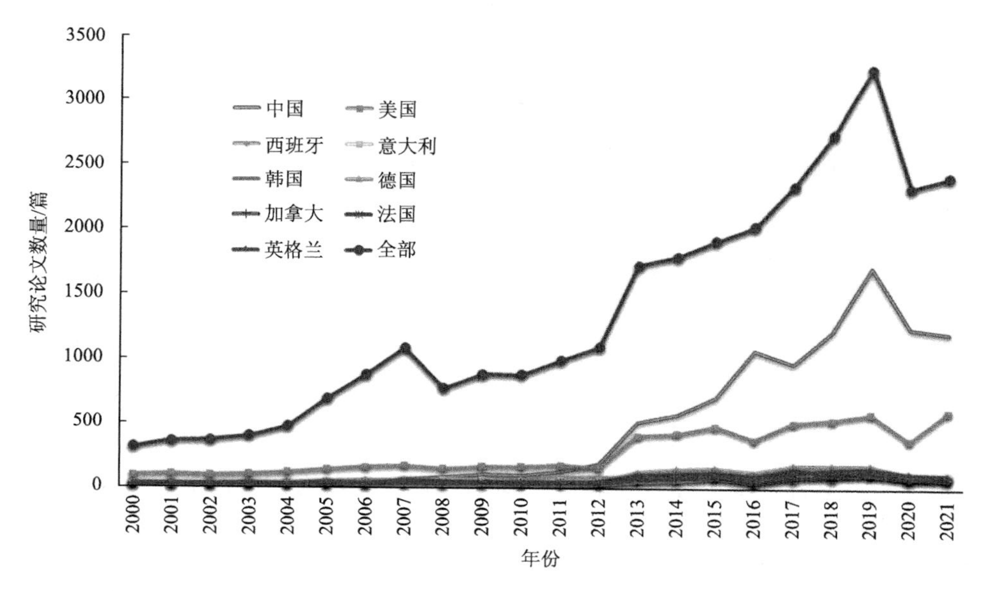

图 1-2　21 世纪后国际食品无损检测技术基础研究主要国家(地区)分布趋势

2000 年才开始在国际期刊有一定数量的论文发表，而后逐年快速增加，到 2013 年，中国从事食品无损检测领域研究的学者已超过美国，成为该研究领域发表科技论文数量最多的国家。总体而言，中美两国学者发表论文数量在全球占据明显优势，德国、法国、西班牙等欧盟国家的学者也发表了大量的基础研究论文。此外，韩国、加拿大的学者在食品无损检测领域也开始了诸多的基础科学研究，发表了相关的科技论文。

图 1-3 为食品无损检测技术基础研究在各大洲的分布状况。从更广阔的各大洲地域基础研究分布来看(图 1-3)，在食品无损检测领域的基础研究方面，欧洲

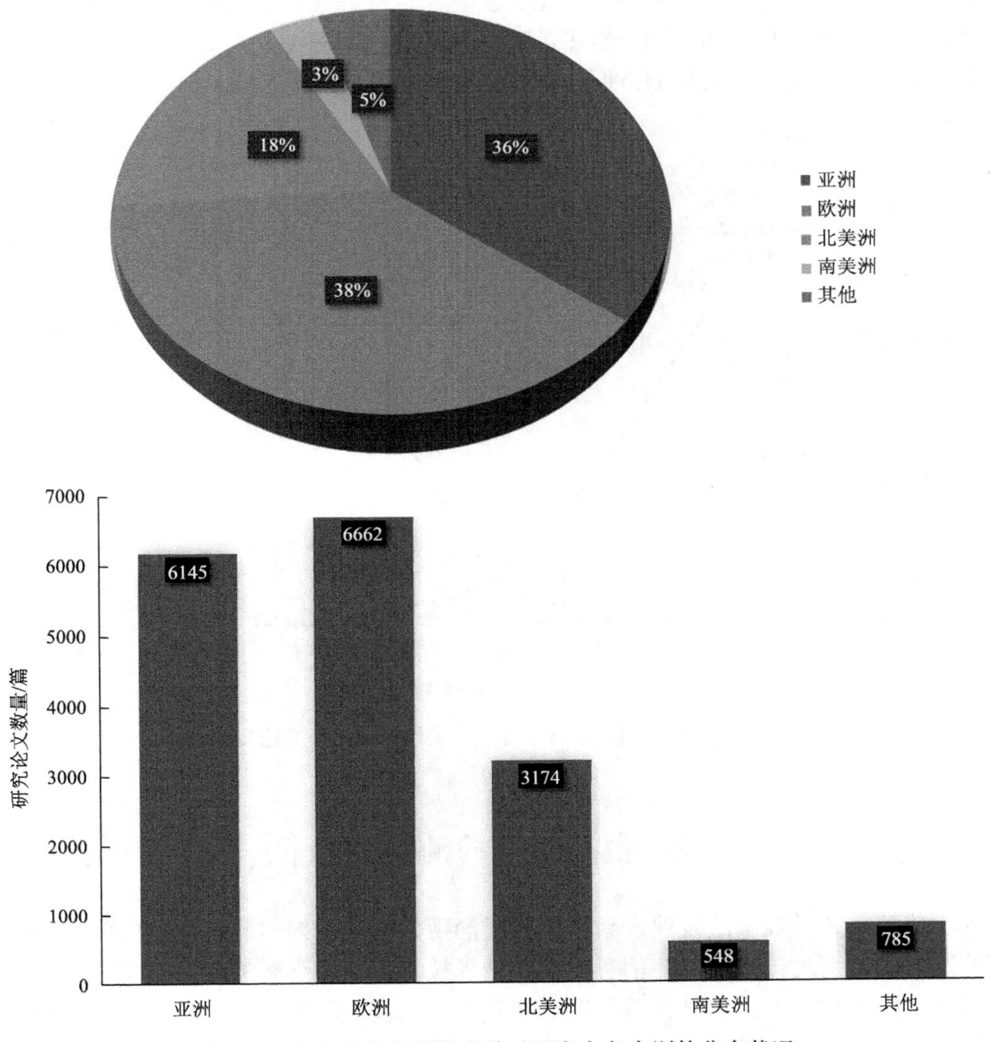

图 1-3　食品无损检测技术基础研究在各大洲的分布状况

的学者所占比例最高，达到38%；亚洲学者也基本相当，达到36%，所发表的基础研究论文主要来自中国、日本、韩国、印度等国家学者的研究成果；此外，美国、加拿大等北美洲国家在食品无损检测领域也有较多的相关研究。

图 1-4 为不同食品无损检测技术应用于不同检测对象的研究论文分布趋势图。从研究对象来看，食品无损检测技术在不同的检测对象中的研究分布也有所差别，不同技术适用的检测对象也不同。其中，近红外光谱对植物油的检测研究论文数量最高(图 1-4)，原因主要归结于植物油化学成分的变化在近红外光谱区域有较为明显的呈现，采用近红外光谱检测技术对不同品质、类型的植物油有较好的检测效果，因此有较多的研究论文发表。近红外光谱检测技术在对水果、谷物、禽肉品质检测方面，均有较多的研究论文发表。对于大宗农产品，水果、谷物、肉类等质量安全的检测方面，各种无损检测技术均有涉及。

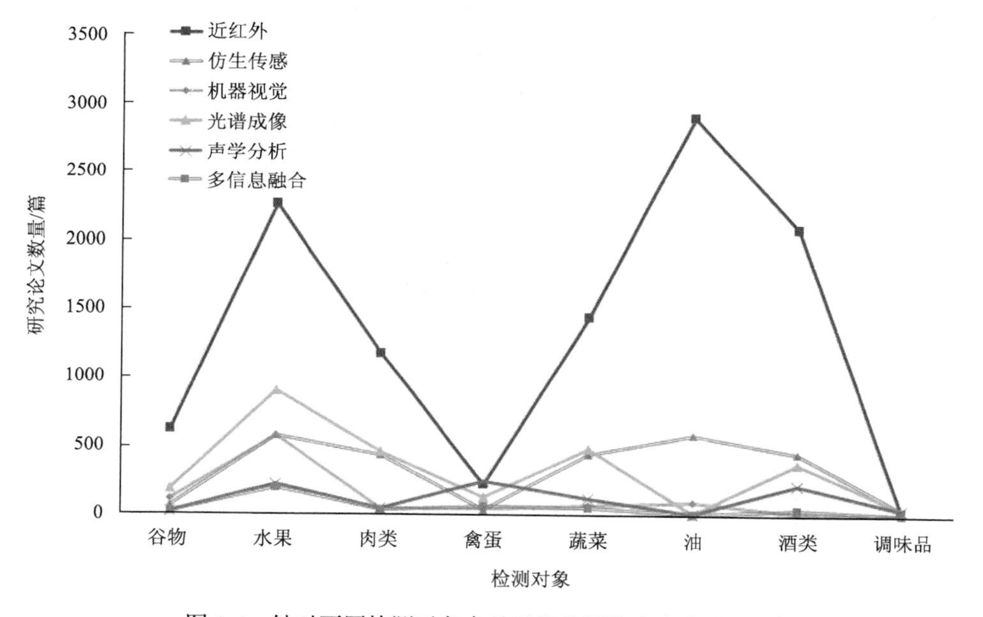

图 1-4 针对不同检测对象食品无损检测技术研究论文分布

1.2 食品无损检测技术特征

伴随着科学技术的发展，新技术不断涌现，食品无损检测技术也得到了迅速的发展。特别是传感技术、信息科学和纳米技术等其他学科的先进技术不断应用到食品检测领域中，食品行业开发出许多自动化程度和精度都很高的快速无损检测仪器和设备，不仅缩短了分析时间，减少了人为误差，也大大提高了食品分析检测的速度、灵敏度和准确度。下面简要介绍几种食品质量安全快速无损检测新技术。

1.2.1 光学特性检测技术

光学是研究光(电磁波)的行为和性质，以及光和物质相互作用的物理学科。光线照射物料时，一部分被物料表面反射，其余部分经折射进入物料组织内部。进入物料中的光，一部分被吸收转化为热能，一部分散射到四面八方，其余部分穿过物料。食品物料对光的反射、吸收、透过和光致发光的性能，称为食品物料的光特性。不同种类的物料，具有不同的光特性。物料光特性可应用于粒度测量、品质评价、化学分析、等级区分、成熟度判定、安全性和新鲜程度的判别等。近些年来，随着光学学科的发展，以及光特性技术的不断涌现，以光学特性为基础的无损检测技术俨然已成为食品质量安全快速无损检测技术领域研究的最活跃、覆盖面最广的技术。

1. 光谱检测技术

1)紫外-可见吸收光谱检测技术

紫外吸收光谱和可见光吸收光谱都属于分子光谱，它们都是由价电子的跃迁而产生的。利用物质的分子或离子对紫外和可见光的吸收所产生的紫外-可见吸收光谱可以对物质的组成、含量和结构进行分析、测定、推断。物质 M(原子或分子)吸收紫外-可见光被激发到激发态 M^*，通过辐射或非辐射的弛豫过程回到基态，弛豫也可通过 M^*分解成新的组分而实现，这个过程称为光化学反应。物质的紫外-可见吸收光谱取决于分子中价电子的跃迁，分子的组成特别是价电子性质不同，则产生的吸收光谱也将不同。因此，可以将吸收峰的波长与所研究物质建立相关关系，从而达到鉴定分子中官能团的目的；更重要的是，可以应用紫外-可见吸收光谱定量测定含有吸收官能团的化合物。在采用紫外-可见吸收光谱法检测食品质量安全时，可利用不同成分的食品在紫外-可见吸收光谱区域具有独特的吸收光谱特性，通过吸收光谱的变化检测相关成分的含量，从而判别食品的质量安全。利用紫外-可见吸收光谱分析法检测食品质量安全，具有简便、快速、检出限低、灵敏度高等优点。

2)近红外光谱检测技术

近红外光谱(near infrared spectrum)是介于可见光(visible light)和中红外光(mid-infrared light)之间的电磁波谱，波数为 12820～3959cm^{-1}。分子在近红外光谱区的吸收主要是由分子内部振动状态的变化而产生的。按照量子力学的观点来解释：近红外光谱是分子振动的非谐振性使分子振动从基态向高能级跃迁而产生的。在室温下，分子绝大部分处于振动基态(V=0)。由振动基态到振动第一激发态(V=1)之间的跃迁称为基频跃迁，这种跃迁所产生的辐射吸收即为基频吸收。近红外光谱记录的是分子中化学键基频振动的倍频和合频信息，它常常受含氢基团X—H(X=C，N，O)的倍频和合频的重叠主导，所以在近红外光谱范围内，测量的主要是含氢基团X—H振动的倍频和合频吸收。在利用近红外光谱对食品的无损检测中，可通过选择适当的多元校正方法，把校正样品的近红外吸收光谱与其成分浓度或性质数据进行关联，建立校正样品吸收光谱与其成分浓度或性质之间的关系-校正模型。在进行未知样品预测时，应用已建好的校正模型和未知样品的吸收光谱，就可定量预测其成分浓度或性质。另外，通过选择合适的模式识别方法，也可分离提取样品的近红外吸收光谱特征信息，并建立相应的类模型。在进行未知样品的分类时，应用已建立的类模型和未知样品的吸收光谱，便可定性判别未知样品的归属。具体而言，近红外光谱的分析技术与其他常规分析技术不同。现代近红外光谱是一种间接分析技术，是通过校正模型的建立实现对未知样品的定性或定量分析。相比于传统的理化分析方法，近红外光谱检测技术具有如下优点：速度快、效率高，通过一次光谱的测量和已建立的相应的校正模型，可同时对样品的多个组成或性质进行测定；还具有成本低、结果重现性好、样本无须预处理、测量方便、可实现加工过程在线监测等特点。

3)拉曼光谱检测技术

拉曼光谱(Raman spectrum)是一种散射光谱。拉曼光谱分析法是基于印度科学家C. V. 拉曼(Raman)所发现的拉曼散射效应，对与入射光频率不同的散射光谱进行分析以得到分子振动、转动方面的信息，并应用于分子结构研究的一种分析方法。一般食品物料分子的拉曼光谱很微弱，为了获得增强的信号，可采用电极表面粗化的办法，得到强度高10^4～10^6倍的表面增强拉曼散射(surface-enhanced Raman scattering，SERS)。表面增强拉曼光谱是一种分子振动光谱，当入射光照射到表面粗糙的基底上时，会发生一系列的物理或化学的变化，从而使拉曼的信号变强。拉曼光谱有很多延伸的技术，其中SERS技术是被发现得最早的，同时也是应用最广泛的。

在食品、农产品的质量安全快速检测中，利用SERS技术的指纹信息及其高灵敏度，可以实现物质的痕量快速检测；利用待测物质浓度与拉曼光谱强度遵循比尔定律的特点，可以实现物质的定量/半定量检测。但是一般情况下SERS光谱仪得到的原始光谱中除被测样品信息外，还存在噪声、荧光背景等，若直接对原始光谱进行分类识别或定量建模，所得结果准确度下降严重，而且很弱的拉曼信号往往湮没在噪声及荧光背景信息中。通过化学计量学方法，对SERS光谱进行预处理并建立适当的数学模型与分析方法，可以一定程度上校正SERS本身的稳定性，从而得到较满意的定量结果。

2. 现代成像技术

现代成像技术的形成原理类似于人类视觉，是通过电荷耦合设备(charge coupled device, CCD)捕捉一定波长范围的电磁波将光信号转换为电信号，并量化记录进电脑处理。随着科技水平的进步，现代成像技术的各组成要素都在不断更新。随着计算机技术和现代传感器技术的发展，现代成像技术的应用对象也在逐步地拓宽。20 世纪 60 年代起，现代成像技术逐步应用于食品、农产品的自动检测，在农业现代化、自动化进程中起到了极为重要的作用。跨入 21 世纪，各类新兴的成像技术正越来越多地得到应用，为食品、农产品自动化检测提供了多方位的解决方法和思路。

1)彩色成像技术

人眼可以直接感知的电磁波波长范围在 400～780nm，并在脑中形成各种颜色。其中红(R)、绿(G)、蓝(B)称为三原色，三原色刺激对应的感光细胞，再由大脑进行分析复合形成各种不同的颜色。可见光波段内的三原色技术成像，是最接近人类视觉成像原理的技术。只使用单 CCD 镜头可形成灰度级图像。使用三 CCD 镜头时，通过分光设备(如滤光镜)分离出三原色，分别捕捉各自的强度，经过颜色模型的转换就可以很好地还原真实物体的色彩。常规彩色成像技术是指在人眼可以直接感知的电磁波波长范围内，通过图像摄取装置(CCD 和 CMOS)将被摄取目标转换成图像信号，传送给专用的图像处理系统。常规彩色成像技术是最为成熟的现代成像技术，由于研究便利、成本较低，已占有食品成像技术检测的大部分市场。目前，可见光成像技术已经成功应用于水果、蔬菜、肉、鱼等食品的检测、分级与评价中。例如，利用可见光成像技术实现食品大小、形状、颜色、纹理和缺陷等外观品质指标的快速检测，提高了在线检测的精度和速度；在此基础上开发了基于可见光成像技术的食品自动化分级和分选系统。另外，利用可见光成像技术还可以实现食品加工过程中颜色变化的实时监测，通过提取和分析颜色这一最直观的指标，可实现食品加工过程中质量的在线控制。由于传感技术的飞速发展以及人们对食品物料的深入认识，计算机视觉技术已从对食品外观品质快速在线检测转向了对食品物料的内部性状、组成成分快速无损检测；另外，借助三维可视化技术，可以对食品外观品质、营养成分及加工过程品质变化等进行更为直观和客观的分析；尤其在对营养成分分布密度的评价、内部组织的分析、加工过程中组织结构变化的监测等方面，取得了传统研究方法难以获得的结果。

2)高(多)光谱成像技术

光谱成像技术(spectral imaging technique)是 20 世纪 80 年代发展起来的新技术，综合了光学、光电子学、电子学、信息处理、计算机科学等领域的先进技术，把传统的二维成像技术和光谱技术有机地结合在一起。高光谱成像技术具有多波段、高的光谱分辨力和图谱合一的特点。1983 年，美国喷气推进实验室研制出第一台航空成像光谱仪(AIS-1)，并显示出其在图像采集分析研究方面的巨大潜力。随后，加拿大、澳大利亚、法国、德国等国家也竞相投入大量资金进行高光谱成像技术的研发和应用研究，起初该技术主要用于空间遥感领域，现已拓展到医疗诊断、药物和食品分析等领域，并在光谱图像的数据获取、光谱标定、三维数据重建、数据处理分析和模式识别等方面都有较大进展。

光谱成像技术是采用多个光谱通道，利用目标对象的分光反射(吸收)率在不同波段域内敏感度不一样这一特性，对其进行图像采集、显示、处理和分析解释的技术。使用特定光源或滤光设备，选择光源的波长范围，特别是可见光以外的波长，便可增强目标对象的不同特征部位的图像特征，从而有利于目标对象的品质检测。光谱成像技术集图像分析和光谱分析于一身，它在食品质量与安全检测方面具有独特的优势。光谱图像指在特定光谱范围内，利用分光系统获得的一系列连续波长下的三维数据库，在每个特定波长下，光谱数据都能提供一个相应的图像信息，而同一像素在不同波长下的灰度又提供了光谱信息，其中，图像信息能表征大小、形状和颜色等外观特征，光谱信息能反映内部结构、成分含量等特征信息。由此可见，光谱成像技术能对食品的内外品质特征进行可视化分析。

随着科学技术的发展，成像光谱的光谱分辨率的精度越来越高，根据光谱分辨率的不同，将光谱图像分为多光谱图像、高光谱图像和超光谱图像。一般认为，光谱分辨率在 $10^{-1}\lambda$ 数量级范围内的图像称为多光谱(multi-spectra)图像，光谱分辨率在 $10^{-2}\lambda$ 数量级范围内的图像称为高光谱(hyper-spectra)图像，光谱分辨率在 $10^{-3}\lambda$ 数量级范围内的图像称为超光谱(ultra-spectra)图像。可根据检测的精度和要求不同，选用不同分辨率的光谱成像技术。通常情况下，针对食品、农产品质量安全的检测，一般选用高光谱成像(hyperspectral imaging, HSI)技术。

近些年来，光谱成像技术在食品质量安全检测方面得到越来越多的应用，尤其在食品内部组织、内部结构及表面细微特征检测方面的优势得到了更多的关注和认可。

3) X 射线成像检测技术

X 射线和可见光一样属于电磁辐射，但其波长比可见光短得多，介于紫外光与 γ 射线之间。X 射线的频率大约是可见光的 10^3 倍，它的光子能量比可见光的光子能量大得多，表现出明显的粒子性。由于 X 射线波长短、光子能量大，所以 X 射线有很强的穿透性。X 射线和其他电磁波一样，能产生反射、折射、散射、干涉、衍射、偏振和吸收等现象。X 射线穿透物质时被部分吸收，其强度将被衰减变弱，吸收的程度与物质的组成、密度和厚度有关。由于样品对 X 射线的吸收率或透射率取决于样品所包含材料的成分与比率，而不同的样品材料对 X 射线具有不同的不透明系数，所以形成的灰度图像显示了被检测物体密度或材料厚度的差异。

不同的物质对 X 射线的吸收能力不同，通过 X 射线线性扫描(X-ray line scan)成像技术，可以检测可见光不易得知的对象内部信息，在对农产品内部品质进行检测上有独特的优势。通常，X 射线的波长范围为 0.01～10nm，其中，波长小于 1nm 的电磁波称为硬 X 射线，波长大于 1nm 则称为软 X 射线。一般硬 X 射线能量比较大，穿透能力比较强，软 X 射线能量比较小，较容易被物体吸收，穿透能力相对较弱。由于软 X 射线可被物体强烈吸收，能更多地表现内部细节信息，且辐射能力相对较弱，对受测物体安全隐患较小。因而，软 X 射线线性扫描成像技术更多地应用在食品、农产品内部品质的检测中，如检测水果的内部质量缺陷(水心、褐变、擦伤、腐烂、虫害)，判断小麦籽粒内部是否发生害虫感染，识别禽畜产品的内部异物等。但由于 X 射线扫描成像技术只能把物体内部形态投影在二维平面上，会引起成像的前后重叠，造成判断困难，在应用上有一定的局限性。同时，X 射线对人体的辐射安全问题尚存在一定争议，在食品领域的应用中遇到一定阻力。

4) 其他成像检测技术

计算机断层扫描成像技术(computed tomography imaging technology)，其中，计算机断层扫描(computed tomography，CT)，是为了克服 X 射线线性扫描成像投影重叠的问题而引进的新型成像技术。基于 X 射线和物质的相互作用原理，首先通过围绕物体并进行扫描，得到大量的射线吸收数据，再通过投影重建的方法得到被检测物体的断面数字图像。与常规的 X 射线线性扫描成像技术相比，CT 成像技术可以表现物体内部某个剖面的形态特征，具有更高的灵敏度和分辨率，通常情况下，CT 的密度分辨率比常规的 X 射线线性扫描成像技术高 20 倍。CT 成像技术得到的横断面图像层厚准确、图像清晰，还可以通过计算机软件的处理重建，获得诊断所需的多方位(如冠状面、矢状面)的断面图像，且可通过数字化处理进行受测物体的三维重构。因此，在分析食品、农产品的内部细微特征上，CT 成像技术具有其他技术难以替代的优点。CT 成像技术在水产品、畜禽产品和果蔬等农产品检测中都有应用研究。

磁共振成像(magnetic resonance imaging，MRI)的原理是利用生物体中的氢原子核在外加的磁场内受到射频脉冲的激发，产生核磁共振现象，经过空间编码技术，用探测器检测并接收以电磁波形式放出的核磁共振信号，输入计算机，经过数据处理转换，最后形成图像。在核磁共振成像片上，含水量高的组织结构亮度高，而含水量低的组织亮度较低。磁共振影像比 CT 图像有更精确的影像结果。利用磁共振扫描成像，可以不借外力破坏而了解农产品的内部信息。近年来，磁共振成像技术在水果内部的品质检测和谷物品质的鉴定上有相关的应用研究。磁共振成像技术具有任意方向直接切层的能力，应用潜力较大。

超声成像(ultrasonic imaging)技术是将超声探测技术应用于受测物体,对物体组织进行测试的图像诊断技术。超声具有频率高、波长短、能量集中、方向性好、穿透能力强、安全无创等优点，对软组织的鉴别力较高，在畜产品的脂肪含量等检测中得到一定的应用。

上述成像技术以三维成像的方式，可更多地获取检测对象信息，也可获得较好检测结果，但也普遍具有设备庞大、移动不便、使用成本较高等局限，在食品质量安全的检测中应用较少。

1.2.2 声(力)学特性及无损检测技术

物体的机械性振动在具有质点和弹性的媒介中的传播现象称为波动，而引起人耳听觉器官有声音感觉的波动则称为声波(acoustic wave)。因此，食品的力学特性常常通过振动的声波方式表现出来。食品的振动力学特性是指食品在外界激励作用下所产生的振动信号特征，振动力学信号分析技术则是对农产品振动信号的反射、散射、透射以及吸收等特性进行分析，它们反映了振动信号与农产品相互作用的基本规律。食品的表面结构或内部组织不同，在外界激励下做自由振动时，产生的声音响应信号会呈现不同的特点。利用不同品质农产品在声波作用下表现出的反射特性、散射特性、透射特性、吸收特性、衰减系数和传播速度及其本身的声阻抗与固有频率等敲击振动响应信号特性的差异，可判断其质量好坏。一般而言，结构强度不同的农产品，在外界激励下产生的声音信号会有所不同。在外界激励下，强度较大的检测对象产生的声音很清脆；强度较小的检测对象产生的声音相对沉闷。通过分析外界冲击产生声音信号的差异，可分析检测对象结构刚度。从普通物理中已知声能是机械能的一种形式。振动信号的产生必须具备两个条件：一是信号激励源，二是弹性介质。当外界信号激励发生振动后，周围的介质质点就随之振动而产生位移，在流体介质空间就形成介质疏密的变化状态，从而形成了声波传播。

食品声学特性随食品内部组织的变化而变化，不同食品的声学特性不同，同一种类不同品质食品的声学特性往往也存在差异，故根据食品的声学特性即可判断其内部品质的状况，并据此进行分类、分级。目前，食品声学特性的无损检测装置通常由声波发生器、声波传感器、电荷放大器、动态信号分析仪、计算机和打印输出设备等组成。检测时，由声波发生器发出的声波连续射向被测物料，反射、散射或从物料透过的声波信号，被声波传感器接收，经放大后送到动态信号分析仪和计算机进行分析，即可得到食品的相关声学特性，并在输出设备上显示结果。利用声学特性进行食品品质评判的无损检测技术，可用于西瓜的成熟度、禽蛋的裂纹、梨的硬度等品质评价。

1.2.3 仿生传感检测技术

食品的感官品质主要包括色、香、味、形和质等多种指标。目前，食品的感官品质评价方法都是通过人工感官评审来完成，即通过人的视觉、嗅觉、味觉和触觉等感觉器官获取食品的色、香、味、形和质等感官特征，然后利用大脑对照经验对其品质属性进行逐一评价。但是人工感官评价具有一定的局限性：首先，它是一种专家经验行为，专家经验的积累需要一个长期训练过程，普通的消费者不具备这种能力；其次，人工感官评价受外界因素干扰大，主观性强、重复性差，如人的感觉器官灵敏度差异、地域和性别差别、个人喜好、情绪和身体状况等外界因素都会影响评审的结果。因此，研究开发一种智能化的食品感官评价方法，辅助人工感官评价，提高食品感官品质检测结果的客观性和一致性，对指导食品生产、保证食品质量和增加食品附加值等都有着极其重要的意义，食品仿生传感器在此背景下应运而生。

在食品人工感官检验中，通常由视觉器官获取食品色泽和形状特征信息，嗅觉器官获取食品香味特征信息，味觉器官获取食品滋味特征信息；再由大脑将这些特征信息进行综合与平衡，并与大脑内已有的记忆(知识库)进行对照，对食品色、香、味、形等感官指标给出综合评价。由此可见，视觉、嗅觉和味觉在食品感官检验中的重要地位。近年来，随着计算机、微电子和材料科学的发展，视觉、嗅觉和味觉等新型仿生传感检测技术相继问世，它们的出现为食品智能感官检验奠定了基础。电子视觉技术属于计算机视觉技术，电子嗅觉和电子味觉技术分别称为“电子鼻”和“电子舌”，它们均是由传感器阵列、信号处理和模式识别等模块组成，能分别模拟人类鼻和舌的功能，实现由仪器“嗅觉”和“味觉”对食品香味和滋味品质的评判。自20世纪80年代起，仿生传感检测技术成为国内外学者研究的热点，并在食品风味品质的评价方面也得到了越来越多的关注。与普通化学分析方法不同，仿生传感技术获取的不是被测样品的某种或某几种成分定量或定性结果，而是由多组传感器同时响应多种成分的整体信息，这些信息是反映被测样品的整体信息，也称为“指纹”信息。指纹信息本身并没有被赋予特定的物理意义，通常需要依靠专家感官评价结果或常规理化分析结果，利用化学计量学方法建立一个模型，可实现对食品感官品质的智能化评价，如品质分级和真伪鉴别等，使它们具有类似人类感觉器官的功能。

近年来，随着仿生传感技术不断地发展，传感器的形式也不断地变化，其内涵和外延也在不断地拓展。传感器的表达形式不仅仅是以一维电信号的方式表达出来，也可能以成像化的方式表达出来。气味成像化检测技术(嗅觉可视化技术)诞生于2000年，是一种新型的仿生传感技术[6]。气味成像化检测技术是美国伊利诺伊大学厄巴纳-香槟分校的Kenneth S. Suslick教授首先提出，其应用金属卟啉作为检测挥发性物质的传感器，用于挥发性化学物质的定性和定量检测，以此奠定了气味成像化检测技术的应用基础。该技术是一种新的模仿人和哺乳动物嗅觉系统，利用化学显色剂与待检测气体反应前后，其颜色发生变化的这一性质来对待测气体进行定性和定量分析的可视化方法。相对于传统的依赖于物理吸附或范德瓦耳斯力等弱作用力的电子鼻、电子舌等技术而言，该技术主要是依赖于共价键、离子键和氢键等强作用力，并且该技术对环境中的水蒸气等干扰因素具有很强的抗干扰能力，因此可以很好地弥补现有的生物、化学或物理传感器技术的缺点。气味成像化传感器主要是由一些具有特定识别能力的染料组成，这些染料分子与被检测物相互作用后，染料分子颜色产生显著的变化，通过计算机处理后形成特定的 RGB 数字信号，最后采用相应的数据分析方法将 RGB 数据与气味相关的特征性化学指标物质进行回归分析，可以对被检测物进行定性和定量分析。随着材料加工技术的进步和计算机数据处理能力不断提高，气味成像化检测技术被证明在环境监测、食品与饮料质量监控、疾病诊断等领域具有重大的应用前景。近年来，气味成像化检测技术开始逐步应用于一些挥发性较强的食品如醋、白酒的检测中。

1.2.4 电磁特性检测技术

和其他物质一样，食品也是由电子、质子和中子组成，也具有一定的电磁性质。食品的电磁性质可以分成两大类：一类是主动电特性，另一类是被动电特性。主动电特性主要是指食品材料中由于存在某些能源而产生的电特性，主要表现为生物电势。由于主动电特性一般很微弱，需要很精密的仪器检测，因此在食品的加工和检测中应用较少。现有研究表明，生物电势可能对食品的保鲜有重要的影响。食品的被动电特性主要指食品在外加电磁场下的行为，试样受电磁场作用后，反作用于外部环境的特性，如磁共振、电子回旋共振等。目前，电磁特性在食品质量安全检测中的应用是：利用介电率与被测新鲜水果、鸡蛋质量特性的相关性，以判定其品质优劣；利用阻抗值与水分的相关关系，测定食品及农产品的含水量；利用电子回旋共振可测定自由原子团及过渡金属离子状态，尤其适用于分析含有油脂的对象在自动氧化初期生成的反应中间物质；磁共振可用于分析粮食和水果的品质。但总体而言，由于难以实现大批量快速检测，或是由于检测费用较高，电磁特性相关技术还未广泛应用在食品质量安全检测方面中。

1.2.5 多传感器信息融合检测技术

多传感器信息融合(multi-sensor information fusion, MSIF)技术首先是从军事领域发展起来的，20 世纪 70 年代，美国国防部为了检测某一海域中的敌方潜艇，很重视声信号识别的研究，尝试对多个独立连续的信号进行融合来检测敌方潜艇，多传感器信息融合技术开始出现。由于多传感器信息融合最早用于军事领域，其最初定义为一个处理、探测、互联、相关、估计以及组合多源信息和数据的多层次、多方面过程。这一定义主要强调多传感器信息融合的三个方面：①多传感器信息融合的主要内容包括处理、探测、互联、相关、估计及组合信息；②多传感器信息融合在几个层次上对多源信息进行处理，其中每个层次都表示不同级别的信息；③多传感器信息融合的结果既包括低层次的状态和身份估计，又包括高层次的、整个战术层面上的全局态势估计。

反映食品质量与安全的指标是多方面的，既有质量指标又有安全指标，既有外观指标又有内在指标，而单一的检测技术获取的信息量有限，具有一定的局限性，而这种局限性必然影响到检测结果的精度和稳定性。例如，计算机视觉技术能很好地表征食品的大小、颜色、形状和纹理等外部特征，而对食品内部组织特征和成分含量等通常无能为力；近红外光谱检测技术可以很好地表征食品内部组织特征和成分含量等，但无法表征食品的外观大小、形状和纹理等特征信息。因此，充分利用各种检测方法的长处，相互结合、取长补短，提高检测的全面性、可靠性和灵敏度，是食品品质快速无损检测一个新的研究趋势。目前国内外部分学者提出了基于多传感器信息融合的食品质量安全快速无损检测的新思路，如融合可见光成像技术、近红外光谱、电子鼻以及电子舌等多种传感器信息技术来检测酒、水果、饮料和肉类的品质。其与单一检测手段相比，具有信息量大、容错性好以及与人类认知过程相似等优点。

如上所述，随着各种现代信息、材料、计算机、现代传感等技术的发展，作为交叉学科的食品快速无损检测技术在食品领域得到了长足的发展。由于技术特征不同，在食品质量安全检测领域应用也有所不同，本书旨在就近些年来在食品质量安全检测领域研究及应用较为活跃，未来在食品工业智能化能起到较好引领作用的技术，如计算机视觉技术、光谱分析技术、光谱传感技术、仿生传感技术、气味成像化技术、声学检测技术、多信息融合技术等进行着重介绍和分析。

1.3　食品快速无损检测装备及发展趋势

无损检测技术由于具有非破坏检测方式，速度快，数据易存储、分析、传递等特点，在食品质量安全检测方面有较大的优势，尤其在食品收储现场的质量安全检测及食品加工过程中的品质监控应用中，缩短了分析时间，减少了人为误差，大大提高了食品分析检测的速度、灵敏度和准确度，是保障食品质量安全的有效手段。随着无损检测技术的快速发展，相应的各种快检设备也得到迅速的发展。目前，比较常见的用于食品质量安全检测的无损检测装备有便携式近红外分析仪、便携式电子鼻、便携式工业相机、便携式多光谱设备和红外成像设备，以及便携式声振动分析仪，这些便携式、智能化检测装备大多已经商业化生产，可应用于食品质量安全快速检测。此外，另外一些无损检测装备如高光谱检测装备、气味成像检测设备、多信息融合检测设备等也在从实验室跨出，走向实际应用的过程中。

1.3.1　食品收储过程中的质量安全快速无损检测装备

农产品、食品在收购、储藏、运输过程中，随着外界条件的变化以及自身酶的作用，其营养物质会发生一定的变化，导致其质量下降，如果没有及时有效地进行防控措施，质量会进一步下降，并在外界环境的作用下导致较为严重的食品安全问题。无损检测技术由于其可实现快速无损检测的特点，在对食品收储过程中的质量安全信息实时监测方面具有较大的优势。例如，美国 Thermo 公司、Brimrose 公司以及 Viavi 公司等开发了多款设备小巧、性价比高的近红外光谱设备，且大多可实现根据用户需求进行二次开发，可快速、准确、无损地检测水果的可溶性固形物，谷物的蛋白质、脂肪、水分等多种指标。近年来，国内的食品设备企业和高校也研发了近红外光谱检测仪，可快速无损检测茶叶、谷物、水果等内部成分指标。

此外，由德国 AIRSENSE 公司设计的 PEN3 电子鼻、美国 Sensigent 公司生产的 Cyranose 320 多传感器电子鼻系统，以及美国 Sensigent 公司生产的 CMD-516 电子鼻，可用来检测食品的气体和蒸汽，检测系统普遍具有小巧、快捷、高效等特征，经过训练后可以很快辨别单一化合物或混合气体。目前，便携式电子鼻已广泛应用于食品腐臭分析、糖蜜种类和芳香特性分析、肉品新鲜度分析和牛奶新鲜度分析等领域。

此外，机器视觉设备结合图像处理技术可快速无损检测食品在收储过程中的外观、尺寸、颜色、缺陷等指标的变化；光谱成像技术可快速检测分析食品的大小、形状和颜色等外观特征，光谱信息能反映农产品内部结构、成分含量等特征。利用振动声学检测技术可以分析水果、禽蛋等硬度、成熟度等结构特征。随着食品收储运输的节奏不断加快，以及收储运输形式的多样化，无损检测技术在食品质量安全检测方面起到越来越重要的作用。

1.3.2　食品加工过程中的智能化品质检测设备

农产品在收储后，通常经过初加工产地商品化处理或进一步的加工处理后出售。随着信息技术、自动化技术和智能化技术等在农产品流通领域的渗透，农产品初加工检测技术和成套分级装备也日趋成熟，特别是在农产品的清洁、分级、包装、干燥、冷藏保鲜等众多环节已有成熟的技术和加工装备，从而实现在产地的农产品商品化、集约化处理，提高了农产品的附加值，增强了农产品的市场竞争力。此外，在食品的各个加工过程中，一些重要的物理和化学指标在不断地变化，需要不断地监控，在加工过程中有诸多的工艺步骤和参数也需要根据这些指标的实时变化进行适当调整。然而，原料品种差异、加工的季节、环境条件等诸多因素的影响，使得食品在加工过程的不同批次之间，总是存在着种种差异。在储存期间，又受到储存条件(容器、温差、湿度、通风)和储存时间的影响，其品质发生一些变化，如挥发性物质的变化。因此，为了保证食品加工过程中生产批次的一致性，需要对其加工过程中的一些重要指标进行实时监控。食品无损检测技术可实时智能监控食品加工过程中的颜色、风味、尺寸、化学等指标的变化，以控制食品、农产品的质量和安全。

日本的Nabel公司和荷兰的Moba公司等研发的禽蛋初加工在线分级系统，根据禽蛋内外品质检测的需要，在生产线采用多种无损检测设备模块对禽蛋的质量安全进行快速无损检测和在线分级，如生产线上的机器视觉设备模块可对禽蛋的污渍、尺寸等外观特征进行快速检测分级；氙灯视觉成像设备模块可检测禽蛋的血渍；力学检测设备模块可对禽蛋的大小头进行定向；声振动检测设备模块可对禽蛋裂纹进行检测分级。法国的MAF Roda公司、美国的Autoline公司、新西兰的Compac公司等研发利用光电无损检测分级技术，对樱桃、番茄、草莓、冬枣等水果物料形状、大小、缺陷、成熟度等指标进行检测分析。此外，中国的茶叶生产公司和高校，也利用视觉检测仪、近红外光谱分析仪以及气体传感设备检测分析茶叶固态发酵过程中的颜色、成分和气体的变化，监测茶叶通氧发酵品质。在黄酒的发酵过程中，采用近红外光谱分析仪可实时监控黄酒发酵醪中总糖、酒精度、酸度等含量的变化，以及温度、氧气等环境因素，反映了黄酒的整个发酵过程品质动态变化。气味成像化设备可实时监控食醋固体发酵过程中的酒精度，以及各种挥发性气体的成分及含量变化，监控食醋的发酵品质。随着食品工业化高度发展，对食品行业的智能化和信息化也提出更高的要求，无损检测技术和设备也在食品质量安全智能化监测方面发挥越来越重要的作用。

1.3.3 无损检测装备的发展趋势

科学技术的发展带动了食品检测技术的现代化，现代化食品无损检测技术把食品检测技术水平提高到一个新的层次，最突出的特点是依靠高新技术，以人为本，仪器设备的人性化设计比例越来越大。食品检测分析仪器和检测技术在食品质量安全检测应用中也会呈现如下趋势。

(1)检测仪器便携化。随着现代物流业的快速发展，食品流通过程中质量安全的快速现场检测已成为未来发展的必然趋势。传统实验室检测仪器由于体积大、携带不方便，很难满足食品流通过程中快速现场检测的需求。因此，开发微型化、便携式检测设备已成为食品质量安全检测领域的必然发展方向。微电子技术和微纳加工技术的快速发展，为食品质量安全检测设备的小型化和便携化提供了可能性。

(2) 检测对象专一化。在 20 世纪末，为了获取更高额利润，仪器制造公司大力推行多功能化产品的路线，期待所研发的仪器可囊括多种检测对象多指标的检测，认为“一仪多能”比较经济。但实践证明，多检测对象指标设计的分析仪器，其精确度会受各功能间的相互制约而下降，功能转换装置在转换功能之后恢复原位的再现性难以得到充分的保障。除此之外，多功能分析仪器的使用对操作者的业务水平要求也是相当高的。随着对食品的质量安全检测要求越发严格，食品质量安全检测对象以及功能的专一化，是以后发展的趋势。

(3) 检测过程智能化、模块化。随着物料运输形式的多样化，人工智能和物联网等技术的兴起，智能化是食品质量安全检测的必然趋势。食品质量安全智能化检测既包括样本检测本身的智能化，即智能化取样、进样和检测，又包括样品的传输和数据传输交换，还包括样品在不同检测流程中的智能传输。由于食品材料理化性质差异较大，具有高度复杂性和多样性特点，对检测过程进行模块化处理也是食品质量安全检测的发展趋势。检测过程的模块化，可实现样品目标分子高效处理检测，降低人力劳动强度和随之带来的不确定度、污染、数据干预可能性。食品质量安全检测的模块化处理，可灵活实现多组分一体处理、目标物衍生、溶剂智能配对等功能，提升食品安全快检样品前处理及检测的效率、重现性和智能化水平。总之，食品质量安全的模块化处理，为智能化检测提供基础，而智能化管理有助于检测过程中模块化的有序管理和智能流通，为模块化提供保障。

(4) 检测数据信息化。现代无损检测仪器的智能化过程也必然伴随着信息化，特别是近些年来食品安全事件频发，构建食品质量安全检测数据的可追溯系统，实现食品质量安全信息全链条数据的可信采集、可信存储、便捷共享、全程可追溯是今后发展的趋势。在利用现代无损检测装备获取食品质量安全信息时，可构建相关信息的风险模型，通过溯源二维码将信息主动关联到云平台，构建食品质量安全大数据云平台的风险数据库，开发配套追溯平台，实现收购、储藏、生产供应链上的全链条信息追溯。

参 考 文 献

[1] 中华人民共和国工业和信息化部. 2019 年 1—12 月食品行业运行情况. https://www.miit.gov.cn/gxsj/tjfx/xfpgy/sp/art/2020/art_80c7735577ea468083ec2e5a3ff6c93f.html [2020-04-10].

[2] 中华人民共和国工业和信息化部. 2021 年 1—12 月食品行业效益情况. https://www.miit. gov.cn/gxsj/tjfx/xfpgy/sp/art/2022/art_4c88f6e1d88d454ab0561ff9afe98208.html [2022-03-10].

[3] 张俊哲，等. 无损检测技术及其应用. 北京：科学出版社,1993.

[4] Ben-Gera I, Norris K H. Direct spectrophotometric determination of fat and moisture in meat

products. Journal of Food Science, 1968, 33(1): 64-67.

[5] 北京市粮科所电子技术应用组. 用近红外反射法测量谷物、油料成份的快速分析仪简介. 粮油科技, 1977: 32-35.

[6] Rakow N A, Suslick K S. A colorimetric sensor array for odor visualization. Nature, 2000, 406(6797): 710-713.

第 2 章　近红外光谱检测技术

近红外光谱检测技术是 20 世纪 90 年代以来发展最快、最引人注目的光谱检测技术，它是集光学、化学、计算机科学、信息科学及相关技术于一体的一种技术，已经发展成为一个十分活跃的研究领域。本章就近红外光谱检测技术的基本原理、近红外光谱系统和设备、光谱数据处理分析与建模以及在食品质量安全检测中的应用进行介绍，以期为读者在利用近红外光谱技术检测食品质量安全的科学研究和实际应用提供思路和参考。

2.1　近红外光谱检测技术概述

2.1.1　近红外光谱技术简介

近红外光(near infrared，NIR)是人类最早发现的非可见光区域，是一种介于可见光和中红外光之间的电磁波，具有波粒二象性。根据美国材料与试验协会的定义，近红外光谱的波长范围为 780～2526nm，即波数范围为 12820～3959cm^{-1}。习惯上又将近红外光划分为短波近红外(780～1100nm)和长波近红外(1100～2526nm)两个区域。

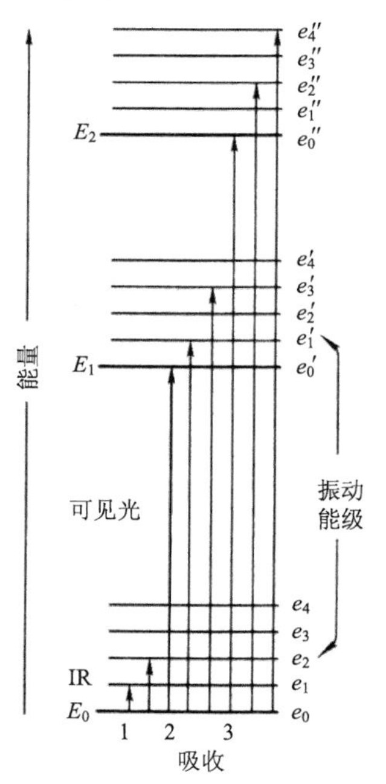

图 2-1　近红外光谱的产生

2.1.2　近红外光谱的产生

分子在近红外谱区的吸收主要是由分子内部振动状态的变化而产生的。按照量子力学的观点来解释近红外光谱是分子振动的非谐振性使分子振动从基态向高能级跃迁时产生的。在室温下分子绝大部分处于振动基态(V=0)，由振动基态到振动第一激发态(V=1)之间的跃迁称为基频跃迁。这种跃迁所产生对辐射的吸收即为基频吸收，如图 2-1 所示。

然而实际的分子振动并不完全符合简谐振动，由分子化学键的位能曲线得知分子属非线性谐振子，除了基频跃迁外，也可能发生从基态到第二或更高激发态(V=2,3,⋯)之间的跃迁。这种跃迁称为二级倍频或多级倍频跃迁，所产生的吸收谱带为二级倍频或多级倍频吸收，总称为倍频吸收[1]。

多原子分子的振动相对比较复杂，但可把它们看作由许多个简单的独立振动的线性组合而成。因为各种振动不是严格简谐的，它们之间可能发生相互作用，如果电磁波光子的能量恰好等于某两种基频跃迁所需能量之和，而这两种基频振动又具有相同的对称性，这时该能量的一个光子可能同时激发这两种基频跃迁。在光谱中出现的吸收峰的波数(或频率)等于这两种基频振动波数(或频率)之和，这种吸收称为合频吸收[2]。

近红外光谱主要是由物质吸收光能使分子振动从基态向高能级跃迁时产生的。近红外光谱记录的是分子中单个化学键的基频振动的倍频和合频信息，它常常受含氢基团 X—H(X=C、N、O)的倍频和合频的重叠主导，所以在近红外光谱范围内，测量的主要是含氢基团 X—H 振动的倍频和合频吸收。由于动植物性食品和饲料的成分大多有这些基团，基团的吸收频谱表征了这些成分的化学结构。主要基团合频与各级倍频吸收带的近似位置见表 2-1。

表 2-1　主要基团合频与各级倍频吸收带的近似位置

基团	C—H	N—H	O—H	H_2O	C—H	N—H	O—H	H_2O
单位	cm^{-1}				nm			
合频	4250	4650	5000	5155	2350	2150	2000	1940
二倍频	5800	6670	7000	6940	1720	1500	1430	1440
三倍频	6500	9520	10 500	10 420	1180	1050	950	960
四倍频	11 100	12 500	13 500	1330	900	800	740	750
五倍频	13 300				750			

红外光线的能量要被分子基团所吸收，必须满足两个条件：①光辐射的能量恰好满足分子振动能级跃迁所需的能量，即只有当光辐射频率与分子中基团的振动频率相同时，辐射才能被吸收；②振动过程中，必须有偶极矩的改变，只有偶极矩发生变化的那种振动形式才能吸收红外辐射。

2.1.3　近红外光谱检测技术的基本原理

近红外光谱的常规检测技术包括反射和透射光谱两大类。对于不透明、固体、半固体样品一般采用反射方式采集其光谱，液体样品通常采用透射的方式。

透射光谱分析法是将待测样品置于光源和检测器之间，检测器所检测到的信息是光源透过样品时与样品分子相互作用后所产生的光，因而包含了样品的组成与结构信息(图 2-2)。若样品是透明的溶液，则光在样品中经过的路程(光程)是确定的，仪器测量得到的吸光度与样品的浓度之间的关系符合朗伯-比尔(Lambert-Beer)定律[3]。

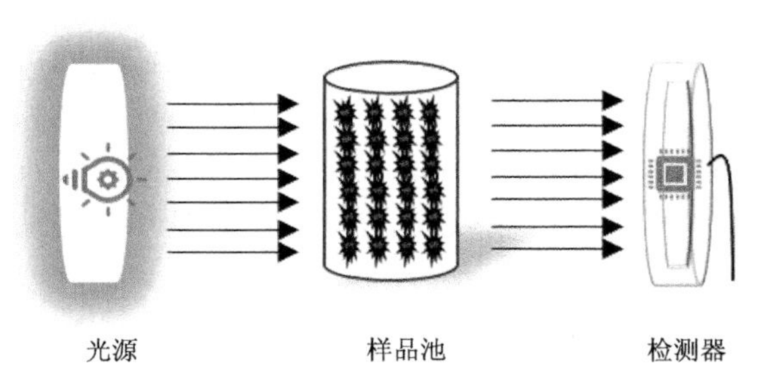

图 2-2　透射光谱技术示意图

$$A^*(\lambda)=\lg[I_0(\lambda)/I_t(\lambda)]=\lg\left[1/T^*(\lambda)\right]=\varepsilon cd \tag{2-1}$$

式中，$A^*(\lambda)$为被测物的吸光度(或称绝对吸光度)；$I_0(\lambda)$为入射光强度；$I_t(\lambda)$为透射光强度；$T^*(\lambda)$为透射比；ε、c、d分别为摩尔吸光系数、被测物质浓度和光程长度。

在近红外光谱实际测量中，由于被测物是放在样品池中，在界面间会发生反射，且大多数物质都非透明液体，这些都导致光束的衰减。为了补偿这些影响，采用在另一等同的吸收池中放入标准物质(也称为参比)与被分析物质的透射强度进行比较。将入射光$I_0(\lambda)$分别照射标准溶液和试验溶液，分别测得透射光强度为$I_s(\lambda)$和$I_t(\lambda)$，引入了相对透射比$T(\lambda)$概念：

$$T(\lambda)=I_t(\lambda)/I_s(\lambda) \tag{2-2}$$

仿照式(2-1)可计算出：

$$A(\lambda)=\lg[I_s(\lambda)/I_t(\lambda)]=\lg\left[1/T(\lambda)\right] \tag{2-3}$$

式中，$A(\lambda)$为相对吸光度，应用时通称吸光度。

反射光谱分析法是将样品置于检测器和光源的同一侧，检测器所检测的是样品以各种方式反射回来的光。物体对光的反射又分为规则反射与漫反射。规则反射指光在物体表面按入射角等于反射角的反射定律发生的反射；漫反射是光投射到物体(通常是粉末或其他颗粒)后，在物体表面或内部发生方向不确定的反射。应用漫反射光进行分析的方法称为漫反射光谱法[4]，如图 2-3 所示。

在探讨漫反射光强度与样品浓度之间的关系时，引入库贝尔卡-蒙克(Kubelka-Munk)方程：

$$\frac{K}{S}=\frac{(1-R_\infty)^2}{2R_\infty} \tag{2-4}$$

式中，K 为试料的吸收系数(单位面积，单位深度)；S 为试料散射系数；R_∞ 为样品厚度大于入射光透射深度时的漫反射比(含镜面反射)，定义为全部漫反射光强与入射光强比，又称绝对反射率。将试料的反射光强与标准板(参比)的反射光强之比定义为相对反射率 $R(\lambda)$ (一般记作 R)。

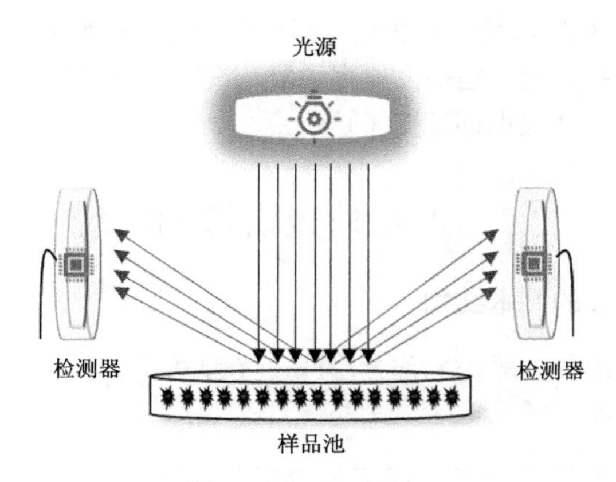

图 2-3　反射光谱技术示意图

对于标准板，其绝对反射率为 $R_\infty^s = I_s/I_0$，对于测试样，其绝对反射率为 $R_\infty^t = I_t/I_0$，则相对反射率定义为

$$R = R_\infty^t / R_\infty^s = I_t / I_s \tag{2-5}$$

将相对反射率代入式(2-4)代替绝对反射率，式(2-4)变成：

$$\frac{K}{S} = \frac{(1-R)^2}{2R} = f(R) \tag{2-6}$$

式中，K与被测物质的摩尔吸光系数ε和被测物质浓度呈比例关系，因此在散射系数不变(或认为不变)的条件下，显然 $f(R)$ 也是与被测物质浓度成正比的量。在漫反射条件下，$f(R)$ 也满足 Lambert-Beer 定律。因此与式(2-3)类似，漫反射测量时也定义名义吸光度：

$$A(\lambda) = \lg[I_s(\lambda) / I_t(\lambda)] \tag{2-7}$$

代入入射光强度 $I_0(\lambda)$，式(2-7)可以变换为

$$A(\lambda) = \lg[I_s(\lambda) / I_0(\lambda) \cdot I_0(\lambda) / I_t(\lambda)] = \lg[1 / R_t^*(\lambda)] - \lg[1 / R_s^*(\lambda)] \tag{2-8}$$

式中，$R_t^*(\lambda)$ 为试料的绝对反射率；$R_s^*(\lambda)$ 为标准板的绝对反射率。

因此，即使是同一试样，如果标准板不一样，近红外光谱将会发生上下移动。故当进行一系列试验时，使用同一标准板是一个最基本的要求。在近红外分析中，$A(\lambda)$ 简称吸光度，比较式(2-7)和式(2-8)可以得到

$$A(\lambda)=\lg[1/R(\lambda)] \tag{2-9}$$

在漫反射条件下，由于 Kubelka-Munk 函数(与浓度 c 呈比例关系)与吸光度之间不呈线性关系，因此吸光度与试样浓度 c 之间也不呈线性关系。但是在定量分析中所用到的吸光度变化范围都很小，并且当影响散射系数的因素(粒径、温度、颜色、组织疏密均匀度等)变化不大时，可以忽视散射影响，吸光度与浓度 c 之间可近似地按线性关系对待。包括反射率 R 在一定条件下，也可以认为与试样浓度呈线性关系，实践和试验也都证明了这一点[5]。

2.2　近红外光谱检测系统

2.2.1　近红外光谱仪的基本结构

一台近红外光谱仪一般由六部分组成：光源系统、分光系统、样品室、检测器、控制与数据处理系统及记录显示系统(图 2-4)[6]。

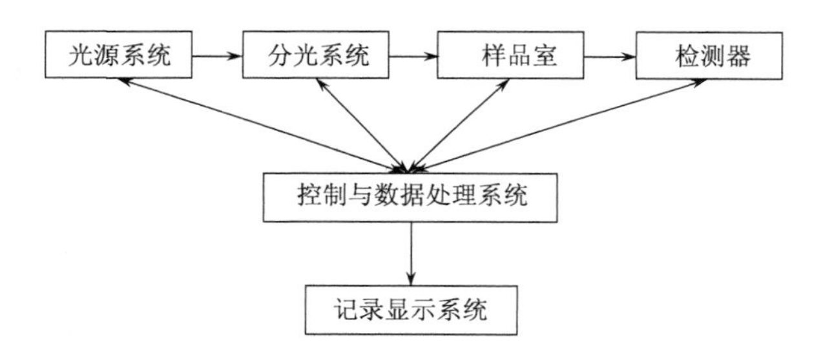

图 2-4　近红外光谱仪组成图

1. 光源系统

将光源发出的光照射到待测样品上，被样品反射回来(或透射)的光就包含了待测样品的光谱信息，再将反射光(或透射光)耦合进光纤并传送到分光系统。近红外光谱仪器的光源系统主要由光源和光源稳压电路组成。常用光源为钨灯和溴钨灯，它们的光谱覆盖整个近红外谱区，具有强度高、性能稳定、寿命长等特点。为提高光源的稳定性，光源供电必须有高性能稳压电路，另外，可通过调制光源、监测光源强度反馈补偿或增加参比光路来提高光强测量的准确性，从而提高仪器的信噪比。

2. 分光系统

分光系统的作用是将多色光转化为单色光，它关系到近红外光谱仪器的分辨率、波长准确性和波长重复性，是近红外光谱仪器的核心部件，其主要作用是色散和成像。根据分光原理的不同，近红外光谱仪器的分光器件主要有滤光片、光栅、干涉仪、声光调制滤光器四种类型。

3. 样品室

样品室又称试样容器，是用来放置样品的。样品室材料一般用玻璃或有机玻璃即可，形状根据具体样品而定。此外，根据需要可加恒温、低温、旋转或移动装置等。

4. 检测器

检测器一般由光敏元件构成，其作用是把光信号转变为电信号，因此检测器的性能直接影响仪器的信噪比。常用的光敏材料及波长范围如表 2-2 所示[7]。

表 2-2 常用检测器光敏材料及波长范围

光敏材料	波长/nm	光敏材料	波长/nm
Si	700～1100	InSb	1000～2500
Ge	700～2500	InAs	800～2500
PbS	750～2500	InGaAs	800～2500

5. 控制与数据处理系统

近红外光谱仪的控制部分用于控制仪器各个部分的工作状态，如控制光源系统发光状态、调制或补偿，控制分光系统的扫描波长、扫描速度，控制检测器的数据采集、模数(A/D)转换，有时还控制样品室旋转、移动或温度。数据处理系统主要对所采集的光谱进行分析处理，实现定性或定量分析。近红外光谱仪的数据处理软件通常由光谱数据预处理、校正模型建立和未知样品分析三大部分组成。

6. 记录显示系统

显示或打印样品光谱以及测量结果。

2.2.2 近红外光谱仪的主要性能指标

1. 波长范围

每台近红外光谱仪器都有有效的光谱范围，光谱范围主要取决于仪器的透光材料、分光系统、检测器的类型以及光源。近红外光谱仪的波长范围通常分两段：780～1100nm 的短波近红外光谱区域和 1100～2526nm 的长波近红外光谱区域。

2. 光谱的分辨率

光谱的分辨率是指仪器对于紧密相邻峰的可分辨的最小波长间隔，表征仪器实际分开相邻两谱线的能力。主要取决于光谱仪器的分光系统，其光谱带宽越窄，分辨率越高。仪器的分辨率能否满足要求，要看仪器的分析对象，即分辨率的大小能否满足样品信息的提取要求。有些化合物的结构特征比较接近，要得到准确的分析结果，就要对仪器的分辨率提出更高的要求，如二甲苯异构体的分析，一般要求仪器的分辨率高于 1nm。

3. 波长准确性和精确度

光谱仪器波长准确性是指仪器测定标准物质某一谱峰的波长与该谱峰的标定波长之差。波长的准确性对保证近红外光谱仪器间的模型传递非常重要。为了保证仪器间校正模型的有效传递，短波近红外波长准确性要求在 0.5nm 内，长波近红外波长准确性要求在 1.5nm 内。

波长精确度是指对样品进行多次扫描后谱峰位置间的差异，通常用多次测量某一谱峰位置所得波长或波数的标准偏差表示。波长重现性是体现仪器稳定性的一个重要指标，对校正模型的建立和模型的传递均有较大的影响，同样也会影响最终分析结果的准确性。

4. 光度准确性

光度准确性是指仪器对某标准物质进行透射或漫反射测量，测量的光度值与该物质标定值之差。对那些直接用光度值进行定量的近红外方法，光度准确性直接影响测定结果的准确性。光度准确性主要由检测器、放大器、信号处理电路的非线性引起。

5. 信噪比

信噪比是指样品吸光度与仪器吸光度噪声的比值。仪器吸光度噪声是指在一定的测量条件下，在确定的波长范围内对样品进行多次测量，得到光谱吸光度的标准差。仪器的噪声主要取决于光源的稳定性、放大器等电子系统的噪声、检测器产生的噪声及环境噪声。基线稳定性是指仪器相对于参比扫描所得基线的平整性，平整性可用基线漂移的大小来衡量。基线稳定性对获得稳定的光谱有直接的影响。杂散光是指分析光以外被检测器接收的光，是导致仪器测量出现非线性的主要原因，杂散光的控制非常重要。杂散光对仪器的噪声、基线及光谱的稳定性均有影响，主要是由光学器件表面的缺陷、光学系统设计不良或机械零部件加工不良与位置不当等引起的。

6. 仪器的扫描速度

仪器的扫描速度是指在一定的波长范围内完成一次扫描得到一个光谱所需要的时间。不同设计方式的仪器完成一次扫描所需的时间有很大的差别。

7. 软件功能

软件是现代近红外光谱仪器的重要组成部分，一般由光谱采集软件和光谱化学计量学处理软件两部分构成。光谱化学计量学处理软件一般由谱图的预处理、定性或定量校正模型的建立和未知样品的预测三大部分组成，其核心是校正模型建立部分软件，它是光谱信息提取的手段，将直接影响到分析结果的准确性[8]。

2.2.3　近红外光谱检测处理流程

近红外光谱检测技术是一种快速分析技术，能够在很短时间内完成样品的检测分析，在近红外光谱分析中，最为耗时的是近红外光谱的数据分析。数据分析一般涉及以下几个步骤。

1. 具有代表性的建模样品的收集

建模样品是从总体中抽取的有限个(一般是几十个)能代表研究对象总体的适合分析的样品。这里说的代表性指的是同一材料(如同一种作物)中的不同类型、不同品种、不同来源以及待测组分含量分布等。待测组分含量范围应覆盖被测样品中该组分的含量范围，而且在此范围内建模样品的分布尽量均匀。如果有足够的数量，同一类型的品种可做单独建模，这样会得到更好的效果。

2. 建模样品被测组分化学分析值的测定

校正模型是由建模样品被测组分的化学值和相关近红外光谱的吸光度或光密度值经回归得到的，因此模型预测结果的准确性很大程度上取决于标准方法测得的化学值的稳定性，只有准确的化学值才能得到可靠的回归模型，从而保证未知样品预测的准确性。保证化学值的准确性，必须注意下列各点：①选用国际或国内标准方法测定建模样品；②在不同时间测定 2～3 个平行样品，它们之间的相对误差不能大于方法允许的误差范围；③测定结果建议以干基含量表示，这样表示的结果不会因空气湿度的变化而波动[9]。

3. 光谱数据的收集和处理

在测定光谱数据时，应注意到仪器状态和环境因素的变化，测量条件尽量保持一致。另外，根据样品的物化性质，选择最佳采谱方式。在检测食品的品质时，获取的信息中除含有待测样品的原始信息外，还包含各种外在的干扰信息，这些噪声信息会导致测得的数值和真实值之间存在一定差异。为尽可能消除误差，应保持试验时的环境因素尽量一致。除此之外，必须运用各种数据处理方法来减弱甚至除去各种干扰因素的影响，为下一步的数据处理奠定基础。近红外光谱采集时，有许多高频随机噪声、基线漂移、样品背景、光色散等噪声信息夹入。这将干扰近红外光谱与样品内有效成分含量间的关系，并直接影响所建立模型的可靠性和稳定性。因此，当采集完待测样品的近红外光谱后，需要对近红外光谱信号进行预处理，移除近红外光谱中与待测样品无关的信息。

4. 模型建立和验证

当从近红外光谱中提取特征信息后，可通过建模的方法建立待测物质品质分析检测模型。近红外光谱的建模方法分为以模式识别为主的定性识别方法和定量分析预测方法。定性识别方法(又称模式分类或模式识别)是对传感器所获取的数据进行处理分析、归纳和分类的过程。按样本所属的类别是否预先已知划分，定性识别分为有监督识别(如线性判别、支持向量机等)和无监督识别(如聚类分析等)两种；按分类函数的线性度划分，定性识别又可分为线性识别(费歇尔投影等)和非线性识别(神经网络等)两种；按分类对象划分，定性识别可分为一类、两类和多类识别(分类)。定量分析是对被研究对象所含成分的数量关系或所具备性质间的数量关系进行量化的分析过程。采用无损检测技术获取食品、农产品的品质信息时，通常只能获取与待测样品品质相关的间接信息，如要进一步了解待测样品的品质信息(如水分、糖度、酸度、新鲜度等)，则需要将无损检测方法所获取的待测样品信号特征与常规方法(如高效液相色谱法、紫外分光光度计法或其他化学方法)获取的信息建立相应的定量分析模型。

对建立起来的校正模型必须进行校验。常规的做法是将样品集分成两部分，一部分用来建立校正模型，另一部分用来校验模型。如果没有足够的样品，“leave-one-out”(留一交互校验法)则是一种较好的选择。留一交互校验法的优点在于校正样品集中不包含用于校正模型的样品，可以独立地对校正模型进行校验。一般模型质量的好坏常用以下几个统计量来评定。

1)相关系数

设有 m 个样品，其定量分析的标准测量值为 $y_1, y_2, \cdots, y_m$，而由近红外光谱法得到的结果为 $z_1, z_2, \cdots, z_m$，定义 m 个样品两种定量结果的相关系数(R)如下：

$$R=\frac{\sum_{i=1}^{m}(z_i-\overline{z})(y_i-\overline{y})}{\sqrt{\sum_{i=1}^{m}(z_i-\overline{z})^2}\sqrt{\sum_{i=1}^{m}(y_i-\overline{y})^2}} \tag{2-10}$$

式中，$\overline{z}=\frac{1}{m}\sum_{i=1}^{m}z_i$；$\overline{y}=\frac{1}{m}\sum_{i=1}^{m}y_i$ 。

相关系数是描述两个定量结果相关程度的一个统计量，但是当一种定量方法结果存在系统误差时，则相关系数 R 不能完全用于评价模型预测结果的好坏。

2) 交互验证均方根误差

交互验证均方根误差(RMSECV)指标主要用于评价某种建模方法的可行性及所得模型的预测能力，在模型训练过程中通过交互验证的方法来计算。交互验证一般步骤：① 从校正集中选择一个样本 i(如果校正集足够大，可取一组样品)，从校正集中剔除该样本对应的 x_i 和 y_i 向量；② 利用剩余的样本组成的校正集来训练以建立模型；③ 利用上面建立的模型去预测被提出的样本，得到预测值 $\hat{y}_{\backslash i}$；④ 把被剔除的样本重新放回校正集，再从校正集中剔除另外一个样本，返回步骤①重复计算。利用校正集中各个样本的真实值 y_i 以及预测值 $\hat{y}_{\backslash i}$，按照式(2-11)计算交互验证均方根误差的值。

$$\text{RMSECV}=\sqrt{\frac{\sum_{i=1}^{n}(\hat{y}_{\backslash i}-y_i)^2}{n}} \tag{2-11}$$

式中，y_i 为校正集中第 i 个样本的实测值；$\hat{y}_{\backslash i}$ 为校正集中剔除第 i 个样本后，用余下的样本建立的模型对第 i 个样本的预测值；n 为校正集样本数。

3) 预测均方根误差

模型对预测集样本的预测均方根误差(RMSEP)，主要用于评价所建模型对外部样本的预测能力。预测均方根误差越小，表明模型对外部样本的预测能力越高，反之其预测能力越低。RMSEP 值按下式计算：

$$\text{RMSEP}=\sqrt{\frac{\sum_{i=1}^{n}(y_i-\hat{y}_i)^2}{n}} \tag{2-12}$$

式中，y_i 和 $\hat{y}_i$ 分别为预测集第 i 个样本的实测集和预测集；n 为预测集样本数。

4) 预测相对标准偏差

$$\text{RPD}=\frac{\text{SD}}{\text{SEP}} \tag{2-13}$$

预测相对标准偏差(RPD)是预测样本标准偏差与模型预测标准差之比，用来评价所建模型的质量。通过 RPD 可以对预测集样本的标准偏差(SEP)进行标准化处理，以增加评定模型的准确度。例如，如果所建模型的 SEP＝0.284，预测样本标准差 SD=1.38，则 RPD=1.38/0.284=4.86。如果 RPD>10，说明所建模型的准确性、稳定性非常好，可以准确地预测相关参数；如果 RPD 为 5～10，说明模型可以用于质量控制；如果 RPD 为 2.5～5，说明该模型只能对样品中所测成分的含量进行高、中、低的判定，不能用于定量分析；如果 RPD 接近于 1，说明 SEP 与 SD 基本相等，所建模型不能准确有效地预测成分含量。

建立校正模型的目的是对未知样品的组成或性质进行预测。首先对未知样品在相同的仪器条件下进行光谱扫描，然后对图谱进行与以前相同的预处理，最后可以通过得到的校正模型进行预测。但是，应注意未知样品与校正样品集必须属于同一类。

2.3 近红外光谱数据处理方法

2.3.1 光谱数据预处理

常用的光谱数据预处理方法有很多。下面简单介绍几种在近红外原始光谱的预处理中常用到的方法：多元散射校正(MSC)、均值中心化(MC)、极小/极大归一化、标准正态变量变换(SNV)等[10]。

1. 多元散射校正

多元散射校正方法是现阶段多波长定标建模常用的一种数据处理方法，经过散射校正后得到的光谱数据可以有效地消除散射影响，该方法的使用首先要求建立一个待测样品的“理想光谱”，即光谱的变化与样品中成分的含量满足直接的线性关系，以该光谱为标准要求对所有其他样品的近红外光谱进行修正，其中包括基线平移和偏移校正。在实际应用中，“理想光谱”是很难得到的，由于该方法只是用来修正各样品近红外光谱间的相对基线平移和偏移现象，所以取所有光谱的平均光谱作为一个理想的标准光谱是完全可以的。下面将详细给出多元散射校正法的算法解析过程以及该方法在灵武长枣样品近红外光谱散射校正中的应用[11]。

首先计算所有样品近红外光谱的平均光谱，然后将平均光谱作为标准光谱，每个样品的近红外光谱与标准光谱进行一元线性回归运算，求得各光谱相对于标准光谱的线性平移量(回归常数)和倾斜偏移量(回归系数)，在每个样品原始光谱中减去线性平移量同时除以回归系数，这样每个光谱的基线平移和偏移都在标准光谱的参考下予以修正，而和样品成分含量所对应的光谱吸收信息在数据处理的全过程中没有任何影响，提高了光谱的信噪比[12]。以下为具体的算法过程。

(1) 计算平均光谱：

$$\overline{A} = \frac{1}{n}\sum_{i=1}^{n} A_{i,j} \tag{2-14}$$

(2) 将每个样品的光谱与平均光谱进行线性回归，求得回归系数 m_i、b_i：

$$A_i = m_i \overline{A} + b_i \tag{2-15}$$

(3) 计算校正后的光谱：

$$A_i(\mathrm{MSC}) = \frac{A_i - b_i}{m_i} \tag{2-16}$$

式 (2-14) ～式 (2-16) 中，$\overline{A}$ 表示所有样品的原始近红外光谱在各个波长点处求平均值所得到的平均光谱矢量；A_i 是 $1\times p$ 维矩阵，表示单个样品光谱矢量；m_i 和 b_i 分别表示各样品近红外光谱 A_i 与平均光谱 A 进行一元线性回归后得到的相对偏移系数和平移量；$i=1,2,\cdots,n$, n 表示样品数；j 表示第 j 个波数。

灵武长枣样本的原始近红外光谱如图 2-5 (a) 所示，MSC 预处理后光谱如图 2-5 (b) 所示，通过对比预处理前后的光谱图可以明显地看出不同光谱之间的散射程度大幅度减小，说明光谱经 MSC 预处理后达到了一定的优化效果。

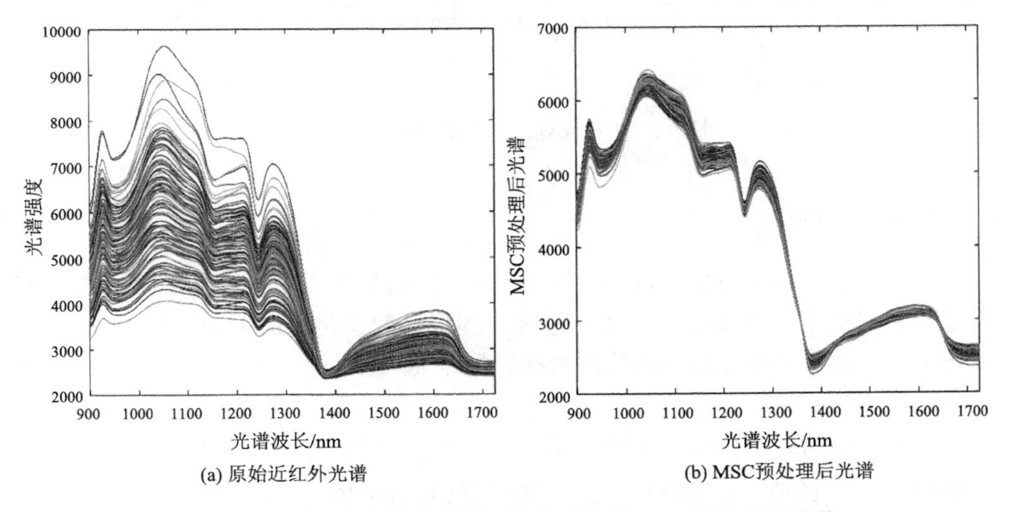

图 2-5　灵武长枣样本的原始近红外光谱及 MSC 预处理后光谱

2. 均值中心化

均值中心化处理是从每个数据矩阵中减去平均值，可以简化后续数据处理部分计算并使之稳定。中心化处理前后的近红外光谱图如图 2-6 所示。

对于第 j 个样本的数据值 $\mathrm{GP}(j,i)(i=1,2,\cdots,n)$，中心化处理公式如下：

$$\mathrm{GP}'(j,i)=\mathrm{GP}(j,i)-\sum_{i=1}^{n}\mathrm{GP}(j,i)/n,\quad i=1,2,\cdots,n \tag{2-17}$$

式中，n 为数据的变量总数。

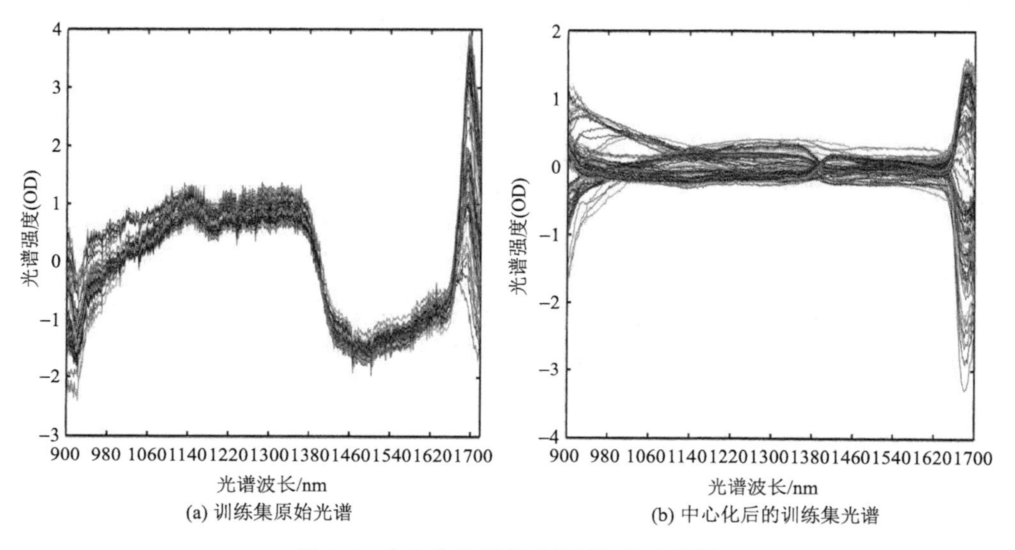

(a) 训练集原始光谱　　(b) 中心化后的训练集光谱

图 2-6　中心化处理前后的近红外光谱图

3. 极小/极大归一化

归一化处理(normalization)是为了使所有数据都处于一个相同的范围内，使得变量和平均值的分布更加均衡。最常用的极值归一化(min/max)是指把数据矩阵的每一行数据与该行最小值的差都除以极差(即最大值与最小值的差)，得到的新数据范围为 0～1。

几种常见的归一化方法见表 2-3。表中 $P_{ij}(i=1,2,\cdots,8;\ j=1,2,3,4)$ 为已提取的响应信号特征值，y_{ij} 为归一化后的响应信号特征值，把 P_{ij} 看作一个矢量，$P_{kij}(k=1,2,\cdots,8;\ i=1,2,\cdots,8;\ j=1,2,3,4)$ 就是矢量 $\boldsymbol{P}_{ij}$ 的第 k 个值，$P_{ij}^{\max}$、$P_{ij}^{\min}$、$\overline{P_{ij}}$、σ_{ij} 为该特征值多次测量后统计的最大值、最小值、平均值和方差。

表 2-3　特征值归一化方法

方法	公式
一般归一化(general normalization)	$y_{ij}=\dfrac{P_{ij}-P_{ij}^{\min}}{P_{ij}^{\max}-P_{ij}^{\min}}$
矢量归一化(vector normalization)	$y_{ij}=\dfrac{P_{ij}}{\sqrt{P_{1ij}^2+P_{2ij}^2+\cdots+P_{kij}^2}}$
自归一(self normalization)	$y_{ij}=\dfrac{P_{ij}-\overline{P_{ij}}}{\sigma_{ij}}$

一般归一化的公式计算简单，可以让所有特征值都映射到[0，1]区间上，适合于各种情况，随着检测的进行，样本特征的平均值和方差都会改变，对所筛选的特征值进行一般归一化处理，将所有特征值都归一到[0，1]区间上，有利于数据的进一步处理；矢量归一化公式主要针对矢量进行归一化处理；自归一针对正态分布的变量归一化处理会得到很好的效果，将特征值映射到一个标准的正态分布区间上[13]。

4. 标准正态变量变换

标准正态变量变换是针对每条光谱进行标准化处理的方法。标准正态变量变换计算公式与标准化预处理的计算公式相似，其主要区别在于：标准化是对一组光谱进行的预处理，即对光谱矩阵的列处理，而标准正态变量变换则是对一条光谱进行预处理，是对光谱矩阵的行处理。标准正态变量变换(SNV)的计算公式如下：

$$x_{ik,\mathrm{SNV}}=\frac{x_{i,k}-\overline{x}_i}{\sqrt{\sum_{k=1}^{m}(x_{i,k}-\overline{x}_i)^2\Big/(m-1)}} \tag{2-18}$$

式中，$x_{ik,\mathrm{SNV}}$ 表示第 $i(i=1,2,\cdots,n)$ 个样本在第 $k(k=1,2,\cdots,m)$ 个波数点处的光谱数据经 SNV 预处理后的值；$x_{i,k}$ 表示第 i 个样本在第 k 个波数点处的光谱数据；$\overline{x}_i$ 表示第 i 个样本的光谱在所有 m 个波数点处光谱数据的平均值。如图 2-7 所示，即为水磨糯米粉样本的原始光谱和经过 SNV 预处理后的光谱。

5. 求导去噪

求导去噪是指对传感器获取的数据进行微分处理，即沿着数据曲线计算出每个数据点处的斜率，新形成的曲线就是导数谱图。$\dfrac{\mathrm{d}A}{\mathrm{d}\lambda}$-$\lambda$ 曲线是一阶导数谱，

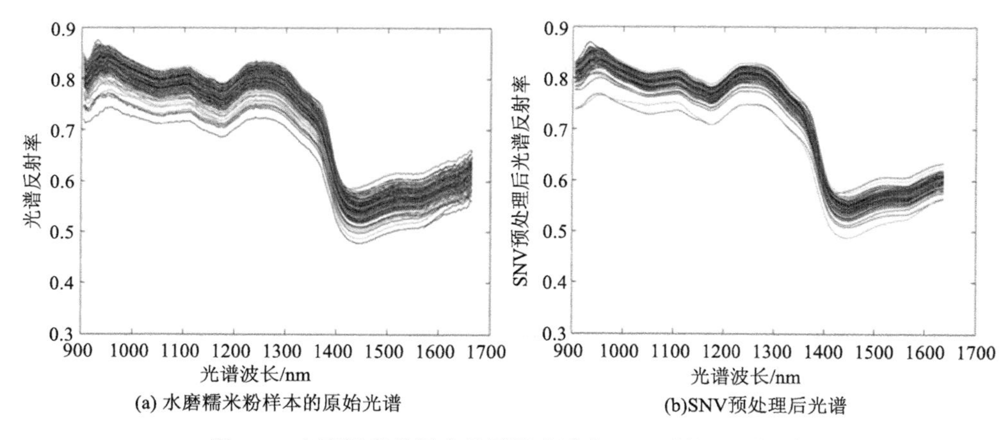

(a) 水磨糯米粉样本的原始光谱
(b)SNV预处理后光谱

图 2-7　水磨糯米粉样本的原始光谱和 SNV 预处理后光谱

$\frac{d^2A}{d\lambda^2}$-λ 曲线是二阶导数谱，依次类推，可得到 n 阶导数谱或称微分谱。λ 可以是波长，也可以是波数。导数的数值近似可以用最小二乘多项式等函数计算出来。也可由离散的数据点直接求导，如求一阶导数的数学分析式可用九点二次函数：

$$\left(\frac{d^2y}{dx^2}\right)=\frac{1}{60d\sigma}[4(y_{i+4}-y_{i-4})+3(y_{i+3}-y_{i-3})+2(y_{i+2}-y_{i-2})+(y_{i+1}-y_{i-1})+y_i] \quad (2\text{-}19)$$

求二阶导数的数学分析式可用十三点二次函数：

$$\left(\frac{d^2y}{dx^2}\right)=\frac{1}{1001(d\sigma)^2}[22(y_{i+6}+y_{i-6})+11(y_{i+5}-y_{i-5})+2(y_{i+4}-y_{i-4})$$
$$-5(y_{i+3}+y_{i-3})-10(y_{i+2}+y_{i-2})-13(y_{i+1}+y_{i-1})-14y_i] \quad (2\text{-}20)$$

实际曲线中所取数据点有限，因此对某一光谱求二次一阶导数所得的导数谱与求一次二阶导数所得的导数谱不相同；对同一样品，采集光谱时所取的数据点不同，所得的导数光谱也不相同。原始谱图的测量精度越高，所取数据点数越多，所得导数谱的分辨率就越高，用各种数值分析方法求出的导数谱间的差别就越小[14]。

在食品、农产品的数据采集中，导数计算可以减少基线偏移、漂移和背景干扰造成的数据偏差。在传感器数据获取的过程中，仪器参数的设置、样品包装等的差异，可能造成扫描光谱的基线平移和旋转。基线平移是指光谱中任一波长处的吸光度与真值之间存在固定的偏差；基线旋转是指光谱误差变化中与波长有线性关系的变化量。一阶导数可以消除光谱基线的平移，二阶导数可以消除基线的旋转。由于导数计算往往增加噪声，故导数预处理之前经常需要进行平滑处理。对光谱求导一般都是在 Savitzky-Golay (SG) 卷积平滑的基础上再求导。在求导过程中，差分宽度选择十分重要：如果差分宽度太小，噪声会很大，影响所建模型的质量；如果差分宽度太大，平滑过度，会失去大量的细节信息[15]。图 2-8(a)为茶叶近红外光谱原始光谱，图 2-8(b)分别经过七点三次的 Savitzky-Golay 卷积求导后得到的一阶导数光谱。

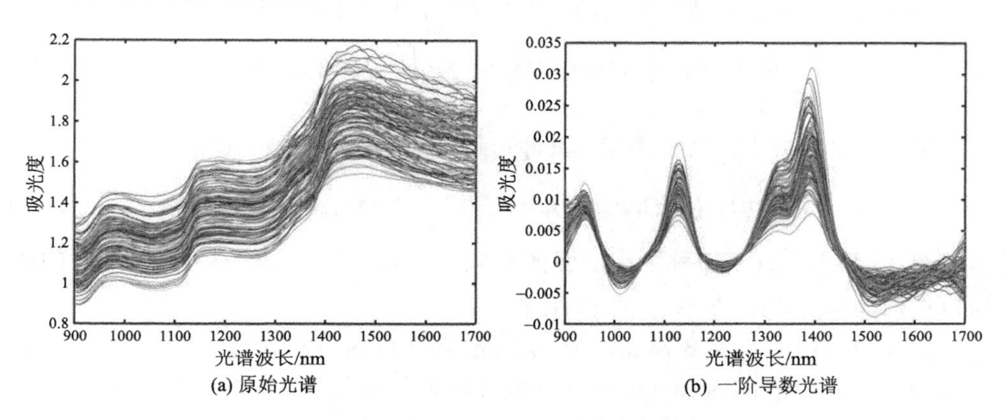

图 2-8　茶叶的近红外光谱图

6. 小波变换

小波变换(wavelet transform, WT)是一种能够同时在时域和频域进行局部分析的信号分析方法，自被引入信号处理领域以来，已展现了其在信号处理中的独特优势。迄今为止，小波变换已被成功地应用于信号的平滑和滤噪、数据压缩、基线校正、求导运算以及重叠信号解析等。下面对实函数(或信号)的小波变换作一简单介绍。

小波的定义：小波是满足一定条件的函数 $\psi(t)$ 通过平移和伸缩产生的一个函数族，即

$$\psi_{a,b}(t)=\frac{1}{\sqrt{|a|}}\psi\left(\frac{t-b}{a}\right),\quad (a, b\in\mathbf{R},\ a\neq 0) \tag{2-21}$$

式中，$\psi(t)$ 为小波基；a 为尺度参数(或称伸缩系数)，b 为平移参数，a 和 b 都为连续值，因此由式(2-21)定义的小波称为连续小波，它们组成小波空间。在实际工作中，常采用离散小波。离散小波可由连续小波通过以下式子离散化得到：

$$a=a_0^m,\quad (a_0>1, m\in\mathbf{Z}) \tag{2-22}$$

$$b=nb_0a_0^m,\quad (b_0\in\mathbf{R}, n\in\mathbf{Z}) \tag{2-23}$$

式中，m、n 分别为离散值。

将式(2-22)和式(2-23)代入式(2-21)，可得离散小波的定义式：

$$\psi_{m,n}(t)=a_0^{-m/2}\psi(a_0^{-m}t-nb_0) \tag{2-24}$$

当 $a_0=2, b_0=1$ 时，称为二进离散小波：

$$\psi_{m,n}(t)=2^{-m/2}\psi(2^{-m}t-n) \tag{2-25}$$

小波变换：某实函数或被处理的信号 $f(t)$ 的连续小波变换定义为

$$W_f(a,b)=\langle f(t),\psi_{a,b}(t)\rangle=\frac{1}{\sqrt{|a|}}\int_{-\infty}^{+\infty}f(t)\psi_{a,b}(t)\mathrm{d}t \tag{2-26}$$

采用二进离散小波代替连续小波即可得到二进离散小波变换：

$$W_f(m,n)=\langle f(t),\psi_{m,n}(t)\rangle=2^{-m/2}\int_{-\infty}^{+\infty}f(t)\psi_{a,b}(2^{-m}t-n)\mathrm{d}t \tag{2-27}$$

$W_f(a,b)$ 和 $W_f(m,n)$ 称为小波变换系数。从上两式可以看出，小波变换的实质可理解为信号 $f(t)$ 在小波空间的投影。

目前最常用的小波变换算法为 Mallat 和 Meyer 提出的多分辨率信号分解(multiresolution signal decomposition, MRSD)算法(也称为 Mallat 算法)，其计算过程分为小波分解和小波重构，图 2-9 为小波分解和小波重构过程示意图。设原始离散信号为 $C^0(j)$ (j 为信号中的数据点数，上标“0”代表分解次数为 0，也即代表原始信号)，根据 Mallat 算法对其进行第一尺度分解，得到离散逼近 $C^1(j)$ 和离散细节 $D^1(j)$，其中 $C^1(j)$ 为原始数据中的低频成分，包含信号的主要信息，$D^1(j)$ 为高频成分，包含信号的细微信息。然后将 $C^1(j)$ 再分解为离散逼近 $C^2(j)$ 和离散细节 $D^2(j)$，是原始信号的第二尺度分解。如此重复，直至信号被分解至预期的尺度 J($J\in\mathbf{Z}$) 次。小波重构即利用信号分解后得到的小波系数恢复原始信号，其过程正好与小波分解相反，因此也称为小波变换的逆变换。

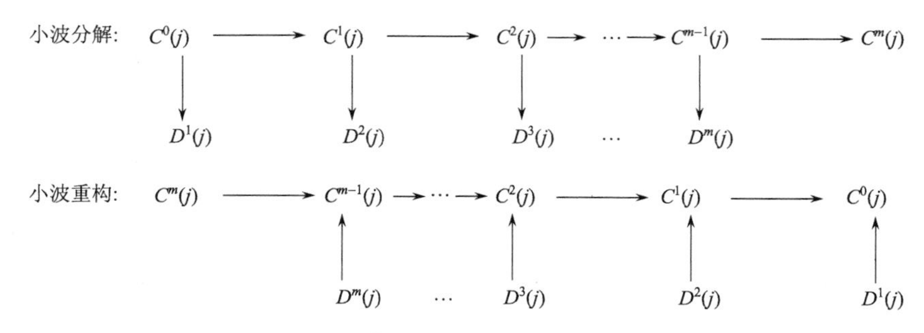

图 2-9　小波分解和小波重构过程示意图

在采用近红外光谱检测苹果糖度的试验中，利用 db4 小波对苹果的近红外光谱进行小波分解，以减少环境噪声，提高信噪比。图 2-10 为一个苹果的近红外原始光谱图及其在尺度 1～8 上的小波变换形式的小波滤噪图，从图中可以看出，尺度分别为 1、2、3 时分解出的信号基本上都是高频的噪声信息；尺度为 4、5 时分解出的为次高频信息，此时的光谱曲线中也包含较多的噪声信息；尺度为 6 时分解出的信号虽然也含有部分振动信号，但光谱曲线已较为平滑，且波形也较丰富；而当尺度为 7、8 时，信号的波形则显得平坦而简单，此时的信号主要反映原始光谱中的低频和超低频信息。

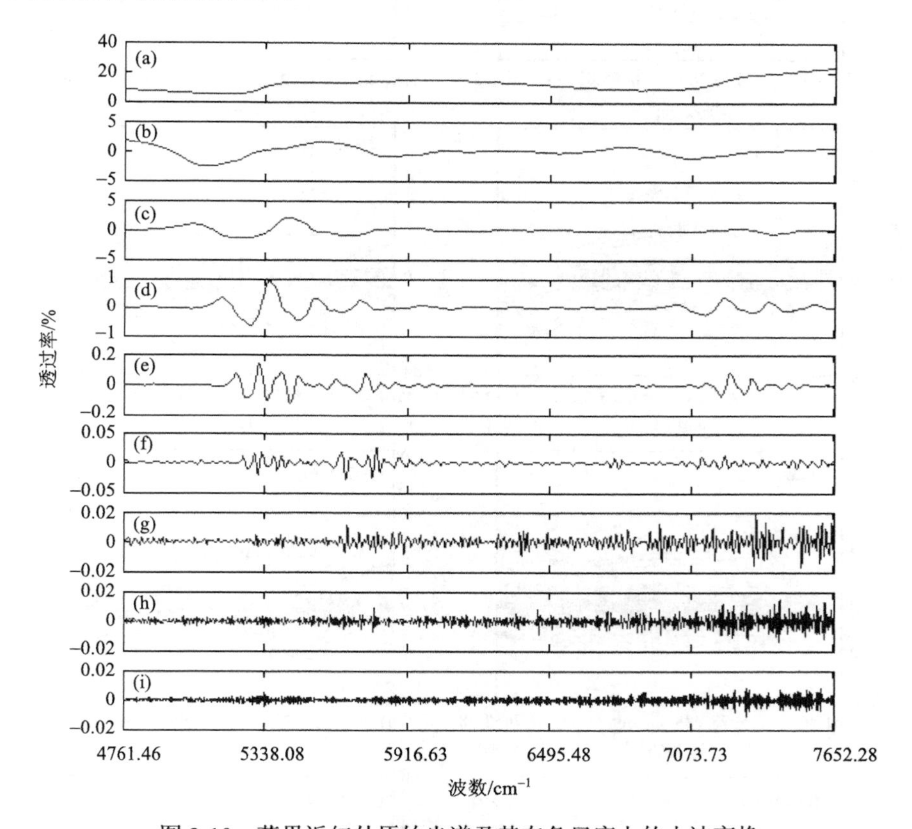

图 2-10　苹果近红外原始光谱及其在各尺度上的小波变换

(a) 苹果近红外原始光谱；(b) 尺度 8 上的小波变换光谱；(c) 尺度 7 上的小波变换光谱；(d) 尺度 6 上的小波变换光谱；(e) 尺度 5 上的小波变换光谱；(f) 尺度 4 上的小波变换光谱；(g) 尺度 3 上的小波变换光谱；(h) 尺度 2 上的小波变换光谱；(i) 尺度 1 上的小波变换光谱

对各尺度上的小波系数进行去噪处理，然后再进行光谱重构即可得到滤噪后的苹果近红外光谱。图 2-11 显示了小波滤噪前后的训练集苹果近红外光谱，其中图 2-11 (a) 为原始光谱图，图 2-11 (b)～(h) 分别为在尺度 2～8 (2～8 层) 上进行小波滤噪后的光谱图。为了更易看清，图中对原始光谱及小波滤噪后的光谱都进行了中心化处理。由图可以看出，随着小波分解尺度的增大，滤噪后的光谱曲线

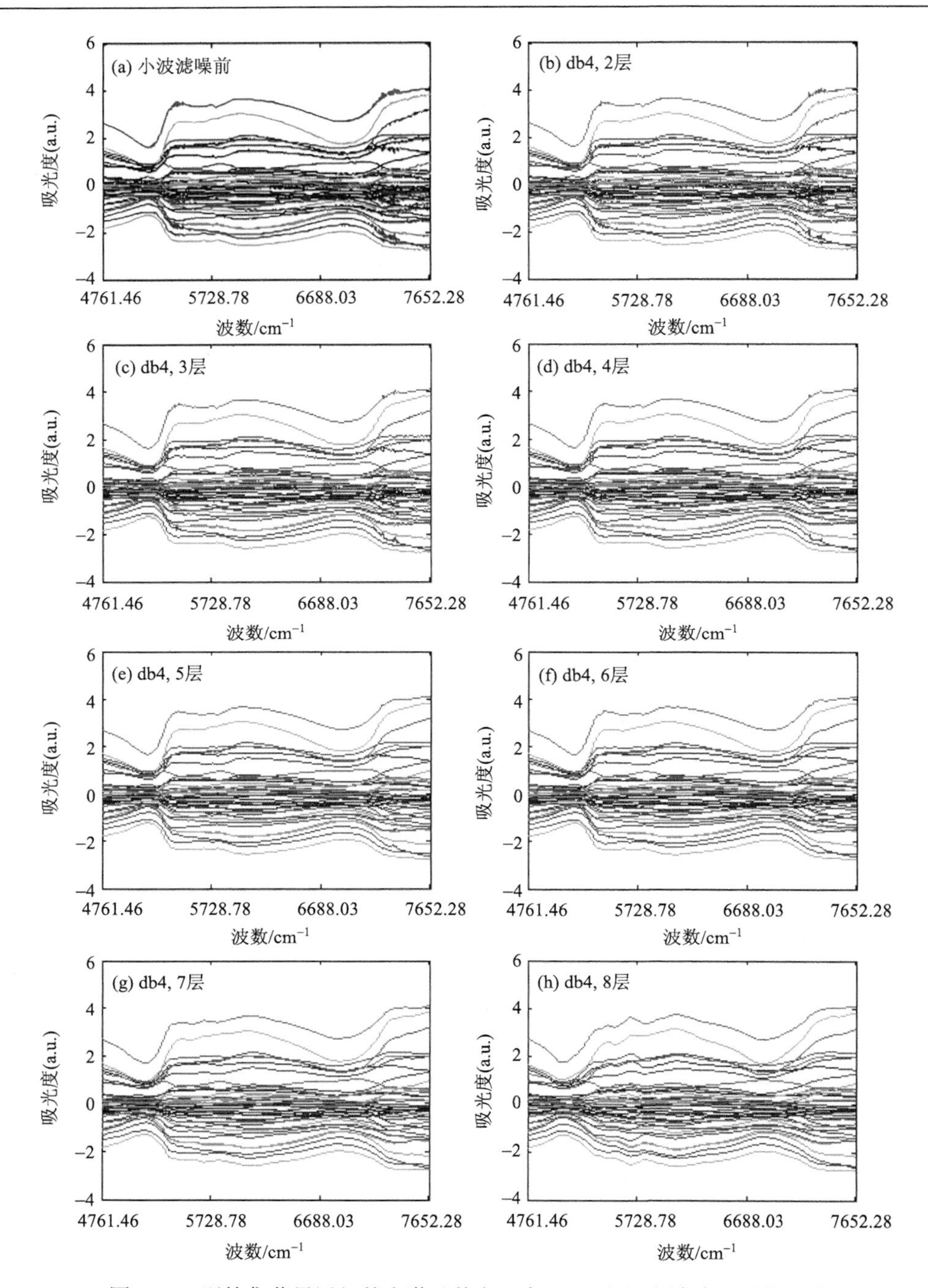

图 2-11　训练集苹果近红外光谱及其在尺度 2～8 上经小波滤噪后的光谱

的光滑程度也越高，但分解尺度过大也容易造成信号失真。如图所示，当分解尺度由 2 增大到 6 时，滤噪后的光谱信号中已基本不含高频信息；当分解尺度增大到 7 时，滤噪后的光谱曲线开始出现微小的变形；而当分解尺度增大到 8 时，光谱信号的失真已十分严重。这一现象表明，在合适的分解尺度下，小波变换可以对苹果近红外光谱起到很好的滤噪作用，但若分解尺度过大，则容易造成光谱信号的失真。

7. 净分析物预处理法简介

净分析物预处理法(net analyte preprocessing，NAP)由 Goicoechea 等于 2001 年首先提出，是一种基于净分析物信号(net analyte signal，NAS)理论的光谱预处理方法，主要用于混合物体系中某一纯组分的光谱计量分析，其基本思想是利用数学上空间正交的原理，将原始光谱矩阵中待测组分的净分析物信号提取出来，除去光谱中与待测组分无关的信息。

对光谱的净分析物预处理实质上是一个提取光谱中某一组分的净分析物信号的过程，所谓净分析物信号是指原始光谱中与除去待测组分之外其他干扰信息所张成空间正交的部分，是光谱中唯一对应于待测组分的有用信号。净分析物信号最早被用于计算多变量校正的分析性能系数(灵敏度、选择性以及检测极限等)，后又被拓展用于检测奇异点和选择波长等。图 2-12 抽象地定性表示了样本的光谱、待测组分 k 的净分析物信号以及其他干扰信号之间的关系。

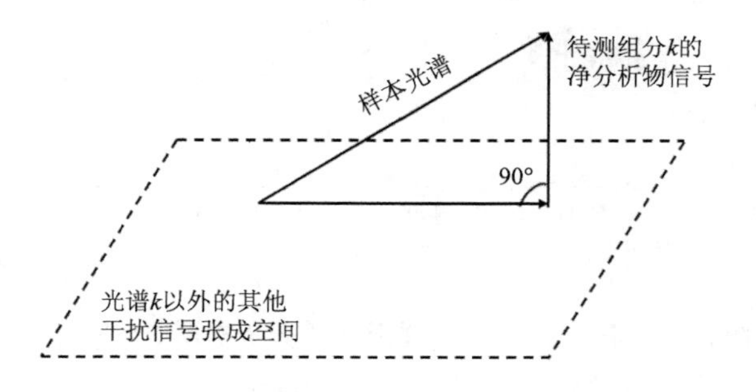

图 2-12　净分析物信号向量的几何示意图

NAP 算法如下：设样本校正集的原始光谱矩阵为 $\boldsymbol{X}(I\times J)$，样本中待测品质实测值向量为 $\boldsymbol{y}(I\times 1)$。在运用 NAP 算法时将样本的近红外原始光谱矩阵分为两部分，其中一部分是与待测样本品质相关的信息，而另一部分是与待测样本品质不相关的所有干扰信息(包括来自样本内部以及来自环境的干扰信息)的综合，即

$$\boldsymbol{X}=\boldsymbol{X}_{\mathrm{SC}}+\boldsymbol{X}_{-\mathrm{SC}} \tag{2-28}$$

式中，$\boldsymbol{X}_{\mathrm{SC}}$ 表示样品光谱中与待测样本品质相关的信息；$\boldsymbol{X}_{-\mathrm{SC}}$ 则表示光谱中待测

样本品质之外的所有其他干扰信息的综合。寻求一个与 $\boldsymbol{X}_{-\mathrm{SC}}$ 正交的 $J\times J$ 阶矩阵 $\boldsymbol{F}_{\mathrm{NAP}}$（即 $\boldsymbol{X}_{-\mathrm{SC}}\boldsymbol{F}_{\mathrm{NAP}}=0$），使式(2-28)两边同乘以 $\boldsymbol{F}_{\mathrm{NAP}}$ 后有 $\boldsymbol{XF}_{\mathrm{NAP}}=\boldsymbol{X}_{\mathrm{SC}}\boldsymbol{F}_{\mathrm{NAP}}$ 成立，这一步是该算法的关键步骤。矩阵 $\boldsymbol{F}_{\mathrm{NAP}}$ 的求解过程如下：

(1) 将原始光谱矩阵 $\boldsymbol{X}$ 向样本待测物质的实测值向量 $\boldsymbol{y}$ 作正交投影得到 $\boldsymbol{X}_{-\mathrm{SC}}=[\boldsymbol{I}-\boldsymbol{y}(\boldsymbol{y}^{\mathrm{T}}\boldsymbol{y})^{-1}\boldsymbol{y}^{\mathrm{T}}]\boldsymbol{X}$（式中 $\boldsymbol{I}$ 为 $I\times I$ 阶单位矩阵）；

(2) 求出平方矩阵 $[(\boldsymbol{X}_{-\mathrm{SC}})^{\mathrm{T}}\boldsymbol{X}_{-\mathrm{SC}}]$ 的特征向量矩阵 $\boldsymbol{U}$（$\boldsymbol{U}$ 为 $J\times A$ 阶矩阵，$\boldsymbol{U}$ 中的每一列为一个净分析物预处理因子）；

(3) 构造矩阵 $\boldsymbol{F}_{\mathrm{NAP}}=\boldsymbol{J}-\boldsymbol{UU}^{\mathrm{T}}$（式中 $\boldsymbol{J}$ 为 $J\times J$ 阶单位矩阵）。

然后即可求出经 A 个 NAP 预处理因子处理后的光谱 $\boldsymbol{X}_{\mathrm{SC}}^{*}=\boldsymbol{XF}_{\mathrm{NAP}}=\boldsymbol{X}(\boldsymbol{J}-\boldsymbol{UU}^{\mathrm{T}})$，式中 $\boldsymbol{X}_{\mathrm{SC}}^{*}$ 为经净分析物预处理法处理后得到的光谱矩阵，也即待测成分的净分析物信号矩阵。预测集光谱 $\boldsymbol{X}_{\mathrm{UN}}$ 的净分析物预处理按式 $\boldsymbol{X}_{\mathrm{UN,SC}}^{*}=\boldsymbol{X}_{\mathrm{UN}}(\boldsymbol{J}-\boldsymbol{UU}^{\mathrm{T}})$ 进行，$\boldsymbol{X}_{\mathrm{UN,SC}}^{*}$ 为预测集样本光谱中待测物质含量的净分析物信号矩阵。图 2-13 分别为茶叶样本的原始光谱及其经净分析物预处理(NAP)后的光谱图。

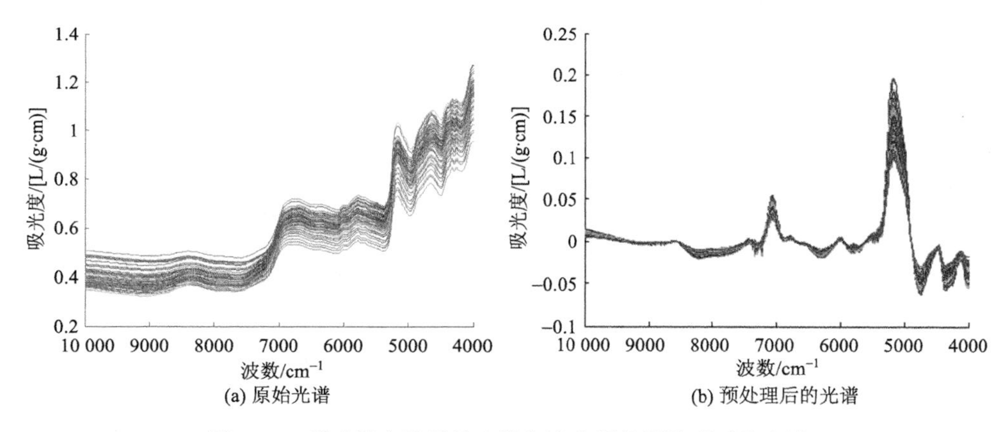

图 2-13　茶叶样本的原始光谱和净分析物预处理后的光谱

图 2-14 为茶叶经过不同的 NAP 预处理后，表没食子儿茶素没食子酸酯(EGCG)模型所采纳的主成分因子数与对应的 log(PRESS)值之间的关系。为了使图形更清晰，图中只显示了采用 1 个、3 个、5 个、7 个、9 个和 10 个 NAP 因子的情形。从图中可以看出，随着所用 NAP 因子个数的增加，最小的 log(PRESS)值所对应的凹点就逐渐向左移动，模型的最佳因子数也逐渐减小。当 NAP 因子增加到 9 个时，log(PRESS) 所对应的凹点值达到最低，此时模型的最佳主成分因子数等于 2，如果再继续增加 NAP 因子数，模型的最佳主成分因子数仍为 2，但 log(PRESS)所对应的凹点值反而略微上升。因此，优化后得到的结果是采用 9 个

NAP 因子和 2 个主成分因子的 EGCG 模型最佳。

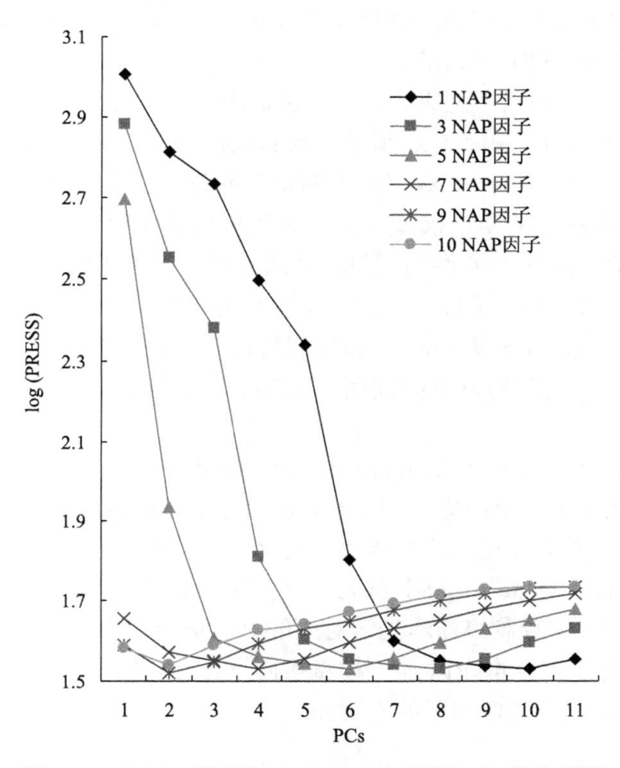

图 2-14　EGCG 模型中 log(PRESS) 值与 PCs 的关系图

8. 正交信号校正法原理简介

正交信号校正法(orthogonal signal correction，OSC)主要用于近红外光谱矩阵的预处理，由著名的瑞典计量化学家 Svante Wold 于 1998 年提出，该方法主要用于滤除数据矩阵中的系统噪声(如基线漂移、光的散射等)。其基本思想是：利用数学上正交的方法，将原始数据矩阵 $\boldsymbol{X}$ 中与待测品质 Y 不相关的部分信息滤除。换句话说，就是 $\boldsymbol{X}$ 中被滤除的信息与待测品质 Y 在数学上是正交的。因此，正交信号校正法能确保被滤除掉的信息与待测品质无关。

设待测物的原始检测数据矩阵为 $\boldsymbol{X}$（$I\times J$，I 为预测集样本数，J 为波数点数)，该矩阵中的某一元素 $x_{ij}(i=1,2,\cdots,I;j=1,2,\cdots,J)$ 的含义是第 i 个样本在第 j 个波数点处的反射率，该物质的实测值向量为 $\boldsymbol{y}(I\times 1)$。根据正交信号校正法的基本思想，从原始数据 $\boldsymbol{X}$ 中滤除的信息应该是与 $\boldsymbol{y}$ 中信息正交的。为了实现这样的正交性，所进行的滤波过程可以表示为从 $\boldsymbol{X}$ 中去除一个双线性结构(bilinear structure)，也就是去除一个类似于主成分分析(principal component analysis, PCA)中的 $\boldsymbol{TP}^{\mathrm{T}}$，即得分矩阵 $\boldsymbol{T}$ 和载荷矩阵 $\boldsymbol{P}$ 的乘积。这样，与 $\boldsymbol{y}$ 的正交性就意味着不论 $\boldsymbol{T}^{\mathrm{T}}\boldsymbol{y}$ 还是 $\boldsymbol{y}^{\mathrm{T}}\boldsymbol{T}$ 都只为零值元素。

根据以上设想，并利用主成分分析和偏最小二乘法(partial least squares，PLS)中常用的非线性迭代偏最小二乘法(nonlinear iterative partial least squares，NIPALS)来计算得分向量 $\boldsymbol{t}=\boldsymbol{Xw}$（式中的得分向量 $\boldsymbol{t}$ 构成得分矩阵 $\boldsymbol{T}$，$\boldsymbol{w}$ 为权重向量)。这里需要注意的是，权重向量 $\boldsymbol{w}$ 是可以任意调节的，且 $\boldsymbol{w}$ 的计算是通过最小化原始光谱矩阵 $\boldsymbol{X}$ 和实测值向量 $\boldsymbol{y}$ 之间的协方差来实现的，这一点与主成分分析和偏最小二乘法中 $\boldsymbol{w}$ 的计算正好相反(主成分分析和偏最小二乘法中，$\boldsymbol{w}$ 的计算是通过最大化原始光谱矩阵 $\boldsymbol{X}$ 和实测值向量 $\boldsymbol{y}$ 之间的协方差来实现的)。但这一最小化 $\boldsymbol{X}$ 和 $\boldsymbol{y}$ 之间协方差的过程，可以使得分向量 $\boldsymbol{t}$ 和实测值向量 $\boldsymbol{y}$ 尽可能地正交。

在研究正交信号校正算法的同时，Svante Wold 还对另一种可能用来计算 OSC 因子的替代方法做了简单的提示和分析，这种方法直接将原始光谱矩阵 $\boldsymbol{X}$ 向实测值向量 $\boldsymbol{y}$ 作正交，得到正交化后的光谱矩阵 $\boldsymbol{Z}=(\boldsymbol{I}-\boldsymbol{Y}(\boldsymbol{Y}^{\mathrm{T}}\boldsymbol{Y})^{-1}\boldsymbol{Y}^{\mathrm{T}})\boldsymbol{X}$，然后再对 $\boldsymbol{Z}$ 进行主成分分析。Svante Wold 等认为，这才是计算 OSC 因子的最佳、最简单的方法。但是，由于与预测集样本光谱对应的 $\boldsymbol{y}$ 值是未知的，所以预测集样本的光谱 $\boldsymbol{X}_{\mathrm{UN}}$ 不能像校正集样本光谱 $\boldsymbol{X}$ 一样直接向 $\boldsymbol{y}$ 正交。图 2-15 分别为中心化处理后滤除了 3 个和 5 个 OSC 因子的光谱图。

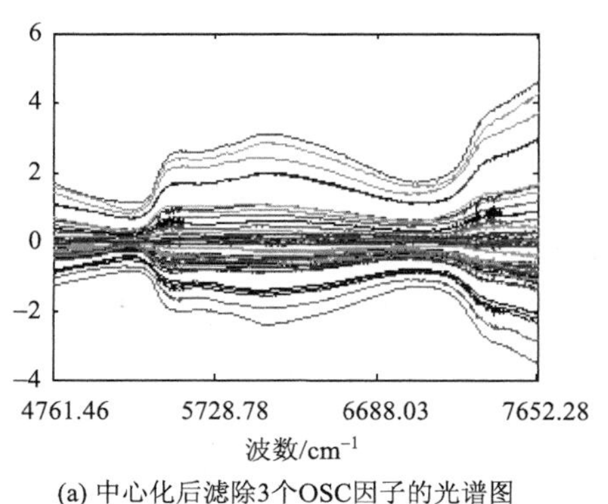

(a) 中心化后滤除3个OSC因子的光谱图

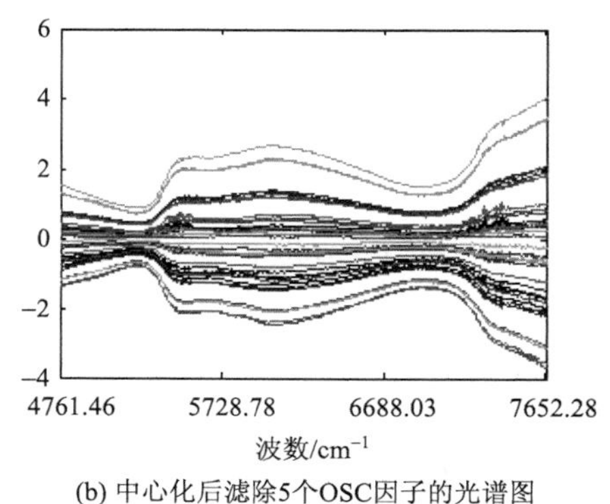

(b) 中心化后滤除5个OSC因子的光谱图

图 2-15　经中心化处理后并经不同数目的 OSC 因子校正后的训练集苹果光谱图

2.3.2 光谱数据变量筛选

在食品、农产品品质的无损检测中的数据采集阶段，涉及的变量数很多，所包含的信息往往是冗余的，即这些数据中既包含了与待测对象品质相关的信息，也包含了与待测对象品质无关的信息。通过特定方法从传感器所获取的数据中挑选出一些最有效的变量，不仅可以简化特征提取的计算过程，提高效率，而且有助于进一步建立预测能力强、稳健性好的数学模型。

1. 区间筛选法

变量区间筛选法是将原始数据的变量分为若干个区间，对每个区间或几个区间的变量建立相应模型，以建模结果[如交互验证均方根误差(root mean square error of cross-validation，RMSECV)]选取最优变量区间(图 2-16)。

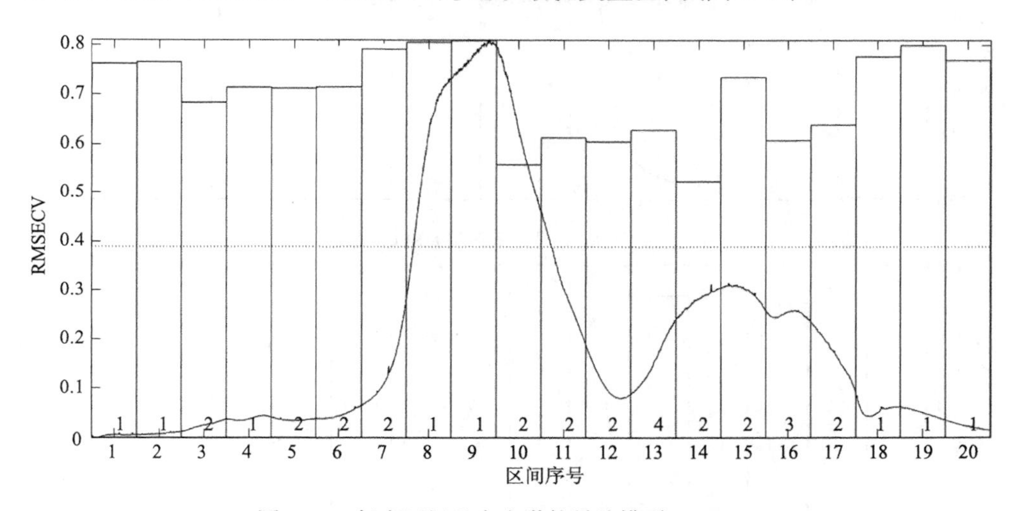

图 2-16　每个区间及全光谱的最佳模型 RMSECV

1) 区间偏最小二乘

区间偏最小二乘法(interval partial least squares，iPLS)是由 Lars Nørgaard 于 2000 年提出的一种变量筛选法，该算法将变量分为若干个区间，然后对每个区间变量建立偏最小二乘模型，以精度最高的变量区间作为入选区域，再进一步优化，其具体步骤如下：

(1) 建立待测对象信息的全变量偏最小二乘模型(或称为全局偏最小二乘模型)。

(2) 将整个变量区域划分为多个等宽的子区间，假设为 n 个。

(3) 在每个子区间上进行偏最小二乘回归，建立待测品质的“局部回归模型”，也就是可以得到 n 个局部回归模型。

(4) 以交互验证时的均方根误差 RMSECV 值为各模型的精度衡量标准，分别比较全局偏最小二乘模型和各局部模型的精度，取精度最高的局部模型所在的子区间为入选区间。

(5)对入选的区间进行优化，即以(4)中选定的区间为中心，单向或双向扩充波长区域，最终得到一个最佳的波长区间。

图 2-17 分别显示了将光谱划分为 10 个和 15 个区间时的 RMSECV 值，点线表示全光谱模型的 RMSECV 值，横坐标为各区间序号，横坐标上的数字表示各局部模型的最佳主成分数。图 2-18 为光谱的区间最小二乘法所选取的区间图。

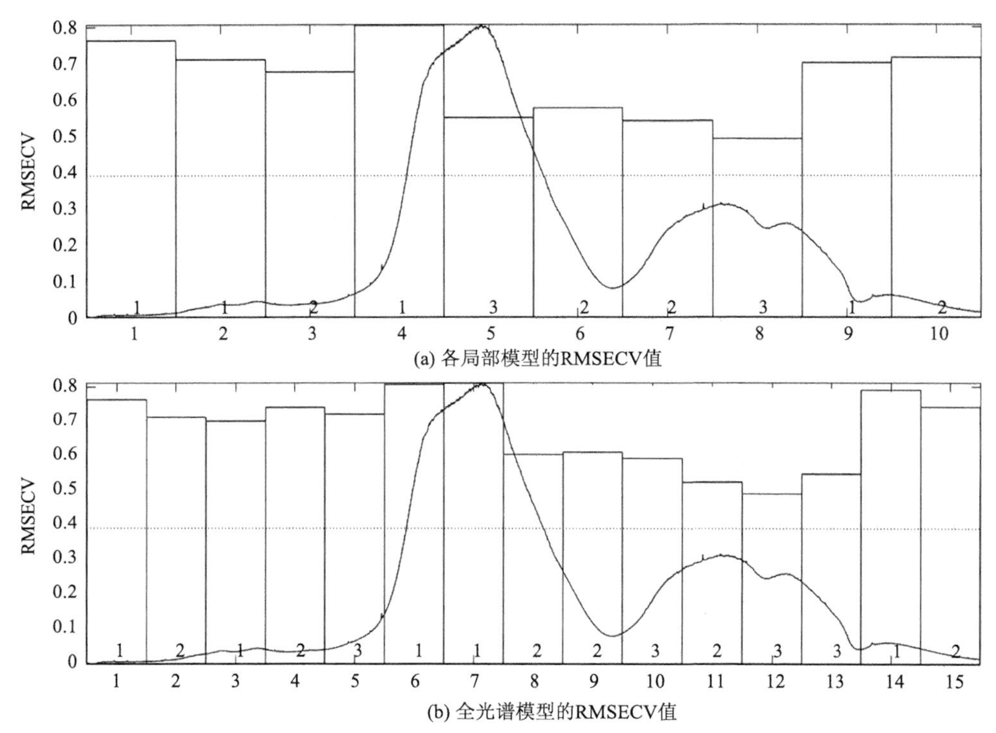

图 2-17　各局部模型的 RMSECV 值与全光谱模型的 RMSECV 值比较图

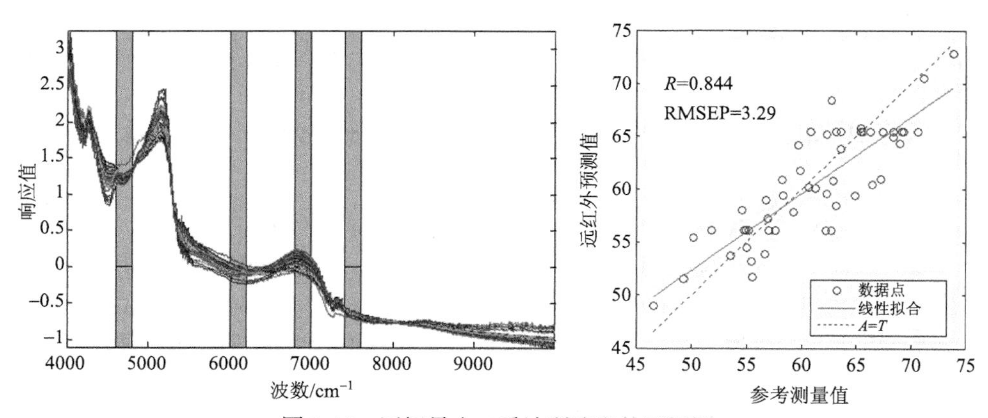

图 2-18　区间最小二乘法所选取的区间图

2) 向前区间偏最小二乘

向前区间偏最小二乘筛选法(forward interval partial least squares, FiPLS)在 Lars Nørgaard 的 iPLS 理论基础上引进了向前选择变量法的思想，是一种“只进不出”的方法，其算法步骤如下：

(1) 建立待测对象信息的全变量偏最小二乘模型。

(2) 将整个变量区域划分为多个等宽的子区间，假设为 n 个。

(3) 在每个子区间上进行偏最小二乘回归，建立待测样本品质的“局部回归模型”，也就是可以得到 n 个局部回归模型。

(4) 以交互验证时的均方根误差 RMSECV 值为各模型的精度衡量标准，分别比较全局偏最小二乘模型和各局部模型的精度，取精度最高的局部模型所在的子区间为第一入选区间。

(5) 将余下的 $(n-1)$ 个子区间逐一与第一入选子区间联合，产生 $(n-1)$ 组联合区间，并在每一联合区间上进行偏最小二乘回归，得到 $(n-1)$ 个联合模型，选择其中 RMSECV 值最低的联合模型所对应的区间(另一个是第一入选区间)为第二入选区间，将余下的 $(n-2)$ 个子区间再依次与第一、第二入选区间联合，可得到 $2(n-2)$ 个最优模型。这样运行下去，直至余下所有子区间都将进入联合模型。

(6) 比较这 n 个联合模型的 RMSECV 值，找出所有模型中性能最佳者(RMSECV 最小)，其所对应的区间组合即为最佳组合。

图 2-19 显示了采用 FiPLS 算法搜索到的最佳区间组合在光谱图上的位置。

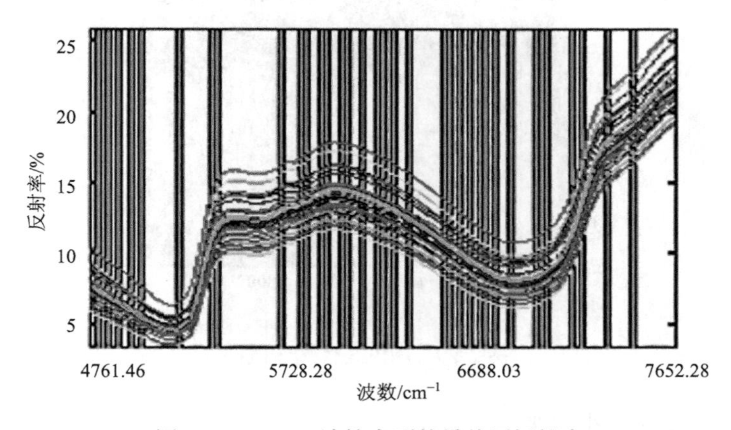

图 2-19　FiPLS 法搜索到的最佳区间组合

3) 向后区间偏最小二乘

向后区间偏最小二乘筛选法(backward interval partial least squares, BiPLS)是基于 Lars Nørgaard 的 iPLS 理论思想的改进，是一种“只出不进”的方法，其算法步骤如下：

(1) 建立待测对象信息的全变量偏最小二乘模型。

(2) 将整个变量区域划分为多个等宽的子区间，假设为 n 个。

(3) 在 n 个子区间内每次去掉 1 个子区间，对余下 $(n-1)$ 个联合区间进行偏最小二乘回归，得到 n 个联合区间的回归模型。

(4) 以交互验证时的均方根误差 RMSECV 值为各模型的精度衡量标准，分别比较各联合模型的精度，取精度最高的联合模型所去掉的子区间为第一去掉子区间。

(5) 将余下的 $(n-1)$ 个子区间逐一去除子区间，产生 $(n-1)$ 组联合区间，并在每一联合区间上进行偏最小二乘回归，得到 $(n-1)$ 个联合模型，选择其中 RMSECV 值最低的模型所对应去除的子区间为第二去除的区间。照这样运行下去，直至剩下 1 个子区间模型。

(6) 考察第 (5) 步中每次联合模型的 RMSECV 值，找出所有模型中性能最佳者 (RMSECV 最小)，其所对应的区间组合即为最佳组合。

从图 2-20 中可以看出，向后区间偏最小二乘筛选法 (BiPLS) 采用的仍然是几个子区间联合建模的方法，但其区间的搜寻方法继承了向后选择变量法“只出不进”的特点，因此可以很方便地确定联合模型的建模区间数。

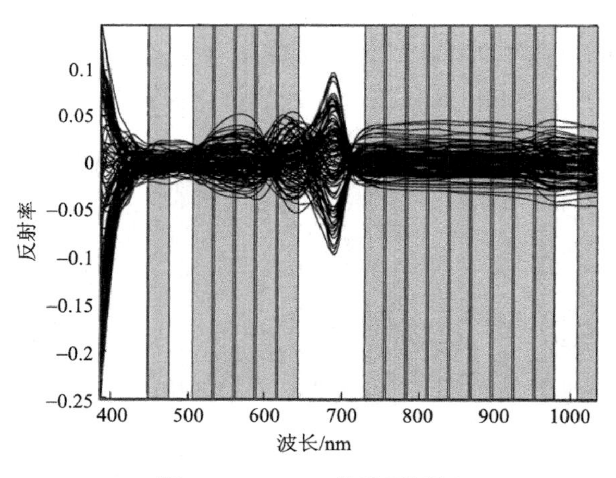

图 2-20 BiPLS 优选子区间

4) 联合区间偏最小二乘

联合区间偏最小二乘筛选法 (synergy interval partial least squares, SiPLS) 是由 Lars Nørgaard 提出的筛选特征区域的方法，是建立在常规区间偏最小二乘法基础上的一种方法，它将同一次区间划分中精度较高的几个局部模型所在的子区间联合起来，共同预测待测样本品质指标 (称其为联合子区间法)，其算法步骤如下：

(1) 建立待测对象信息的全变量偏最小二乘模型。

(2) 将整个变量区域划分为多个等宽的子区间，假设为 n 个。

(3) 在每个子区间上进行偏最小二乘回归，建立待测品质的“局部回归模型”，也就是可以得到 n 个局部回归模型。

(4) 以交互验证时的均方根误差 RMSECV 值为各模型的精度衡量标准，分别比较全局偏最小二乘模型和各局部模型的精度，取精度最高的局部模型所在的子区间为入选区间。

(5) 对入选的区间进行优化，即以 (4) 中选定的区间为中心，单向或双向扩充波长区域，得到一个最佳的变量区间。

(6) 最终将同一次区间划分中精度较高的几个局部模型所在的子区间联合起来，共同预测模型，以最低的 RMSECV 值来确定最佳的联合区间。

图 2-21 为光谱划分一定区间数后筛选出联合区间的光谱及进一步与遗传算法联合。

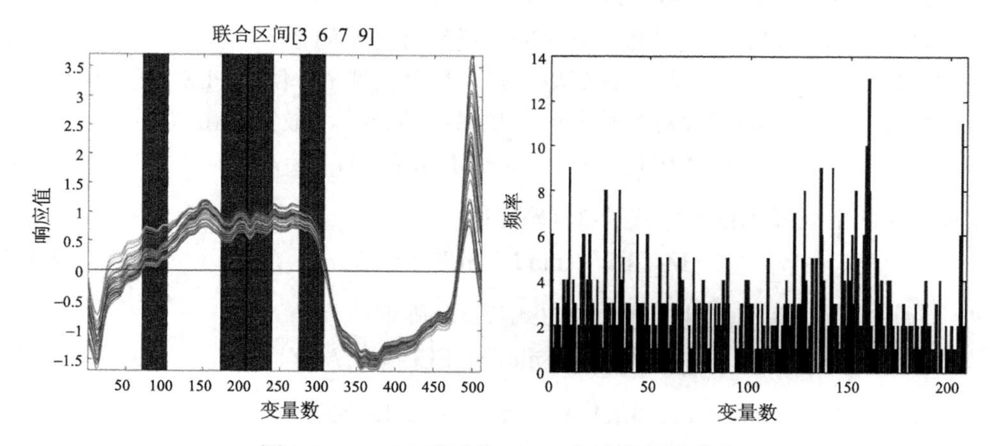

图 2-21　SiPLS 法以及 SiPLS 与遗传算法联合

5) 移动窗偏最小二乘法

移动窗偏最小二乘法 (moving window partial least squares, MWPLS) 是用于光谱分析的一种波长间隔选择方法。简而言之，MWPLS 开发了 PLS 校准模型，该模型通过整个光谱区域中移动的每个窗口中的各种主要成分计算每个子集的残差平方和 (sum of square of residues, SSR)。最后，它找到了信息复杂的光谱区间，该区间具有最小的模型复杂度和最小的残差总和。MWPLS 提供了一种可行的方法来消除由非组合物相关因素产生的额外可变性。MWPLS 的一个显著优势是，校准模型非常稳定，不会受到来自非组合物相关因素的干扰。在实际应用中，由于多信息光谱带的存在，MWPLS 在振动光谱中可定位多个区域。

基于定标、预测集的每个划分 $i\,(i=1,2,3,4,\cdots)$ 建立定标、预测模型。光谱预测值与实测值的(建模)预测均方根误差、预测相关系数分别记为 M_SEP_i、M_RP_i；它们关于所有划分的均值、标准差分别记为 M_SEP_{Ave}、M_SEP_{SD}、M_RP_{Ave}、M_RP_{SD}，用于刻画预测精度和稳定性，采用下列综合指标：

$$M\_SEP^{+} = M\_SEP_{Ave} + M\_SEP_{SD} \tag{2-29}$$

同时评价预测精度和稳定性，M_SEP^{+} 越小，表明精度越高且稳定，进一步根据最小 M_SEP^{+} 优选模型参数。

采用不参与建模的检验样品对优选模型进行检验，检验的预测均方根误差、预测相关系数分别记为 V_SEP 和 V_RP。

MWPLS 方法采用移动窗口的模式对所有波段建立 PLS 模型。根据 M_SEP^{+} 确定最优波段。参数设置如下：①起点波长(I)；②波长个数(N)；③PLS 因子数(F)。I、N、F 的搜索范围根据实际情况选定，基于(I, N, F)的所有组合建立 PLS 模型，计算 M_SEP_{Ave}、M_RP_{Ave}、M_SEP_{SD}、M_RP_{SD} 和 M_SEP^{+}。

F 是 PLS 回归的重要参数，它对应光谱综合变量的个数，其大小选择是 PLS 方法的难点之一。基于定标、预测集的多次划分优选 F，使得 PLS 模型具有稳定性。实际上，任意波段都对应唯一的参数组合(I_0, N_0)，最优 F 由式(2-30)确定：

$$M\_SEP^{+}\left(I_0, N_0\right) = \min M\_SEP^{+}\left(I_0, N_0, F\right) \tag{2-30}$$

MWPLS 的全局最优模型由式(2-31)确定：

$$M\_SEP^{+} = \min M\_SEP^{+}\left(I_0, N, F\right) \tag{2-31}$$

对于起点波长 $I=I_0$ 的局部最优模型由式(2-32)确定：

$$M\_SEP^{+}\left(I_0\right) = \min M\_SEP^{+}\left(I_0, N, F\right) \tag{2-32}$$

而对于波长个数 $N=N_0$ 的局部最优模型则由式(2-33)确定：

$$M\_SEP^{+}\left(N_0\right) = \min M\_SEP^{+}\left(I_0, N_0, F\right) \tag{2-33}$$

采用 MATLAB 7.6 软件设计上述算法的计算机程序。

图 2-22 所示为移动窗偏最小二乘法变量筛选情况。

2. 遗传算法

遗传算法(genetic algorithm，GA)最早是由美国的 John Holland 教授提出的。它的核心思想源于对自然界生物进化过程的基本认识：从简单到复杂、从低级到高级的生物进化过程本身是一个自然、并行发生的、稳健的优化过程，这一优化过程的目标是对环境的适应性，而生物种群通过“优胜劣汰”及遗传变异来达到进化的目的。如果把待解决的问题描述为某个目标函数的全局优化，则 GA 求解问题的基本做法是把待优化的目标函数解释作生物种群对环境的适应性，所优化

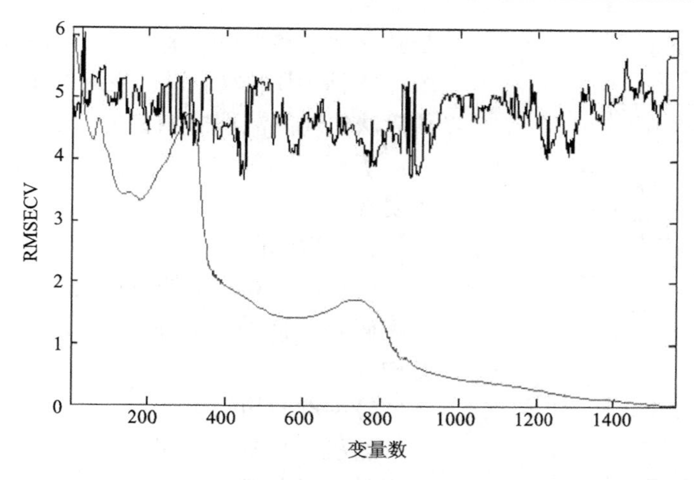

图 2-22　移动窗偏最小二乘法变量筛选图

的变量对应为生物种群的个体，由当前种群出发，利用合适的复制、交叉、变异与选择操作生成新的一代种群，重复这一过程，直至获得符合要求的种群或规定的进化时限。20 世纪 80 年代中期以来，GA 引起人工智能领域的普遍关注，并被广泛应用于机器学习、人工神经网络训练、程序自动生成、专家系统的知识库维护等一系列大规模、高度非线性、不连续、极多峰函数的优化。90 年代以来，对该类算法的研究日趋成为计算机科学、信息科学与最优化领域研究的热点。在 GA 中，待优化的问题通常被转化为某个合适的适应值函数(fitness function)的极大化，而代替作用于原优化变量本身，GA 通常作用于原问题变量的某个有限长离散编码(常定为长二进制字符串)，通常称之为个体，个体全体组成的集合称为个体空间。任意 n 个个体组成的集合即为一个种群(population)，常用 N 表示，种群规模在迭代过程中一般是固定的。GA 的具体迭代过程，由当前种群生成新一代种群的方法通常由一系列遗传操作(算子)决定。这些算子是对自然演化中种群进化机制的类比与模拟。

遗传算法中，常见的遗传算子有选择(selection)、交叉(crossover)和变异(mutation)等。选择算子是种群空间到母体空间的随机映射，它按照某种准则或概率分布从当前种群中选取那些好的个体组成不同的母体以供生成新的个体，最常用的选择算子是与个体适应值成比例的比例选择(proportional selection)和基于排序的选择(ranking-based selection)等。交叉算子是母体空间到个体空间的随机映射，它的作用方式是随机地确定一个或多个向量位置为杂交点，由此将一对母体的两个个体分为有限个截断，再以概率 P_c(称为交叉概率)替换相应截断得到新的个体。依杂交点个数的多少，杂交算子可分为单点杂交、两点杂交和多点杂交等。多点杂交的极限形式则称为均匀杂交。变异算子是个体空间到个体空间的随机映射，其作用方式

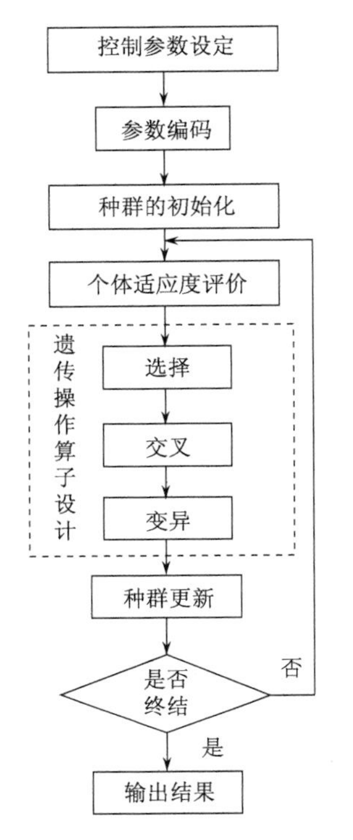

图 2-23 遗传算法实现的流程框图

是独立地以概率 P_m(称为变异概率)改变个体每个分量(基因)的取值以产生新的个体，具体的遗传算法实现的流程框图参见图 2-23。

所有遗传算法的实现主要包括如下几个基本要素。

1) 参数编码

由于遗传算法不便直接处理空间数据，需通过编码将空间数据表示成遗传空间的基因型串结构数据。

2) 种群的初始化

随机或根据一定的限制条件产生一个给定大小的初始种群，种群的大小即个体(染色体)的数目根据参数(基因)的多少选定，一般选 30～100。

3) 适应度函数的设计

遗传算法根据适应度函数来评价个体的优劣，作为以后遗传操作的依据。由于在整个搜索进化过程中，只有适应度函数与所解决的具体问题相联系，因此，适应度函数的确定至关重要。

4) 遗传操作算子设计

遗传算法中的操作算子有选择算子、交叉算子和变异算子三种，每个算子的作用表述如下。

(1) 选择算子是遗传算法中最主要的操作，也是影响遗传算法性能的最主要的因素。从选择算子的执行结果可以看出，适应度值大的个体易被选择，适应度值小的易被淘汰，这样经过不断的选择使适应度值大的个体不断重复出现，这个种群的平均适应度值就越来越大，因而它具有“优胜劣汰”的性质。

(2) 交叉算子是对生物种群进化过程中基因交叉的抽象。在被选择的父辈中，随机地选取两个个体按照一定的规则(如单点交叉、两点交叉等)进行某些位置上的字符交换，产生新个体，当然每次交叉操作的个体数由交叉概率 P_c 控制。

(3) 变异算子是生物进化中基因变异的抽象，即对经编码后的个体按一定的概率 P_m 改变其二进制字符串结构数据中某个位置上字符的数值。

选择算子和交叉算子基本上完成了遗传算法的大部分搜索功能，而变异则增加了遗传算法找到全局最优解的能力。变异算子本身是一种随机搜索，与选择算子、交叉算子配合使用有可能避免由于选择和交叉而引起的某些信息的永久性丢失，保证了遗传算法的有效性。基于生物学上的考虑，一般认为交叉是自然演化的主要机制，变异为自然演化的背景，它们分别承担遗传与变异两种功能。因此在具体应用过程中，交叉概率一般取值较大，为 0.65～0.9。而变异概率一般取值较小，为 0.001～0.1。

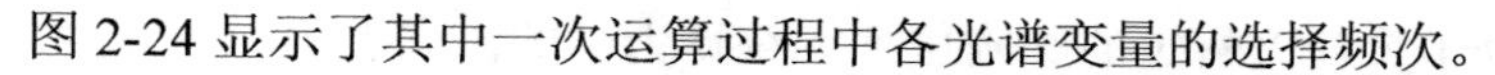
图 2-24 显示了其中一次运算过程中各光谱变量的选择频次。

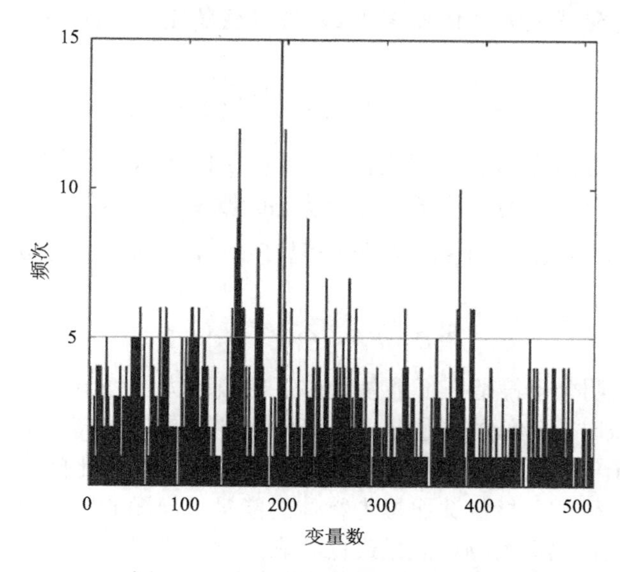

图 2-24　各光谱变量的选择频次图

5) 收敛判据

常规的数学规划方法在数学上都有比较严格的收敛判据，但遗传算法的收敛判据基本是启发式的。因此，遗传算法的判据较多，如计算时间、计算机变量或从解的质量方面等确定判据。

3. 模拟退火算法

模拟退火算法(simulated annealing algorithm，SAA)是一种适合解决大规模组合优化问题的算法，具有描述简单、使用灵活、运用广泛、运行效率高和较少受初始条件限制等优点，特别适合并行计算。与局部搜索算法相比，模拟退火算法可望在较短时间里求得更优近似解。模拟退火算法与遗传算法都是采用随机的初始解为起点，因此大大降低了求解组合优化问题的前期工作量。模拟退火算法目前已被应用于组合优化、连续优化和非线性优化等问题中，并已取得了较好的结果。

1) 模拟退火算法原理

SAA 最早是由 Metropolis 等于 1953 年提出，把它用于求解优化组合的问题却是由 Kirkpatrick 等在 1983 年给出的，这种算法是受金属热处理技术的启迪而发展起来的一种随机搜索方法。当金属加热至一定温度时，金属中的所有分子在状态空间 D 中自由运动，随着温度的下降，这些分子逐渐停留在不同的状态，在温度最低时，分子重新以一定的结构排列。统计力学的研究表明，在温度T，分子停留在某一能量状态 $E(i)$ 的概率P满足玻尔兹曼(Boltzmann)分布：

$$P\left\{\overline{E}=E(i)\right\}=\frac{1}{Z(T)}\exp\left[-\frac{E(i)}{k_{\mathrm{B}}T}\right] \tag{2-34}$$

式中，$\overline{E}$ 为分子能量的一个随机变量；$k_{\mathrm{B}}>0$ 为 Boltzmann 常数；$Z(T)$ 为归一化成分。当温度 T 相当高时，分子在每个状态的概率基本相同，接近平均值$1/\left|D\right|$，D 为状态空间 D 中状态的个数。在同一温度 $T>0$，取两个能量状态 E_1 和 E_2 且假定 $E_1<E_2$，有

$$P\{\overline{E}=E_1\}-P\{\overline{E}=E_2\}>0 \tag{2-35}$$

式(2-35)表明分子停留在低能量状态下的概率大于停留在高能量状态下的概率。在温度较低时，越低的能量状态分子停留的概率值越高，极限状况下，只有能量最低点分子停留概率才不为 0。这样，如果将一个优化问题比拟成一个金属特例，将优化问题的目标函数比拟为物体的能量，问题的解比拟为物体的能量状态，问题的最优解比拟为物体能量最低状态，然后模拟金属物体的退火过程。从一个足够高的温度 T 开始，当 T 较大时，目标函数值由低到高变化的可能性较大，逐渐降低温度，使物体分子从高能量状态缓慢过渡到低能量状态，相应目标函数值由低到高变化的可能性随之减小；当 T 下降到一定程度时，能量处于最低状态，此时即得到优化问题的最优解。

使用模拟退火算法解决实际问题时，必须合理选择目标函数 f 对应退火过程中粒子的能量 E。算法收敛速度取决于初始温度 T_0、降温系数 β、终止温度 T_{f}和马尔可夫链长度 L_{k}，因此如何合理选择一组控制算法进程的参数，使算法在有限时间内返回一个近似最优解，是该算法的关键。这样的一组控制参数通常称为冷却进度表(cooling schedule)。

在变量优化过程中，常采用交互验证法来评价模型的预测能力，即采用交互验证均方根误差、预测残差平方和、待测组分预测值与实测值之间的相关系数等作为目标函数。如采用交互验证均方根误差作为评价指标，其值越小，对应校正模型的预测能力越高。将目标函数转换成求最大值问题，即

$$F(x)=\frac{1}{1+f(x_k)} \tag{2-36}$$

式中，x_k 为优选出来的变量组合，$f(x_k)$ 为 x_k 中波数点建立的偏最小二乘模型对

应的交互验证均方根误差。

2) 模拟退火法实现过程

(1) 在每一个样本的变量区间里随机选取一个变量，与样本待测信息进行回归，再用所得模型预测未参与定标的样品，可以得到目标函数值 RMSEP。同时设置初始温度 T_0、终止温度 T_f、降温系数 β、马尔可夫链长度 L_k 等参数并初始化记忆器。

(2) 在温度为 T_k 时，在此基础上产生一随机变量，得出新的状态并求出新的目标函数值，再和前一目标函数值相减得 ΔE；如果满足：$\Delta E < 0$ 或 $e^{-\Delta E/T_k} > p$（p 是 [0，1] 上均匀分布的随机数)，则接受新的目标函数值，否则舍弃该目标函数值。实现方法：产生一随机数 v(v 是[−1，1]上均匀分布的随机数)，乘以固定步长 s 后再取整，用所得数加在当前选取的变量 x_{old} 上，得出一新的变量 x_{new}，即 $x_{\text{new}} = x_{\text{old}} + \text{round}(v \cdot s)$。

(3) 增加迭代次数 k，如果 k 达到最大迭代次数 L，则停止迭代，否则返回步骤(2)。

(4) 当前目标函数值与记忆器里存储的目标函数值进行比较，如果更小，则用当前状态的参数更新记忆器，之后令 $T_{k+1} = T_k \beta$，进行降温。

(5) 如果终止条件满足，则结束，否则令 k=1 初始化迭代次数后，返回步骤(2)。

(6) 运算结束时，输出记忆器里保存的状态，包括 RMSEP 最小时所对应的变量、相应的 RMSEP 及回归系数。

图 2-25 为采用模拟退火算法对预处理后的光谱优选波长结果图。为了考察窗口宽度对模型精度的影响，在窗口宽度为 10～100 波数点范围内，对标准正交变换预处理后的光谱用区间偏最小二乘模型进行窗口宽度的优化。结果如图 2-25 所示，其中横坐标为变量数(波数点个数)即窗口宽度，纵坐标为目标函数值，目标函数值越大，说明对应的窗口宽度越好。从图 2-25 中可以看出，当窗口宽度为 24(即选用 24 个变量)时，目标函数值取得最大值。为了研究模拟退火算法的收敛情况，研究跟踪了目标函数值随退火温度降低的变化情况。结果如图 2-26 所示，其中横坐标表示退火温度，退火初始温度 T_0 为 200℃，按照一定冷却率逐渐冷却，直到达到结束温度 0℃。纵坐标表示目标函数值，函数值越大，表明对应的解越好。图 2-26 中圆圈所在曲线上的点代表当前退火温度下算法计算出来的最优解，它保证了在整个优化过程中，最优解不会发生退化。图 2-26 中方框所在曲线上的点代表当前退火温度所得到的最优解，从图 2-26 中可以看出，目标函数值并不是随着退火温度的变化而持续递增的，而是在某些温度下变小了。

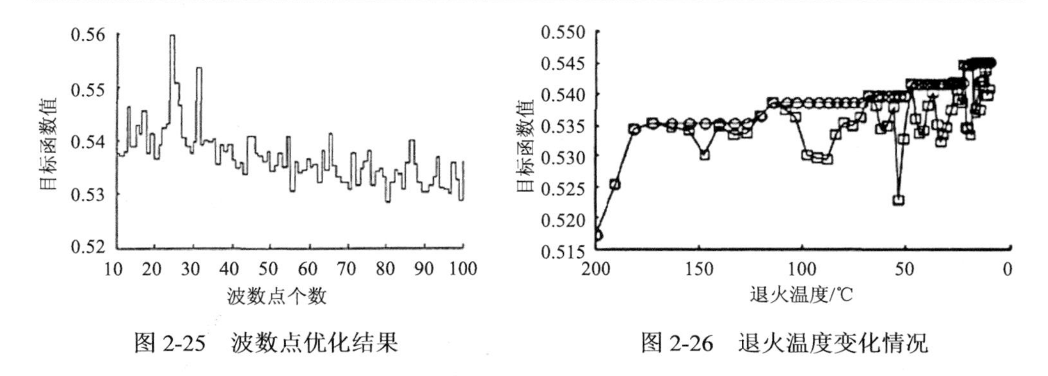

图 2-25　波数点优化结果　　　　图 2-26　退火温度变化情况

4. 蚁群算法

蚁群算法(ant colony optimization, ACO)是一种基于优化寻找路径的群集智能演化计算方法，其灵感源于自然界中蚁群的觅食行为。先行的蚂蚁会在经过的路径上释放信息素，后续的蚂蚁能够感知这些信息素，并根据信息素和信息素强度的反馈机制来选择路径。在 ACO 的优化方案中，所有蚂蚁一起搜索有关自身行为和问题特征的信息，通过蚁群的协作以修改行动策略，最终得到一个最优方案。ACO 模型一般有 3 个核心的算法步骤：选择概率、局部信息素更新和全局信息素更新。

应用 ACO 算法进行特征波长选择之前，首先对 ACO 算法的参数进行初始化设定。蚁群大小设置为 20(图 2-27)；因所有节点在初始化时都是相同的信息素强度，则设置信息素强度为 τ=1；其中各个节点被蚂蚁选择的概率一致，则将启发因子 α 设置为 1，能见度 η 设置为 1；为减少算法的随机性，令其期望启发因子 β=2，信息素耗散常数 ρ=0.95，以及设置种群的进化代数为 150。图 2-27 是用 ACO 算法筛选出来的 20 个变量以及对应的权重系数。

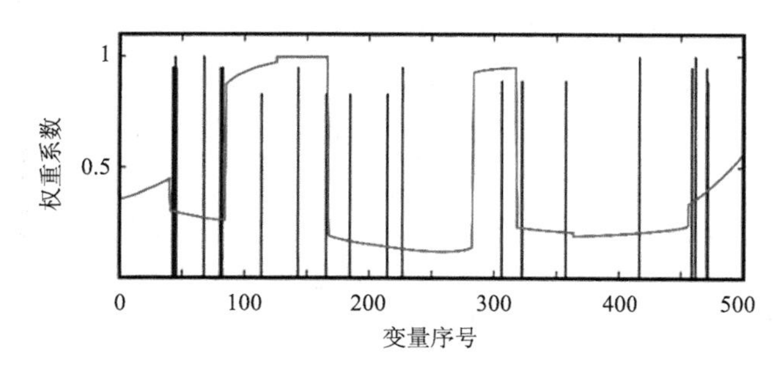

图 2-27　ACO 算法变量提取结果

5. 连续投影算法

连续投影算法(successive projections algorithm，SPA)是在数据矩阵中寻找含有最低限度冗余信息的变量组，使得变量之间的共线性达到最小，该方法只用了原始数据的少数几列数据就可以概括绝大部分样品光谱的信息，最大限度地减少了信息重叠。

分别记 $\boldsymbol{x}_{k(0)}$ 和 N 为初始的迭代向量和需要提取的变量个数，光谱矩阵的列变量数为 J 个，SPA 的算法步骤如下。

(1) 在第 1 次迭代开始前 $(N=1)$，任选光谱矩阵的任意 1 列 j，把校正光谱矩阵的第 j 列赋值给 x_j，记为 $\boldsymbol{x}_{k(0)}$。

(2) 把还没被选入列向量位置的集合记为 s，$s=\{j,1\leqslant j\leqslant J,j\notin\{k(0),\cdots,k(n-1)\}\}$。

(3) 分别计算 $\boldsymbol{x}_j$ 对剩下列向量的投影，$P\boldsymbol{x}_j=\boldsymbol{x}_j-(\boldsymbol{x}_j^{\mathrm{T}}\boldsymbol{x}_{k(n-1)})\boldsymbol{x}_{k(n-1)}\times(\boldsymbol{x}_{k(n-1)}^{\mathrm{T}}\boldsymbol{x}_{k(n-1)})^{-1},j\in s$。

(4) 记 $k(n)=\arg(\max(\|P\boldsymbol{x}_j\|),j\in s)$。

(5) 令 $x_j=P\boldsymbol{x}_j,j\in s$。

(6) $n=n+1$，如果 $n<N$，回到第(2)步循环计算；最后提取出变量：$\{x_{k(n)}=0,\cdots,N-1\}$。

需要注意的是，在提取变量之前，$k(0)$ 和 N 的选择是其中很关键的一步。$k(0)$ 的变化范围是 1～J，而 N 在 1～Mcal（Mcal 为校正集样品数）之间变化。由于变量之间共线性的存在，变量的维数不可能大于 Mcal，大于这个值以后，光谱值所有的投影将变成零，对应于每一对 $k(0)$ 和 N，循环一次后进行多元回归分析，得到预测平均标准偏差，最小的预测平均标准偏差所对应的 $k(0)$ 和 N 就是最优值。

图 2-28 表示在变量选择过程中，不同变量数所对应的 RMSECV 值，并在变量数为 8 时，RMSECV 最小，为 3.3327。图 2-29 显示了在光谱中被选择的变量。

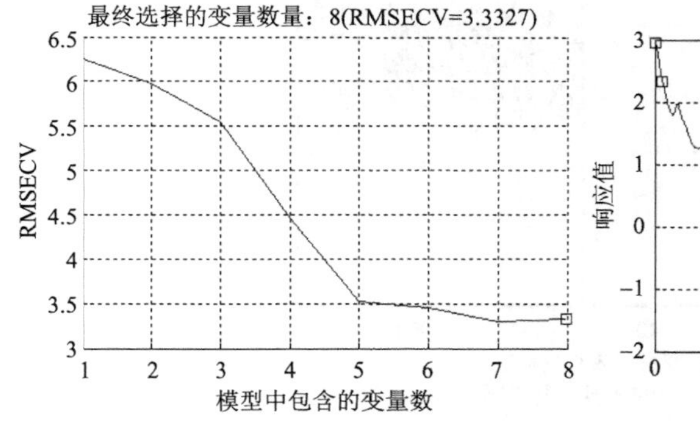

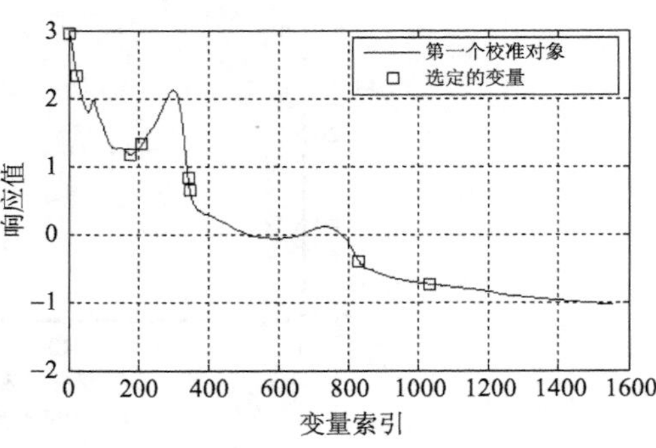

图 2-28　选用不同变量 PLS 模型的 RMSECV 值　　图 2-29　最终选取参加建模的近红外光谱波长

6. 无信息变量消除法

无信息变量消除法(uninformative variables elimination，UVE)是基于偏最小二乘(PLS)回归系数 b 建立的一种变量筛选方法。图 2-30 为 MSC 处理后的光谱以及无信息变量消除法处理中光谱变量和随机噪声。在偏最小二乘回归模型中，自变量矩阵 $\boldsymbol{X}_{n\times m}$ 和因变量矩阵 $\boldsymbol{Y}_{n\times 1}$ 存在如下关系：$\boldsymbol{Y}_{n\times 1}=\boldsymbol{X}_{n\times m}\boldsymbol{b}+\boldsymbol{e}$，其中，$\boldsymbol{b}$ 是回归系数向量，$\boldsymbol{e}$ 是误差向量。无信息变量消除法就是把与自变量矩阵的变量数目相同的随机变量矩阵(即噪声)加入光谱矩阵中，然后通过交互验证逐一剔除法建立 PLS 模型，得到回归系数矩阵，分析回归系数矩阵中回归系数向量 $\boldsymbol{b}$ 的平均值和标准偏差的商 C 的稳定性(或可靠性)，有如下表达式：

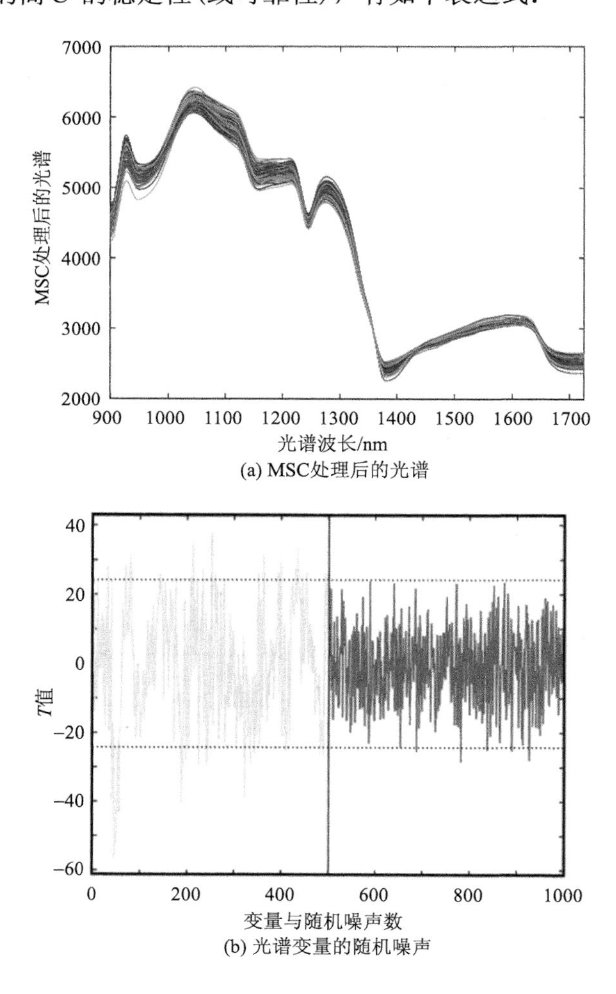

(a) MSC处理后的光谱

(b) 光谱变量的随机噪声

图 2-30　MSC 处理后的光谱以及无信息变量消除法处理中光谱变量和随机噪声

$$C_i = \frac{\text{mean}(b_i)}{S(b_i)} \tag{2-37}$$

式中，mean($\boldsymbol{b}$)表示回归系数向量 $\boldsymbol{b}$ 的平均值；$S(\boldsymbol{b})$表示回归系数向量 $\boldsymbol{b}$ 的标准偏差，i 表示光谱矩阵中第 i 列变量。根据 C_i 的绝对值大小确定是否把第 i 列变量用于最后 PLS 回归模型中，具体算法如下：

(1) 将自变量矩阵 $\boldsymbol{X}_{n\times m}$ 与因变量矩阵 $\boldsymbol{Y}_{n\times 1}$ 进行 PLS 回归，并选取最佳主成分数 f，矩阵中的 n 表示样品的数目，m 表示波长变量的数目。

(2) 人为产生一噪声矩阵 $\boldsymbol{R}_{n\times m}$，将自变量矩阵 $\boldsymbol{X}_{n\times m}$ 与噪声矩阵 $\boldsymbol{R}_{n\times m}$ 组合形成矩阵 $\boldsymbol{X}^R_{n\times 2m}$，该矩阵前 m 列为自变量矩阵 $\boldsymbol{X}_{n\times m}$，后 m 列为噪声矩阵 $\boldsymbol{R}_{n\times m}$。

(3) 对矩阵 $\boldsymbol{X}^R_{n\times 2m}$ 和 $\boldsymbol{Y}_{n\times 1}$ 进行 PLS 回归，每次通过交互验证剔除一个样品，得到 n 个 PLS 回归系数组成矩阵 $B_{n\times 2m}$。

(4) 按列计算矩阵 $\boldsymbol{B}_{n\times 2m}$ 的标准差 $S(\boldsymbol{b})$ 和平均值 mean($\boldsymbol{b}$)，然后计算 $C_i = \text{mean}(b_i)/S(b_i)$，$i = 1, 2, \cdots, 2m$。

(5) 在 $[m+1, 2m]$ 区间取 C 的最大绝对值，$C_{\max} = \max[\text{abs}(C)]$。

(6) 在$[1,m]$区间去除光谱矩阵 $\boldsymbol{X}_{n\times m}$ 对应 $C_i < C_{\max}$ 的变量，并将剩余变量组成无信息变量消除法选取的新矩阵 $\boldsymbol{X}_{\text{new}}$。

2.3.3　光谱数据变量降维

数据特征提取是通过数学方法，把原始光谱数据中与待测对象最相关的信息用较少的特征值来描述的数学过程。变量筛选与特征提取都是对近红外光谱原始数据进行降维和压缩，剔除与待测对象无关的信息，简化建模过程，但不同的是变量筛选是指在原始数据中筛选出有代表性的数据，而特征提取是通过映射(或变换)的方法对原始数据进行重组，从中提取新的特征供下一步处理分析。在近红外光谱的数据处理与分析过程中，通常先经过变量筛选方法再进行特征提取，最后利用新提取的特征建立数学模型。常用的近红外光谱数据降维分析的方法有主成分分析法(PCA)和独立分量分析法(ICA)。

1. 主成分分析法

主成分分析的基本思想是在一维空间中的这条线必须包含源数据的最大方差。更准确地说，沿着这条线，使方差达到最大；其他方向，则方差达到最小。从几何学观点看，这条线的方向应沿着椭圆的主轴；从数学的观点看，这些点的分布可以表达成它们到中心 O 距离的平方和：

$$S^2 = \sum_{i=1}^{n} |Oi|^2 \tag{2-38}$$

式中，$|Oi|^2$ 为数据点中心到点 i 距离的平方。现在引入一直线 L，6 个数据点在 L 上的投影分别为$1',2',\cdots,6'$，那么$|Oi|^2$可按下式分解：

$$|Oi|^2 = |Oi'|^2 + |ii'|^2 \text{，}O\text{为测试点的中心} \tag{2-39}$$

$$S^2 = |O1'|^2 + |O2'|^2 + \cdots + |O6'|^2 + |11'|^2 + |22'|^2 + \cdots + |66'|^2 \tag{2-40}$$

式中，第一部分即为沿直线方向的方差，必须使之达到最大；第二部分即为沿其他方向的方差，这时它的值为最小。为了标记方便，将坐标原点放到中心 O 处。它可由一个简单的转换来实现

$$x_{1i} = y_{1i} - \overline{y}_1，\ x_{2i} = y_{2i} - \overline{y}_2 \tag{2-41}$$

为了实现上述思想，选定的第一个新变量 μ_1 (主成分 1)应沿直线 L 方向，它可以表征最大的偏差量。第二个新变量 μ_2 (主成分 2)应与第一个新变量正交，即不相关。请注意，若原始变量多于两个，则第二个新变量选择原则是在与第一个新变量不相关的其余变量中，它能表征最大的剩余偏差。在主成分分析算法中，将新变量 μ_1 和 μ_2 表示为原变量的线性组合。

$$\mu_1 = a(y_{1i} - \overline{y}_1) + b(y_{2i} - \overline{y}_2) = ax_1 + bx_2 \tag{2-42}$$

$$\mu_2 = c(y_{1i} - \overline{y}_1) + d(y_{2i} - \overline{y}_2) = cx_1 + dx_2 \tag{2-43}$$

如上所述，μ_1 与 μ_2 必须正交。满足正交的条件是

$$a \cdot c + b \cdot d = 0$$

但是，a、b、c、d 是任意的常数，满足这一条件可有多组解，如

$$a = \frac{1}{\sqrt{2}}，\ b = \frac{1}{\sqrt{2}}，\ c = \frac{-1}{\sqrt{2}}，\ d = \frac{1}{\sqrt{2}}$$

和

$$a = 2，\ b = 2，\ c = \frac{-1}{\sqrt{2}}，\ d = \frac{1}{\sqrt{2}}$$

所以，还必须对系数 a、b、c 和 d 施以归一化约束(normalizing constraint)。归一化的方法有很多，可采用如下简单约束条件：

$$a^2 + b^2 = 1，\ c^2 + d^2 = 1$$

即转换矢量为单位长。

新坐标实际上是将原坐标旋转一个角度 θ 所得(图 2-31)。因此

$$\begin{aligned} \mu_1 &= \cos\theta x_1 + \sin\theta x_2 \\ \mu_2 &= -\sin\theta x_1 + \cos\theta x_2 \end{aligned} \tag{2-44}$$

也就是说，$a = d = \cos\theta$；$b = -c = \sin\theta$，用矩阵的方式表达为

$$\begin{bmatrix} \mu_1 \\ \mu_2 \end{bmatrix} = \begin{bmatrix} \cos\theta & \sin\theta \\ -\sin\theta & \cos\theta \end{bmatrix} \begin{bmatrix} x_1 \\ x_2 \end{bmatrix} \tag{2-45}$$

本征矢量(主成分 1)为

$$\begin{bmatrix} a \\ b \end{bmatrix} = \begin{bmatrix} \cos\theta \\ \sin\theta \end{bmatrix} \tag{2-46}$$

本征矢量(主成分 2)为

$$\begin{bmatrix} c \\ d \end{bmatrix} = \begin{bmatrix} -\sin\theta \\ \cos\theta \end{bmatrix} \tag{2-47}$$

为使 μ_1 方差达到极大，首先考虑新变量 μ 的协方差阵的通式

$$\begin{bmatrix} \sigma_{\mu_1}^2 & \sigma_{\mu_1\mu_2} \\ \sigma_{\mu_2\mu_1} & \sigma_{\mu_2}^2 \end{bmatrix} \tag{2-48}$$

矩阵中的元素可以表达成原变量 x 的方差-协方差的函数。例如

$$\sigma_{\mu_1}^2 = \cos^2\theta\sigma_{x_1}^2 + \sin^2\theta\sigma_{x_2}^2 + 2\sin\theta\cos\theta\sigma_{x_1,x_2} = \text{沿}\mu_1\text{方向方差}$$

由于新变量彼此正交，故 $\sigma_{\mu_1\mu_2}$ 和 $\sigma_{\mu_2\mu_1}$ 均为 0。为使 $\sigma_{\mu_1}^2$ 达极大，则对 $\sigma_{\mu_1}^2$ 求偏导，并令其等于 0，则

$$\begin{cases} \theta = \dfrac{1}{2}\operatorname{arccot}\dfrac{2\sigma_{x_1x_2}}{\sigma_{x_1}^2 - \sigma_{x_2}^2}, \quad \sigma_{x_1}^2 > \sigma_{x_2}^2 \\ \theta = 90 + \dfrac{1}{2}\operatorname{arccot}\dfrac{2\sigma_{x_1x_2}}{\sigma_{x_2}^2 - \sigma_{x_1}^2}, \quad \sigma_{x_1}^2 < \sigma_{x_2}^2 \end{cases} \tag{2-49}$$

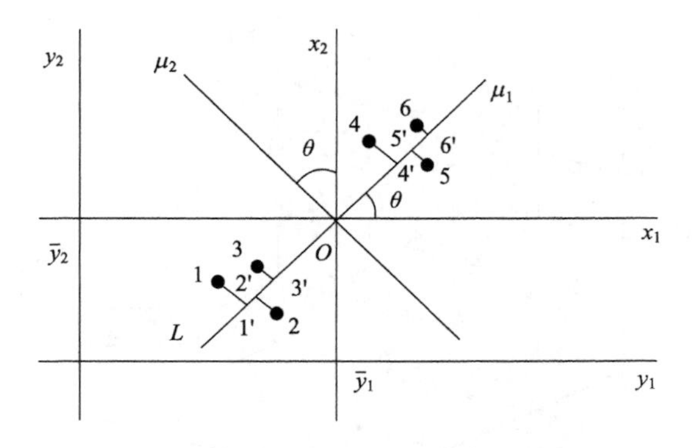

图 2-31　6 个测试点在二维平面上的分布图

我们称新变量为主成分，它们是原变量的线性组合，且彼此正交。对于某一

主成分，原变量的系数是相应本征矢量的坐标。某一变量的载荷(loading)定义为该变量在组合式中的系数乘以相应于该主成分本征值的平方根。但实际中，也常称系数本身为载荷。载荷越大，说明此变量与那个主成分越“相同”。因而，载荷可视为变量与主成分的相关性。一试样相应于某主成分由组合式计算所得值称为得分(score)。在 m 维空间中，可得 m 个主成分。在实际应用中一般可取前边几个对偏差量贡献大(或称为方差贡献率)的主成分，这样可使高维空间的数据降到低维如二维或三维空间，非常有益于数据的观察，同时损失的信息量也不会太大。实际应用如图 2-32 所示。取前 P 个主成分的数据为

$$\text{贡献率}\ (\%)=\sum_{i=1}^{P}\lambda_i \Big/ \sum_{i=1}^{m}\lambda_i \tag{2-50}$$

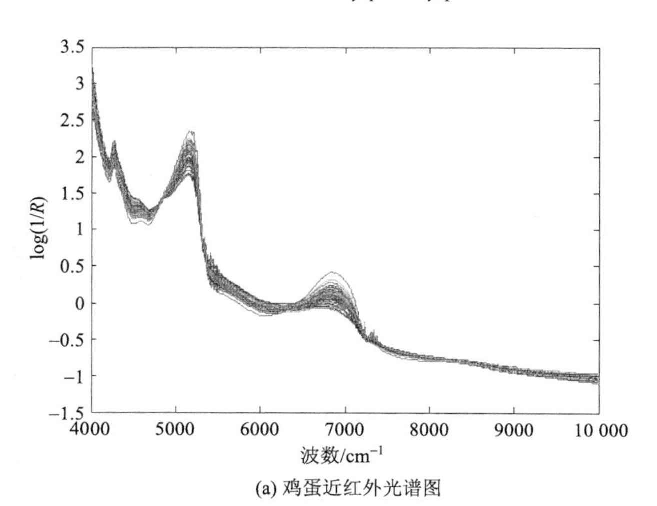

(a) 鸡蛋近红外光谱图

(b) 鸡蛋近红外光谱图前三个主成分得分图

图 2-32　鸡蛋近红外光谱图及前三个主成分得分图

2. 独立分量分析法

独立分量分析法(independent component analysis，ICA)是近年发展起来的一种新的统计方法，可看作目标函数和其优化算法的结合。在目标函数明确的情况下，可采用经典的优化算法来优化目标函数，如随机梯度方法、类牛顿法等。然而在某些情况下优化算法和估计准则很难区分。独立分量分析法的性质依赖于目标函数和优化算法，特别地，ICA 的统计特征(即一致性、渐近变化性、鲁棒性)依赖于目标函数的选择，而算法特征(即收敛速度、内存需求、数字稳定)依赖于优化算法。ICA 的统计性质和算法性质是相互独立的，不同的优化算法可以用来优化同一个目标函数，同一个优化算法可以用来优化不同的目标函数。独立分量分析算法的最初目的是将观察到的数据进行某种线性分解，使其分解成独立的分量。Jutten 和 Herault 最早是这样描述独立分量分析的：ICA 是从线性混合信号里恢复出一些基本源信号的方法。

假定第 i 个观测信号 x_i 是由 n 个相互独立的未知信号 s_j 线性混合而成：

$$x_i = a_{i1}s_1 + a_{i2}s_2 + \cdots + a_{in}s_n,\quad i = 1, 2, \cdots, m \tag{2-51}$$

也可以写成：

$$x_i = \sum_{j=1}^{n} a_{ij}s_j \tag{2-52}$$

每个观测变量 x_i 和未知源变量 s_j 都是随机变量。不失一般性，设观测变量和源变量为零均值变量，如果不是，可以通过减去样本的均值而获得。用矢量 $\boldsymbol{x}$ 表示观测变量 $[x_1, x_2, \cdots, x_m]^{\mathrm{T}}$，矢量 $\boldsymbol{s}$ 表示源变量 $[s_1, s_2, \cdots, s_m]^{\mathrm{T}}(m \geqslant n)$，$\boldsymbol{A}(m \times n)$ 表示混合矩阵 a_{ij}。式(2-52)可用矢量–矩阵形式表示：

$$\boldsymbol{x} = \boldsymbol{A}\boldsymbol{s} \tag{2-53}$$

统计模型式(2-53)称为独立分量分析(ICA)模型。该模型描述了观测数据是如何由未知源信号 $\boldsymbol{s}$ 混合生成的。源信号 $\boldsymbol{s}$ 是隐藏变量，不能直接观测到，而且混合矩阵 $\boldsymbol{A}$ 也是未知的。所有能观测到的数据是随机变量 $\boldsymbol{x}$，所以独立分量分析法的关键是估计出混合矩阵 $\boldsymbol{A}$ 和 $\boldsymbol{s}$。

独立分量分析的起始点基于一个非常简单的假设：源信号 $\boldsymbol{s}$ 是相互统计独立的，同时要求源信号为非高斯分布。显然，在基本模型中的源信号分布是未知的(如果分布已知，问题就已经解决了)。在估计混合矩阵 $\boldsymbol{A}$ 后，需要计算混合矩阵 $\boldsymbol{A}$ 的逆，即分离矩阵 $\boldsymbol{W} = \boldsymbol{A}^{-1}$，从而得到独立分量 $\boldsymbol{s}$ 的估计 $\boldsymbol{y}$。

$$\boldsymbol{y} = \boldsymbol{W}\boldsymbol{x} \tag{2-54}$$

由于有多种 $\boldsymbol{W}$ 的可能值满足 ICA 模型，即 $\boldsymbol{W}$ 可以乘以某个常数或者数据矩阵，得到的 $\boldsymbol{W}$ 仍然满足 ICA 模型。因此式(2-54)中的 ICA 模型存在两个不确定性因素：①不能确定独立分量的方差；②不能确定结果中独立分量的顺序。

目前，常用的 ICA 算法有 Jutten-Herault 算法、非线性去相关法、随机梯度法、非线性 PCA 算法、单元学习规则和 FastICA 算法，其中最为常用的是 FastICA 算法，下面简单介绍 FastICA 算法及其实现。

FastICA 算法是芬兰赫尔辛基工业大学计算机及信息科学实验室 Hyvarinen 等提出并发展起来的。FastICA 算法基于非高斯性最大化原理，使用固定点(fixed-point)迭代理论寻找 $\boldsymbol{W}^{\mathrm{T}}\boldsymbol{x}$ 的非高斯性最大值，该算法采用牛顿迭代算法对观测变量 $\boldsymbol{x}$ 的大量采样点进行批处理，每次从观测信号中分离出一个独立分量，是独立分量分析的一种快速算法。为了减少算法需要估计的参数，简化算法的计算在运行 FastICA 算法之前，需要对数据进行预处理过程，即去均值和白化过程。

FastICA 算法同其他算法相比，有以下特点：

(1)通常的 ICA 算法是基于梯度下降，只能达到线性收敛，而 FastICA 是基于立方收敛。

(2)相比随机梯度法，FastICA 没有步长参数，更易于使用。

(3)大多数的算法必须首先估计概率密度函数，要选择特定对应的非线性函数 g。而对于任何非高斯分布的数据，FastICA 可以采用任意的非线性函数 g 直接得到数据的独立分量。

(4)FastICA 具有大多数神经计算的优点：它是并行的、分布式的，计算简单，需要很小的内存。

2.3.4　光谱数据数学模型建立

所采集的近红外光谱经过前处理、变量筛选和特征提取后，即可完成最后一个环节，即光谱数据与待测对象指标关系之间的模型建立。常用的光谱数据建模方法有多元线性回归(multiple linear regression，MLR)、主成分回归(principal component regression, PCR)、偏最小二乘回归(partial least square regression, PLS 回归)等。

1. 多元线性回归

多元线性回归(MLR)分析表述的是两个或两个以上自变量与一个因变量之间的数量变化关系，表现这一数量关系的数学公式，称为多元线性回归模型。多元线性回归研究是随机变量 y 与多个普通变量 $x_1,x_2,\cdots,x_n$ 的相关关系。多元线性回归是一种使用非常广泛的校正方法。

对于一个多组分共存的复杂体系，某一测量信号与多个因素有关，假设响应为 y，各个因素分别为 $x_1,x_2,\cdots,x_n$。如果响应 y 与各因素之间为线性关系，则有

$$y = a + b_1x_1 + b_2x_2 + b_3x_3 + \cdots + b_nx_n \tag{2-55}$$

与一元线性回归方法类似，通过对 y 和各自变量 $x_i(i=1,2,\cdots,n)$ 的一系列观察值，用最小二乘法确定模型的系数 $a,b_1,\cdots,b_n$，从而建立起 y 对 x_i 的线性回归方程。由于响应量的测量往往含有一定误差，在式(2-55)基础上对 m 个自变量组成各不相同的观察对象进行测量时，所得测量值可以建立以下方程组：

$$\begin{cases} y_1 = a + b_1x_{11} + b_2x_{12} + b_3x_{13} + \cdots + b_nx_{1n} \\ y_2 = a + b_1x_{21} + b_2x_{22} + b_3x_{23} + \cdots + b_nx_{2n} \\ \qquad\vdots \\ y_m = a + b_1x_{m1} + b_2x_{m2} + b_3x_{m3} + \cdots + b_nx_{mn} \end{cases} \tag{2-56}$$

式(2-56)中共含有 $n+1$ 个未知数，要求 $m \geqslant n+1$。该方程组可用最小二乘法求解，确定式(2-56)中各参数的估计值。

2. 主成分回归

主成分回归(PCR)可分为两步：①测定主成分数，并由主成分分析将 $\boldsymbol{X}$ 矩阵降维；②对降维的 $\boldsymbol{X}$ 矩阵再进行线性回归分析。主成分分析概念在 2.3.3 节已经介绍过。所谓主成分，它为一新的变量，而该新变量是原变量 x_{ij} 的线性组合。第一个主成分所能解释原变量的方差量最大，第二个次之，第三个再次之，等等。也就是说，主成分是一种线性组合，用它来表征原来变量时所产生的平方误差最小。运用主成分分析，原变量矩阵 $\boldsymbol{X}$ 可以表达为得分(即主成分)矩阵 $\boldsymbol{T}$，而 $\boldsymbol{T}$ 由 $\boldsymbol{X}$ 在本征矢量 $\boldsymbol{P}$ 上的投影所得。主成分与矩阵 $\boldsymbol{X}$ 的本征矢量一一对应，即 $\boldsymbol{XP}=\boldsymbol{T}$。

设矩阵 $\boldsymbol{X}$ 的阶为 $m \times n$，若 $\boldsymbol{T}$ 的阶与 n 相等，则主成分回归与多元线性回归所得结果相同，并不能显示出主成分回归的优越之处。选取的主成分数一般应该比 J 小，以删去那些不重要的主成分，因为这些主成分所包含的信息主要是噪声，由此所得的回归方程稳定性较好。

另外，由 $\boldsymbol{X}$ 所定义的空间可以进一步说明主成分回归与多元线性回归的区别。多元线性回归应用了由 $\boldsymbol{X}$ 的列所定义的全部空间，而主成分回归所占用的是一子空间。当 $\boldsymbol{X}$ 的 J 列中，有一列可为其他 $J-1$ 列线性组合时，则 $\boldsymbol{X}$ 可用 $J-1$ 列的矩阵 $\boldsymbol{T}$ 来描述，而并不丢失信息。新的矩阵 $\boldsymbol{T}$ 定义了 $\boldsymbol{X}$ 的一个子空间。

综上所述，$\boldsymbol{X}$ 可由它的得分矩阵 $\boldsymbol{T}$ 来描述(由于删去与小本征值相应的维，所以 $\boldsymbol{T}$ 的维小于 $\boldsymbol{X}$ 的维)

$$\boldsymbol{T} = \boldsymbol{XP} \tag{2-57}$$

若用图形表示，则为

$$ {}_{n}\boxed{\boldsymbol{T}}^{a} = {}_{n}\boxed{\boldsymbol{X}}^{m}\,{}_{m}\boxed{\boldsymbol{P}}^{a} \tag{2-58}$$

由此可得多元线性方程

$$\boldsymbol{Y} = \boldsymbol{T}\boldsymbol{B} + \boldsymbol{E} \tag{2-59}$$

其解为

$$\boldsymbol{B} = \left(\boldsymbol{T}'\boldsymbol{T}\right)^{-1}\boldsymbol{T}'\boldsymbol{Y} \tag{2-60}$$

主成分分析可以解决共线性问题，同时去掉不太重要的主成分，因而可以削弱噪声(随机误差)所产生的影响。但是，由于主成分回归为二步法，若在第一步中消去的是有用主成分，而保留的是噪声，则在第二步多元线性回归所得结果将偏离真实的数学模型。

3. 偏最小二乘回归

偏最小二乘回归(PLS 回归)也是一种基于因子分析的多变量校正方法，是目前在定量分析中应用最多的多元分析方法。在主成分回归中，只对自变量 $\boldsymbol{X}$ 矩阵进行分解，消除了 $\boldsymbol{X}$ 中无用的信息，而因变量 $\boldsymbol{Y}$ 中同样包含了无用信息，也应同样处理。与 PCR 不同的是，在 PLS 回归中，自变量和因变量数据矩阵的分解同时进行，并将因变量信息引入到自变量数据分解过程中，在每计算一个新主成分之前，交换 $\boldsymbol{X}$ 与 $\boldsymbol{Y}$ 的得分，从而使自变量主成分直接与被分析组分含量关联。偏最小二乘回归从 20 世纪 80 年代开始应用于化学研究，现已成为化学计量学中最受推崇的多变量校正方法之一，在化学测量和有关研究中得到广泛应用。

在此，以分光光度分析法测定多组分体系为例来描述偏最小二乘法的原理。偏最小二乘法首先将校正集混合标准溶液的吸光度矩阵 $\boldsymbol{A}$ 和浓度矩阵 $\boldsymbol{C}$ 分别进行主成分分解，并提取 r 个主因子，使组分的贡献与误差得以分离：

$$\boldsymbol{A} = \boldsymbol{T}\boldsymbol{P}^{\mathrm{T}} + \boldsymbol{E} = \sum_{i=1}^{r}\boldsymbol{t}_i\boldsymbol{p}_i^{\mathrm{T}} + \boldsymbol{E} \tag{2-61}$$

$$\boldsymbol{C} = \boldsymbol{U}\boldsymbol{Q}^{\mathrm{T}} + \boldsymbol{F} = \sum_{i=1}^{r}\boldsymbol{u}_i\boldsymbol{q}_i^{\mathrm{T}} + \boldsymbol{F} \tag{2-62}$$

式中，$\boldsymbol{T}$ 和 $\boldsymbol{P}$ 分别为测量矩阵 $\boldsymbol{A}$ 的得分矩阵和载荷矩阵；$\boldsymbol{U}$ 和 $\boldsymbol{Q}$ 分别为浓度矩阵 $\boldsymbol{C}$ 的得分矩阵和载荷矩阵；$\boldsymbol{E}$ 和 $\boldsymbol{F}$ 分别为测量矩阵和浓度矩阵的测定误差矩阵(亦可称为残差矩阵)。$\boldsymbol{T}$ 和 $\boldsymbol{U}$ 之间可由以下回归式予以关联：

$$\boldsymbol{u}_i = \boldsymbol{b}_i\boldsymbol{t}_i \tag{2-63}$$

式中，$\boldsymbol{u}_i$ 和 $\boldsymbol{t}_i$ 分别为 $\boldsymbol{U}$ 和 $\boldsymbol{T}$ 的第 i 列，然后对 $\boldsymbol{T}$ 进行旋转变换，使 $\boldsymbol{T}$ 既可以描述 $\boldsymbol{C}$ 矩阵，也可以描述 $\boldsymbol{A}$ 矩阵。对 $\boldsymbol{T}$ 进行旋转变换的基本意思是从 $\boldsymbol{A}$ 矩阵分解出 $\boldsymbol{T}$ 时引入 $\boldsymbol{U}$ 的信息，或从 $\boldsymbol{C}$ 分解 $\boldsymbol{U}$ 时引入 $\boldsymbol{T}$ 的信息。具体实现方法一般是在迭代

过程中变换迭代变量，即以 $\boldsymbol{U}$ 代替 $\boldsymbol{T}$ 计算 $\boldsymbol{P}^{\mathrm{T}}$，以 $\boldsymbol{T}$ 代替 $\boldsymbol{U}$ 计算 $\boldsymbol{Q}^{\mathrm{T}}$。得到 $\boldsymbol{T}$ 与 $\boldsymbol{U}$ 之间的关系后，可由下式进行预报：

$$\boldsymbol{C}_{\mathrm{new}} = \boldsymbol{T}_{\mathrm{new}}\boldsymbol{B}\boldsymbol{Q}^{\mathrm{T}} = \boldsymbol{A}_{\mathrm{new}}\boldsymbol{P}\boldsymbol{B}\boldsymbol{Q}^{\mathrm{T}} \tag{2-64}$$

式中，$\boldsymbol{C}_{\mathrm{new}}$ 表示一组未知混合溶液的浓度矩阵；$\boldsymbol{A}_{\mathrm{new}}$ 和 $\boldsymbol{T}_{\mathrm{new}}$ 分别表示未知溶液的测量数据矩阵和其对应的得分矩阵。对于单个未知溶液其浓度向量 $\boldsymbol{C}_{\mathrm{new}}^{\mathrm{T}}$ 由下式表示：

$$\boldsymbol{C}_{\mathrm{new}}^{\mathrm{T}} = \boldsymbol{t}_{\mathrm{new}}^{\mathrm{T}}\boldsymbol{B}\boldsymbol{Q}^{\mathrm{T}} = \boldsymbol{a}_{\mathrm{new}}^{\mathrm{T}}\boldsymbol{P}\boldsymbol{B}\boldsymbol{Q}^{\mathrm{T}} \tag{2-65}$$

实际上偏最小二乘法运算并不独立，分别对测量矩阵和浓度矩阵进行主成分分析，通过迭代的方法，彼此之间交换信息，将两个独立的主成分分析过程合二为一，得到 PLS 解。偏最小二乘法最常用的算法是非线性迭代偏最小二乘法，非线性迭代偏最小二乘算法对测量数据矩阵 $\boldsymbol{X}$ 和浓度矩阵 $\boldsymbol{Y}$ 进行交替迭代计算。

PLS 将原始的因变量数据映射成信息量非常集中的少数潜变量，又能选出和因变量相关性大的潜变量作为主成分变量建立模型。将 $\boldsymbol{Y}$ 信息引入到 $\boldsymbol{X}$ 矩阵分解过程中，在每计算一个新主成分之前，将 $\boldsymbol{X}$ 得分和 $\boldsymbol{Y}$ 得分进行交换，使得 $\boldsymbol{X}$ 主成分直接与 $\boldsymbol{Y}$ 关联。

2.4 近红外光谱技术在食品品质安全检测中的应用

2.4.1 在谷物品质检测中的应用

谷物在储藏加工过程中，其品质的变化在近红外光谱区域有一定的反应，20 世纪 70 年代起国外发达国家已经采用近红外方法对谷物的品质进行快速测定，检测方式主要以漫反射和透射光谱检测为主，包括稻谷等主要农产品中脂肪、蛋白质、淀粉、水分等成分的测定；在国内，亦有众多学者应用 NIRS 建立了稻谷新陈度及理化指标的定标模型，并得到了较好的结果。以近红外光谱技术检测日本粳稻新鲜度为例，稻谷新鲜度的变化会导致其成分的变化，而这些成分的变化则会通过光谱的变化反映出[16]。

大米储藏期检测试验所采用粳稻来自中国东部江苏省，为了消除老化过程中环境因素影响的不确定性，新鲜的大米放置在恒温恒湿箱，温度为 40℃，湿度为 60%(加速大米的老化)的情况下存储 0 个月、1 个月、2 个月、4 个月和 6 个月。对于不同的大米检测系统，每个系统在每个大米储存期取 30 份样品进行检测，共 150 份。采用便携式 VNIRS 系统进行比对，通过直接扫描大米获得光谱。由于大米分布不均匀，每个样本在不同地区扫描 5 次。最终的光谱将是 5 次扫描的平均值。光谱采集参数设置如下：积分时间为 50ms，平滑度为 5，平均频率为 10。光谱范围为 377.96～1014.27nm，总变量数为 1908。实验室温度保持在 25℃左右，湿度保持在稳定水平。

iPLS 变量选择的特点是只选择一个有效的谱域。因为有价值的信息可能不在一个光谱区域，所以它在所有的概率中错过了重要的信息。SiPLS 是 iPLS 波长选择方法的扩展，它通过结合全光谱中的几个区域(2 个、3 个、4 个光谱区域)形成新的光谱数据。它是一种从含有成千上万个变量的全谱中选择有效变量的有力工具，消除了 iPLS 的谱域缺陷。SiPLS 已被应用于光谱的可变选择，并在某些情况下表现出比 PLS 和 iPLS 更好的性能。在这里，SiPLS 被应用于选定的有效光谱子区间。将 1908nm 波长的全光谱等分为 20 个子区间，选取 4 个子区间进行主成分分析和线性判别分析(linear discriminant analysis，LDA)。基于 VNIRS 系统和 VNIRS-比色传感器系统的水稻储藏时间识别结果如图 2-33 所示。

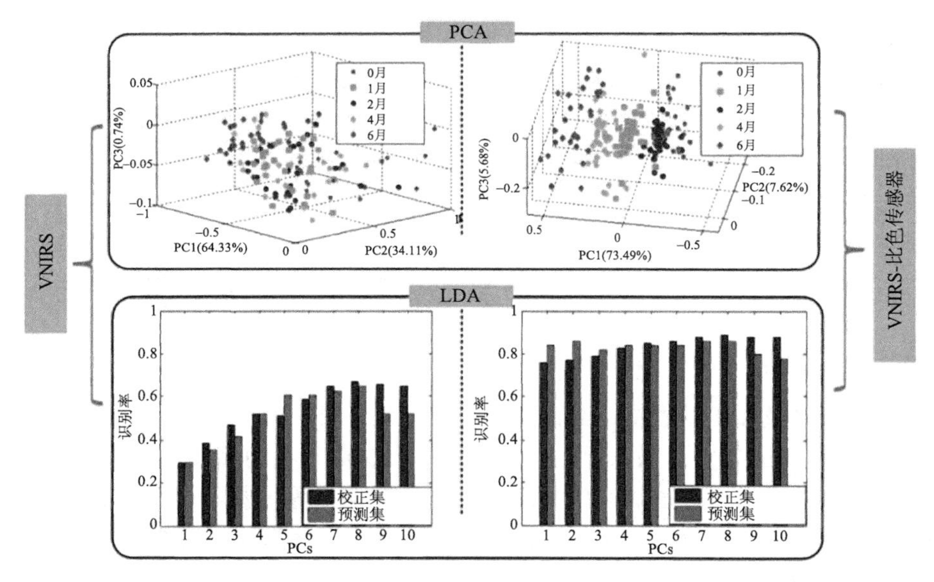

图 2-33　基于 VNIRS 系统和 VNIRS-比色传感器系统的 SiPLS-PCA/LDA 分析水稻储藏时间判别

对于 VNIRS 系统的结果，0～4 个月存放的大米没有差异，6 个月存放时间的大米可以根据 PCA 进行区分；随着预测集识别率的提高，LDA 模型的可靠性有所提高，但仍不能很好地进行识别。这一结果比基于 iPLS-PCA 的 VNIRS 系统稍好一些，但仍低于基于 iPLS-PCA 的 VNIRS-比色传感器系统的结果。

对于 VNIRS-比色传感器系统的主成分分析，在 5 个存储时间内对 150 个实验样品进行了很好的聚类。它表明，随着时间的延长，组间的距离也在扩大。而 2 个月的新鲜稻和储藏稻之间存在一定的重叠。在 VNIRS-比色传感器系统的 LDA

模型中，校正集的识别率为 89.00%，PCs=8 的校正集的识别率为 86.00%，高于 PLS-LDA 的结果。

综上所述，与传统的 VNIRS 系统相比，VNIRS-比色传感器系统在监测水稻储藏时间方面表现出更好的能力。同时证明了 VNIRS-比色传感器系统在快速识别样品挥发性有机物方面具有较高的潜力。此外，基于 VNIRS-比色传感器系统的结果表明，SiPLS 是选择有效变量的合适方法。

2.4.2　在果蔬内部成分快速预测中的应用

果蔬品质的近红外无损检测始于 20 世纪 50 年代。至 21 世纪初，近红外光谱检测技术在果蔬的维生素 C 含量、酸度、糖度、硬度等指标的定量分析和机械损伤、新鲜度、褐变、成熟度的定性判别分析中已经取得了广泛的应用研究成果[20]。然而，以上研究均基于实验室的台式近红外分析仪，无法满足在田间、仓储或运输过程中进行分析的要求。因此，随着微机电加工技术的发展，研究者开始将目光聚焦在便携式近红外分析仪的开发、应用和模型数据云平台的构建上。以下是近红外光谱在樱桃番茄可溶性固形物快速检测中的应用案例。

随着人们的生活水平逐步提高，消费者在选购樱桃番茄的时候，对其内部品质提出了更高的要求，樱桃番茄内部品质的传统检测方法主要是化学分析方法，虽然检测结果准确可靠，但是存在操作繁杂、检测时间长、样品有损等弊端。而近红外光谱方法具有快速精确、样品无损、可多指标同时检测等优点，可应用于对樱桃番茄内部品质的检测。对樱桃番茄内部品质的近红外光谱检测方法进行研究，以樱桃番茄的可溶性固形物和番茄红素这两个重要的内部成分指标作为评价樱桃番茄内部品质标准，通过利用近红外光谱技术结合化学计量学方法构建樱桃番茄可溶性固形物和番茄红素含量的定量检测模型，以实现对樱桃番茄内部品质的快速无损检测。

在超市选购 120 个外观均匀、无损伤病害的不同成熟度“千禧”樱桃番茄作为实验建模样品，所有样品擦拭干净编号备用。在采集 120 个樱桃番茄样品光谱之前，先将样品放入恒温箱(设置 20℃)中储藏 4h 以使樱桃番茄各部分温度达到均匀一致，以消除温度对模型的影响。光谱采集采用 DLP NIRScan Nano 微型近红外光谱仪，光谱范围为 900～1700nm，波长数据为 228 个。按照编号顺序逐一快速从恒温箱中取出樱桃番茄样品，将样品紧贴在微型近红外光谱仪前端的扫描窗口，采集样品近红外光谱，每个样品从两个对称位置分别采集光谱，两次采集的平均光谱为最终样品光谱。所采集的光谱数据文件中包括波长及强度光谱、反射率光谱和吸光度光谱数据，选择吸光度光谱数据作为建模光谱数据。图 2-34 为采集的樱桃番茄近红外光谱图。

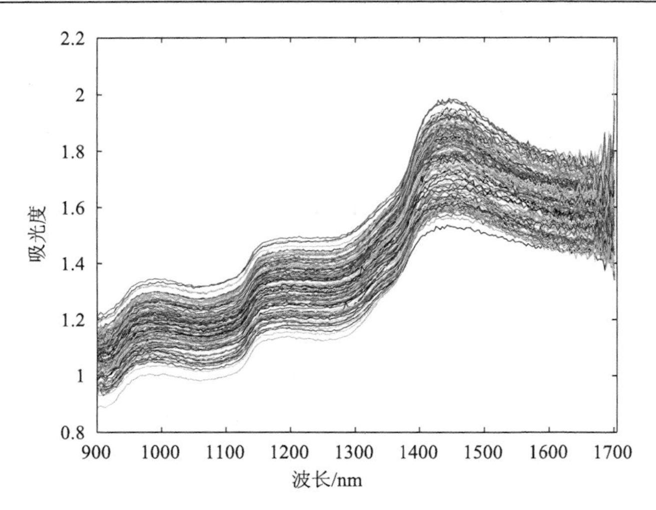

图 2-34　樱桃番茄的近红外光谱图

樱桃番茄中的可溶性固形物含量测定参照《水果和蔬菜可溶性固形物含量的测定 折射仪法》(NY/T 2637—2014)中的折射仪法，采用 WAY-2S 阿贝折射仪测量，取适量光谱采集位置的樱桃番茄果肉，挤汁经过滤布过滤，将汁液滴在阿贝折射仪的样品镜面上，测定可溶性固形物含量，单位为°Brix。樱桃番茄的番茄红素含量测定参照《食品安全国家标准 食品添加剂 番茄红》(GB 28316—2012)，樱桃番茄中的番茄红素采用二氯甲烷和 2, 6-二叔丁基对甲酚混合有机溶剂进行浸提，再用紫外-可见分光光度计测定果肉浸提液在最大吸收峰 472nm 处的吸光度，通过番茄红素含量标准曲线计算番茄红素含量，单位为 mg/kg。

樱桃番茄样品的可溶性固形物含量和番茄红素含量使用上述方法进行测定，其可溶性固形物含量分布结果如图 2-35 所示，服从正态分布，均值为 6.71°Brix，标准差为 0.702°Brix；番茄红素含量分布结果如图 2-36 所示，服从正态分布，均值为 75.1mg/kg，标准差为 12.75mg/kg。

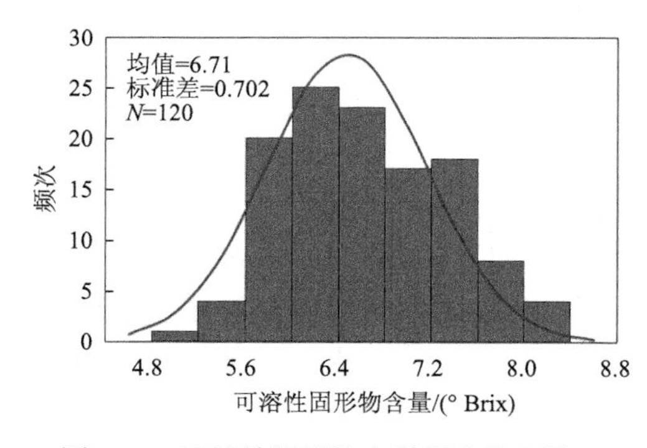

图 2-35　可溶性固形物含量频次分布图

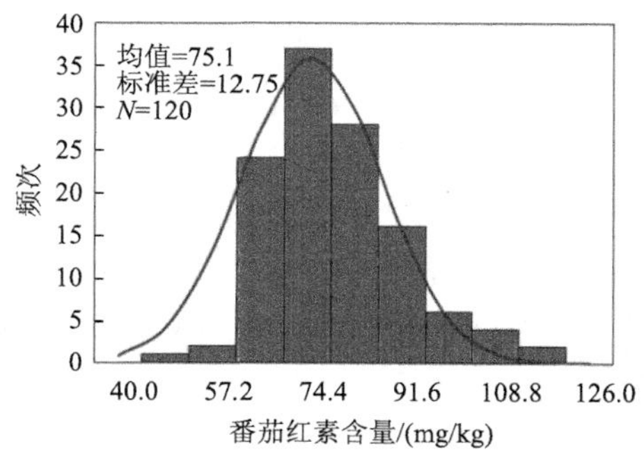

图 2-36　番茄红素含量频次分布图

将 120 个樱桃番茄样品按照 2∶1 比例分为校正集和预测集，即校正集 80 个，预测集 40 个，校正集和预测集中的樱桃番茄可溶性固形物含量分布如表 2-4 所示，番茄红素含量分布如表 2-5 所示。

表 2-4　校正集和预测集样品可溶性固形物含量分布

品质指标	子集	单位	样本数	范围	均值	标准差
可溶性固形物	校正集	°Brix	80	5.2～8.2	6.71	0.70
	预测集	°Brix	40	5.4～8.2	6.72	0.71

表 2-5　校正集和预测集样品番茄红素含量分布

品质指标	子集	单位	样本数	范围	均值	标准差
番茄红素	校正集	mg/kg	80	47.83～112.66	75.06	12.83
	预测集	mg/kg	40	55.96～110.11	75.17	12.75

对已经进行 SG 平滑预处理后的樱桃番茄近红外光谱(共 210 个变量)与可溶性固形物含量、番茄红素含量参考值建立 PLS 模型。图 2-37 为可溶性固形物含量 PLS 模型结果，其校正集 R_c 为 0.9231、RMSEC 为 0.269°Brix，预测集 R_p 为 0.9042、RMSEP 为 0.302°Brix；图 2-38 为番茄红素含量 PLS 模型结果，其校正集 R_c 为 0.8472、RMSEC 为 6.81mg/kg，预测集 R_p 为 0.8238、RMSEP 为 7.14mg/kg。

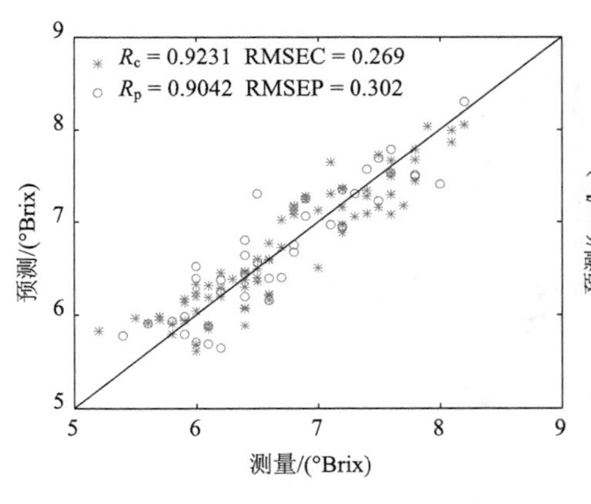

图 2-37　可溶性固形物 PLS 模型结果

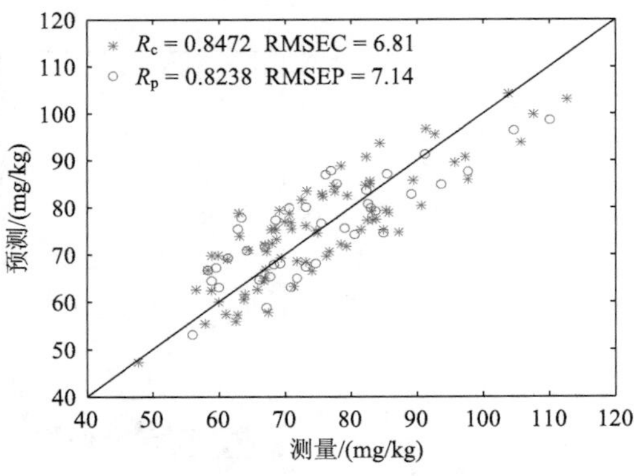

图 2-38　番茄红素 PLS 模型结果

2.4.3　在酒醋饮品品质检测中的应用

鉴于我国食醋产业的悠久历史，利用近红外技术在食醋等调味品上的研究，发现食醋的品种、产地与光谱信息接近非线性关系，食醋中的总酸、挥发酸含量与光谱信息接近线性关系，还原糖含量与光谱信息接近非线性关系。另外，利用近红外技术测定了食醋中有害成分(苯甲酸)的含量，这为近红外光谱技术测定食醋中添加剂含量、包装中有害物质迁移量提供了思路指导和方法参考。食醋的理化指标(如酸度、可溶性固形物等)不同，近红外光谱也会发生一定的变化，以此为理论依据，利用近红外光谱技术快速无损检测食醋的品质指标[17]。

食醋样本来自江苏恒顺集团，共 160 个样本，采用透射方式采集其近红外光谱。所用的设备为美国 Thermo Fisher 公司生产的 Antaris II 型傅里叶变换近红外光谱仪。光谱范围为 10 000～4000cm^{-1}，设备配备标准管(ϕ5mm)。在试验过程中，使用的采样分辨率为 8cm^{-1}，采样间隔为 3.856cm^{-1}，扫描次数为 16 次，室内温度保持在 25℃±1℃，湿度基本保持不变。在这些条件下，10 000～4000cm^{-1} 近红外光谱区域内共有 1557 个变量。每个样本不同时间不同位置测 4 次，取这 4 次的平均光谱作为该样本的原始光谱，得到的食醋原始近红外光谱图如图 2-39 所示。

PLS 模型的建立：将运用了原始光谱数据以及平滑+一阶导数(D1)、平滑+二阶导数(D2)、平滑+SNV 和平滑+MSC 等预处理光谱数据 160 个样本分配到预测集和校正集后建立模型，在模型的建立过程中，讨论了 PLS 因子数对模型性能的影响。

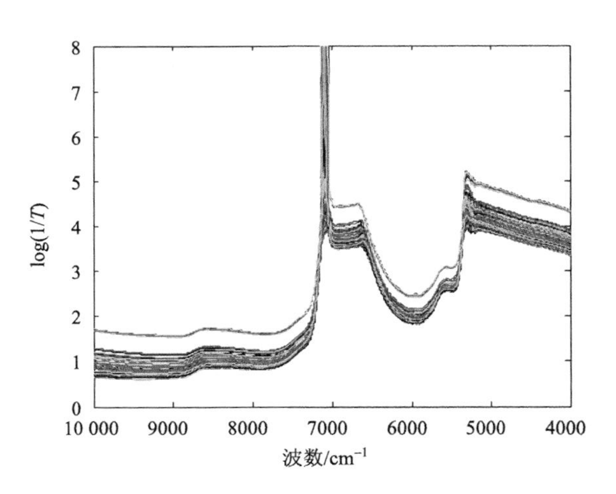

图 2-39　经过预处理后的食醋近红外光谱

图 2-40 为总酸含量(total acid content, TAC)的 PLS 模型的 RMSECV 值在不同的光谱预处理方法下随着 PLS 因子数变化的情况。从图中可以看出，两者的

RMSECV 值随 PLS 因子数的变化趋势基本相同，刚开始，RMSECV 值随着 PLS 因子数的增加而减小，然后逐渐平稳。从图中还可以看出，总酸含量 PLS 模型和可溶性无盐固形物含量(SSFSC)PLS 模型均为通过平滑+D1 预处理后的光谱稍微优于原始光谱和其他 3 种预处理光谱。

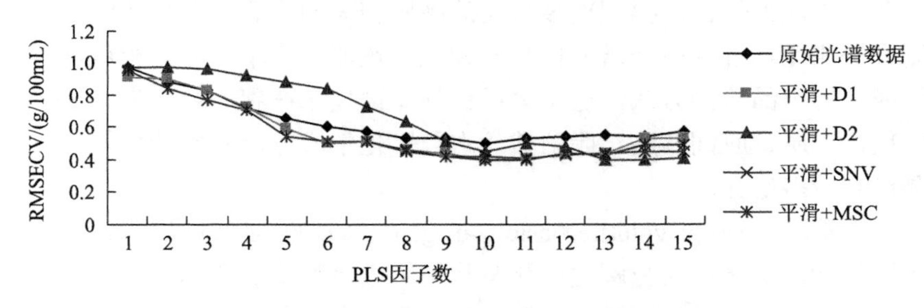

图 2-40　TAC 的 PLS 模型主成分数的确定

表 2-6 显示了总酸含量和可溶性无盐固形物含量的 PLS 模型在不同的预处理光谱下模型的最佳结果，从表中可以看出，对于总酸含量 PLS 模型，通过平滑+D1 光谱预处理后，RMSECV 的值最低等于 0.397g/100mL，此时的最佳 PLS 因子数为 10，所得到的模型校正结果优于其他预处理光谱所得到的模型。由此可见，通过平滑+D1 光谱预处理，用 10 个主成分数建立的模型最佳。对于可溶性无盐固形物含量 PLS 模型，同样，通过平滑+D1 光谱预处理效果最好，RMSECV 的值最低等于 1.68g/100mL，此时的最佳 PLS 因子数为 10。

表 2-6　不同的预处理光谱下的 TAC 和 SSFSC 的 PLS 模型的最佳结果

成分	预处理	PLS 因子数	RMSECV /(g/100mL)	RMSEP /(g/100mL)	R_c	R_p
总酸含量	原光谱	10	0.506	0.519	0.8727	0.858
	平滑+D1	**10**	**0.397**	**0.444**	**0.9232**	**0.8987**
	平滑+D2	13	0.402	0.493	0.9218	0.8812
	平滑+SNV	11	0.410	0.497	0.9148	0.8774
	平滑+MSC	11	0.399	0.496	0.9226	0.8775
可溶性无盐固形物含量	原光谱	13	1.87	2.42	0.9385	0.8913
	平滑+D1	**10**	**1.68**	**2.23**	**0.9495**	**0.9088**
	平滑+D2	10	1.69	2.29	0.9491	0.9047
	平滑+SNV	9	1.73	2.33	0.9475	0.9025
	平滑+MSC	9	1.73	2.33	0.9478	0.9027

2.4.4 在禽肉品质快速检测中的应用

肉类产品中的大多数有机化合物如蛋白质、脂肪、有机酸、碳水化合物等都含有不同的含氢基团，所以通过对其进行近红外光谱分析可测定这些化学成分的含量，并可以此为依据，得到更多与肉品品质相关的信息。和传统的肉品化学成分检测方法相比，近红外光谱分析是一种能够快速、简单、安全和可同时测定多种化学成分的肉品检测方法。近年来近红外光谱技术在猪、鸡、牛、羊、兔等动物肉中粗蛋白质、肌间脂肪、脂肪酸、水分等化学成分以及肉的新鲜度方面的分析检测已有较多研究。

挥发性盐基氮(total volatile basic nitrogen, TVB-N)是我国用于评价肉品新鲜度的重要指标，是蛋白质分解生成氨及胺类等含氮物质的总和，它们含有特定的含氢基团(C—H、N—H 和 O—H 等)，这些基团在近红外光谱区域有特定的倍频与合频吸收峰，通过谱峰分析优选出相关的特征变量，可对 TVB-N 含量进行较为准确的测定，对肉品新鲜度进行较好的评价。近红外光谱技术检测对样品无须预处理、不破坏样品、可对多成分同时分析、适合在线快速分析以及不产生污染等优点。

研究利用自行保存的不同优势致腐菌，回接至新鲜冷却猪肉样本中，让其 4℃储藏逐渐变质，以检测猪肉变质过程中新鲜度的变化，并调整肉样各组分含量的差异，增加样本数据的跨度和离散性，构建较为合理的预测模型。试验猪肉取自不同长白猪身上的冷却里脊肉，于洁净工作台中将其分割成大小约 6cm × 4cm× 1cm 的肉样 120 个。将自行分离保存的 3 种优势致腐菌 *Pseudomonas koreensis* PS1、*Bacillus fusiformis* J4 和 *Brochothrix thermosphacta* S5，用无菌水分别制成菌悬液，调整菌体浓度为 10^3～10^4CFU/mL，各取 30 个肉样在相应菌液中浸泡 10s 进行接种后，取出放于无菌塑料袋中密封，剩余 30 个不接种留作对照，全部置于 4℃冰箱保存。分别于第 1、3、5、7、9、11 天相同时段，4 种处理的肉样各取 5 个(共 20 个肉样/天)进行近红外光谱采集以及 TVB-N、总糖、总脂肪和蛋白质含量的测定。

试验采用积分球漫反射方式采集猪肉样本的近红外光谱。采集前，将近红外光谱仪打开预热 30min，同时将当天待测的 20 个肉样从冰箱取出于室温放置 30min，试验测样时，保持室温 25℃ ± 1℃，湿度基本保持不变，以仪器内置背景(硫酸钡)为参比，扫描波数范围为 4000～10 000cm^{-1}，扫描次数为 32 次，采样波数间隔为 3.856cm^{-1}，每条光谱含 1557 个波数点。每个肉样采集 3 个不同位置的光谱，取 3 次光谱的平均值作为该样本的原始光谱。采用我国国标规定的化学方法对 4℃储藏过程中 120 个肉样的 TVB-N、总糖、总脂肪、蛋白质等化学组分含量进行测定。实测值统计如表 2-7 所示。

表 2-7　训练集和预测集中猪肉各指标测定值

测定指标	单位	子集	样本数	范围	平均值	标准差
TVB-N	mg/100g	训练集	80	4.78～42.63	19.48	7.38
		预测集	40	4.87～42.30	19.51	5.56
蛋白质	g/100g	训练集	80	9.01～29.74	19.89	5.59
		预测集	40	10.67～29.35	19.99	5.64
总脂肪	g/100g	训练集	80	1.01～9.73	2.50	1.21
		预测集	40	1.02～8.32	2.49	1.09
总糖	g/100g	训练集	80	0.07～0.98	0.34	0.23
		预测集	40	0.08～0.95	0.34	0.24
细菌总数	lg CFU/g	训练集	80	3.37～9.37	7.51	1.51
		预测集	40	3.88～9.35	7.53	1.50

在猪肉变质过程中，对不同处理肉样的近红外光谱进行了试验分析。图 2-41 为不同处理肉样随储藏时间变化的近红外光谱。从中可以看出，第 1 天各肉样的

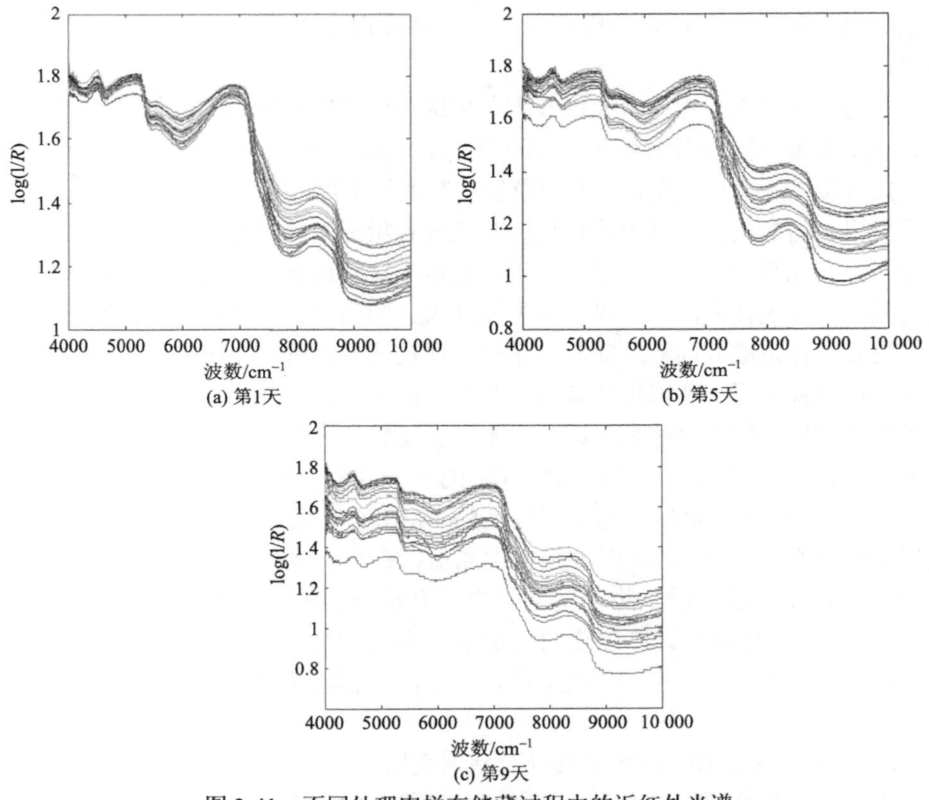

图 2-41　不同处理肉样在储藏过程中的近红外光谱

近红外光谱差异较小；第 5 天各肉样的近红外光谱出现了较为明显的差异；至第 9 天各肉样的近红外光谱变得更为分散。这主要是因为不同处理肉样在 4℃储藏过程中，其化学组分含量会不断发生变化，导致近红外光谱相应发生变化。尽管各肉样进行了不同处理，导致各肉样初始致腐菌含量有所不同，但第 1 天致腐菌并未大量繁殖，各肉样中的 TVB-N、蛋白质、脂肪、糖分等含量差异不大，故其近红外光谱差异较小；但随着储藏时间的延长，致腐菌不断繁殖增加，各肉样中的 TVB-N、蛋白质、脂肪、糖类物质等含量也开始出现差异，故其对应的近红外光谱也逐渐出现差异，各测定指标含量差异越大，其对应的近红外光谱也更为分散。

在猪肉变质过程中，TVB-N、蛋白质、脂肪、糖分和细菌总数等指标均呈现一定的变化，这些变化都能在近红外光谱上得到相应的反映。由于在猪肉变质过程中各指标变化是一个复杂的动态过程，因此，猪肉各指标与特征光谱谱区之间的关系是比较复杂的，通常的线性判别模型难以描述。本研究尝试采用非线性定量模型——反向传播-人工神经网格(back propagation-artificial neural network, BP-ANN)构建猪肉各指标预测模型。BP-ANN 模型是一个典型的学习系统，具有很强的自学习、自适应和自组织能力，能够实现输入与输出之间的高度非线性映射。

在建立模型前，考虑到 SiPLS 方法优选得到猪肉各指标的特征光谱谱区均超过 250 个变量，数据间仍存在一定的相关性，造成一定的信息冗余。若将这些光谱数据直接输入构建模型，会增加模型计算的复杂性，影响模型的精确性，因此，需要采用合适的数据处理方法，提取与猪肉各指标相关的有效信息，建立简洁、有效、鲁棒性强的模型。主成分分析是把多个变量通过线性变换选出较少个数重要变量的一种统计方法，它沿着协方差最大方向由多维光谱数据空间向低维数据空间投影，各主成分向量之间相互正交。通过选择合理的主成分因子构建模型，既可以达到数据压缩和降维的效果，又不会过多地丢失光谱信息，同时可以减少原始光谱数据中的冗余信息。因此，本书在建立猪肉各指标预测模型的过程中，均采用 3 层(输入层、隐含层、输出层)的 BP-ANN 网络结构。输入层神经元数是经 PCA 处理并利用最低的交互验证的 RMSECV 优选最佳主成分因子数，输出层神经元数为 1，即为猪肉各指标实测值，隐含层神经元数则通过网络测试优选确定均为 8；输入层到隐含层及隐含层到输出层的传递函数为双曲正切函数(tanh)；神经网络模型训练停止的目标误差为 0.0002；网络训练指定参数中，初始权重设为 0.3，学习速率和权重修正动量因子都设为 0.1，训练迭代次数设为 1000 次。

图 2-42 显示了 BP-ANN 模型下，猪肉变质过程中 TVB-N、蛋白质、总脂肪、总糖和细菌总数等指标的实测值与对应 NIR 测量值的相关性。

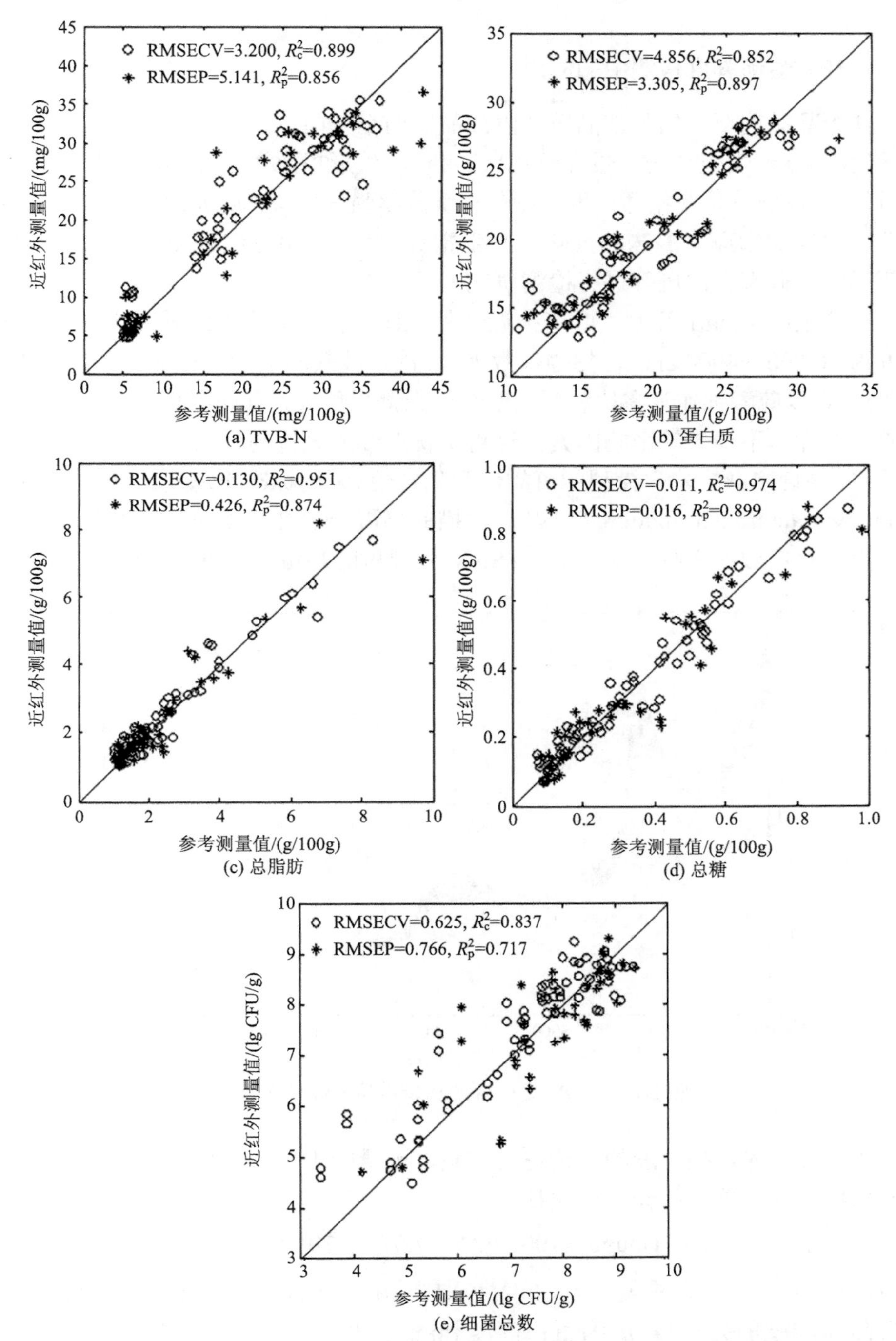

图 2-42　猪肉变质过程中 TVB-N、蛋白质、总脂肪、总糖和细菌总数等指标的实测值与对应 NIR 测量值的相关性

2.4.5　在禽蛋新鲜度检测中的应用

禽蛋品质主要包括外部品质和内部品质两个方面。外部品质主要包括蛋壳质量(蛋壳强度、蛋壳结构、蛋壳颜色)、蛋重、蛋形指数；内部品质主要包括蛋白品质、蛋黄品质(蛋黄指数、蛋黄颜色、蛋黄膜强度)、其他指标(化学成分、功能特性、血斑和肉斑、滋味和气味、卫生指标)[21]。利用近红外光透射光谱来对鸡蛋新鲜度、血斑、肉斑等进行检测研究。

试验采用 Antaris Ⅱ傅里叶变换近红外光谱仪扫描鸡蛋近红外光谱。扫描波数范围为 10 000～4000 cm^{-1}，扫描次数为 32 次，波数间隔为 3.856cm^{-1}(共 1557 个波数点)，以硫酸钡作为参比材料。近红外光谱采集时，有许多高频随机噪声、基线漂移、样本不均匀等影响因素，这将干扰近红外光谱与样品内有效成分含量间的关系，并直接影响建立模型的可靠性和稳定性。采用标准正态变量变换(standard normal variate transformation, SNV)对扫描的鸡蛋光谱进行预处理，能有效地减少这些因素对信号的影响。图 2-43 为 SNV 处理后的鸡蛋样品近红外光谱图[18]。

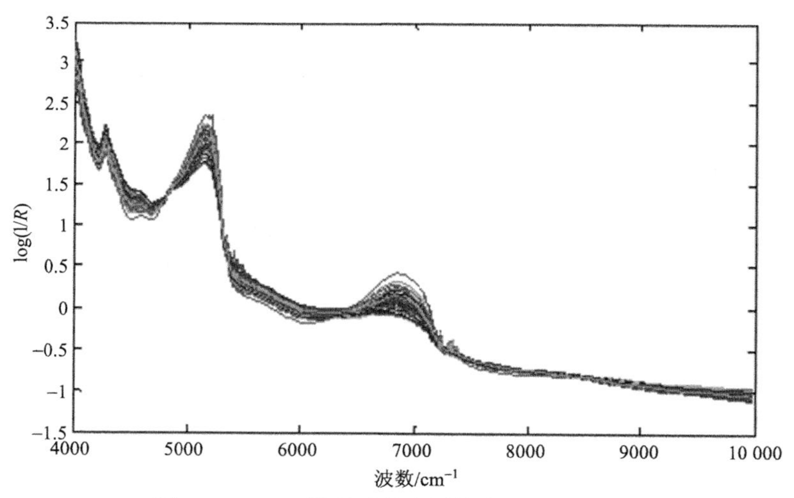

图 2-43　SNV 处理后的鸡蛋样品近红外光谱图

将近红外光谱扫描过的每枚鸡蛋打破，测量哈夫单位指数，作为该鸡蛋的新鲜度指数。哈夫单位的计算公式是

$$\text{Haugh} = 100.1\lg(h + 7.57 - 1.7W^{0.37}) \tag{2-66}$$

式中，Haugh 为哈夫单位(哈夫单位值是美国农业部蛋品标准规定的检验和表示蛋品新鲜度的方法)；h 为蛋白高度(mm)；W 为蛋重(g)。鸡蛋哈夫单位测试方法参照参考文献[21]。表 2-8 列出了被测鸡蛋哈夫单位值的变化范围、平均

值、标准差。

表 2-8　试验鸡蛋的哈夫单位值

子集	样本	平均值	最大值	最小值	标准差
训练集	118	60.827	82.042	43.834	2.696
预测集	58	61.431	80.154	45.556	2.684

通过 ICA 对近红外光谱数据进行降维，提取相互独立分量因子，并将因子得分向量作为模式识别方法的输入向量，建立了一个 3 层(输入层、隐含层、输出层)的人工神经网络结构。输入层到隐含层及隐含层到输出层的传递函数为正切 S 形函数。输入层的神经元个数是经 ICA 处理得到的独立分量数，输出层的神经元个数为 1，即为鸡蛋的哈夫单位实际测试值。隐含层的神经元个数经过网络测试，选取为 10。训练目标误差为 0.001。网络指定参数中，学习速率和权重修正动量均选取 0.1，初始权重设置为 0.3。

独立分量分析-神经网络回归(ICA-NNR)模型的建立过程中，独立分量数的选取对模型的预测精度有较大影响。试验中，对独立分量数进行优化，以训练集交互验证均方根误差(RMSECV)的最小值选择最佳独立分量数。不同独立分量数 ICA-NNR 模型训练集的 RMSECV 值如图 2-44 所示。当选取的独立分量数为 9 时，可得到最小 RMSECV 值，相应建立的 BP-ANN 模型即为最优模型。

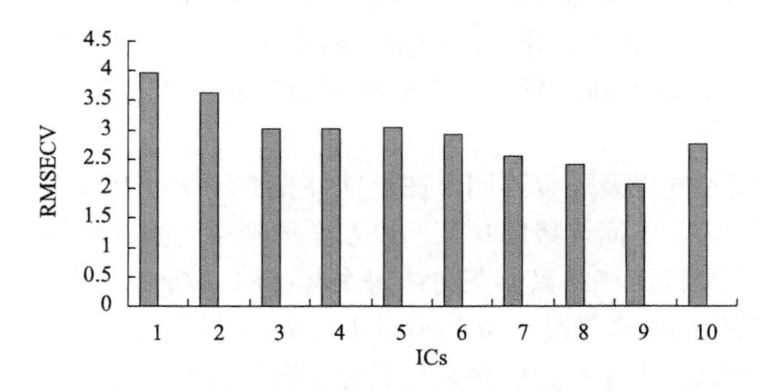

图 2-44　不同独立分量数 ICA-NNR 模型训练集的 RMSECV 值

图 2-45(a)为训练集中鸡蛋哈夫单位实测值和近红外光谱预测值的散点图，当选用 9 个独立分量建立 ICA-NNR 模型时，两者的相关系数 R 可达 0.913，其 RMSECV 值为 2.076。ICA-NNR 模型用于预测独立鸡蛋样本新鲜度时，实测和预测的哈夫单位值之间的相关系数 R 为 0.879，预测均方根误差(RMSEP)为 2.443，如图 2-45(b)所示。

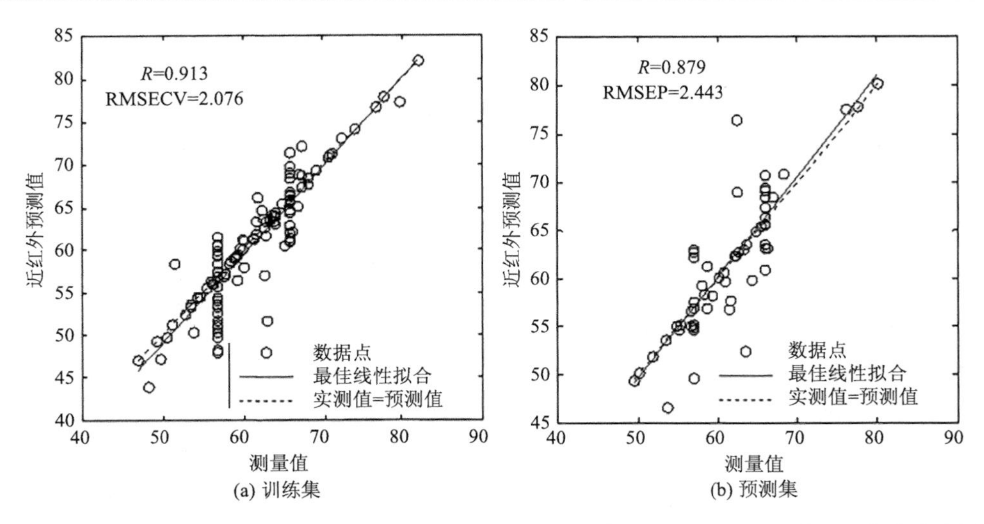

图 2-45　ICA-NNR 模型中训练集和预测集鸡蛋哈夫单位实测值和近红外光谱预测值的散点图

2.4.6　在茶叶品质检测中的应用

近红外光谱分析技术是近年来迅速发展起来的一种方便、快速、高效、无损、低成本的绿色分析技术。近红外光谱与适合的化学计量学方法相结合，可以成功应用于不同茶类间的判别，以及不同产区茶、不同等级茶及不同茶饮料的鉴别。特定的研究对象采用的模型识别方法不同，区分效果亦不同。近 10 年来，国内外近红外光谱对茶叶品质的定性研究主要是对茶叶种类、产地、等级以及真伪等进行区分鉴别。目前，近红外光谱分析技术在茶叶的定性和定量检测中被广泛应用[22]。

抹茶的等级不同以及成分不同，在近红外光谱区域会有所表现，采用便携式近红外设备可以区分不同等级的抹茶，以及预测抹茶的氨基酸等成分。8 个不同等级的抹茶茶样来自浙江绍兴御茶村；每个样品取 8.0g，每个等级抹茶均取 10 个样品(8 个等级共 80 个样品)，0.2g 用来检测抹茶茶多酚的吸光度；2.0g 用来检测抹茶茶粉的干物质含量；3.0g 用来检测抹茶氨基酸的吸光度；2.0g 用来检测茶粉的近红外光谱数值。将抹茶样本置于特制样品杯内，再将样品杯紧贴放置于检测窗口正上方开始检测。便携式近红外设备的有效光谱范围为 900～1700nm，设置 512 个数据点，平滑点数为 5 点数，持续测量 3 次，最后取平均值用于建模分析。对于 Antaris Ⅱ型傅里叶变换近红外光谱仪，采集不同等级的抹茶样本的吸光度。采用仪器配套的标准样品杯进行测定。该仪器的有效光谱范围为 1000～2500nm，设置 1557 个数据点，持续测量 3 次，最后取平均值用于建模分析。

抹茶粉末是不透明的固体粉末，在采集样本的光谱时，存在外界环境的影响，这将直接影响所建立定量分析模型的稳定性和精确度。因此，为了降低光谱受到干扰的影响，对抹茶样品的原始近红外光谱进行预处理是有必要的。

茶叶中茶多酚总量的测量结果分布状况如表2-9所示。将用于构建茶多酚含量检测模型的80个茶样，随着抹茶等级的级别越高，相应的茶多酚含量下降，达到一定程度时，茶多酚含量趋于一定范围波动。此规律，符合抹茶采摘的遮阴方式以及春茶原料制备的方式[19]。

表2-9　训练集和预测集中的茶多酚含量分布　（单位：g/mL）

品质指标	子集	样本数	范围	均值	标准差
茶多酚	训练集	48	8.51～16.99	11.05	1.96
	预测集	32	8.52～16.93	11.05	1.84

研究使用联合区间算法SiPLS将抹茶近红外全波段分解为10、11、12、…、20个子区间，在每次分割时又同时结合2个、3个和4个子区域，并对比不同结合数的建模效果，以获取最佳的茶多酚总量的SiPLS预测模型。

表2-10即为采用SiPLS法进行茶多酚分析建模的结果对比。当将其分割为18个子区域并结合4、10、16时，主成分数为8，获取得到的模型最佳，其选取的子区间对应的波长范围分别为1052.93～1100.76nm、1245.85～1290.78nm和1586.68～1623.98nm。

表2-10　联合不同子区间的茶多酚的SiPLS模型分析结果

区间划分数	被选区间	主成分因子数	R_c	RMSEC	R_p	RMSEP
10	[6　7　8]	6	0.9166	0.97	0.9089	1.09
11	[3　6　8]	6	0.9351	0.85	0.9532	0.88
12	[3　7　9]	5	0.9073	1.01	0.9449	0.83
13	[3　11　12]	7	0.9154	0.99	0.8932	1.21
14	[3　7　12]	8	0.9290	0.90	0.9040	1.21
15	[3　10　13]	7	0.9197	0.96	0.8750	1.29
16	[4　9　15]	6	0.9092	1.01	0.9211	1.15
17	[2　4　13]	5	0.9174	0.97	0.9122	1.09
18	**[4　10　16]**	**8**	**0.9307**	**0.88**	**0.9215**	**1.09**
19	[4　7　16]	9	0.9266	0.92	0.8730	1.29
20	[3　15　18]	5	0.9156	0.97	0.8601	1.33

图 2-46(a)为所优选的最佳联合区间，其中，R_c 为 0.9307、RMSEC 为 0.88，R_p 为 0.9215、RMSEP 为 1.09。该模型在上述所有联合区间模型中性能最好。

图 2-46(b)为茶多酚总量的参考值与最优模型训练集和预测集的回测值之间的散点图。对比发现，相比于全光谱模型，采用 Si 筛选出特征波段后，结合 PLS 构建的茶多酚回测模型的性能有较大提升。

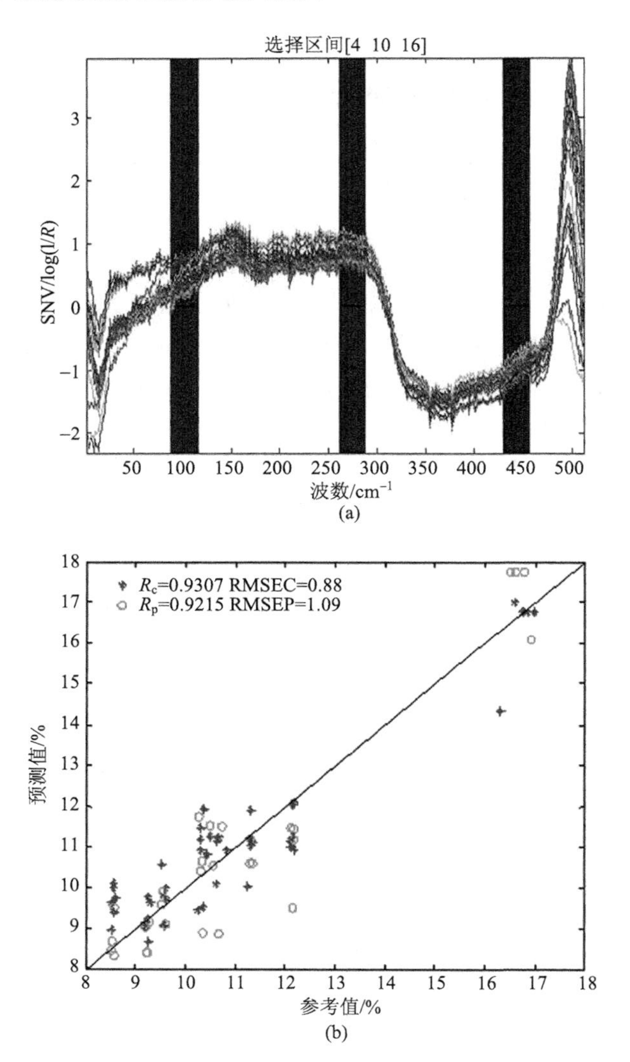

图 2-46　茶多酚 SiPLS 模型的最佳波段筛选(a)及近红外光谱最佳的 SiPLS 模型预测茶多酚含量的散点图(b)

2.4.7　在其他领域中的应用

近红外光谱作为一种快速的分析方法，可以对各种样品进行快速准确的定性、定量分析而不损坏样品。光导纤维的应用使传统的近红外光谱检测领域得到了广泛的扩展，在许多领域得到了广泛的应用。在检测食品掺假、预测食品营养成分和内部成分等领域也有较多的研究，且表现出了较好的应用结果，具体如表 2-11 所示。

表 2-11　近红外光谱技术在其他行业领域中的应用

研究内容	研究方法	结果	文献
对掺杂蜂蜜进行判别分析	偏最小二乘法(PLS)结合贝叶斯和 5 层交互验证	在训练数据集小的情况下，贝叶斯结合 PLS 方法建立的模型更加稳健	[24]
测定太子参中游离氨基酸含量	反向传播-人工神经网络(BP-ANN)、偏最小二乘法(PLS)、核部分最小二乘法(kernel PLS)、支持向量回归(SVR)	BP-ANN 模型的性能优于 PLS、kernel PLS 和 SVR 模型	[32]
预测饲料玉米的营养、形态和农艺特性	偏最小二乘法(PLS)	对粗蛋白、淀粉、水溶性碳水化合物和玉米穗占比的预测具有一定的稳定性	[34]
不同预处理方法下的椴树木材基本密度近红外光谱估测及模型优化	偏最小二乘法(PLS)	选择特定的预处理方法，结合样本特征，建立椴树木材基本密度模型，可以显著降低建模成本，提高模型预测精度，快速测定椴树木材的基本密度	[31]
甘草配方颗粒多指标成分的近红外快速检测	偏最小二乘法(PLS)	预测值和实测值平均相对偏差分别为 3.61%、1.94%、4.91%、3.61%，预测相关系数 R^2 分别为 0.838、0.825、0.862、0.870，准确度较高	[27]
基于近红外与可见光双目视觉的活体人脸检测	支持向量机(SVM)	能够准确检测活体人脸以及有效抵御伪造人脸的攻击，实验测试中达到 99.0%的识别率	[23]
山茶油多元掺假近红外模型的建立	偏最小二乘法(PLS)	近红外光谱结合偏最小二乘法的检测技术快速、有效、环保，可用于定量检测山茶油的掺假	[30]
常见纤维织物近红外定量分析模型的建立及预测	偏最小二乘法(PLS)	当波段选择 1000～2200 nm、预处理方法选择 SG 平滑、SG 导数、多元散射校正(MSC)和均值中心化时，聚酯/棉和聚酯/羊毛混纺织物的定量分析模型预测效果最佳	[28]

续表

研究内容	研究方法	结果	文献
近红外分析测定汽油辛烷值方法及校正模型	偏最小二乘法(PLS)	用 20 个汽油样本验证校正模型，验证值与预测值的偏差较小，说明近红外分析仪测定汽油研究法和马达法辛烷值的模型较好	[29]
可见-近红外多光谱和多种算法模型融合的血迹年龄预测	*k* 最近邻算法、支持向量机算法和随机森林算法	多光谱结合模型融合算法可以获得较好的血迹年龄估计结果，并具有结构简单、成本低廉、稳定性好的优点	[26]
近红外用于血清样品中多组分混合物的分辨	偏最小二乘法(PLS)	结果表明近红外光谱适用于血清样本中存在的意外干扰的色氨酸分析	[36]
通过近红外光谱预测巴戟天的主要成分，建立快速、非破坏性的巴戟天质量控制方法	偏最小二乘回归(PLSR)	建立的模型可以预测巴戟天的 14 个组分，研究结果可为中药材及其工艺产品的质量控制提供参考	[35]
检测分析冻干药品样本中的残余水分含量	偏最小二乘法(PLS)、高斯函数的多元拟合回归(MFRG)	定量比较 MFRG 和 PLS 方法的结果，MFRG 模型的性能都与 PLS 回归方法相当或更好，原因是 MFRG 模型的非线性优于 PLS 方法	[33]
激光诱导击穿光谱法(LIBS)和近红外反射光谱法(NIRS)优化煤质分析方法	LIBS、NIRS 以及 LIBS 和 NIRS 的光谱信息融合建立了使用偏最小二乘方法的煤质定量分析模型	所报道的方法可以同时优化多种煤性质的快速分析	[37]
预测农业土壤肥力特性的近红外光谱(NIRS)数据集和校准模型数据库	主成分回归(PCR)、偏最小二乘回归(PLSR)	开发了用于预测土壤肥力参数的校准模型，获得的 NIRS 数据集和模型数据库可用作确定农业土壤肥力特性的快速同步方法	[39]

参 考 文 献

[1] 严衍禄, 赵龙莲, 韩东海, 等. 近红外光谱分析基础与应用. 北京: 中国轻工业出版社, 2005.

[2] 岩元睦夫, 河野澄夫, 鱼住纯. 近赤外分光法入门. 东京: 幸书房, 1994.

[3] 尾崎幸洋, 河田聪. 近赤外分光法. 东京: 学会出版センタ一, 1996.

[4] 高荣强, 范世福. 现代近红外光谱分析技术的原理及应用. 分析仪器, 2002, (3): 9-12.

[5] 陆婉珍, 袁洪福, 徐广通, 等. 现代近红外光谱分析技术. 北京: 中国石化出版社, 2000.

[6] 赵杰文, 孙永海. 现代食品检测技术. 2 版. 北京: 中国轻工业出版社, 2008.

[7] 田地, 金钦汉. 近红外光谱仪器. 分析仪器, 2001, (3): 39-42.

[8] Ding H B, Xu R J. Near-infrared spectroscopy technique for detection of beef hamburger adulteration. Journal of Agricultural and Food Chemistry, 2000, 48(6): 2193-2198.

[9] 史永刚, 冯新泸, 李子存. 化学计量学. 北京: 中国石化出版社, 2003.

[10] 许禄, 邵学广. 化学计量学方法. 2 版. 北京: 科学出版社, 2004.
[11] M. 奥托. 化学计量学: 统计学与计算机在分析化学中的应用. 邵学广, 等译. 北京: 科学出版社, 2003.
[12] Huang Y Q, Rogers T, Wenz M A, et al. Detection of sodium chloride salmon roe by SW-NIR spectroscopy. Journal of Agricultural and Food Chemistry, 2001, 49(9): 4161-4167.
[13] 王文真. 在近红外光谱定量分析中应注意的几个问题. 现代科学仪器, 1996, (1): 24-25.
[14] 徐广通, 袁洪福, 陆婉珍. CCD 近红外光谱谱图预处理方法研究. 光谱学与光谱分析, 2000, 20(5): 619-622.
[15] 赵杰文, 林颢. 食品、农产品检测中的数据处理和分析方法. 北京: 科学出版社, 2012.
[16] Lu C, Han D H. The component analysis of bottled red sufu products using near infrared spectroscopy. Journal of Near Infrared Spectroscopy, 2005, 13(3): 139 -145.
[17] Ridgway C, Chambers J. Detection of external and internal insect infestation in wheat by near-infrared reflectance spectroscopy. Journal of the Science of Food and Agriculture, 1996, 71(2): 251-264.
[18] 陈卫军, 魏益民, 欧阳韶晖, 等. 近红外技术及其在食品工业中的应用. 食品科技, 2001, (4): 55-57.
[19] 张军, 陈瑾仙. 近红外光谱分析仪的发展及在农产品、食品中的应用. 光机电信息, 2003, (5): 24-29.
[20] 宋俊梅, 丁霄霖. 近红外光谱法及其在食品分析中的应用. 江苏食品与发酵, 1997, (2): 18-21.
[21] 林颢. 基于敲击振动、机器视觉和近红外光谱的禽蛋品质无损检测研究. 镇江: 江苏大学, 2010.
[22] 张东亮. 基于可见/近红外光谱技术的夏秋茶提取液氧化过程在线监测研究. 镇江: 江苏大学, 2016.
[23] 邓茜文, 冯子亮, 邱晨鹏. 基于近红外与可见光双目视觉的活体人脸检测方法. 计算机应用, 2020, 40(7): 2096-2103.
[24] 韩小燕. 基于光谱技术的蜂蜜中大米糖浆掺假检测研究. 镇江: 江苏大学, 2013.
[25] 欧阳琴. 仿生传感器及近红外光谱技术在黄酒品质检测中的应用研究. 镇江: 江苏大学, 2014.
[26] 戎念慈, 黄梅珍. 可见-近红外多光谱和多种算法模型融合的血迹年龄预测. 光谱学与光谱分析, 2020, 40(1): 168-173.
[27] 王闽予, 刘丽萍, 朱德全, 等. 甘草配方颗粒多指标成分的近红外快速检测方法. 今日药学, 2020, 30(6): 385-393.
[28] 魏子涵, 李文霞, 王华平, 等. 常见纤维织物近红外定量分析模型的建立及预测检验. 北京服装学院学报(自然科学版), 2019, 39(2): 30-37, 55.
[29] 杨晓辉, 张正华. 近红外分析仪测定汽油辛烷值方法的建立. 石油化工技术与经济, 2016, 32(6): 14-18.
[30] 姚婉清, 彭梦侠, 陈梓云, 等. 山茶油多元掺假近红外模型的建立与研究. 食品安全质量检

测学报, 2020, 11(2): 493-499.

[31] 尹世逵, 李春旭, 孟永斌, 等. 基于不同预处理的椴树木材基本密度近红外光谱估测及模型优化. 中南林业科技大学学报, 2020, 40(5): 171-180.

[32] Lin H, Chen Q S, Zhao J W, et al. Determination of free amino acid content in Radix *Pseudostellariae* using near infrared (NIR) spectroscopy and different multivariate calibrations. Journal of Pharmaceutical and Biomedical Analysis, 2009, 50(5): 803-808.

[33] Lakeh M A, Karimvand S K, Khoshayand M R, et al. Analysis of residual moisture in a freeze-dried sample drug using a multivariate fitting regression model. Microchemical Journal, 2020, 154: 104516.

[34] Hetta M, Mussadiq Z, Wallsten J, et al. Prediction of nutritive values, morphology and agronomic characteristics in forage maize using two applications of NIRS spectrometry. Acta Agriculturae Scandinavica, Section B — Soil & Plant Science, 2017, 67(4): 326-333.

[35] Hao Q X, Zhou J, Zhou L, et al. Prediction the contents of fructose, glucose, sucrose, fructo-oligosaccharides and iridoid glycosides in *Morinda officinalis* radix using near-infrared spectroscopy. Spectrochimica Acta Part A: Molecular and Biomolecular Spectroscopy, 2020, 234: 118275.

[36] Saeidinejad F, Ghoreishi S M, Masoum S, et al. Application of chemometric methods for the voltammetric determination of tryptophan in the presence of unexpected interference in serum samples. Measurement, 2020, 159: 107745.

[37] Yao S C, Qin H Q, Wang Q, et al. Optimizing analysis of coal property using laser-induced breakdown and near-infrared reflectance spectroscopies. Spectrochimica Acta Part A: Molecular and Biomolecular Spectroscopy, 2020, 239: 118492.

[38] Toher D, Downey G, Murphy T B. A comparison of model-based and regression classification techniques applied to near infrared spectroscopic data in food authentication studies. Chemometrics and Intelligent Laboratory Systems, 2007, 89(2): 102-115.

[39] Munawar A A, Yunus Y, Devianti, et al. Calibration models database of near infrared spectroscopy to predict agricultural soil fertility properties. Data in Brief, 2020, 30: 105469.

第 3 章　仿生传感检测技术

本章首先概述了仿生传感检测技术的基本原理和系统构成，分析比较了电子视觉、电子味觉和电子嗅觉这三种不同传感检测技术的应用情景和各自的优缺点。着重介绍了仿生传感检测系统信号处理和识别，涉及响应式的表达，特征提取、选择和归一化以及模式识别方法。同时列举了电子视觉技术、电子鼻技术和味觉传感器在食品品质，包括农产品品质、茶叶分级以及肉品质检测中的应用实例，用以佐证此法的应用效果。传统的人工感官方法存在主观性强、重复性差等不足，而化学方法鉴定一般都费时费力。相比较，仿生传感表征更加精确、客观、快速，能用于生产实践中食品、药品等品质的在线检测，提高行业生产的标准化及科学化管理水平。

3.1　仿生传感检测技术概述

仿生学是在 20 世纪中期，国际上兴起的一门新的综合性学科，是生命科学、机械学、材料学、信息学、计算机科学等多学科相结合的交叉学科[1]。仿生学研究生物体的结构并了解其工作原理，在此基础上，开发出具有仿生功能的仪器和装置。仿生传感器是利用具有特异识别能力的物理、化学材料等组成的敏感单元构成传感器阵列[2]，模拟哺乳动物的视觉、嗅觉、味觉等感觉器官。它们具有交叉响应性，因此对多成分复杂体系的检测具有独特的优势[3]。仿生传感器阵列产生的响应信号结合模式识别方法即可对物质进行定性、定量分析，对复杂体系进行整体识别，具有样品无需复杂的预处理、操作简便、快速、客观等优势。视觉、嗅觉和味觉传感器分别是模拟人的视觉、嗅觉和味觉功能设计，它们与信号预处理系统和模式识别组合分别构成电子眼(计算机视觉、色差计)、电子鼻和电子舌系统，具有对物质感知、分析和识别的功能，被越来越广泛地应用于食品、农产品的品质分析中。随着生命科学和人工智能的研究进展，人们试图通过模仿动物及人类的嗅觉和味觉功能研制出人工视觉传感系统——电子眼、人工嗅觉传感系统——电子鼻、人工味觉传感系统——电子舌的想法正在逐步变为现实。

3.1.1 仿生传感检测技术简介

1. 电子视觉

电子视觉技术也称电子眼(electronic eye, E-eye)技术，通常包括计算机视觉技术或测色技术，是模拟生物的视觉功能设计，可以用于食品色泽、形态、纹理等外部品质的定性定量分析[4,5]。在仿生传感中，视觉传感主要采用的技术是测色技术[6]。测色技术主要用于测定物体的色泽，广泛应用于食品、医药、造纸、纺织印染、油漆等行业。对于固态食品，测色技术可用于测试其表面的颜色特征，液态食品测色技术则可以表征其色泽和澄清度。测色技术采用 CIE Lab(L*a*b*颜色空间)，该颜色空间在相同的空间距离产生相同的色差，是当前最通用的测量物体颜色的色空间之一。L*a*b*颜色空间是由 L^*、a^*、b^* 三个色坐标表示的色度空间，是一个三维体系，用于测定待测物颜色的三个分量值(L^*、a^*、b^*)。

2. 电子嗅觉

电子嗅觉(俗称电子鼻)技术是模拟生物的嗅觉形成过程并进行检测。电子鼻是模拟哺乳动物鼻子的嗅觉功能而建立的人工嗅觉仪器，由色敏传感器阵列、信号处理系统和模式识别系统三部分组成[7,8]。在工作时，气体分子被色敏传感器吸附，产生信号，生成的信号被传送至信号处理系统进行加工处理，最终由模式识别系统对信号处理的结果做出综合评判，电子鼻系统通过分析事物中的挥发性成分，可以用于食品质量检测、成熟度、新鲜度等的检测。

3. 电子味觉

味觉通常用来辨别进入口中的不挥发的化学物质，嗅觉是用来辨别易挥发的物质，三叉神经的感受体分布在黏膜和皮肤上，它们对挥发与不挥发的化学物质都有反应，更重要的是能区别刺激及化学反应的种类。在香味感觉过程中三个化学感受系统都参与其中，但嗅觉起的作用远远超过了其他两种感觉。人工嗅觉和人工味觉的基本思想就包含了这些反应的人工再现。与电子鼻类似，电子味觉(俗称电子舌)也是由传感器阵列、信号处理系统和模式识别系统组成的。传感器阵列对液体样品做出响应并输出信号，信号经计算机处理和模式识别后，得到反映样品味觉特征的结果[9]。

3.1.2 仿生传感检测技术特点

食品的滋味评价主要由感官评定方法进行，但该方法的评定结果由品评师的经验决定，这种方法的主观性强、重复性差。而化学方法鉴定滋味成分一般都费事费力，如通过测定茶汤中茶多酚与酒石酸亚铁反应后的光密度值，并按照一定法则计算滋味总得分值，用总得分值评价茶汤滋味，这种化学方法虽然检测结果相对客观、准确，但是存在步骤烦琐、耗时长、费用高等缺陷。相关研究表明，食品的滋味成分与感官评定之间存在一定相关性，并已经建立了相关模型。

电子嗅觉和电子味觉都是通过传感器阵列直接获得滋味成分的相关性数据，并通过计算机系统处理和模式识别，具有快速、准确、重复性好等优点。这两种技术在肉品新鲜度检测、酒类鉴别、水质污染等方面的应用广泛。与人工感官相比，测色技术得到的色泽表征值更加精确、客观、快速，能用于生产实践中食品、药品等品质的在线检测，提高行业生产的标准化及科学化管理水平[10]。

3.2　仿生传感系统及工作原理

3.2.1　电子视觉传感技术

1. 电子视觉系统的组成

检测系统的工作原理并不复杂，主要是实现光电转换，其工作原理流程如图 3-1 所示，主要是 CCD 检测器将接收到携带有样本信息的光谱信息转换为模拟电信号，A/D 转换器将模拟电信号转化为数字信号，最终传输到计算机中。

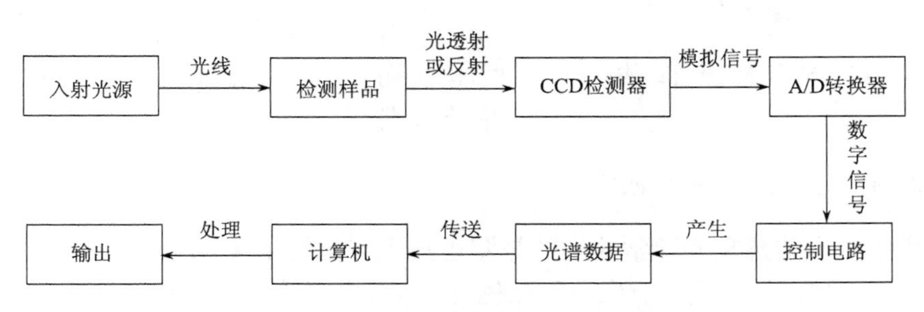

图 3-1　检测系统的工作原理图

分光系统是可见-近红外光谱检测系统的核心部件，分光系统可分为固定波长滤光片、快速傅里叶变换、声光可调滤光器等类型。滤光片型主要作为专用分析仪器，由于滤光片的限制，只能获取有限个波长下的光谱信息，因此很难分析复杂体系的样品。傅里叶变换近红外光谱仪具有较高的分辨率和扫描速度，但仪器中存在移动性部件，易受环境影响，需要较严格的工作环境[11]。声光可调滤光器采用双折射晶体，通过改变射频频率来调节扫描的波长，整个仪器系统无移动部件，扫描速度快，但这类仪器的分辨率相对较低，价格也较高[12]。

近年来，CCD 阵列探测器技术、光纤技术及光栅技术的发展和成熟，使得整个系统结构变得更加灵活和集成，微型光纤光谱仪由于体积小巧、便携等特点成为现场检测和在线检测较为常用的设备。同传统光谱技术相比，微型光纤光谱仪完全可以适应各种领域的作业现场空间形式上的多样性和生产工艺条件的多变性。微型光纤光谱仪采用了光栅作为分光系统，其中光栅的角色散和线色散参数是衡量光栅分光效果的重要指标，光栅的色散越大，就越容易分开两条靠近的谱线[13,14]。通过光栅分光后，由微型光纤光谱仪的探测器阵列同时接收到了整个光谱能量分布信息，线阵 CCD 是实现光电转换的关键部件。用于测量光谱的线阵 CCD 需要有较高的分辨率和较好的光谱响应，同时需要对暗噪声有较强抑制能力来提高光谱的信噪比。CCD 的恰当选择可以提高整个光谱仪的测量精度。

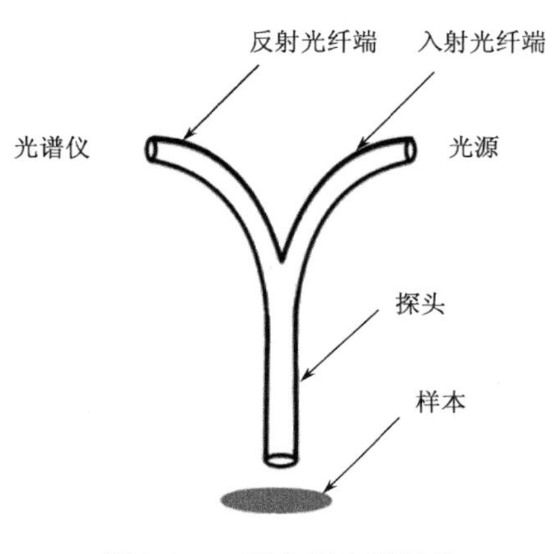

图 3-2　Y 形分叉光纤结构

在光信号传输方面，电子视觉传感检测系统可以利用光纤传输损耗低、抗干扰能力强等特点，将光谱信号长距离传输至光谱仪内。同时由于光纤的质量轻、体积小，可以大大减小分析仪器的光学零件和光学系统的调整难度，便于分析仪器的小型化。图 3-2 为一种 Y 形的分叉光纤结构。一端为探头端，另一端分叉为入射光纤端和反射光纤端。

2. 电子视觉系统的颜色空间表达

电子视觉传感技术通常采用的是测色技术，指的是 CIE Lab(L*a*b*颜色空间)，其中 L^*表示亮度；a^*表示红绿色度，在正值时表示红色程度，在负值时表示绿色程度；b^*表示黄蓝色度，在正值时表示黄色程度，在负值时表示蓝色程度；由测量的 L^*、a^*、b^*值表示待测物体的颜色状况。

视觉传感器数据采集通常采用测色仪，在透射模式下，以石英比色皿作为样品池，采用标准 D65 光源和 10°视角测定样本。以 CIE1976 系统表征检测对象的色泽信息，测得颜色的三个分量 L^*、a^*、b^*值。

可见光波长范围为 380～780 nm，以 380 nm 处的光谱值为例。首先，取此波长左右两侧最接近的两个数据点记为 i 和 j，对应的波长和光谱强度分别记为 λ_i、λ_j 和 I_i、I_j。然后，此波长的光谱数值 I_{380} 可以通过如下公式计算获取：

$$I_{380} = I_i + \frac{(I_j - I_i)(\lambda_{380} - \lambda_i)}{\lambda_j - \lambda_i} \tag{3-1}$$

同理，使用该方法可以批量获取其余整波长下的光谱数值，并记为$I(\lambda)$。其次，计算反射率。将采集检测对象之前保存的白校正数值W和暗校正数值D，利用如上述计算 380 nm 处光谱值的同样方法，分别计算所需的整波长下的白参考值$W(\lambda)$和暗参考值$D(\lambda)$。表面反射率$R(\lambda)$的计算可以借助如下公式获取：

$$R(\lambda) = \frac{I(\lambda) - D(\lambda)}{W(\lambda) - D(\lambda)} \tag{3-2}$$

最后，在获取反射率的基础上，参考《物体色的测量方法》（GB/T 3979—2008）和 CIE 1931 标准色度系统，计算 XYZ 数值，通常使用求和法代替积分，处理公式如下：

$$X = K\sum\nolimits_{\lambda} S(\lambda)\overline{x}(\lambda)R(\lambda)\Delta\lambda \tag{3-3}$$

$$Y = K\sum\nolimits_{\lambda} S(\lambda)\overline{y}(\lambda)R(\lambda)\Delta\lambda \tag{3-4}$$

$$Z = K\sum\nolimits_{\lambda} S(\lambda)\overline{z}(\lambda)R(\lambda)\Delta\lambda \tag{3-5}$$

式中，K 为归一化系数，$K = \dfrac{100}{\sum_{\lambda} S(\lambda)\,\overline{y}(\lambda)\Delta\lambda}$；$S(\lambda)$为 CIE 标准照明体的相对光谱功率分布；$\overline{x}(\lambda)$、$\overline{y}(\lambda)$、$\overline{z}(\lambda)$为 CIE 标准色度观察者的色度匹配函数；$R(\lambda)$为光谱反射率；$\Delta\lambda$ 为波长间隔。

L*a*b*颜色空间可更加细腻地描述检测对象的颜色变化。其换算公式如下：

$$L^* = 116 \times mX - 16 \tag{3-6}$$

$$a^* = 500 \times (mX - mY) \tag{3-7}$$

$$b^* = 200 \times (mY - mZ) \tag{3-8}$$

其中：

$$mX = \begin{cases} \left(\dfrac{X}{X_n}\right)^{1/3}, & \dfrac{X}{X_n} \geqslant 0.008856 \\ 7.787 \times \left(\dfrac{X}{X_n}\right) + \dfrac{16}{116}, & \dfrac{X}{X_n} < 0.008856 \end{cases} \tag{3-9}$$

$$mY = \begin{cases} \left(\dfrac{Y}{Y_n}\right)^{1/3}, & \dfrac{Y}{Y_n} \geqslant 0.008856 \\ 7.787 \times \left(\dfrac{Y}{Y_n}\right) + \dfrac{16}{116}, & \dfrac{Y}{Y_n} < 0.008856 \end{cases} \tag{3-10}$$

$$mY = \begin{cases} \left(\dfrac{Z}{Z_n}\right)^{1/3}, & \dfrac{Z}{Z_n} \geqslant 0.008856 \\ 7.787 \times \left(\dfrac{Z}{Z_n}\right) + \dfrac{16}{116}, & \dfrac{Z}{Z_n} < 0.008856 \end{cases} \tag{3-11}$$

式中，X 、Y 、Z 分别为检测对象的红、绿、蓝三原色刺激值；X_n 、Y_n 、Z_n 分别为标准色度系统 n°视场中颜色的三原色刺激值，其中 $X_2Y_2Z_2$ 为对 2°CIE 观察者，$X_{10}Y_{10}Z_{10}$ 为对 10°CIE 观察者。

3.2.2 电子嗅觉传感技术

人工嗅觉作为一种模拟生物嗅觉的技术，其原理与生物嗅觉的形成相似，就是运用传感器对气味分子响应，产生的信号经处理和识别后做出对气味的评判[15]。

要想了解人工嗅觉工作原理，首先要知道生物嗅觉是如何形成的。生物嗅觉的产生大致可以分为三个阶段：首先，是信号产生阶段，气味分子经空气扩散到达鼻腔后，被嗅觉小胞中的嗅细胞吸附到其表面上，呈负电性的嗅细胞表面的部分电荷发生改变，产生电流，使神经末梢接收刺激而兴奋；其次，是信号传递与预处理阶段，兴奋信号经嗅神经纤维进行一系列加工放大后输入大脑；最后，是大脑识别阶段，大脑把输入的信号与经验进行比较后作出识别判断，这是牛奶、咖啡、玫瑰的香味，还是其他的气味。大脑的判断识别功能是由孩提时代起在不断与外界接触的过程中学习、记忆、积累、总结而形成的[16]。

费里曼通过对神经解剖学、神经生理学和神经行为的各个水平的实验研究，确证嗅觉神经网络中的每个神经元都参与嗅觉感知，认为人和动物在吸气期间，气味会在鼻腔的嗅觉细胞阵列上形成特定的空间分布，随后嗅觉系统以抽象的方式直接完成分类[17]。当吸入熟悉的气味时，脑电波比以前变得更为有序，形成一种特殊的空间模式。当不熟悉的气味输入时，嗅觉系统的脑电波就表现出低幅混沌状态，低幅混沌状态等价于一种“我不知道”的状态。

气味可以是单一的，也可以是复合的，单一的气味是由一种有气味的物质的分子形成的，而复合气味则是由许多种(有可能是上百种)不同的气味分子混合而成的。实际上自然产生的气味都是复合的，单一气味是人造的[18]。

1. 电子嗅觉系统的组成

电子嗅觉是在模拟生物嗅觉的基础上形成的一种仿生技术，表 3-1 中列出人的嗅觉与电子嗅觉系统之间的对应关系。人的嗅觉要完成信号接收、预处理以及识别功能，所以电子嗅觉系统的信号产生、采集以及后续的数据处理是电子嗅觉系统的重要内容。

表 3-1　人的嗅觉与电子嗅觉系统之间的比较

人的嗅觉	电子嗅觉系统
初级嗅觉神经元：嗅细胞、嗅神经	气体传感器阵列
二级嗅觉神经元：对初级嗅觉神经元传来的信号进行调节、抑制	数据处理器
大脑：对二级嗅觉神经元传来的信号进行处理，作出判断	计算机

电子嗅觉检测系统主要由传感器阵列、数据处理器、智能解释器和电路组成，如图 3-3 所示。气体传感器阵列由多个相互间性能有所重叠的气体传感器构成，在功能上相当于彼此重叠的人的嗅觉细胞。与单个气体传感器相比，气体传感器阵列不仅检测范围更宽，而且其灵敏度、可靠性都有很大的提高。气体传感器阵列产生的信号传送到数据处理分析系统，先进行预处理(滤波、变换、放大和特征提取等)，再通过模式识别实现气体组分分析。数据处理分析系统相当于人的嗅觉形成过程中的第 2、第 3 两个阶段，起着人的嗅神经纤维和大脑的作用，具有分析、判断、智能解释的功能。数据处理分析系统由 A/D 转换器、阵列数据预处理器、数据处理器、智能解释器和知识库组成。

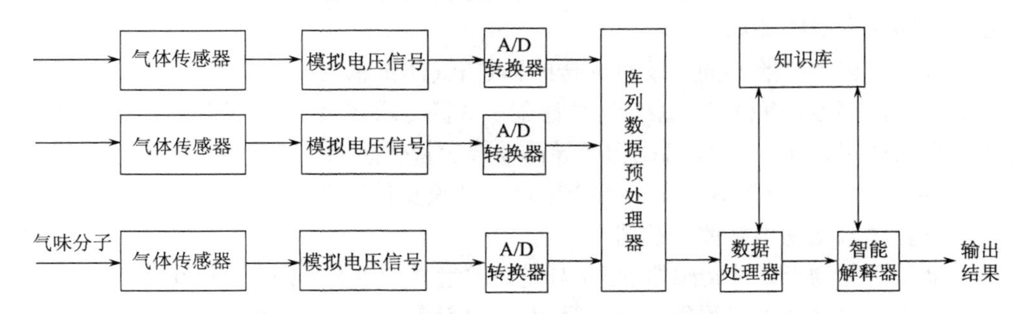

图 3-3　电子嗅觉检测系统结构图

被测嗅觉的强度既可用每个传感器的输出的绝对电压、电阻或电导等信号来表示，也可用相对信号值如归一化的电阻或电导值来表示。传感器阵列输出的信号经专用软件采集、加工、处理后与经“人为学习、训练”后得到的已知信息进行比较、识别，最后得出定量的质量因子，由该质量因子来判断被测样品的类别、真伪、优劣、合格与否等[19]。

人工嗅觉系统 AOS(同样，对于人工味觉系统 ATS)采用的识别方法主要包括统计模式识别(如聚类分析、局部最优方差、主成分分析等)和人工神经网络模式识别。统计方法要求有已知的响应特性解析式，而且常常须进行线性化处理。由于嗅觉传感器阵列的响应机理较为复杂，给响应特性的近似及线性化处理带来相当大的困难，难以建立精确数学模型，因而限制了它的识别精度。人工神经网络则可以处理较复杂的非线性问题，且能抑制漂移和减少误差，故自 20 世纪 80 年代以来，一直得到较广泛的应用。

2. 电子嗅觉传感器阵列

电子嗅觉传感器通常是指由气敏元件、电路和其他部件组合在一起所构成的传感装置。气敏元件指能感知环境中某种气体(如 CO、CO_2、O_2、Cl_2 等)及其浓度的一种元件。在实际应用中，气体传感器应满足下列要求：

(1) 具有较高的灵敏度和宽的动态响应范围。在被测气体浓度低时，有足够大的响应信号；在被测气体浓度高时，有较好的线性响应值。

(2) 性能稳定；传感器的响应不随环境温度、湿度的变化而发生变化。

(3) 响应速度快，重复性好。

(4) 保养简单，价格便宜等。

用作人工嗅觉气体传感器的材料必须具备两个基本条件：

(1) 对多种气味均有响应，即通用性强，要求对成千上万种不同的气味在分子水平上作出鉴别。

(2) 与气味分子的相互作用或反应必须是快速、可逆的，不产生任何“记忆效应”，即有良好的还原性。

根据材料类型的不同，现有的传感器(指气体传感器，下同)可分为金属氧化物半导体传感器、有机导电聚合物传感器、质量传感器(包括石英晶体谐振传感器和声表面波传感器)、金属氧化物半导体场效应管传感器、红外线光电传感器和金属栅 MOS 气体传感器等。下面将介绍这几种嗅觉传感器。

1) 金属氧化物半导体传感器

金属氧化物半导体传感器(图 3-4)是目前世界上生产量最大、应用最广泛的气体传感器，它是利用被测气味分子吸附在敏感膜材料上，导致金属氧化物半导体的电阻发生变化这一特性而实现检测的。这种传感器选择性不高，恢复时间长，工作时需要加热，体积大，组成阵列时不易布置，并且信号响应的线性范围很窄；

图 3-4　金属氧化物半导体传感器

但是由于这类传感器的制造成本低廉，信号检测手段简单，工作稳定性较好，检测灵敏度高，因此是当前应用最普遍、最具实用价值的一类气体传感器。其主要测量对象是各种还原性气体，如一氧化碳（CO）、氢气（H_2）、硫化氢（H_2S）、甲烷（CH_4）等[20]。

2）有机导电聚合物传感器

有机导电聚合物传感器的工作原理是，工作电极表面上杂环分子涂层在吸附和释放被测气体分子后导电性发生变化。导电聚合物材料是有机敏感膜材料，如吡咯、苯胺、噻吩等。这种传感器的特点是体积小，能耗小，工作时不需加热，稳定性好，吸附和释放快，被测对象的浓度与传感器的响应在很大范围内几乎呈线性关系，给数据处理带来极大的方便。近年来，这类传感器阵列的应用有增加的趋势。

3）质量传感器

质量传感器又称脂涂层传感器，典型的脂涂层传感器有声表面波型和石英晶体谐振型两种。声表面波（surface acoustic wave, SAW）气体传感器工作原理是在压电晶体上涂敷一层气体敏感材料，当被测气体在流动过程中被吸附在敏感膜上时，压电晶体基片的质量就发生变化，质量负荷效应使基片振荡频率发生相应的变化，从而实现对被测气体的检测。SAW 气体传感器虽然也可以检测某些无机气体，但主要的测量对象是各种有机气体，其气敏选择性取决于元件表面的气敏膜材料，它一般适用于同时检测多种化学性质相似的气体，而不适用于检测未知气体组分中的单一气体成分。石英晶体谐振传感器的工作原理是在石英振子上涂敷一层敏感膜（如脂类、聚合物等），当敏感膜吸附分子后，由于质量负荷效应，谐振子的振荡频率就呈比例地变化，从而实现对被测气体的检测。谐振子上涂敷的敏感膜材料不同，传感器的性能就不同。

4）红外线光电传感器

红外线光电传感器的工作原理是，在给定的光程上，红外线通过不同的媒质（这里是气体）后，光强以及光谱峰的位置和形状均会发生变化，测出这些变化，就可对被测对象的成分和浓度进行分析。其特点是在一定范围内，传感器的输出与被测气体的浓度基本呈线性关系，但这类装置的体积大、价格昂贵、使用条件苛刻等，使其应用范围受到限制。

如前所述，生物嗅觉系统中的单个嗅觉受体细胞的性能（如灵敏度、感知范围等）并不高，但是生物嗅觉系统的整体性能却令人惊叹不已。与此相同，我们也不应该刻意追求单个气体传感器的性能越高越好，而是把多个性能有所重叠的气体传感器组合起来构成嗅觉传感器阵列。在电子嗅觉系统的组成部分提到嗅觉传感器阵列与单个气体传感器相比，不仅检测范围更宽，而且其灵敏度、可靠性都有很大提高。因此，对气体或气味进行检测时，大多数人都倾向于用嗅觉传感器阵列装置。嗅觉传感器阵列装置的发展趋势是集成化、监测范围宽和携带方便。表 3-2 列出常用的嗅觉传感器阵列装置及特性。

表 3-2　常用的嗅觉传感器阵列装置及特性

气体敏感材料	传感器类型	传感器个数	典型的被测对象
金属氧化物	化学电阻	6，8，12	可燃气体
有机导电聚合物	化学电阻	12，20，24，32	NH_3、NO、H_2、酒精
脂涂层	声表面波，压电材料	6，8，12	有机物
红外线	光能量吸收	20，22，36	CH_4、CO_x、NO_x、SO_2

3.2.3　电子味觉传感技术

电子舌又称人工味觉，其工作原理是建立在模拟生物味觉形成过程的基础上的，化学物质引起的感觉不是化学物质本身固有的，而是化学物质与感觉器官反应后出现的。例如味觉可看成由味觉物质与味蕾的感受膜的物理、化学反应引起的。人工味觉的基本思想就包含了这些反应的人工再现[21]。

和嗅感形成相似，味感的形成过程也可分为三个阶段：①舌头表面味蕾上的味觉细胞的生物膜感受味觉物质并形成生物电信号；②该生物电信号经神经纤维传至大脑；③大脑识别。众多的味道是由四种基本的味觉组合而成的，就是甜、咸、酸和苦。国外有的学者将基本的味觉定为甜、咸、酸、苦和鲜，近年来又引入了涩和辣味。通常酸味由氢离子引起的，比如盐酸、氨基酸、柠檬酸等；咸味主要是由 NaCl 引起的；甜味主要是由蔗糖、葡萄糖等引起的：苦味是由奎宁、咖啡因等引起的；鲜味是由海藻中的谷氨酸单钠(MSG)、鱼和肉中的肌苷酸二钠(IMP)、蘑菇中的鸟苷酸二钠(GMP)等引起的[22]。不同物质的味道与它们的分子结构形式有关，如无机酸中的 H^+是引起酸感的关键因素，但有机酸的味道也与它们带负电的酸根有关；甜味的引起与葡萄糖的主体结构有关；而奎宁及一些有毒植物的生物碱的结构能引起典型的苦味[23]。味刺激物质必须具有一定的水溶性，能吸附于味觉细胞膜表面上，与味觉细胞的生物膜反应，才能产生味感。该生物膜的主要成分是脂质、蛋白质和无机离子，还有少量的糖和核酸。对不同的味感，该生物膜中参与反应的成分不同。实验表明：当产生酸、咸、苦的味感时，味觉细胞的生物膜中参与反应的成分都是脂质，而味觉细胞的生物膜中的蛋白质有可能参与了产生苦味的反应；当产生甜和鲜的味感时，味觉细胞的生物膜中参与反应的成分只是蛋白质[24]。

1. 电子味觉系统的组成

电子味觉(电子舌)主要由味觉传感器阵列、信号采集卡和模式识别系统三部分组成(图 3-5)。味觉传感器阵列相当于生物系统中的舌头，感受被测溶液中的不同成分，信号采集器就像是神经感觉系统，采集被激发的信号传输到电脑中，电脑发挥生物系统中脑的作用，通过软件对数据进行处理分析，最后对不同物质进行区分辨识，得出不同物质的感官信息。传感器阵列中每个独立的传感器仿佛舌面上的味蕾一样，具有交互敏感作用，即一个独立的传感器并非只感受一个化学物质，而是感受一类化学物质，并且在感受某类特定的化学物质的同时，还感受一部分其他性质的化学物质[25,26]。

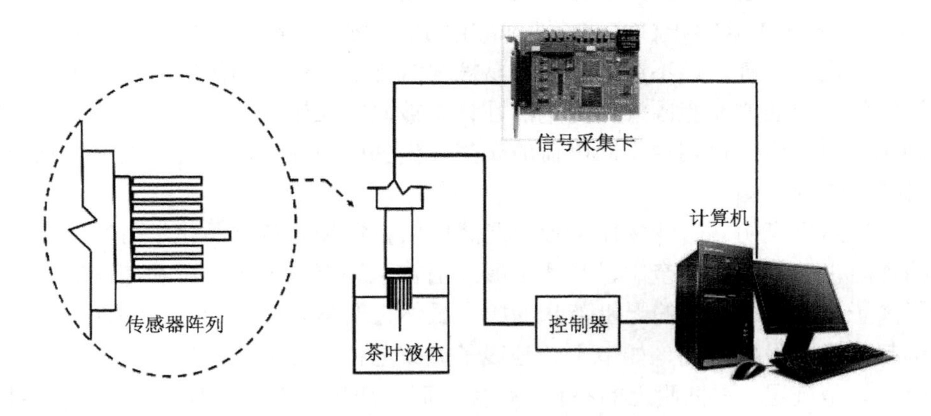

图 3-5　电子味觉系统的组成

2. 电子味觉传感器阵列

与人在表达味觉时并不必区分每一种化学物质一样，人工味觉传感器所测得的也不是某一化学成分的定性定量结果，而是整个所测物质味道的整体信息。另外，在食物中大致有 1000 种以上的化学物质，并且味觉物质之间还存在着相互作用，因而使用这么多的化学传感器也是不切实际的。前面提到，实现人工味觉的最有效、研究得最多的是多通道类脂膜味觉传感器阵列，它能部分再现人的味觉对味觉物质的反应。在四种基本的味觉(甜、咸、酸和苦)中，最难检测的是苦味，因此这里着重讨论多通道类脂膜味觉传感器阵列对苦味的检测机理。常用的各种类脂膜材料见表 3-3。

表 3-3 常用的类脂膜材料

英文名称	中文名称
dioctyl phosphate (DOP)	二辛基磷酸盐
cholesterol	胆固醇
oleic acid	油酸
decyl alcohol	癸醇
trioctyl methyl ammonium chloride	三辛基甲基氯化铵
disulfonamide dimethylammonium bromide	二磺酰胺二甲基溴化铵
trimethyl sulfonamide ammonium chloride	三甲基磺酰胺氯化铵

油酸的基本性质：油酸的分子式为 $C_{18}H_{34}O_2$，分子量为 282.5，结构简式为 $CH_3(CH_2)_7CHCH(CH_2)_7COOH$，即油酸由 18 个碳原子组成，在 9 位、10 位之间有一个不饱和双键，该不饱和双键极易被强氧化剂氧化。胆固醇亦为不饱和醇，易被氧化。当油酸和胆固醇作为电活性物质被固定在聚合物上时，与待测溶液发生氧化还原反应导致膜中不同电荷的聚集，失去电中性而产生道南电位，从而实现对待测液的检测。

研究结果表明，苦味物质能使磷脂膜的阻抗增加。从食品化学可知，产生苦味的物质很多，主要有奎宁、马钱子碱或尼古丁等有机苦味物质和卤盐等含碱土金属离子(Ca^{2+}、Mg^{2+})的无机苦味物质。虽然它们具有不同的分子特性，但都可以引起磷脂膜阻抗增加，如奎宁、马钱子碱或尼古丁是强抗水的，它们是通过进入膜的烃基链层，占据膜上的小孔，使类脂膜呈压缩状态，从而使膜的阻抗增加；而含碱土金属离子的苦味物质由于 Ca^{2+}、Mg^{2+}等碱土金属离子易受磷脂分子束缚，一方面，该苦味物质在磷脂膜的分子间的窄槽内压缩类脂分子，使膜的阻抗增加，另一方面，该苦味物质和类脂分子之间的离子交换使膜阻抗增加。因此可以认为磷脂膜的阻抗增加可以模拟生物生理系统苦味感觉产生的过程。但是基于磷脂膜阻抗测量的苦味传感系统尚有以下几个问题[27-29]：

(1) 有些并不产生苦味感的味觉物质，比如蔗糖、谷氨酸钠(味精)，也能使磷脂膜阻抗增加，可能是它们对磷脂膜有很高的亲和力，可以吸附在膜表面。因此，目前的传感系统不能很好地将苦味物质从高吸附性物质中区分出来。

(2) 具有相对低的毒性的苦味物质，如咖啡因、可可碱和 *L*-氨基酸，它们引起膜阻抗的增加量比那些高毒性物质的要小。目前的传感系统的灵敏度对检测低毒性苦味物质还不够有效。

(3) 一些苦味物质引起的阻抗变化虽然较大，但它们引起的阻抗变化在特定浓度点时是不连续的，我们称这种不连续变化为“跃迁”，即浓度与膜阻抗变化呈现极强的非线性。这种变化的不连续性给检测苦味带来了困难。

(4) $CaCl_2$ 和 $MgSO_4$ 都含碱土金属离子，它们引起跃迁的浓度低于人体对苦味产生感觉的阈值浓度。除 $CaCl_2$、$MgSO_4$ 外，苦味物质引起膜阻抗跃迁的浓度比人体内相应的阈值浓度高。因此，阐明机理，找出苦味物质固有响应是很必要的。

基于目前研究情况，多通道类脂膜味觉传感器阵列还有待进一步研究。

3.3 仿生传感检测系统信号处理与识别

模式识别是对所研究的对象根据其共同特征或属性进行识别和分类，一个模式类的特征应当属于该模式的共同属性，这种属性称为类内特征，代表不同模式类之间的特征称为类间特征[30]。模式识别有着众多的分支，如聚类分析、神经网络，以及其中包含的相关算法，如 *k* 最近邻(*k*-nearest neighbor, KNN)法、簇类的独立软模式(soft independent modeling of class analogy, SIMCA)方法、支持向量机(SVM)等。

3.3.1 仿生传感的响应表达式

仿生传感的数学模型非常复杂，目前仅有人工嗅觉的数学模型表达相对明确，因此这里只介绍人工嗅觉的响应表达式。设有 m 个气体传感器组成阵列，检测对象为 h 种不同成分、不同浓度组成的混合气体[31]。第 i($i=1, 2,\cdots, m$) 个气体传感器的灵敏度 k_i 与单一化学成分 j(浓度为 b_j, $j=1, 2,\cdots, h$) 之间关系的数学表达式是

$$k_i = \frac{G_{ij}^W}{G_{ij}^S} = a_{ij}\left(b_j + p_{ij}\right)^{t_j} \tag{3-12}$$

式中，G_{ij}^S、G_{ij}^W 为传感器在标准状态和工作状态的电导；t_j 为 0～1 的常数；a_{ij}、p_{ij} 为待定系数。第 i 个气体传感器对由各种成分浓度为 b_j ($j=1,2,\cdots,h$) 组成的混合气体的总响应 q_i 之间关系的表达式为

$$q_i = a_{i0} + a_{i1}b_1^{t_1} + \cdots + a_{ij}b_j^{t_j} + \cdots + a_{ih}b_h^{t_h} \tag{3-13}$$

式中，a_{i0} 为常数项。

由 m 个气体传感器组成的阵列对某种气体混合物进行一次测量，得到一个数值向量：

$$\begin{bmatrix} q_1 \\ q_2 \\ \vdots \\ q_m \end{bmatrix} = \begin{bmatrix} a_{11} & a_{12} & \cdots & a_{1h} \\ a_{21} & a_{22} & \cdots & a_{2h} \\ \vdots & \vdots & & \vdots \\ a_{m1} & a_{m2} & \cdots & a_{mh} \end{bmatrix} \begin{bmatrix} b_1^{t_1} \\ b_2^{t_2} \\ \vdots \\ b_h^{t_h} \end{bmatrix} + \begin{bmatrix} a_{10} \\ a_{20} \\ \vdots \\ a_{m0} \end{bmatrix} \tag{3-14}$$

式(3-13)可认为是一个气体传感器对气体混合物的响应模型；式(3-14)则描

述气体传感器阵列对气体混合物的响应模型。这说明传感器的测量值与气体浓度之间关系非常复杂，待定系数很多，用常规的数据处理方法很难找到式(3-14)中的参数。对于具有高度选择性的气体传感器阵列，系数矩阵可简化为对角矩阵，则当 $h<m$ 时，方程有唯一解。即该系统可以准确地进行主成分分析，但要求混合气体成分不超过 m 种。实际上，由于组成传感器阵列的传感器的选择性不高，在性能上相互重叠，因此，系数矩阵往往是不可对角化的，即存在大量非零的非对角元。此时，系统可以检测更多种气体，但精度将降低。实际的传感器特性，还受到温度等环境因素影响[这些变化反映在待定系数 a_{ij} ($j=1, 2,\cdots, h$)上]，使得气体传感器阵列对气体混合物的响应模型更趋复杂，这也是以后数据处理用人工神经网络的原因[32]。

3.3.2　特征提取、选择和归一化

在模式识别中，特征提取是一个重要的问题。如果从输入数据中得到了能区分不同类别的所有特征，那么模式识别和分类也就不困难了。但实际上只需要提取对区分不同类别最为重要的特征，即可有效地分类和计算，这称为特征的选择。特征可分为三种：物理特征、结构特征和数学特征。前两种特征可用接触、目视观察或其他感觉器官检测得到；数学特征如统计均值、相关系数、协方差矩阵的特征值和特征向量等，常用于机器识别。

1. 特征提取法

采样后的传感器输出是一个时间序列，其稳态响应值和瞬态响应值是提取特征的依据。常用的特征提取方法如表 3-4 所示。实验表明，相对法和差商法有助于补偿敏感器件的温度敏感性。对数分析常用于浓度测定，可将高度非线性的浓度响应值线性化。表中 x_{ij} 为第 i 个传感器对第 j 种气体的响应特征值，$V_{ij}^{\max}$ 为第 i 个传感器对第 j 种气体的最大响应值，$V_{ij}^{\min}$ 为第 i 个传感器对第 j 种气体的最小响应值。

表 3-4　气体传感器响应的常用特征提取方法

方法	公式	传感器类型
差分法	$x_{ij}=(V_{ij}^{\max}-V_{ij}^{\min})$	金属氧化物化学电阻，SAW
相对法	$x_{ij}=(V_{ij}^{\max}/V_{ij}^{\min})$	金属氧化物化学电阻，SAW
差商法	$x_{ij}=(V_{ij}^{\max}-V_{ij}^{\min})/V_{ij}^{\min}$	金属氧化物电阻，导电聚合物
对数法	$x_{ij}=\lg(V_{ij}^{\max}-V_{ij}^{\min})$	金属氧化物电阻

传感器阵列中不同传感器的不同特征值之间数据差异性可能会很大，有时会相差几个数量级。因此，在提取传感器特征的基础上，还得将传感器响应值归一化，即使得传感器响应特征值处于[0，1]。几种常见的归一化方法见表 2-3，表中 y_{ij} 为归一化的特征值，$P_{ij}^{\max}$ 为第 i 个传感器对第 j 种气体的响应最大特征值，$P_{ij}^{\min}$ 为第 i 个传感器对第 j 种气体的响应最小特征值，$\overline{P}_{ij}$、σ_{ij} 为第 i 个传感器在第 j 种气体中多次响应特征值的平均值和方差。

2. 主成分分析法

国内外对人工嗅觉、人工味觉的数据进行统计处理时，使用最多的是主成分分析法。主成分分析是一种把原来多个指标化为少数几个新的互不相关或相互独立的综合指标的统计方法，可以简化数据、揭示变量之间的关系和进行统计解释，为进一步分析总体的性质和数据的统计特性提供一些重要信息[33]。对于总体 $X=(x_1, \cdots, x_p)^{\mathrm{T}}$，提出 X 的综合指标 $y_1, \cdots, y_k$ $(k \leqslant p)$ 的原则：

(1) y_i $(i=1,\cdots,k)$ 是 X 的线性函数；

(2) 要求新特征值 y_i $(i=1,\cdots,k)$ 的方差尽可能大，即 y_i 尽可能反映原来数据的信息；

(3) 要求 y_i $(i=1,\cdots,k)$ 互不相关，或者说 $y_1,\cdots,y_k$ 之间尽可能不含重复信息。这样 $y_1,\cdots,y_k$ 均称为 X 的主成分。

主成分分析法的基本目标是减少数据的维数。维数减少有许多的用处。首先，后续处理步骤的计算减少了；其次，噪声可被减少，因为没有被包含在前面几个主成分里的数据可能大都是噪声，有利于特征数据的优化；最后，投影到一个非常低维(如二维)的子空间对于数据的可视化是有用的[34,35]。正因为主成分分析法有以上功能，因此，在人工嗅觉和人工味觉特征值的简化中得到了广泛的应用。

3.3.3　模式识别方法

1. SIMCA 方法

SIMCA 方法属于类模型方法，即对每类构造一主成分回归的数学模型，并在此基础上进行试样的分类。此法在 1976 年由瑞典学者 Wold 所提出，很快受到普遍的重视，并在化学中得到广泛的应用。SIMCA 实际上是一种建立在主成分分析基础上的模式识别方法。SIMCA 模式识别方法首先针对每一类样品的光谱数据矩阵进行主成分分析，建立主成分回归类模型，然后依据该模型对未知样品进行分类，即分别试探将该未知样本与各样本的类模型进行拟合，以确定未知样本类别[36]。

2. *k* 最近邻法

k 最近邻(KNN)法是一种直接以模式识别的基本假设——同类样本在模式空间相互靠近为依据的分类方法[37]。它计算在最近邻域中 *k* 个已知样本到未知待判样本的距离，即使所研究的体系线性不可分，此方法仍可适用。*k* 最近邻法从算法上讲极为直观，在这种方法中，实际上是要将训练集的全体样本数据存储在计算机内，对每个待判别的未知样本，逐一计算与各训练样本之间的距离，找出其中最近的 *k* 个进行判别。其基本原理的示意图如图 3-6 所示。图中有三类不同样本，分别以实心点、空心点和方框点表示，其中一个以“+”表示的样本，需要判别它属于哪一类。图中以此样本为圆心，画出了两个圆，如果以小圆为界，在此圆内，只有 2 个实心点，按照 *k* 最近邻法的原理，显然应划为实心点那一类。如果以大圆为界，在此圆内，共有 11 个点(包括边界点)，其中实心点类是 8 个，方框点类是 3 个，按照 *k* 最近邻法的原理，也应该划为实心点那一类。此外，KNN 方法中 *k* 值的大小对判别的结果有一定的影响，一般情况下还是靠经验来确定，当然也可以通过交互验证的方法来优化 *k* 值。

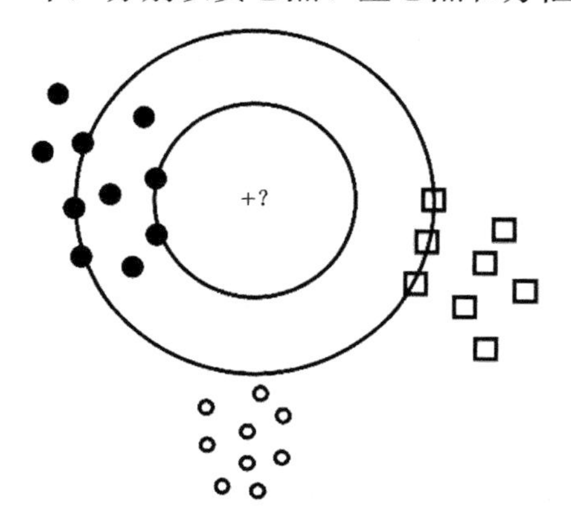

图 3-6　*k* 最近邻法原理示意图

3. 人工神经网络

人工神经网络(artificial neural network, ANN)是模拟人的大脑进行工作的。人工神经网络信息处理技术的兴起，为人工味觉、人工嗅觉检测技术的发展注入了活力。英国的 Gardner 等率先将 ANN 用于嗅敏传感器阵列信息处理，并较好地解决了信息的并行处理、变换、环境的自学习和自适应，特别是传感器交叉响应带来的非线性严重等难题，在一定程度上可抑制传感器的漂移或噪声，有助于气体检测精度的提高[38]。目前 ANN 用于人工嗅觉信息处理中面临的问题是在网络构造上尚缺乏一定的指导，网络的训练时间较长，特别是在感受器件特性不够稳定或出现疲劳时往往不能满足要求等。未来的人工嗅觉和人工味觉将是传感器阵列与处理电路的大规模集成，神经网络的硬件实现将是首选方案之一。因此，发展新的神经网络算法及与其他模式识别及信号处理方法相结合以解决 ANN 在人工嗅觉和人工味觉应用中的实际问题成为该领域的又一热点。

在 ANN 的研究过程中，以误差反向传播(back-propagation, BP)算法为数学模型的前向多层神经网络(multi-layer neural network，MLNN)在模式识别和分类、非线性映射、特征提取等许多领域中获得了成功的应用。

图 3-7 为一个前向三层神经网络的拓扑结构示意图，它由一个输入层、一个隐含层和一个输出层所组成。当然，隐含层可以不止一层。同一层各单元之间不存在相互连接，相邻层单元之间通过权值进行连接。假设一个输入模式的维数为 m，则网络输入层的节点数为 m。输出层节点数与研究对象有关，如果该网络被用来分类，则输出层节点数一般等于已知的模式类别数。隐含层节点数可以根据需要进行选择。输入层单元是线性单元，即该层的神经元输出直接等于输入。隐含层和输出层各单元常用的传递函数为 Sigmoid 函数，即若该单元的网络输入为 x，则输出为 BP 算法的前向多层神经网络的工作原理是，设训练集的模式个数为 N，其中某一个模式的下标为 p，即 p=1, 2,…, N，当输入层各单元接收到某一个输入模式 $X_p=(x_{1p}, x_{2p},\cdots, x_{ip},\cdots, x_{mp})$，不经任何处理直接将其输出，输出后的各变量经加权处理后送入隐含层各单元，隐含层各单元将接收到的信息经传递函数处理后输出，再经加权处理后送入输出各单元，经输出各单元处理后最终产生一个实际输出向量。这是一个逐层更新的过程，称为前向过程。如果网络的实际输出与期望的目标输出之间的误差不满足指定的要求，就将误差沿反向逐层传送并修正各层之间的连接权值，称为 BP 过程。对于一组训练模式，不断地用一个个输入模式训练网络，重复前向过程和 BP 过程。当对整个输入训练集，网络的实际输出与期望的目标输出之间的误差满足指定的要求时，我们就说该网络已学习或训练好了。由于这种网络的前一层各单元的输入是后一层所有单元输出的线性加权和，也称之为线性基本函数(linear basis function, LBF)神经网络。

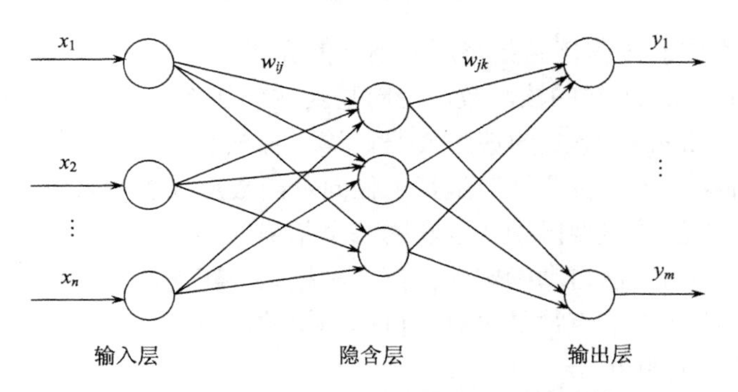

图 3-7　一个前向三层神经网络的拓扑结构

4. 支持向量机

支持向量机(SVM)是根据统计学习理论提出的一种新的机器学习方法，它以结构风险最小化原则为理论基础，通过适当地选择函数子集及该子集中的判别函

数，使学习机器的实际风险达到最小，保证了通过有限训练样本得到的最小误差分类器，对独立测试集的测试误差仍然较小[39]。根据结构风险最小原理，构造一个目标函数，寻找一个满足要求的分割超平面，并使训练集中的点距离分割超平面尽可能地远，即使其两侧的空白区域间隔距离 $\text{margin} = 2/\|w\|$ 最大，等价于使 $\|w\|$ 最小。因此，SVM 方法将待解决的模式分类问题转化为一个二次规划寻优问题。概括地说，支持向量机就是首先通过用内积函数定义的非线性变换将输入空间变换到一个高维空间，在这个空间中求(广义)最优分类面。SVM 分类函数形式上类似于一个神经网络，输出是中间节点的线性组合，每个中间节点对应一个支持向量，如图 3-8 所示。

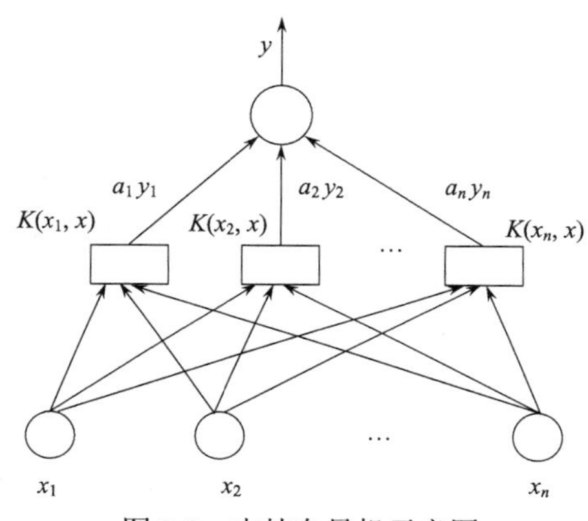

图 3-8　支持向量机示意图

SVM 中不同的内积核函数将形成不同的算法，目前研究最多的核函数主要有多项式(polynomial)形式的核函数、径向基函数(radial basis function, RBF)形式的核函数，还有 Sigmoid 形式的核函数[40]。第一种核函数所得到的是 p 阶多项式分类器；第二种核函数所得分类器是基于径向基函数形式的核函数，它与传统 RBF 人工神经网络方法的重要区别在于它的每个基函数中心对应一个支持向量，它们及输出权值都是由算法自动确定的；第三种核函数实现的就是包含一个隐含层的多层感知器，隐含层节点数是由算法自动确定的，而且算法不存在困扰神经网络方法的局部极小点问题。

3.4　仿生传感检测技术在食品质量安全检测中的应用

在食品人工感官检验中，通常由视觉器官获取食品色泽和形状特征信息，嗅觉器官获取食品香味特征信息，味觉器官获取食品滋味特征信息；再由大脑将这些特征信息进行综合与平衡，并与大脑内已有的记忆(知识库)相对照，对食品色、形、香、味等感官指标给出综合评价。由此可见，视觉、嗅觉和味觉在食品感官检验中的重要地位。近年来，随着计算机、微电子和材料科学的发展，视觉、嗅觉和味觉等新型仿生传感器技术相继问世，它们的出现为食品智能感官检验奠定了基础。电子视觉、电子嗅觉和电子味觉技术均是由传感器阵列、信号处理和模式识别等模块组成，能分别模拟人类眼鼻和舌的功能，实现由仪器“视觉”、“嗅觉”和“味觉”对食品色泽、香味和滋味品质的评判。自 20 世纪 80 年代起，仿生传感检测技术一直成为国内外学者研究的热点，并在食品风味品质的评价方面也得到了越来越多的关注。与普通化学分析方法不同，仿生传感检测技术获取的不是被测样品的某种或某几种成分定量或定性结果，而是多种成分的整体信息，这些信息是反映被测样品的整体信息，也称为“指纹”信息。此外，随着材料加工技术的进步和计算机数据处理能力不断提高，仿生传感检测技术被证明在环境监测、食品与饮料质量监控、疾病诊断等领域具有广阔的应用前景。

3.4.1　电子视觉技术在食品质量安全检测中的应用

电子视觉技术是模拟生物的视觉功能设计的，可以用于食品色泽、形态、纹理等外部品质的定性定量分析。在仿生传感中，视觉传感主要采用的技术是测色技术。通过监测不同氧化阶段的夏秋茶提取液样品的色度值，对电子视觉技术的实际应用进行研究。

1. L*a*b*计算

使用的光谱仪的光谱范围是 300～1000nm。监测系统的测色模块需要与标准色差计进行数据比对，对系统的测色功能进行标定。采用 ColorQuest XE 型光谱光度计作为对比仪器，选用《中国药典》2015 年版中规定的标准比色液作为样品进行标定。

2. 色度测量准确性验证方法

采用标定过的夏秋茶提取液色度测量氧化过程中夏秋茶提取液的色度值变化，同时以标准色差计测量结果作为参考，验证监测系统对色度监测的准确性。

3. 基于色度值的氧化程度评判方法

首先制定夏秋茶提取液适度氧化时的判断标准。当夏秋茶提取液氧化适度时，样本的 L*a*b*值应该在 L*a*b*三维空间中的某个范围之内，此范围就是用于评价夏秋茶提取液是否氧化适度的标准。然后选取一定数量的不同氧化程度的夏秋茶提取液为样品，使用在线监测系统测量其 L*a*b*值，结合夏秋茶提取液氧化适度判断标准判断样品是否氧化适度，同时采用人工专家系统判断样品的氧化程度，计算二者判断结果的一致率，就是该系统判断夏秋茶提取液氧化程度的正确率[41]。试验分别采用 ColorQuest XE 型实验室级光谱光度计和自行搭建的夏秋茶提取液氧化过程在线监测系统测量标准比色液的 L*a*b*值，分别对两仪器测量得到的 L^*、a^*、b^*值进行一元线性回归，以夏秋茶提取液氧化过程在线监测系统测量的结果作为 x，标准色差计测量的结果为 y。

试验求得 L^*值的线性方程为 y=9.3784+0.8921x，置信度 95%，R^2=0.9977，说明线性相关性非常高，F 检验值=25672 > 0，表明方程的显著性好，与显著性概率 α = 0.05 相关的 p=0.0355 < 0.05，说明自变量具有代表性。图 3-9 是 L^*值回归方程的残差杠杆图，从图中可以看出，所有的残差都在 0 点附近均匀分布，区间几乎都位于[−0.8, 0.8]，相对偏差小于 1%，有四处偏离 0 点较远的点，在图 3-9 中已用星号标出，视为异常观测点，可能由试验误差造成。综合看来，对 L^*值的回归效果较好。

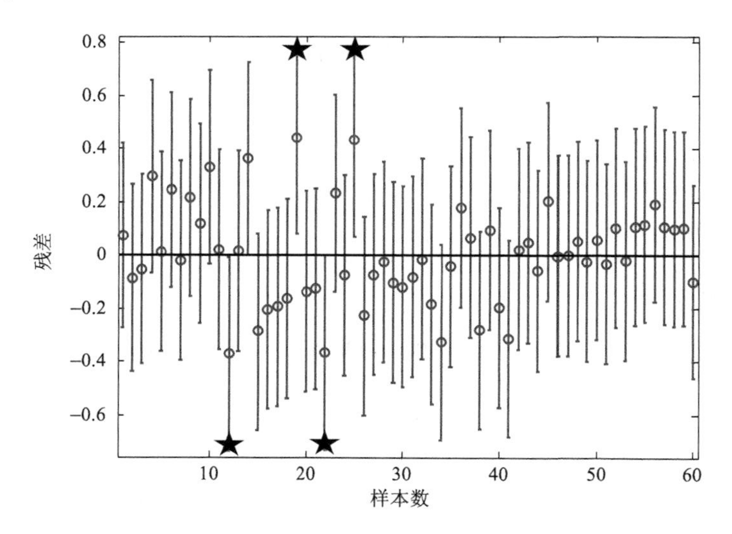

图 3-9　L^*值回归方程的残差杠杆图

试验求得 a^*值的线性方程为 y=0.1545+1.0539x，置信度 95%，R^2=0.9979，说明线性相关性非常高，F 检验值=28016 > 0，表明方程的显著性好，与显著性概率 α = 0.05 相关的 p=0.008 < 0.05，说明自变量具有代表性。图 3-10 是 a^*值回归方程的残差杠杆图，从图中可以看出，所有的残差都在 0 点附近均匀分布，区间几乎都位于[−0.3, 0.3]，相对偏差小于 1%，有两处偏离 0 点较远的点，在图 3-10 中已用星号标出，视为异常观测点，可能由试验误差造成。综合看来，对 a^*值的回归效果较好。

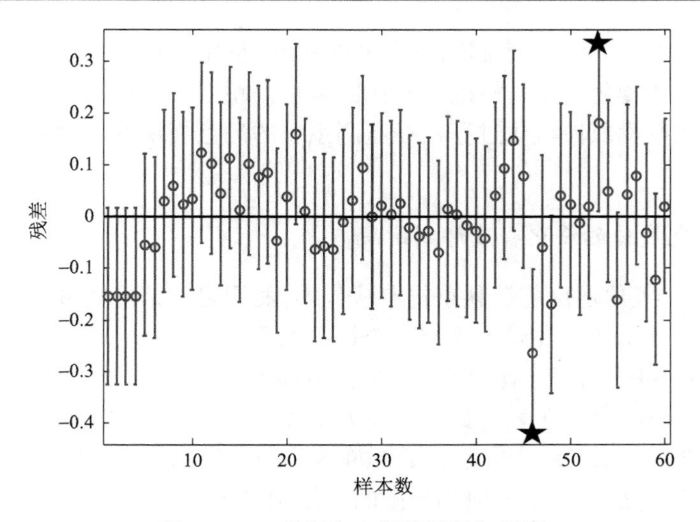

图 3-10　a^*值回归方程的残差杠杆图

试验求得 b^*值的线性方程为 y=0.2422+0.9433x，置信度 95%，R^2=0.9995，说明线性相关性非常高，F 检验值=121200 > 0，表明方程的显著性好，与显著性概率 $\alpha = 0.05$ 相关的 p=0.0149 < 0.05，说明自变量具有代表性。图 3-11 是 b^*值回归方程的残差杠杆图，从图中可以看出，所有的残差都在 0 点附近均匀分布，区间几乎都位于[−0.5, 0.5]，相对偏差小于 1%，有两处偏离 0 点较远的点，在图 3-11 中已用星号标出，视为异常观测点，可能由试验误差造成。综合看来，对 b^*值的回归效果较好。

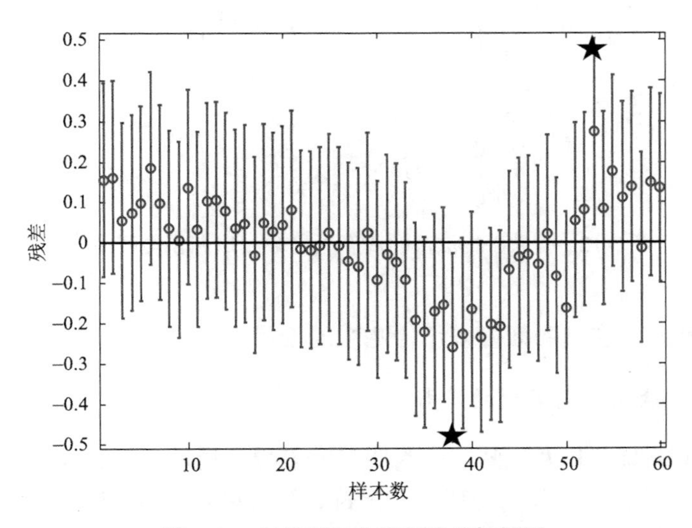

图 3-11　b^*值回归方程的残差杠杆图

综合以上 L*a*b*的三个回归方程可以看出，标定之后的夏秋茶提取液氧化过程在线监测系统测色模块与标准色差计的测量差距很小，相关系数达到99%以上，结果表明夏秋茶提取液氧化过程在线监测系统的测色模块准确度高，可以用于后续试验。

4. 基于色度值的氧化程度评判结果

选用 50 个氧化适度的夏秋茶提取液样本，利用夏秋茶提取液氧化过程在线监测系统测其 L*a*b*值。计算得到 50 个样品的平均 L^*、a^*、b^*值分别为 76.92、29.19、52.38，以平均 L^*、a^*、b^*值为坐标的点记为点 A，求以每个样品 L^*、a^*、b^*值为坐标的点距点 A 的欧氏距离，最大距离 d=2.09。在 L*a*b*三维空间中，以点 A(76.92, 29.19, 52.38)为中心，d=2.09 为半径，绘制一个空间球体，如图 3-12 所示。将以样品 L^*、a^*、b^*值为坐标的点绘制在图 3-12 中，若该点落在球体内部，也就是该点到点 A(76.92, 29.19, 52.38)之间的欧氏距离小于球体半径 d，则判断为氧化适度，否则为氧化不适度。

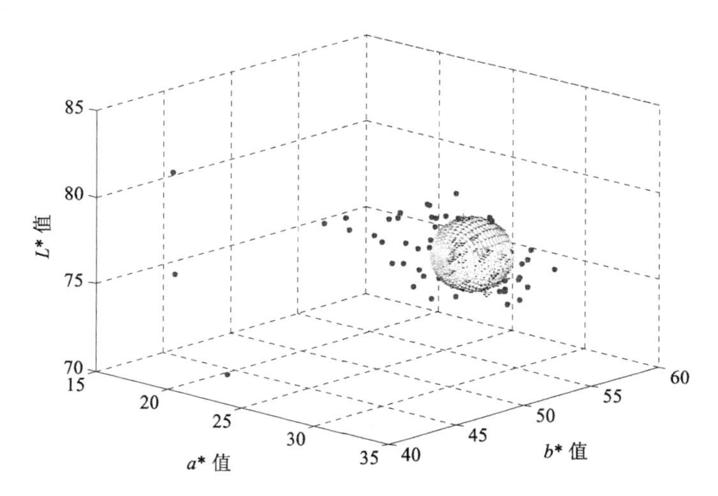

图 3-12 夏秋茶提取液的适度氧化 L*a*b*范围与样品分布

3.4.2 电子鼻技术在食品质量安全检测中的应用

1. 应用于检测不同类型的果酱

不同类型的果酱挥发气味有较为明显的差异，通过电子鼻技术可以将其区分开(图 3-13)。试验果酱分别为草莓、黑莓、鲜橙风味，各 380 g。每个风味的果酱中均取 18 个小样作为电子鼻试验的样本，每个样本 10 g。为了达到良好的试验效果，采用静态顶空分析法(static headspace analysis)对样本进行处理。静态顶空分析法是气相色谱分析中的一种静态进样方法，所谓静态顶空进样是指将被测样品放入密闭恒温的体系中，待气-液或气-固两相达到平衡时，抽取其与被测组分共存的蒸气相作为样品[42]。静态顶空分析所用设备简单易实现，在取样时要求两相仍处于平衡状态。每个样本置于温度 20℃、湿度 65%的环境中集气 2 h，然后进行试验。

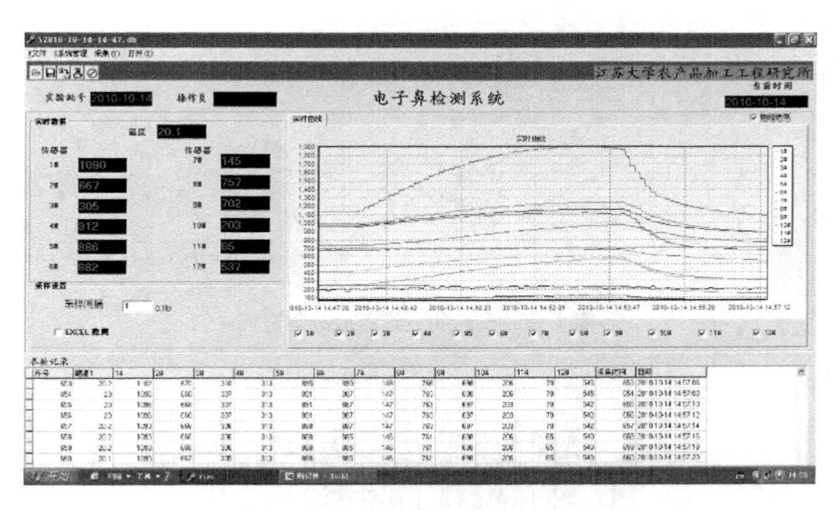

图 3-13　电子鼻检测果酱风味

目前在电子鼻的测试结果分析中对电子鼻的响应曲线一般都是取静态响应曲线的平均值来减小噪声，对响应曲线进行拟合或平滑处理。通过相关文献和前期试验[55,56]，提取每个传感器响应中的最大值、最小值和平均值等作为特征变量，则 12 个传感器共有 36 个特征值数据。由于传感器阵列对相同气体的响应有交集，提取的 36 个特征变量所反映的信息在一定程度上有所重叠，存在一定的信息冗余，这将增加模式识别过程中计算的难度和复杂性。因此，采用 PCA 去除信号各分量之间的相关性，同时对数据降维，以降低检测模型的复杂度。图 3-14 为对草莓、黑莓、鲜橙三种果酱提取最大值、最小值和均值三个特征参数，经过 PCA 分析处理后前三个主成分得分图，它表示样本点在该三维平面上的投影。其中，前三个主成分的贡献率分别为 89.71%、7.80%和 1.09%，累计贡献率达到 98.60%。

三种果酱的分布区域距离较大，表明传感器阵列对于不同类型的果酱响应差别明显，大部分样本采用 PCA 就可以直接区分开；但也有少量样本的投影点有交叉，或投影的位置比较接近，在 PCA 中难以直接区分。因此，需采用模式识别对主成分分析结果进一步分析判别。利用主成分分析对原始数据进行压缩后的主成分因子作为线性识别的输入向量，选择合适的线性判别函数，可以将三种类型的果酱很好地区分开。线性区分的判别率结果如图 3-15 所示。其中，采用 2～4 个主成分作为输入量时，训练集的判别率为 100%，预测集的判别率为 97.5%。因此利用电子鼻系统结合 LDA 能很好地将鲜橙、黑莓和草莓三种不同风味的果酱区分开来。

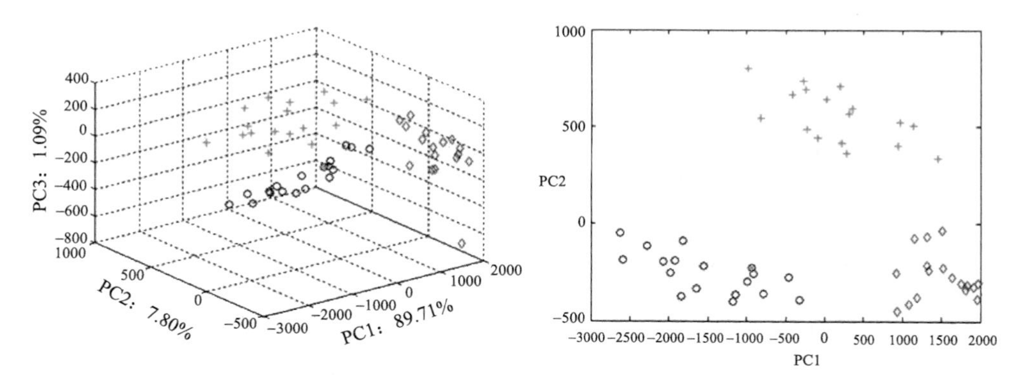

图 3-14　果酱的三维主成分得分图

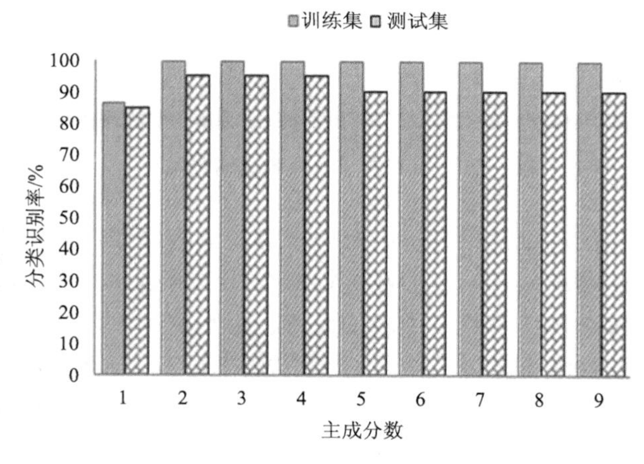

图 3-15　LDA 识别结果

2. 应用于猪肉新鲜度的检测

试验所用猪肉为取自当天屠宰的长白猪身上的里脊肉，购于超市肉制品专柜并在 30min 内运回实验室。在洁净工作台中分割成 90 块大小约为 4cm×4cm×2cm、质量约(40±0.5)g 的肉样。采用前期优化的试验条件(40g 肉样放入 200mL 烧杯中密封集气 30min 后进行电子鼻检测)对各肉样进行电子鼻响应信号的采集。电子鼻响应信号采集时，首先打开 B 路管道循环，让外部空气通过过滤器(装有硅胶和活性炭以吸附空气中的挥发性有机物和水分)进入传感器,将各传感器响应信号还原到基线，得到初始电导率 G_0；然后将各试验肉样在 200mL 烧杯中分别集气相应时间后，接好采样针头，打开 A 路管道循环进行肉样气味信息数据的采集，数据采集时间间隔设为 10 次/s，随着电子鼻采样时间的延长，各传感器接触到肉样挥发性气体后产生不同程度的响应，其电导率随之上升并趋于平稳，即为一个肉样各传感器的实时响应电导率曲线 G，从图 3-16 中可以看出，在接近 300s 处各传感器响应值开始趋于稳定，最后采集 450s，这样各传感器采集到 4500 个数[43]。

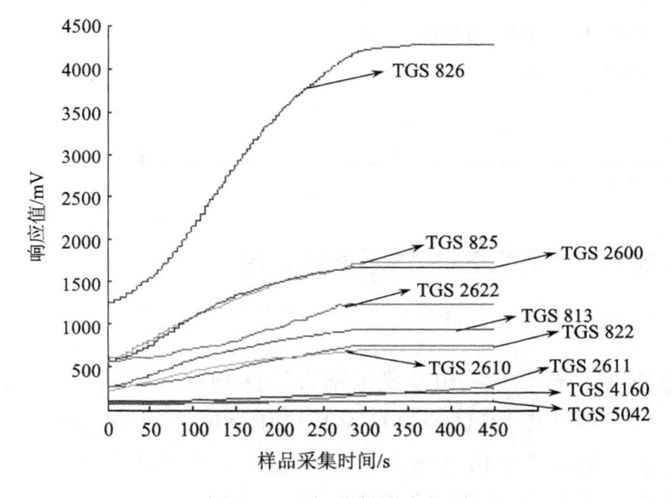

图 3-16　电子鼻响应信号

采用前期优化的试验条件对各肉样进行电子鼻响应信息数据的采集，得到各肉样电子鼻传感器实时响应曲线 G 后，再将数据转换成电导率比值 G/G_0(G 为检测肉样时传感器的电导率，G_0 为空气还原后传感器初始电导率)形式呈现各传感器响应信号的变化规律，并提取各传感器电导率比值的最大值作为电子鼻数据的特征值，这样即得到所有传感器共 10 个特征值(P1，P2,…，P10)。进一步地对该 10 个传感器响应特征值之间及其与猪肉 TVB-N 含量之间进行 Pearson 相关性分析，结果如表 3-5 所示。从中可以看出，多数传感器响应特征值之间存在显著的相关性，且 S4、S5 和 S9 这 3 个传感器响应特征值与猪肉 TVB-N 含量的相关性明显低于其他 7 个传感器，表明它们对猪肉 TVB-N 含量检测贡献率较小。进一步考察发现 S4 传感器对甲烷、丙烷、丁烷等烷烃敏感，S5 传感器对甲烷、天然气敏感，S9 传感器对 CO 敏感，因此该 3 个传感器对猪肉挥发性气体检测效果较差。为避免不相关的信息带入猪肉 TVB-N 模型中，故最终从电子鼻数据中获得与猪肉 TVB-N 含量高度相关的 7 个特征值(P1、P2、P3、P6、P7、P8 和 P10)。

表 3-5　传感器特征值之间及其与猪肉 TVB-N 含量的相关性分析结果

特征值	Pearson 相关性									
	P1	P2	P3	P4	P5	P6	P7	P8	P9	P10
TVB-N	**0.679****	**0.543****	**0.359****	0.051	0.045	**0.289****	**0.572****	**0.622****	0.032	**0.743****
P10	**0.889****	**0.265****	**0.858****	**0.513****	**0.434****	**0.887****	**0.640****	**0.868****	**0.340****	
P9	0.167	0.107	0.137	0.163	0.155	0.190	**0.439****	0.026		
P8	**0.897****	**0.935****	**0.558****	**0.542****	**0.934****	**0.887****	**0.340****			
P7	**0.530****	**0.465****	**0.275****	**0.343****	**0.573****	**0.628****				
P6	**0.919****	**0.933****	**0.607****	**0.643****	**0.983****					
P5	**0.941****	**0.963****	**0.612****	**0.641****						
P4	**0.610****	**0.623****	**0.732****							
P3	**0.586****	**0.617****								
P2	**0.926****									

** 表示相关性极显著(p< 0.01)。

3.4.3　电子舌技术在食品质量安全检测中的应用

1. 应用于茶叶质量等级的评判

陈全胜等利用电子舌技术和模式识别方法评判茶叶的质量等级模型。研究采用 4 个等级的炒青茶叶作为试验对象，采用法国 Alpha MOS 公司生产的 ASTREE 电子舌。该装置上配有 7 个传感器，以 Ag/AgCl 作为参比电极，在 25℃下进行数据采集，采集得到各传感器的感应强度值。

然后分别采用 k 最近邻(KNN)和人工神经网络(ANN)模式识别的方法建立茶叶等级质量的评判模型。采用 KNN 建立模型时，用交互验证过程来优化 6 个 k 值($k = 1, 2,\cdots, 6$)和 7 个主成分因子数(PCs =1, 2,…, 7)，结果见图 3-17。从图 3-17 可以看出，当 k=1、主成分因子数为 5 时，KNN 模型交互验证识别率最高。此时，模型的交互验证识别率为 97.5%，仅有 1 个一级样本被误判为二级，其他样本都识别正确。用该模型验证预测集中的 40 个样本时，识别率为 100%，即所有样本都被识别正确。

采用人工神经网络建立模型时，试验建立一个三层 BP-ANN(即一个输入层、一个隐含层和一个输出层)，经多次训练确定隐含层结点数为 5，学习速率因子和动量因子均为 0.1，初始权重为 0.3。图 3-18 显示了不同主成分因子下的 BP-ANN 判别模型对训练集和预测集中的识别率，从图中可以看到，主成分因子数为 5 时，模型的交互验证识别率为 100%，即所有样本都被识别正确。

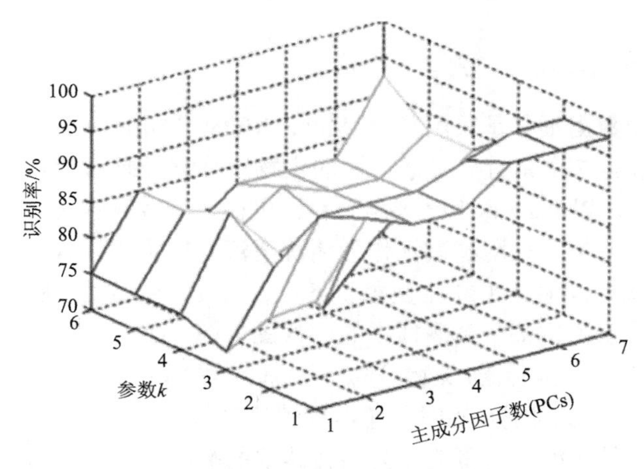

图 3-17　KNN 识别结果

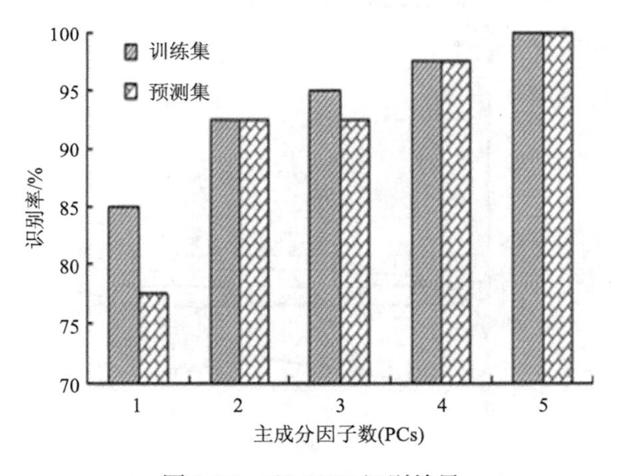

图 3-18　BP-ANN 识别结果

表 3-6 显示了 KNN 和 BP-ANN 的模型结果，结果表明 BP-ANN 的识别效果略优于 KNN。研究结果表明，电子舌技术可以简单快速地实现茶叶质量等级的评判，与主观的评判方法以及耗时的化学方法相比，电子舌技术对茶叶质量评判水平有着重要作用。

表 3-6　KNN 和 BP-ANN 的模型识别结果

模型	最佳数	识别结果/%	
		训练集	预测集
KNN	5	97.5	100
BP-ANN	5	100	100

2. 应用于黄酒品质的评判

味觉传感器数据采集是采用法国 Alpha MOS 公司的 ASTREEⅡ电子舌检测系统。该系统包含 7 个具有交叉选择性的生物膜味觉传感器(ZZ、BA、BB、CA、GA、HA 和 JB)，以 Ag/AgCl 电极作为参比电极，构成味觉传感器阵列。试验取 80 mL 黄酒进行分析，采用蒸馏水作为清洗溶液。试验中设置每个样品数据采集时间为 120 s，采样间隔为 1 s，重复测量 6 次。试验环境温度控制在 25℃。图 3-19 显示了味觉传感器测试某一黄酒样本的信号图。图 3-20 中 ZZ、BA、BB、CA、GA、HA、JB 为 7 个传感器，横轴为测量时间，纵轴为采集到的感应强度值。从图 3-20 可以看出，在刚刚开始时传感器的值波动较大，之后逐步趋于平稳。试验选取每个传感器第 120 s 测量值作为该传感器的响应值，并取后 3 次测试的平均值进行后续数据处理。7 个味觉传感器共得到 7 个特征值，即每个黄酒样本得到 7 个味觉传感器数据特征值[44]。

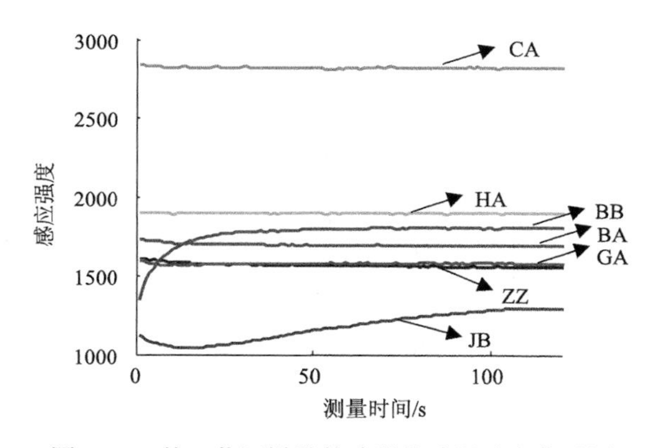

图 3-19　某一黄酒样品的味觉传感器响应信号图

研究建立味觉传感器特征值与黄酒口味感官得分之间的关系，模型建立依然采用线性的 PLS 和非线性的 BP-ANN 方法，并比较模型的预测性能。建立模型时，从 75 个样本中选取 50 个作为校正集，用于建立模型，剩余的 25 个样本为预测集，用来评价模型的预测性能。校正集和预测集样本的口味感官得分参考值统计结果见表 3-7。

表 3-7　校正集和预测集黄酒口味感官审评实际的分值结果

样本集	数量	范围	均值	标准方差
校正集	50	34.75～45.13	39.16	2.60
预测集	25	35.00～45.00	39.13	2.57

采用 PLS 建立味觉传感器特征值与黄酒口味感官得分之间的关系时，依然讨论了主成分因子数对模型性能的影响，根据最低的 RMSECV 值，确定最佳的主成分因子数。图 3-20(a)显示了味觉传感器预测黄酒品质的 PLS 模型中不同主成分因子数下的 RMSECV 值，由图可以看出，当主成分因子数为 4 时，所建立的 PLS 模型获得最低的 RMSECV 值。因此研究采用前 4 个主成分建立 PLS 模型，该模型对校正集样本口味感官得分的预测值与实际感官评分值之间的相关系数 R_c 为 0.8761，校正集均方根误差(RMSEC)为 1.24；模型对预测集样本味觉感官得分的预测值与实际评分值之间的相关系数 R_p 为 0.8274，预测集均方根误差(RMSEP)为 1.49。图 3-20(b)显示了味觉传感器结合 PLS 模型预测黄酒口味感官得分校正集和预测集的散点图。

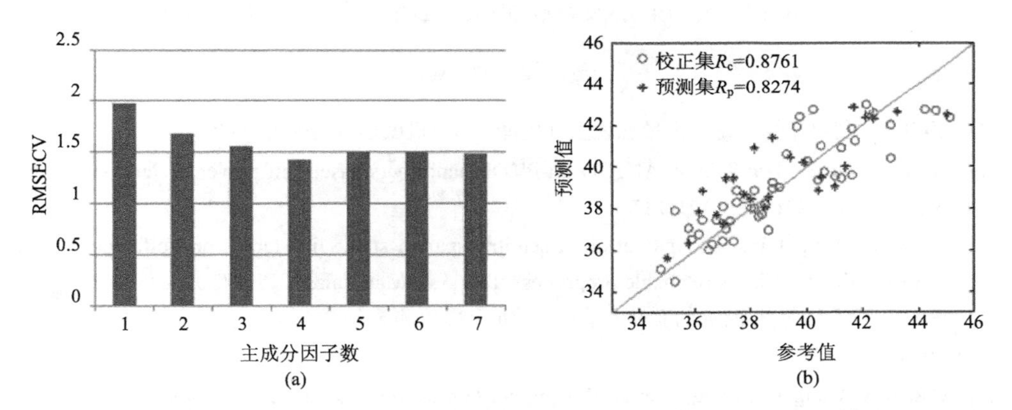

图3-20　味觉传感器预测黄酒品质的PLS模型中不同主成分因子数下的RMSECV值(a)及味觉传感器结合 PLS 模型预测黄酒口味感官得分的散点图(b)

采用 BP-ANN 建立味觉传感器特征值与黄酒口味感官得分之间的关系时，同样采用交互验证法获得不同主成分因子数下的最佳模型，然后比较不同主成分因子数下 BP-ANN 模型对校正集和预测集样本的预测相关系数，得到最佳的模型。图 3-21(a)显示了建立味觉传感器预测黄酒口味品质的 BP-ANN 模型中，采用不同主成分因子数时校正集和预测集相关系数值，从图中可以看出，当主成分因子数为 5 时，预测集样本获得最高的相关系数，且校正集样本也获得较高的相关系数，此时模型的预测性能最佳。因此，研究采用前 5 个主成分建立 BP-ANN 模型，该模型对校正集样本口味感官得分的预测值与实际感官评分值之间的相关系数 R_c 为 0.9034，校正集均方根误差(RMSEC)为 1.17；模型对预测集样本口味感官得分的预测值与实际评分值之间的相关系数 R_p 为 0.8963，预测集均方根误差(RMSEP)为 1.20。图 3-21(b)显示了味觉传感器结合 BP-ANN 模型预测黄酒口味感官得分校正集和预测集的散点图。

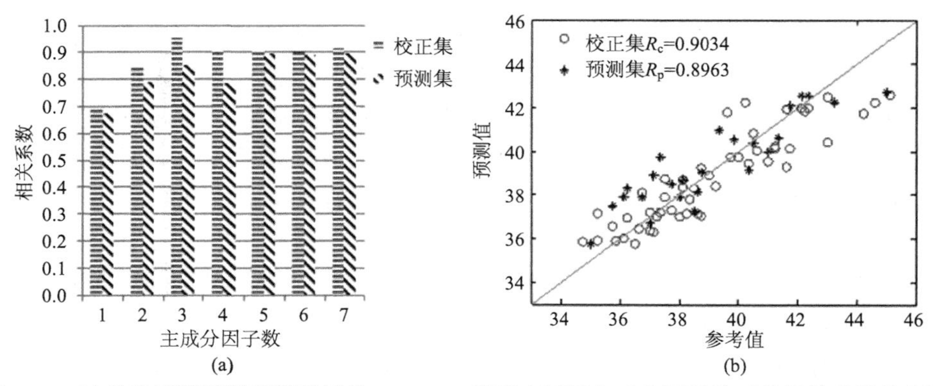

图 3-21　味觉传感器预测黄酒品质的 BP-ANN 模型中不同主成分因子数下的相关系数值(a)及味觉传感器最佳 BP-ANN 模型预测黄酒口味感官得分的散点图(b)

参 考 文 献

[1] 蔡健荣. 利用计算机视觉定量描述茶叶色泽. 农业机械学报, 2000, 4: 67-70.

[2] Ai Y F, Lou Z, Chen S, et al. All rGO-on-PVDF-nanofibers based self-powered electronic skins. Nano Energy, 2017, 35: 121-127.

[3] Cai G F, Wang J W, Lin M F, et al. A semitransparent snake-like tactile and olfactory bionic sensor with reversibly stretchable properties. NPG Asia Materials, 2017, 9(10): e437.

[4] 陈红. 基于计算机视觉的花生仁外观品质无损检测方法的研究. 武汉: 华中农业大学, 2008.

[5] Cao A X, Wang J Z, Pang H, et al. Design and fabrication of a multifocal bionic compound eye for imaging. Bioinspiration and Biomimetics, 2018, 13(2): 026012.

[6] Chang L F, Liu Y F, Yang Q, et al. Ionic electroactive polymers used in bionic robots: A review. Journal of Bionic Engineering, 2018, 15(5): 765-782.

[7] Chang Z Y, Sun Y H, Zhang Y C, et al. Bionic optimization design of electronic nose chamber for oil and gas detection. Journal of Bionic Engineering, 2018, 15(3): 533-544.

[8] 陈全胜, 江水泉, 王新宇. 基于电子舌技术和模式识别方法的茶叶质量等级评判. 食品与机械, 2008, (1): 124-126.

[9] Chen B D, Tang W, He C, et al. Water wave energy harvesting and self-powered liquid-surface fluctuation sensing based on bionic-jellyfish triboelectric nanogenerator. Materials Today, 2018, 21(1): 88-97.

[10] Chen C H, Wang C C, Wang Y T, et al. Fuzzy logic controller design for intelligent robots. Mathematical Problems in Engineering, 2017, 2017: 8984713.

[11] Chen J, Chen B D, Han K, et al. A triboelectric nanogenerator as a self-powered sensor for a soft-rigid hybrid actuator. Advanced Materials Technologies, 2019, 4(9): 1900337.

[12] 鲁小利, 张秋菊, 蔡小庆. 实用仿生电子鼻在黄酒检测中的应用研究. 酿酒科技, 2014, (3): 53-55.

[13] Chen T, Wei S, Cheng Z F, et al. Specific detection of monosaccharide by dual-channel sensing platform based on dual catalytic system constructed by bio-enzyme and bionic enzyme using molecular imprinting polymers. Sensors and Actuators B: Chemical, 2020, 320: 128430.

[14] 吴瑞梅. 名优绿茶品质感官评价的仪器化表征研究. 镇江: 江苏大学, 2012.

[15] Chen X J, Lin X T, Mo D Y, et al. High-sensitivity, fast-response flexible pressure sensor for electronic skin using direct writing printing. RSC Advances, 2020, 10(44): 26188-26196.

[16] Deng H, Zhong G L, Li X F, et al. Slippage and deformation preventive control of bionic prosthetic hands. IEEE/ASME Transactions on Mechatronics, 2017, 22(2): 888-897.

[17] Ding L, Wang Y, Sun C L, et al. Three-dimensional structured dual-mode flexible sensors for highly sensitive tactile perception and noncontact sensing. ACS Applied Materials Interfaces, 2020, 12(18): 20955-20964.

[18] 许云召. 计算机图像处理技术在茶叶感官品质检测中的应用研究. 福建茶叶, 2022, 44(8): 13-15.

[19] Du T, Li X, Wang Y H, et al. Multiple Disturbance analysis and calibration of an inspired polarization sensor. IEEE Access, 2019, 7: 58507-58518.

[20] Du W H, Yang Y E, Liu Y E. Research on the recognition performance of bionic sensors based on active electrolocation for different materials. Sensors, 2020, 20(16): 4608.

[21] 吴守一, 邹小波. 电子鼻在食品行业中的应用研究进展. 江苏理工大学学报, 2000, (6): 13-17.

[22] Hu G D, He C L, Li H Y, et al. Test on stress distribution of bionic C-leg wheel-soil interaction with its data processing. IOP Conference Series: Materials Science and Engineering, 2018, 428: 012010.

[23] Zou X B, Zhao J W, Sun S Y. Vinegar classification based on feature extraction and selection from tin oxide gas sensor array data. Sensors, 2003, 3(4): 101-109.

[24] Zou X B, Zhao J W, Wu S Y. The study of gas sensor array signal processing with new genetic algorithms. Sensors and Actuators B: Chemical, 2002, 87(3): 437-441.

[25] Zou X B. Wu S Y. Evaluating the quality of cigarettes by an electronic nose system. Journal of Testing and Evaluation, 2002, 30(6): 532-535.

[26] 肖宏. 基于电子舌技术的龙井茶滋味品质检测研究. 杭州: 浙江大学, 2010.

[27] Zhang H M, Wang J. Detection of age and insect damage incurred by wheat, with an electronic nose. Journal of Stored Products Research, 2007, 43(4): 489-495.

[28] Bennetts V H, Schaffernicht E, Pomareda V, et al. Combining non selective gas sensors on a mobile robot for identification and mapping of multiple chemical compounds. Sensors, 2014, 14(9): 17331-17352.

[29] Mendoza J I, Soncini F C, Checa S K. Engineering of a Au-sensor to develop a Hg-specific, sensitive and robust whole-cell biosensor for on-site water monitoring. Chemical Communications, 2020, 56(48): 6590-6593.

[30] 杨潇, 郭登峰, 王祖文, 等. 基于电子鼻的猪肉冷冻储藏期的无损检测方法. 食品与发酵工

业, 2018, 44(3): 247-252.

[31] Söderström C, Borén H, Winquist F, et al. Use of an electronic tongue to analyze mold growth in liquid media. International Journal of Food Microbiology, 2003, 83(3): 253-261.

[32] Vlasov Y G, Legin A V, Rudnitskaya A M, et al. Electronic tongue—new analytical tool for liquid analysis on the basis of non-specific sensors and methods of pattern recognition. Sensors and Actuators B: Chemical, 2000, 65(1-3): 235-236.

[33] 王雪, 张宇, 张芷源, 等. 分布式光纤传感技术的特点与研究现状论述. 科技创新与应用, 2022, 12(6): 99-101.

[34] Legin A, Rudnitskaye A, Lvova L, et al. Evaluation of Italian wine by the electronic tongue: Recognition, quantitative analysis and correlation with human sensory perception. Analytica Chimica Acta, 2003, 484(1): 33-44.

[35] Li S J, Wang W P, Zhou B Q, et al. A secure scheme for heterogeneous sensor networks. IEEE Wireless Communications Letters, 2017, 6(2): 182-185.

[36] Deisingh A K, Stone D C, Thompson M. Applications of electronic noses and tongues in food analysis. International Journal of Food Science and Technology, 2004, 39(6): 587-604.

[37] 赵杰文, 邹小波, 潘胤龙. 遗传算法在电子鼻中的应用研究. 江苏大学学报, 2002, 23(1): 9-13.

[38] Gardner J V, Raicu D, Furst J. A context-aware approach to content-based image retrieval of lung nodules. Proceedings of SPIE, 2011, 7963: 79632I.

[39] 周牡艳, 郑云峰, 张韬, 等. 智能电子舌对地理标志产品绍兴黄酒的区分判别研究. 酿酒科技, 2012, 12: 23-26.

[40] Llopis-Lorente A, Garcia-Fernández A, Lucena-Sánchez E, et al. Stimulus-responsive nanomotors based on gated enzyme-powered Janus Au-mesoporous silica nanoparticles for enhanced cargo delivery. Chemical Communications, 2019, 55(87): 13164-13167.

[41] 邹小波, 吴守一, 方如明. 电子鼻在判别挥发性气体的实验研究. 江苏理工大学学报, 2001, 22(2): 1-4.

[42] Steine C, Beaucousin F, Siv C, et al. Potential of semiconductor sensor arrays for the origin authentication of pure valencia orange Juices. Journal of Agricultural and Food Chemistry, 2001, 49: 3151-3160.

[43] 邹小波, 赵杰文, 吴守一, 等. 气体传感器阵列中特征参数的提取与优化. 传感技术学报, 2002, 15(4): 282-286.

[44] Bourrounet B, Talou T, Gaset A. Application of a multi-gas-sensor device in the meat industry for boar-taint detection. Sensors and Actuators B: Chemical, 1995, 26-27: 250-254.

第4章　彩色成像检测技术

外观特征评判是食品质量常用的评判方法，包括食品、农产品的外观尺寸、颜色评判、纹理特征分析、缺陷和损伤分析，以及在成分中的分析。在20世纪60年代，计算机视觉技术在不同领域的应用越来越广，如医学诊断成像、工厂自动化、遥感、自动化车辆和机器人制导。彩色成像技术是在可见光范围内，对来自物理对象的图像的显示和有意义的描述[1]。通过物理图像传感器和专用的电脑软件及硬件获取图像，并带有目的性地分析处理图像，是计算机视觉技术的主要任务。随着对食品品质和安全标准的期望值的提高，对食品中这些特性进行准确、快速和客观测定的需求也在不断增长。本章就彩色成像技术概述和基本原理，彩色成像系统与设备，计算机图像处理方法，以及彩色成像检测技术在食品质量安全检测中科学研究和应用案例进行介绍，以期为读者在利用彩色成像技术检测食品质量安全的科学研究和实际应用提供思路和参考。

4.1　彩色成像检测技术概述

4.1.1　食品外观的彩色成像检测技术简介

彩色成像技术是指检测波长在可见光范围内的机器视觉技术，通常也直接称之为计算机视觉技术，它为实现这些要求提供了一种自动化、非破坏性和低成本且行之有效的替代方案。这种基于图像分析和处理的检测方法已经在食品行业中有着很多应用。外观尺寸是食品、农产品分级的重要依据。计算机视觉技术结合图像处理方法可以通过检测周长、面积、窝眼的方位和孔积率等外形、尺寸参数，判断受测物的信息。此外，产品形状也是外观尺寸检测的重要方面，特别是水果，其形状优劣是分级的重要指标。颜色是食品、农产品质量评价的重要特征，利用可见光成像系统对其色泽做出评价，可以克服人眼的疲劳和差异。通过颜色特征的差异可以识别鲜桃的缺陷、区分霉变大豆等。纹理特征也可用于分析评价食品的质量，对图像进行纹理分析，从而可对膨化食品质量进行评价。牛肉纹理特征与嫩度之间存在较强的对应关系，通过彩色常规成像技术结合纹理分析方法可以分析牛肉的品质。表面缺陷和损伤的检测一直是食品、农产品分级的难题，通过计算机视觉技术结合相应的图像处理方法，可快速检测这些形态特征。例如，计算机视觉技术也可检测水果的表面缺陷和损伤，大米颗粒的爆腰率、表面虫蛀缺陷等特征。计算机视觉技术在食品、农产品成分检测方面的应用也很多，如根据比萨饼底部的数字化图像的颜色特征来判断赖氨酸含量；运用数字图像处理技术分析面包横断面大小均匀性、厚壁度和面包心亮度等特征，判断乳化剂在面包焙烤中的作用。可见光成像技术也可用来评价奶酪熔化和褐变，这种新型非接触方式被用来分析烹调时切达干酪(cheddar)和一种意大利干酪(mozzarella)的特性。结果表明，这种方法可以提供一种客观简便的途径分析奶酪的功能性质。

计算机视觉技术经过 40 多年的发展，已经从单纯的视觉模拟发展到取代和解释人的视觉信息方面的研究。同时，由于传感技术的飞速发展以及人们对食品物料的深入认识，红外与近红外成像技术及其图像处理的研究，促进计算机视觉技术从外观视觉转向了食品物料的内部性状、组成成分等方向的研究[2-4]。另外，借助于三维可视化技术，可以对稻谷的外观品质、营养品质及蒸煮品质等进行更为直观和客观的观察与测定。尤其在对营养成分分布密度的评价、白米内部组织的分析、蒸煮过程中组织结构变化的观测等方面，取得了传统研究方法难以获得的结果。

4.1.2 计算机视觉图像处理

计算机图像处理技术作为计算机视觉技术的主体，计算机图像处理的特点就代表了计算机视觉技术的主要特点。图像处理主要可分为两大类：模拟图像处理和数字图像处理。模拟图像处理包括光学透镜处理、摄影、广播级电视制作等，都属于实时图像处理，处理速度快但是精度低，灵活性差，基本没有判断能力和非线性处理能力；数字图像处理大多运用计算机软件实现，或者采用实时的硬件处理，数字图像处理具有精度高、处理内容丰富、可进行复杂的非线性处理等优点，因而具有灵活的变通能力，缺点是处理的速度较慢，且所处理的图像精度越高、越复杂，处理速度就越慢。数字图像处理是通过计算机对图像进行去除噪声、增强、复原、分割、提取特征等处理的方法和技术。数字图像处理的产生和迅速发展主要受三个因素影响：一是计算机的发展；二是数学的发展(特别是离散数学理论的创立和完善)；三是广泛的农牧业、林业、环境、军事、工业和医学等方面的应用需求的增长。数字图像处理技术是实现产品实时监控、检测、分级最有效的方法之一，随着计算机软硬件、思维科学研究、模式识别以及机器视觉系统等相关技术的进一步发展，这一技术目前存在的问题都在逐渐克服。进行数字图像处理所需要的设备包括摄像机、数字图像采集器(包括同步控制器、模数转换器及帧存储器)、图像处理计算机和图像显示终端。主要的处理任务通过图像处理软件来完成。为了对图像进行实时处理，需要非常高的计算速度，通用计算机无法满足，需要专用的图像处理系统。这种系统由许多单处理器组成阵列式处理机，并行操作，以提高处理的实时性。随着超大规模集成电路的发展，专门用于各种处理算法的高速芯片，即图像处理专用芯片，会形成较大的市场。下面主要讨论数字图像处理技术的特点和常用方法[2]。

数字图像处理技术主要表现出以下特点。

(1) 数字图像包含数据量大，数字图像数据所占用存储容量大，在数字图像的成像、传输、存储、处理、显示等环节上占用的频带较宽。在数字图像处理中，对于黑白图像，1 个字节可以存储 8 个像素点；对于 16 灰度级图像，1 个字节可以存储 2 个像素点；对于 256 灰度级图像，1 个字节可以存储 1 个像素点。在目前的图像处理应用中，大多数采用 256 灰度级图像。1 幅分辨率为 600×800 的 256 灰度级图像，就需要 480KB 的存储空间。

(2) 图像处理技术综合性强，数字图像处理是光学、电子学、计算机科学、人工智能、模式识别及摄影技术等多学科领域的交叉技术学科，其理论和技术体系十分庞大和复杂。

数字图像处理常用方法有以下几个方面。

(1) 图像变换：由于图像阵列很大，直接在空间域中进行处理，涉及计算量很大。因此，往往采用各种图像变换的方法，如傅里叶变换、沃尔什变换、离散余弦变换等间接处理技术，将空间域的处理转换为变换域处理，不仅可减少计算量，而且可获得更有效的处理(如傅里叶变换可在频域中进行数字滤波处理)。新兴研究的小波变换在时域和频域中都具有良好的局部化特性，它在图像处理中也有着广泛而有效的应用。

(2) 图像编码压缩：图像编码压缩技术可减少描述图像的数据量(即比特数)，以便节省图像传输、处理时间和减少所占用的存储器容量。压缩可以在不失真的前提下获得，也可以在允许的失真条件下进行。编码是压缩技术中最重要的方法，它在图像处理技术中是发展最早且比较成熟的技术。

(3) 图像增强和复原：图像增强和复原的目的是提高图像的质量，如去除噪声、提高图像的清晰度等。图像增强不考虑图像降质的原因，突出图像中所感兴趣的部分。如强化图像高频分量，可使图像中物体轮廓清晰，细节明显；强化低频分量，可减少图像中噪声影响。图像复原要求对图像降质的原因有一定的了解，一般讲应根据降质过程建立“降质模型”，再采用某种滤波方法，恢复或重建原来的图像。

(4) 图像分割：图像分割是数字图像处理中的关键技术之一。图像分割是将图像中有意义的特征部分提取出来，其有意义的特征有图像中的边缘、区域等，这是进一步进行图像识别、分析和理解的基础。虽然已研究出不少边缘提取、区域分割的方法，但还没有一种普遍适用于各种图像的有效方法。因此，对图像分割的研究还在不断深入之中，是图像处理中研究的热点之一。

(5) 图像描述：图像描述是图像识别和理解的必要前提。对于最简单的二值图像，可采用其几何特性描述物体的特性，一般图像的描述方法采用二维形状描述，它有边界描述和区域描述两类方法。对于特殊的纹理图像，可采用二维纹理特征描述。随着图像处理研究的深入发展，已经开始进行三维物体描述的研究，提出了体积描述、表面描述、广义圆柱体描述等方法。

(6) 图像分类(识别)：图像分类(识别)属于模式识别的范畴，其主要内容是图像经过某些预处理(增强、复原、压缩)后，进行图像分割和特征提取，从而进行判决分类。图像分类常采用经典的模式识别方法，有统计模式分类和句法(结构)模式分类，近年来新发展起来的模糊模式识别和人工神经网络模式分类在图像识别中也越来越受到重视。

4.2 彩色成像系统与设备

普通的彩色光成像系统由图像采集部件、图像处理部件(计算机)、图像输出部件三部分组成，图 4-1 是比较典型的可见光成像系统示意图。

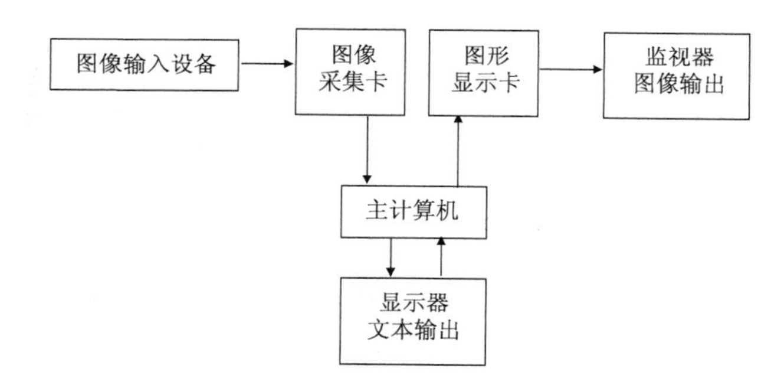

图 4-1　可见光成像系统示意图

4.2.1 图像采集部件

图像的采集部件即图像的数字化输入设备，是将三维立体的实物转换为一幅二维的平面图像，并将其转换为适合输入计算机或数字设备的数字信息，这一过程包括光电转换、图像摄取及图像数字化等几个步骤。

通常在食品无损检测中，用来获取数字图像信息的设备是数字式相机(digital still camera, DSC)——通过感光式的电荷耦合器件(charge-coupled device, CCD)或互补金属氧化物半导体(complementary metal oxide semiconductor, CMOS)将光学影像转换成电子数据的照相机。CCD 技术的发展较早，也较为成熟，CCD 图像传感器可直接将光学信号转换为模拟电流信号，电流信号经过放大和模数转换，实现图像的获取、存储、传输、处理和复现。其显著特点是体积小，质量轻；功耗小，工作电压低，抗冲击与振动，性能稳定，寿命长；灵敏度高，噪声低，动态范围大；响应速度快，有自扫描功能，图像畸变小，无残像；应用超大规模集成电路工艺技术生产，像素集成度高，尺寸精确，商品化生产成本低。因此，许多采用光学方法测量外径的仪器，把 CCD 器件作为光电接收器。CMOS 芯片中每个像素都有各自的信号放大器，使其信号输出一致性较差，因而图像的噪点较高，但也同样带来了更敏感、低功耗、读取速度快等优点，但是工艺还不是十分成熟。CCD 对近红外同样比较敏感，响应光谱延伸至 1.0μm 左右，CCD 的成像灵敏度同样优异。高分辨率的 CCD 相机目前已经很成熟，在图像处理中通常选用 600 线的摄像机，快速存储技术近年来也在飞速发展，已经可以快速地存取大量的图像信息[5]。

4.2.2　图像处理部件

数字图像处理的特点：一是处理信息量很大，数字图像处理的信息大多是二维信息，处理信息量很大。如一幅 256×256 低分辨率黑白图像，要求约 64kbit 的数据量；对高分辨率彩色 512×512 图像，则要求 768kbit 数据量；如果要处理 30 帧/s 的电视图像序列，则每秒要求 500kbit～22.5Mbit 数据量。因此对计算机的计算速度、存储容量等要求较高。二是占用频带较宽，数字图像处理占用的频带较宽。与语言信息相比，占用的频带要大几个数量级。如电视图像的带宽约 5.6MHz，而语音带宽仅为 4kHz 左右。所以在成像、传输、存储、处理、显示等各个环节的实现上，技术难度较大，成本亦高，这就对频带压缩技术提出了更高的要求。三是各像素相关性大，数字图像中各个像素是不独立的，其相关性大。在图像画面上，经常有很多像素有相同或接近的灰度。就电视画面而言，同一行中相邻两个像素或相邻两行间的像素，其相关系数可达 0.9 以上，而相邻两帧之间的相关性一般比帧内相关性还要大些。因此，图像处理中信息压缩的潜力很大。四是无法复现全部信息，由于图像是三维景物的二维投影，一幅图像本身不具备复现三维景物的全部几何信息的能力，很显然三维景物背后部分信息在二维图像画面上是反映不出来的。因此，要分析和理解三维景物必须作合适的假定或附加新的测量，如双目图像或多视点图像。在理解三维景物时需要知识导引，这也是人工智能中正在致力解决的知识工程问题。五是受人的因素影响较大，数字图像处理后的图像一般是给人观察和评价的，因此受人的因素影响较大。由于人的视觉系统很复杂，受环境条件、视觉性能、人的情绪爱好以及知识状况影响很大，作为图像质量的评价还有待进一步深入的研究。另外，计算机视觉是模仿人的视觉，人的感知机理必然影响着计算机视觉的研究。例如，什么是感知的初始基元，基元是如何组成的，局部与全局感知的关系，优先敏感的结构、属性和时间特征等，这些都是心理学和神经心理学正在着力研究的课题。

由此可以看出对图像处理系统的硬件的处理速度有很高要求。对于点处理，采用快速硬件流水线处理器，它由视频运算器(arithmetic logic unit, ALU)和查找器(look up table, LUT)组成，用于实时进行加、减、乘、除、逻辑运算和灰度变换。对于邻域处理，应用快速实时小核卷积器，其由乘法器、累加器、移位寄存器和查找表等组成，用于实时卷积滤波、去噪声、增强、平滑和边缘提取等[6]。对于大域处理，可用快速阵列机，配有信号数字处理器等，用于快速傅里叶变换、矩阵运算和矢量运算[7]。

4.2.3 图像输出部件

图像处理的最终目的是为人或机器提供一幅更便于解释和识别的图像。因此，图像输出也是图像处理的重要内容之一。图像的输出有两种：一种是硬拷贝，另一种是软拷贝。其分辨率随着科学技术的发展而提高，至今已有 2048×2048 的高分辨率的显示设备问世。通常的硬拷贝方法有照相、激光拷贝、彩色喷墨打印等多种方法；软拷贝方法有阴极射线管(cathode ray tube, CRT)显示、液晶显示、场致发光显示等几种[8]。

4.3 计算机图像处理的方法

图像处理技术是指通过计算机对图像信息进行采集、分析处理，以达到所需结果的技术。完整的图像处理技术一般可分为图像数字化、数字图像的存储、彩色图像的处理、图像滤波、数字图像的分割、二值图像的形态学分析、图像形状的特征分析、图像纹理的特征分析等几个方面。

4.3.1 数字图像的表征与处理

1. 数字图像的颜色模型

在食品和农产品图像分析中经常要用颜色特征判断食品质量的优劣，颜色信息在食品和农产品外观品质检测中是最常用的一种特征，如水果的腐烂、表面的污渍以及成熟度，粮谷食品的黄变，烘焙食品加工过程的质量控制等。在进行颜色特征的数字图像处理过程中，需要一定的光度学和色度学知识基础，而颜色在色度学中通常定义为一种通过眼睛传导的感官映像，即视觉。食品工程中有关的图像处理中常用到的三种颜色模型是 RGB、CMY 和 HSI。

1）RGB 颜色模型

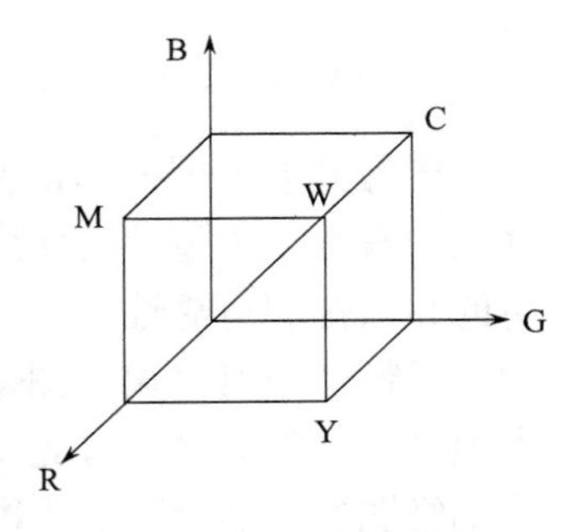

图 4-2　RGB 颜色模型

RGB 颜色模型是根据三基色原理，将红(red)、绿(green)、蓝(Blue)三原色以不同的比例相加，以生成具有颜色感知度的彩色图像，其模型如图 4-2 所示，RGB 颜色模型是三维直角坐标颜色系统中的一个单位正方体，在正方体的主对角线上，各原色的量相等，产生由暗到亮的白色，即灰度。(0,0,0)为黑，(1,1,1)为白，正方体的其他六个角的坐标分别代表红、黄、绿、青、蓝、品红。

2）CMY 颜色模型

CMY 颜色模型是以红、绿、蓝三色的补色(青、品红、黄)为原色构成的颜色模型，常用于从白光中滤去某种颜色，称为减色原色空间，如图 4-3 所示。CMY 颜色模型对应的直角坐标系的子空间与 RGB 颜色模型对应的子空间几乎完全相同。CMY 在原色的减色效果如图 4-3 所示。CYM 颜色模型可以通过 RGB 颜色模型转换得到，转换公式如下：

$$C = 255 - R；\quad M = 255 - G；\quad Y = 255 - B \tag{4-1}$$

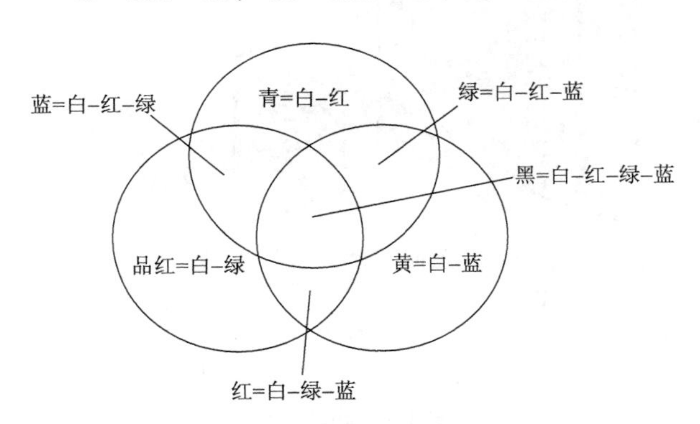

图 4-3　CMY 颜色模型

3）HSI 颜色模型

HSI 模型中，H 代表色调，S 代表饱和度，I 代表光强度。色调是描述纯色(纯黄、橘黄或红)的颜色属性，饱和度提供了纯色被白光稀释的程度的量度。HSI 颜色的重要性在于两方面：第一，去掉强度成分 I 在图像中与颜色信息的联系；第二，色调和饱和度成分与人眼感知颜色的原理相似。这些特征使 HSI 模型成为一个理想的研究图像处理运算法则的工具。因此在食品工程中计算机视觉系统多用到 HSI 模型，同样的 HSI 模型也可以通过 RGB 模型转换得到[9]。

2. 图像滤波

图像滤波，即在尽量保留细节特征的条件下对图像的噪声进行抑制，在图像处理中有着至关重要的作用，其处理效果的好坏将直接影响到后续图像处理和分析的有效性和可靠性[10]。

线性滤波可以说是图像处理最基本的方法，它可以允许对图像进行处理，产生很多不同的效果。首先，需要有一个二维的滤波器矩阵(卷积核)和一个要处理的二维图像。然后，对于图像的每一个像素点，计算它的邻域像素和滤波器矩阵的对应元素的乘积，最后加起来，作为该像素位置的值，如此就完成了滤波过程，如图 4-4 所示。

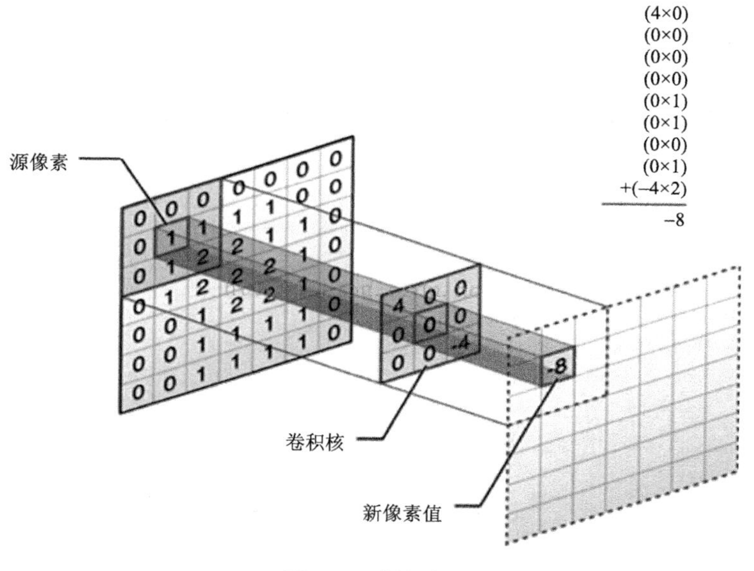

图 4-4　滤波过程

对图像和滤波矩阵进行逐个元素相乘再求和的操作就相当于将一个二维的函数移动到另一个二维函数的所有位置，这个操作就叫卷积(convolution)或者互相关(cross-correlation)。卷积和互相关的差别是，卷积需要先对滤波矩阵进行 180°的翻转，但如果矩阵是对称的，那么两者就没有什么差别了。

Cross-correlation 或 convolution 可以说是图像处理最基本的操作，但却非常有用。这两个操作有两个非常关键的特点：它们是线性的，而且具有平移不变性(shift-invariant)。平移不变性指在图像的每个位置都执行相同的操作。线性指这个操作是线性的，也就是用每个像素的邻域的线性组合来代替这个像素。这两个属性使得这个操作非常简单，因为线性操作是最简单的。

对于滤波器，有相关的非硬性约束：滤波器的大小应该是奇数，如 3×3、5×5、7×7 等，确保滤波器有中心；若滤波器矩阵的所有元素之和大于 1，那么滤波后的图像就会比原图更亮，反之变暗，若和为 0，图像会变得很暗；滤波后的结果取值时取 0～255 的范围。

通过改变滤波器矩阵的大小和权值，最终求得的滤波器图像可以是多种多样的，如可以对图像进行以下处理。

(1) 锐化(卷积核如下所示)

$$\begin{pmatrix} -1 & -1 & -1 \\ -1 & 9 & -1 \\ -1 & -1 & -1 \end{pmatrix}$$

这是一个简单的线性滤波器，通过强化图像的边缘使图像看起来更加锐利。同样地，将卷积核放大，就可以得到更加精细的锐化效果。

(2) 边缘检测

$$\begin{pmatrix} -1 & -1 & -1 \\ -1 & 7 & -1 \\ -1 & -1 & -1 \end{pmatrix}$$

卷积核矩阵的元素之和为–1，所以得到的图像变得很暗，并且突出了边缘。

3. 数字图像的分割

一幅图像可以根据某种颜色、几何形状、纹理和其他特征分成多个区。在应用中，为了便于进行图像分析，必须把图像分解成一系列的非重叠区，这种操作称为图像分割。图像分割是在图像分析和理解过程中的前期处理之一。在数字图像处理中，图像分割定义为从图像中分离目标的过程。有时，分割也被称为目标隔离。虽然图像分割的工作与人类视觉经验毫无相同之处，但它在数字图像分析中占有相当重要的位置。

1) 图像的阈值分割

使用阈值进行图像分割是一种区域分割技术，阈值法对区分目标和背景尤其有效。假设目标放在对比度明显的背景上，使用阈值规则，每个像素的灰度值与阈值 T 比较，所有小于或等于阈值 T 的像素，认为是背景区，所有大于阈值 T 的像素认为是目标区，在把背景区与目标区隔离开以后，背景区的信息将被删除。最优阈值的选择在图像分析中是一项重要和困难的工作，直方图技术是最优阈值选择的基础。在直方图技术中，计算图像所有的灰度值出现的频率并绘制成图，背景和目标具有明显灰度差异的图像，直方图一般呈双峰状，筛选优化阈值的工作是在峰值之间选择一个灰度值，以便这个特殊的阈值尽可能把目标和背景分割开来，否则在后继对图像中的目标进行尺寸测量分析时将引起误差。

如果感兴趣的物体在其内部具有均匀一致的灰度值，并分布在一个具有另一个灰度值的均匀背景上，使用阈值方法效果就很好。如果物体同背景的差别在于某些性质而不是灰度值(如纹理等)，那么，可以首先把那个性质转化为灰度形式，然后，利用灰度阈值化技术分割待处理的图像。

通常有两种技术可用来筛选优化阈值：一是自动选择技术，二是人工选择技术。在自动选择技术中，阈值的选择是以数学和统计学的方法为基础，选择过程没有人的干预。在人工选择技术中，操作者用试凑的方法由眼睛观察直方图的分布，选择一个分割效果较佳的灰度值作为阈值，由于人工选择阈值方法简单，在实际中有广泛的应用。

(1)全局阈值化。采用阈值确定边界的最简单做法是在整个图像中将灰度阈值的值设置为常数。如果背景的灰度值在整个图像中可合理地看作恒定，而且所有物体与背景都具有几乎相同的对比度，那么，只要选择了正确的阈值，使用一个固定的全局阈值一般会有较好的效果。

(2)自适应阈值。在多数情况下，背景的灰度值并不是常数，物体和背景的对比度在图像中也有变化。这时，一个在图像中某一区域效果良好的阈值在其他区域却可能效果很差。在这种情况下，把灰度阈值取成一个随图像中位置缓慢变化的函数值是适宜的。

(3)最佳阈值的选择。除非图像中的物体有陡峭的边缘，否则灰度阈值的取值对所抽取物体的边界定位和整体的尺寸有很大影响，这意味着后续的尺寸(特别是面积)的测量对于灰度阈值的选择很敏感。所以我们需要一个最佳的或至少是具有一致性的方法确定阈值。常用的最佳阈值分割方法包括直方图阈值法及自动确定阈值方法。直方图阈值法构造一个只包含具有较大的梯度幅值的像素的直方图，利用各灰度级像素的平均梯度值除像素的直方图来增强凹谷或利用高梯度像素的灰度平均值来确定阈值。自动确定阈值方法的基础是辨别分析，其特点是并不要求任何有关阈值的前期信息，首先计算图像的直方图，图像的像素可以根据阈值 T 分成背景和目标两类，背景区的像素由具有 $0\sim T$ 的像素组成，目标是指灰度值为 $T+1\sim255$ 区域，背景和目标的概率分布计算域内方差、域间方差、总方差，阈值 T 可根据下列不同的测量进行选择并确认，阈值确定以后，即可对图像进行分割处理。

2)基于梯度的图像分割方法

阈值分割法是利用阈值来实现分割，而边界方法是利用边界具有高梯度值的性质直接把边界找出来。这里介绍三种这样的方法。

(1) 边界跟踪。

假定从一个梯度幅值图像(图 4-5)着手进行处理，这个图像是从一幅处于和物体具有反差的背景中的单一物体的图像进行计算得来的。因为图像中梯度值最高的点必然在边界上，所以可以把这一点作为边界跟踪过程的起始点。

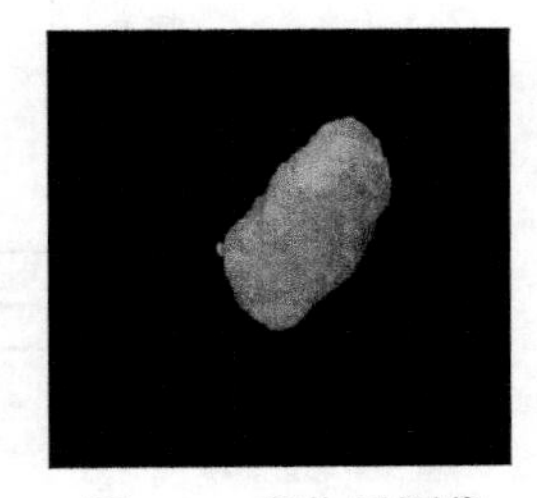

图 4-5　膨化果图像

接着，搜索以边界起始点为中心的 3×3 邻域，找出具有最大灰度级的邻域点作为第 2 个边界点。如果有 2 个邻域点具有相同的最大灰度级，就任选一个。从这一点开始，我们起动了一个在给定当前和前一个边界点的条件下寻找下一个边界点的迭代过程。在以当前边界点为中心的 3×3 邻域内，考察前一个边界点位置相对的邻点和这个邻点两旁的 2 个点(图 4-6)。下一个边界点就是上述 3 点中具有最高灰度级的那个点。如果所有 3 个或 2 个相邻边界点具有同样的最高灰度级，那么就选择中间的那个点。如果 2 个非邻接点具有同样的最高灰度级，可以任选其一。

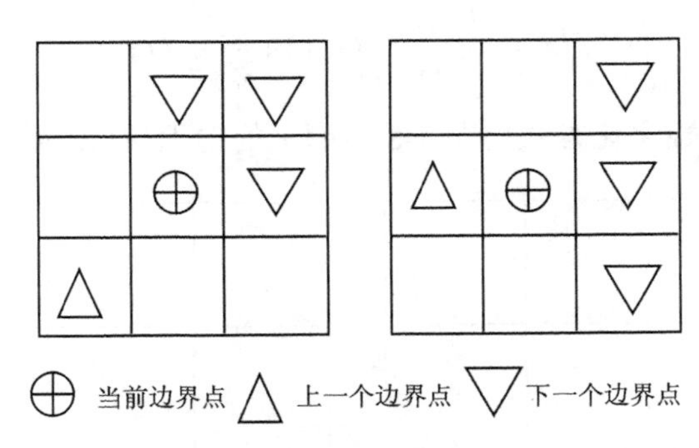

图 4-6　边界跟踪

在一个无噪声的单调点状物图像中，这个算法将描画出最大梯度边界。但是，即使少量的噪声也可能使跟踪暂时或永远偏离边界。噪声的影响可以通过跟踪前对梯度图像进行平滑的方法来降低。即使这样，边界跟踪也不能保证产生闭合的边界，并且算法也可能失控并走到图像边界外面。

(2) 梯度图像二值化。

如果用适中的阈值对一幅梯度图像进行二值化，那么，将发现物体和背景内部的点低于阈值，而大多数边缘点高于它(图 4-7)。Kirsch 的分割法利用了这种现象。这种技术首先用一个中偏低的灰度阈值对梯度图像进行二值化，从而检测出物体和背景，物体与背景被处于阈值之上的边界点带分开。阈值逐渐提高，引起物体和背景的同时增长，当物体和背景区域几乎接触而又不至于合并时，可用接触点来定义边界。这是分水岭算法在梯度图像中的应用。

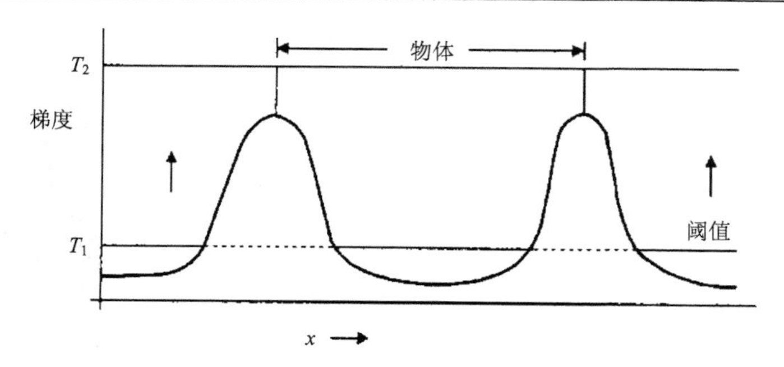

图 4-7　Kirsch 的分割法

虽然 Kirsch 的分割法比二值化的计算开销大，但它可以产生最大梯度边界，对包含多个物体的图像来说，在初始二值化步骤中分割正确的情况下，才能保证该分割的正确。预先对梯度图像进行平滑会产生较平滑的边界。

(3) 拉普拉斯边缘检测。

拉普拉斯算子是对二维函数进行运算的二阶导数标量算子。它定义为

$$\nabla^2 f(x,y)=\frac{\delta}{\delta x^2}f(x,y)+\frac{\delta}{\delta y^2}f(x,y) \tag{4-2}$$

它通常可以以数字化方式用图 4-8 中所示的卷积核(模板)之一来实现。

0	−1	0
−1	4	−1
0	−1	0

−1	−1	−1
−1	8	−1
−1	−1	−1

图 4-8　拉普拉斯卷积核

如果一个无噪声图像具有陡峭的边缘，可用拉普拉斯算子将它们找出来。对经拉普拉斯算子滤波后的图像用零灰度值进行二值化会产生闭合的、连通的轮廓，并消除了所有的内部点。由于是二阶微分算子，对噪声更加敏感，故对有噪声的图像，在运用拉普拉斯算子之前需要先进行滤波。选用低通滤波器进行预先平滑是很合适的。由卷积的结合律可以将拉普拉斯算子和高斯脉冲响应组合成一个单一的高斯拉普拉斯核：

$$-\nabla^2 \frac{1}{2\pi\sigma^2} e^{-\frac{x^2+y^2}{2\sigma^2}} = \frac{1}{\pi\sigma^4}\left(1-\frac{x^2+y^2}{2\sigma^2}\right) e^{-\frac{x^2+y^2}{2\sigma^2}} \tag{4-3}$$

这个脉冲响应对 x 和 y 是可分离的，因此可以有效地加以实现。

4. 二值数字图像的形态学分析

二值形态学就是用具有一定形状的结构元素去度量和提取图像中的对应形状以达到对图像分析和识别的目的。二值形态学具有一些优点，在边缘信息提取处理中，不像微分算法对噪声那样敏感，同时，提取的边缘也比较平滑，利用数学形态学方法提取的图像骨架也比较连续，并且断点较少。

1) 腐蚀和膨胀

腐蚀：删除图像边界元素，输出像素值是输入图像相应像素邻域内所有像素的最小值。

膨胀：给图像中的对象边界添加像素，输出像素值是输入图像相应像素邻域内所有像素的最大值。

2) 开操作和闭操作

腐蚀和膨胀不是互为逆运算，结合腐蚀和膨胀又产生了两种运算：开运算和闭运算。

开操作一般使对象的轮廓变得光滑，扩大端口狭窄的间断和消除细的突出物；闭操作同样使轮廓更光滑，但与开操作相反的是，它通常消除狭窄的间断、长细的鸿沟和小的孔洞，并填补轮廓线中的断裂。

开操作：先对图像作腐蚀运算，然后对腐蚀结果作膨胀运算，可以消除尺寸较小的细节。

闭操作：先对图像做膨胀运算，然后对膨胀结果作腐蚀运算，可以消除尺寸较小的细节。

4.3.2 数字图像的特征分析

图像的形状特征一般有两类表示方法：一类是轮廓特征，另一类是区域特征。图像的轮廓特征主要针对物体的外边界，而图像的区域特征则关系到整个形状区域。

1. 几种典型的形状特征描述方法

1) 边界特征法

通过对边界特征的描述来获取图像的形状参数。其中霍夫(Hough)变换，即利用图像全局特性而将边缘像素连接起来组成区域封闭边界，是最经典的一种方法。Hough 变换的基本思想是点-线的对偶性，边界方向直方图法首先微分图像求得图像边缘，然后，做出关于边缘大小和方向的直方图，通常的方法是构造图像灰度梯度方向矩阵。

2）傅里叶形状描述符法

傅里叶形状描述符（Fourier shape descriptors）基本思想是用物体边界的傅里叶变换作为形状描述，利用区域边界的封闭性和周期性，将二维问题转化为一维问题。由边界点导出三种形状表达，分别是曲率函数、质心距离、复坐标函数。

3）几何参数法

形状的表达和匹配采用更为简单的区域特征描述方法，例如采用有关形状定量测度（如矩、面积、周长等）的形状参数法（shape factor）。在基于图像内容的查询（query by image content, QBIC）系统中，便是利用圆度、偏心率、主轴方向和代数不变矩等几何参数，进行基于形状特征的图像检索。

4）形状不变矩法

利用目标所占区域的矩形作为形状描述参数。

5）其他

有限元法（finite element method，FEM）、旋转函数（rotation function）和小波描述符（wavelet descriptor）等方法。

需要说明的是，形状参数的提取，必须以图像处理以及图像分割为前提，图像分割的效果对提取参数的准确性影响很大。事实上，只是提取物体的形状并不是图像处理的难点，难点在于该如何使用这些特征。

2. 常用的形状参数

1）矩形度

反映一个物体矩形度的参数是矩形拟合因子：

$$R = \frac{A_{\mathrm{O}}}{A_{\mathrm{R}}} \tag{4-4}$$

式中，A_{O} 为该物体的面积；A_{R} 为其最小外接矩形（minimum bounding rectangle, MBR）的面积。

R 反映了一个物体对其 MBR 的充满程度。对于矩形物体，R 取最大值 1.0；对于圆形物体，R 取值为 $\pi/4$；对于纤细弯曲的物体，取值变小。矩形拟合因子的取值限定在 0～1。

另一个与形状有关的特征长宽比，即

$$A = \frac{W}{L} \tag{4-5}$$

它等于 MBR 的宽与长的比值。这个特征可以把较纤细的物体与方形或圆形物体区分开。

2)圆形度

圆形度是图像处理中相当重要的概念，用于特征的提取与描述。它在对圆形形状计算时取最小值。它们的幅度值反映了被测量边界的复杂程度。最常用的圆形度指标是

$$C = \frac{P^2}{A} \tag{4-6}$$

式中，P 为周长；A 为面积。这个特征对圆形形状取最小值 4π，越复杂的形状取值越大。圆形度指标 C 与边界复杂性概念有一定的联系。

3)矩

函数的矩(moment)在概率理论中经常使用，几个从矩导出的期望值同样适用于形状分析。定义具有两个变量的有界函数 $f(x,y)$ 的矩集被定义为

$$M_{jk} = \int_0^\infty \int_0^\infty x^j y^k f(x,y) \mathrm{d}x\mathrm{d}y$$

式中，j 和 k 可取所有的非负整数值，它们产生一个矩的无限集，而且，这个集合完全可以确定函数 $f(x,y)$ 本身。换句话说，集合 $\{M_{jk}\}$ 对函数 $f(x,y)$ 是唯一的，也只有 $f(x,y)$ 才具有该特定的矩集。为了描述形状，假设 $f(x,y)$ 在物体内取 1 而在其他情况均取 0。这种剪影函数只反映了物体的形状而忽略了其内部的灰度级细节。每个特定的形状具有一个特定的轮廓和一个特定的矩集。

4.3.3　图像纹理的特征分析

纹理也是图像的一种重要的全局属性，描述了图像对应物体的表面性质。一般来说，纹理在图像表现为灰度和颜色分布的某种规律性，纹理大致可分为两大类：一类是规则纹理，另一类是准规则纹理。即便是准规则纹理，从整体上也能显露出一定的统计特性。

1. 纹理粗糙性分析法

纹理常用它的粗糙性来描述。粗糙性的大小与局部结构的空间重复周期有关，周期长的纹理粗，周期短的纹理细。这种感觉上的粗糙与否不足以作为定量的纹理测度，但至少可以用来说明纹理测度变化的倾向。即小数值的纹理测度表示细纹理，大数值测度表示粗纹理。

用空间自相关函数作为纹理测度的方法如下。

设图像为 $f(m,n)$，自相关函数可定义为

$$C(\varepsilon,\eta,j,k)=\frac{\sum_{m=j-\varpi}^{j+\varpi}\sum_{n=k-\varpi}^{k+\varpi}f(m,n)f(m-\varepsilon,n-\eta)}{\sum_{m=j-\varpi}^{j+\varpi}\sum_{n=k-\varpi}^{k+\varpi}[f(m,n)]^2} \tag{4-7}$$

它是对$(2\varpi+1)\times(2\varpi+1)$窗口内的每一像点$(j,\ k)$与偏离值为$\varepsilon,\ \eta=0,\ \pm1,\ \pm2,\ \cdots,\ \pm T$的像素之间的相关值作计算。一般粗纹理区对给定偏离$(\varepsilon,\ \eta)$时的相关性要比细纹理区高，因而纹理粗糙性应与自相关函数的扩展成正比。自相关函数的扩展的一种测度是二阶矩，即

$$T(j,k)=\sum_{\varepsilon=-T}^{j}\sum_{\eta=-T}^{k}\varepsilon^2\eta^2C(\varepsilon,\eta,j,k) \tag{4-8}$$

纹理粗糙性越大，则 T 就越大，因此，可以方便地用 T 作为度量粗糙性的一种参数。

2. 傅里叶功率谱法

计算纹理要选择窗口，仅一个点是无纹理可言的，所以纹理是二维的。设纹理图像为$f(x,y)$，其傅里叶变换可由下式表示：

$$F(u,v)=\int_{-\infty}^{+\infty}\int_{-\infty}^{+\infty}f(x,y)\exp\{-\mathrm{j}2\pi(ux+vy)\}\mathrm{d}x\mathrm{d}y \tag{4-9}$$

二维傅里叶变换的功率谱的定义如下所示：

$$|F|^2=FF^* \tag{4-10}$$

式中，F^*为F的共轭。

功率谱$|F|^2$反映了整个图像的性质。如果把傅里叶变换用极坐标形式表示，则有$F(r,\theta)$的形式。如图 4-9 所示，考虑到距原点为r的圆上的能量为

$$\Phi_r=\int_0^{2\pi}[F(r,\theta)]^2\mathrm{d}\theta \tag{4-11}$$

可得到能量随半径r的变化曲线如图 4-10 所示。对实际纹理图像的研究表明，在纹理较粗的情况下，能量多集中在离原点近的范围内，如图 4-10 中曲线A那样；而在纹理较细的情况下，能量分散在离原点较远的范围内，如图 4-10 中曲线B所示。由此可总结出如下分析规律：如果r较小、Φ_r很大，或r很大，Φ_r反而较小，则说明纹理是粗糙的；反之，如果r变化对Φ_r的影响不是很大，则说明纹理是比较细的。

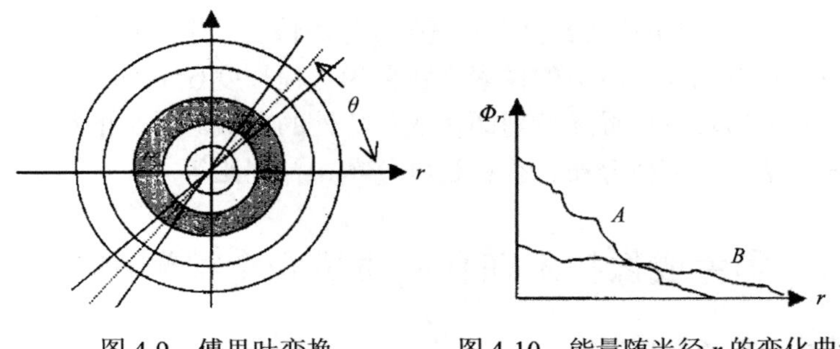

图 4-9 傅里叶变换 图 4-10 能量随半径 r 的变化曲线

另外，当某一纹理图像沿 θ 方向的线、边缘等大量存在时，则在频率域内沿 $\theta+\dfrac{\pi}{2}$，即与 θ 方向成直角的方向上能量集中出现。如果纹理不表现出方向性，则功率谱也不呈现方向性。因此，$|F|^2$ 值可以反映纹理的方向性。

3. 联合概率矩阵法

联合概率矩阵法是对图像所有像素进行统计调查，以便描述其灰度分布的一种方法。取图像中任意一点 (x, y) 及偏离它的另一点 $(x+a, y+b)$，设该点对的灰度值为 (g_1, g_2)。

令点 (x, y) 在整个画面上移动，则会得到各种 (g_1, g_2) 值，设灰度值的级数为 k，则 g_1 与 g_2 的组合共有 k^2 种。对于整个画面，统计出每一种 (g_1, g_2) 值出现的次数，然后排列成一个方阵，再用 (g_1, g_2) 出现的总次数将它们归一化为出现的概率 $P(g_1, g_2)$，称这样的方阵为联合概率矩阵。

4. 灰度差分统计法

设 (x, y) 为图像中的一点，该点与和它只有微小距离的点 $(x+\Delta x, y+\Delta y)$ 的灰度差值为

$$g_{\Delta}(x,y)=g(x,y)-g(x+\Delta x,y+\Delta y) \tag{4-12}$$

式中，g_{Δ} 称为灰度差分。设灰度差分值的所有可能取值共有 m 级，令点 (x, y) 在整个画面上移动，计出 $g_{\Delta}(x,y)$ 取各个数值的次数，由此可以作出 $g_{\Delta}(x,y)$ 的直方图。由直方图可以知道 $g_{\Delta}(x,y)$ 取值的概率 $P_{\Delta}(i)$。

当取较小 i 值的概率 $P_{\Delta}(i)$ 较大时，说明纹理较粗糙；概率较小时，说明纹理较细。一般采用对比度、二阶矩、熵、平均值等参数来描述纹理图像的特性。

5. 行程长度统计法

设点 (x, y) 的灰度值为 g，与其相邻的点的灰度值可能也为 g。统计出从任一

点出发沿 θ 方向上连续 n 个点都具有灰度值 g 这种情况发生的概率，记为 $P(g, n)$。在某一方向上具有相同灰度值的像素个数称为行程长度(run length)。由 $P(g, n)$ 可以引出一些能够较好地描述纹理图像变化特性的参数。常用的行程长度统计法有长行程加重法、灰度值分布、行程长度分布、行程比等。

4.4　彩色成像技术在食品质量安全检测中的应用

4.4.1　在农产品中的应用

1. 在茶叶品种识别中的应用

色泽和形状等外部品质特征是茶叶分类的重要指标。茶叶的外部品质特征在彩色图像中可较显著地呈现出。根据分析采集茶叶图像的外部特征，识别不同品种的茶叶[11]。

试验所用的材料分别为碧螺春、屯炒青、毛峰、雀舌和茅山长青 5 种中国绿茶，每种各取 24 个样本。试验中，利用电子天平每次称取(20±0.5) g 的茶叶作为一个样本，将其均匀地平铺在规格为 ϕ10cm×1cm 的培养皿中，然后对各个茶叶样本进行图像采集。采集后的原始数据是以 RGB 格式存储，图 4-11 为 5 种不同类别茶叶的原始图像。

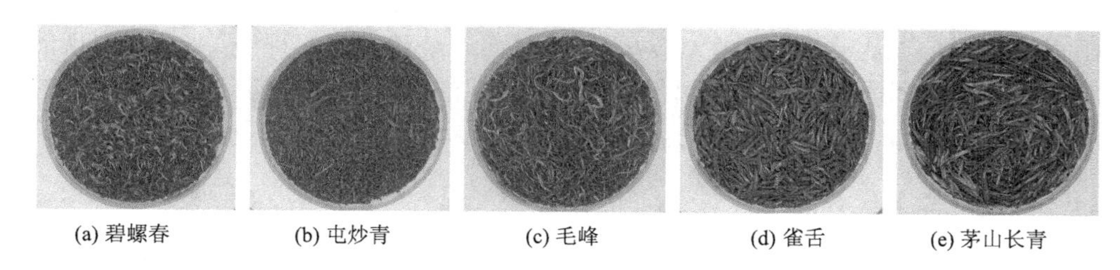

(a) 碧螺春　(b) 屯炒青　(c) 毛峰　(d) 雀舌　(e) 茅山长青

图 4-11　5 种不同类别茶叶的原始图像

在特征提取前，必须要对采集得到的图像进行适当的预处理，首先找到原始图像中心像素点的位置，然后以该点为中心点，截取其周围 400×400 的邻域作为目标图像区域，经过预处理后得到的图像如图 4-12 所示。

茶叶的颜色是一个整体的概念，包括茶叶的基本色调、光泽、饱和度、均匀性等多项特征，茶叶的种类不同，其颜色特征参数也会有较大的变化。利用单一颜色空间中提取的颜色特征往往不能很好地表征茶叶信息，因此，采用 HSI 和 RGB 两个颜色空间提取用于识别茶叶的颜色特征变量。

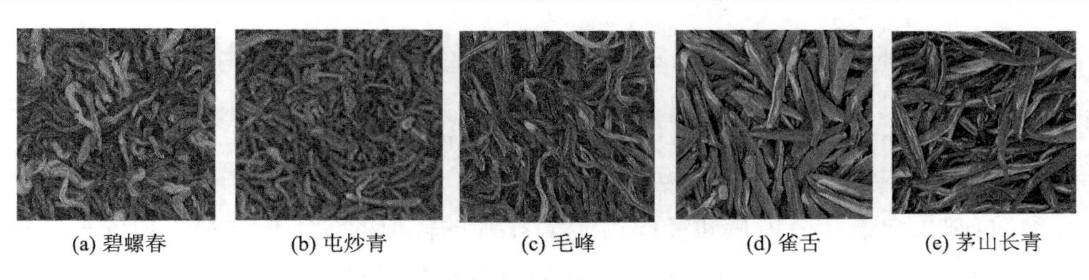

图 4-12　预处理后的图像

一幅彩色的 RGB 图像就是一个 M×N×3 的三维数组，其中每一个像素点都是与特定空间位置相对应的 R、G、B 三个分量，因此它可以理解为由 R、G、B 这 3 幅灰度图像形成的立方体。HSI 系统直接采用彩色特征意义上的亮度、色调、饱和度 3 个参数来描述颜色，比较符合人的肉眼对颜色的描述习惯。其中，亮度(I)是指光照的强度；色调(H)是用来描述颜色的特征；饱和度(S)是用来描述某种彩色的纯洁度。从预处理后的每一幅茶叶图像中提取红体均值($\overline{R}$)、绿体均值($\overline{G}$)、蓝体均值($\overline{B}$)、色调均值($\overline{H}$)、亮度均值($\overline{I}$)和饱和度均值($\overline{S}$)以及各自的方差δ_R、δ_G、δ_B、δ_H、δ_I和δ_S的值共 12 个颜色特征变量。由于这 12 个变量具有不同的量纲和数量级，为了使这些变量具有可比性，应将参与分析的所有样本数据进行标准化处理[12]。

茶叶的外部特征既包括色泽特征，又包括形状特征，在大多情况下，如果仅仅利用茶叶的颜色特征往往很难将它们识别出来。因此，在利用彩色成像技术识别茶叶时，引入茶叶的另外一个外部特征——形状特征，以提高识别精度。

通常情况下，茶叶外形的人工评判并不是针对某片茶叶，而是将茶叶平铺，从整体上对茶叶的外部形状做出评判。尽管单片茶叶的形状是随机的，规律并不明显。但是，将一种茶叶平铺后，这种茶叶特有的“花纹”图案通过肉眼立即可辨。因此，利用可见光成像技术评判茶叶的外部形状品质特征，也模仿人工评判方式，提取平铺茶叶的整体图像的纹理特征作为评判依据。描述图像的纹理特征的方法很多，根据茶叶图像的特点，采用基于灰度统计矩和频谱度量的方法来计算平铺茶叶图像的纹理。基于统计矩的纹理特征分析是以灰度直方图的统计属性为基础的，可以采用统计分析的方法得到。纹理的频谱度量是基于傅里叶变换频谱的，适用于描述图像中的周期或近似周期二维模式的方向性，这些在频域中容易识别到全局纹理模式，而在空间域中则很难检测到，傅里叶功率谱 $P(u,v)$ 的数值大小反映了不同频率成分的强度，利用功率谱 $P(u,v)$ 随着空间频率变化的强度分布规律可在一定程度上描述图像的纹理。为了更有效地反映图像上纹理的粗细程度和它的方向性，常常将傅里叶功率谱转换成极坐标形式 $H(\rho,\theta)$，其中 $\rho=\sqrt{u^2+v^2}, \theta=\arctan(v/u)$，($\theta$表示角度：0～180°)。然后求出功率谱的圆周向谱能量和径向谱能量，并将它们作为傅里叶特征，以描述图像纹理的粗细和方向性。

试验从 120 个茶叶样本中分别提取 6 个统计矩的纹理特征参数(平均灰度级 m 、标准方差 δ 、平滑度 R 、三阶矩 μ_3、一致性 U 和熵 e)和 6 个频谱特性的纹理特征参数(圆周向谱 $t(\rho)$ 能量和径向谱能量 $s(\theta)$ 的幅值的最大值与最小值的差、均值与方差)，由于这 12 个变量具有不同的量纲和数量级，为了使这些变量具有可比性，将参与分析的所有样本数据进行标准化处理，进行下一步分析。

由于所提取的颜色特征变量和纹理特征变量之间存在一定相关性，造成一定量的信息冗余。在建立模型中，这些冗余信息的介入会使模型的预测性能降低。主成分分析是把多个指标转化为几个综合指标的一种统计方法，它沿着协方差最大方向由多维光谱数据空间向低维数据空间投影，各主成分向量之间相互正交。通过选择合理的主成分既可以避免建模中的信息冗余，又不会过多地丢失原始特征信息，同时在分析数据中也达到简化的目的。因此，有必要对这些特征变量进行主成分分析，提取主成分得分向量作为模式识别模型的输入。利用线性判别分析方法对茶叶图像中提取的颜色特征和纹理特征建立茶叶分类的识别模型。为检测所建立模型的判别能力，通常用另外一组已知类别的样本组成预测集来预测模型的稳定性。选取 60 个样本作为训练集，每个等级各 12 个样本；剩余的 60 个样本作为预测集，每个等级也各含 12 个样本。

由于主成分数对模型的训练和预测的结果都有一定的影响，因此，有必要对主成分因子数进行优化，选择最佳的主成分因子数来建立模型。图 4-13 表示在不同主成分因子数下，LDA 模型训练和预测的结果。从图中可以看出，在训练集中，当主成分因子数为 11 时，识别率达到 100%；在预测集中，当主成分因子数达到 8 时，识别率达到最大，为 98.33%，随后基本保持不变。

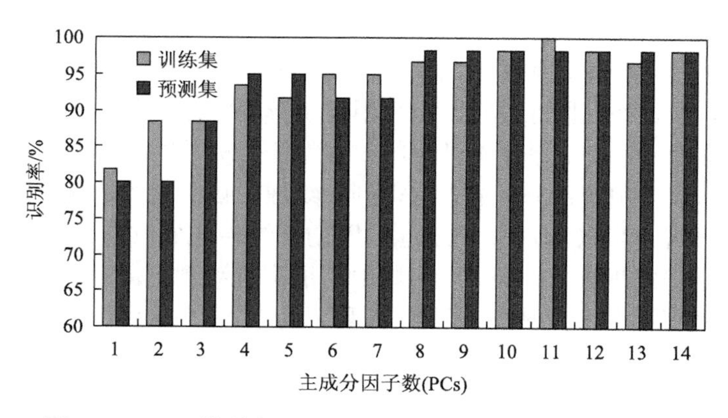

图 4-13　LDA 模型在不同主成分因子数下训练和预测的结果

2. 在果蔬外观品质检测中的应用

大小、形状、颜色和表面缺陷是苹果外观的主要指标，可见光成像技术是目前国内外普遍采用的快速、无损检测苹果外观的技术。在信息获取过程中，采用一个摄像头通常都难以全面检测到苹果图像外观信息，造成信息遗漏。针对单个摄像头检测图像信息的局限性，提出了一种基于三摄像系统的苹果外观检测方法[13]。

三摄像苹果外观检测系统由输送线、照明室和三摄像图像采集处理系统 3 个部分组成。输送线采用链传动的方式，链上嵌有滚轮，苹果随着水平输送的生产线滚动前行，当苹果通过照明室时触发图像采集处理系统，拍摄并处理苹果图像。图像采集处理系统包括 3 个相互独立的摄像头，每个摄像头与苹果的距离是 58cm，呈 60°分布，3 台计算机组成一个小型的局域网，能够实时地交换数据。由于设置摄像头的视野为 3 个滚轮距离，摄像头能够一次抓拍到 3 个苹果，而同 1 个苹果能够在 3 个连续的位置被抓拍 3 次。即 1 个摄像头可得到每个苹果的 3 幅图像，3 个摄像头便能够得到该苹果的 9 幅图像[14]。

1) 苹果缺陷的判别

苹果缺陷是指由于碰压伤、枝叶磨伤、水锈、药害、日烧、裂纹、雹伤、病虫等原因在其表面形成一定范围的暗色区域，是外观检测的一个重要指标。对苹果图像进行边缘检测：利用边缘检测算子对苹果图像作卷积运算，设定一个阈值，当卷积后图像像素值大于该阈值，则为边缘点，其像素 R、G、B 值都被赋值为 0；否则为非边缘点，其像素 R、G、B 值都被赋值为 255。阈值是经反复试验、根据边缘检测的实际效果来确定的，所设置的阈值能使得可疑区的边缘尽量被保存下来，同时又使得一些噪声信号尽可能地被去除。表 4-1 为几种边缘检测算子的检测效果对比。Sobel 算子从算法的精度和速度上来说，在苹果边缘检测中优于其他算子，故采用 Sobel 算子作为苹果的缺陷特征提取方法。

表 4-1　不同微分算子的检测效果

边缘检测算子	检测前的原始图像	检测后的结果图像
Roberts 算子	检测前的缺陷 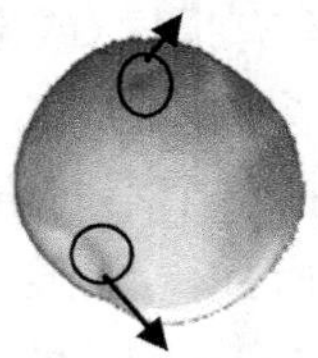 检测前的果梗	检测后的缺陷 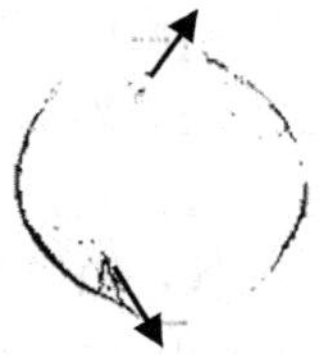 检测后的果梗

续表

边缘检测算子	检测前的原始图像	检测后的结果图像
Laplace 算子	检测前的缺陷 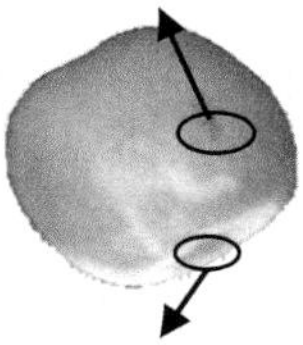 检测前的果梗	检测后的缺陷 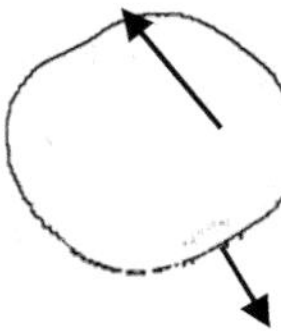 检测后的果梗
Sobel 算子	检测前的果梗 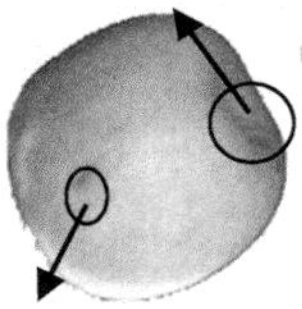 检测前的缺陷	检测后的果梗 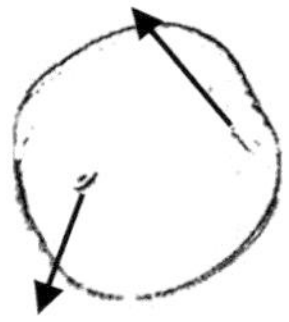 检测后的缺陷
Canny 算子	检测前的缺陷 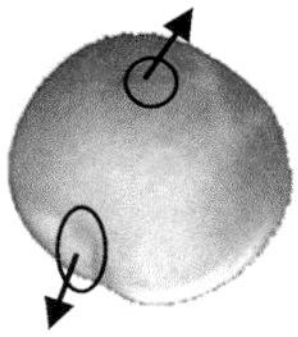 检测前的果梗	检测后的缺陷 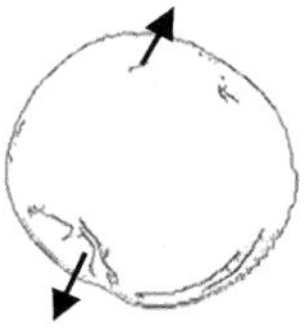 检测后的果梗

在苹果缺陷的快速识别过程中，发现苹果表面的缺陷区和果梗或果萼难以区分，其主要原因是缺陷和果梗或果萼具有非常大的相似性，二者在图像上都呈现为暗黑色的斑点。目前在理论上探讨的识别方法算法复杂、速度较慢，很难达到在线检测的要求。通过大量的观察与试验，有两点发现：第一，苹果的果梗和果萼不可能被某个摄像系统同时抓拍到，即果梗和果萼不可能出现在同一幅图像中。基于这样一个事实，假如一幅苹果图像经过上述缺陷分割、滤噪和精确标记定位后，其可疑区域数大于或等于 2[其中可能有 1 个区域是果梗(或果萼)，那么另外 1 个或几个区域必然是缺陷；若其中没有果梗(或果萼)，则这 2 个或 2 个以上的区域必定都是缺陷]，便可以断定该苹果存在缺陷。第二，检测时苹果在输送线上一边前行一边自转，在 3 个不同位置被 3 个不同角度的摄像系统拍摄，可得到苹果的 9 幅图像，如果该苹果有缺陷，在这 9 幅图像中，必然有缺陷和果梗(或缺陷和果萼)同时出现的图像(往往还不止 1 幅)。因此，得出结论：某个苹果的 9 幅图像中只要有 1 幅图像出现 2 个或 2 个以上可疑区，即判断该苹果有缺陷，其余被抓拍的该苹果图像无须再进行缺陷的判断。本方法另辟蹊径，其优势十分明显，

即把复杂的缺陷识别问题转化为简单的可疑区的计数问题，精度得到了完全的保证，速度得到了极大的提高，适合在线检测。

2) 胡萝卜缺陷的判别

胡萝卜在生长、收获和运输过程中，不可避免地会产生表面缺陷。在胡萝卜上市之前，必须去除有缺陷的胡萝卜。目前，缺陷胡萝卜主要依靠人工分拣，存在分拣标准不稳定、劳动强度高、成本高等缺点。为了快速、准确、无损地检测缺陷胡萝卜，将计算机视觉引入胡萝卜分选过程，以提高分选精度和效率。胡萝卜的表面缺陷包括生头、弯曲、断裂、分叉和开裂等。

图像预处理提取胡萝卜区域图像并删除其他无关区域。首先，根据胡萝卜的灰度图像从背景中分割胡萝卜(图 4-14)。将二值图像作为掩模，对原始图像进行形态学处理和运算，得到去除背景的彩色胡萝卜图像[15]。

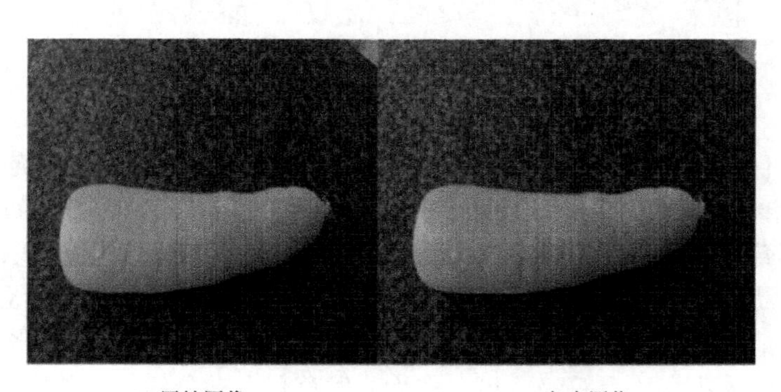

(a) 原始图像　(b) 灰度图像

图 4-14　图像预处理

利用正常胡萝卜区域和裂纹胡萝卜区域之间的纹理差异实现裂纹检测。采用 Sobel 算子和 Canny 算子结合形态学运算提取裂纹区域。结果表明，94.91%的缺陷被正确识别。

3. 在果实成熟度评价中的应用

1) 草莓成熟度评价

草莓的外观与其品质密切相关。根据彩色成像技术获取的草莓图像对草莓进行分级，具有计算简单、实时性高的优点。根据草莓的外观特征，对草莓样本进行图像处理包括去噪、灰度变换、二值化、边缘检测和特征提取，可实现对其进行在线成熟度分级。图 4-15 显示了通过中值滤波处理的草莓，并且几乎去除了图像背景噪声。

灰度草莓图像像素值主要集中在 29～120，对比度不明显。对灰度增强后的草莓图像，采用大津算法自动获取阈值。Sobel 算子、Prewitt 算子、Canny 算子、Roberts 算子和 Log 算子用于草莓图像的边缘检测和对比分析[16-18]。经过图像处理，可以检测出草莓的大小。

(a) 草莓原始图像

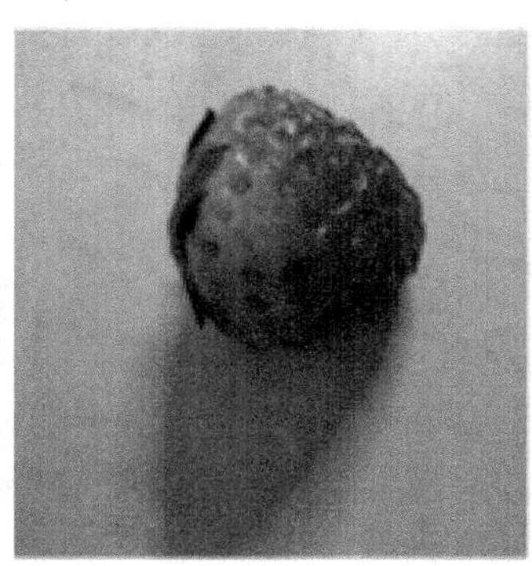

(b) 中值滤波后

扫描二维码获取彩图

图 4-15　草莓图像处理

草莓图像的颜色特征是一个重要的视觉特性，可以用来识别草莓的成熟度。HSV 模型能够反映人类的视觉色彩特征。利用 RGB 模型转换成草莓图像的 HSV 模型提取草莓图像的颜色特征。结果表明，利用白色作为草莓图像可以对草莓进行分割。中值滤波算法可以去除草莓图像采集过程中的椒盐噪声。5 种经典的边缘检测方法都能清晰、连续地分割草莓的轮廓。利用草莓果实的面积、周长和颜色特征来评估草莓的大小和质量等级，可以作为开发草莓自动分级设备的重要依据[19]。

2) 芒果成熟度鉴定

传统的芒果分级方法主要依靠人工观察和化学分析，不适应行业发展。辛华健[20]设计了一种基于计算机视觉的芒果成熟度检测方法。

在获得芒果图像后，采用维纳滤波方法去除噪声。然后，使用图像操作获得轮廓。预处理后的图像背景为黑色，芒果与背景的区别明显，果实轮廓清晰。芒果表面呈现多种颜色，因此使用 HSL 和 RGB 模型来表示芒果的颜色。基于自适应 Canny 算法对芒果图像进行边缘检测。自适应 Canny 算法将向量最大值出现在特定方向的点定义为图像的边缘，并引入信息熵以适应 Canny 算子的高阈值和低阈值之比。利用 RGB 模型中图像 R 分量的中值滤波，通过大津算法计算分割阈值。从单个水果的图像区域中提取红色部分，并计算水果的面积，如图 4-16(a)所示。芒果的表面缺陷是由病害和碰撞造成的黑色损伤。因此，通过在 HSL 颜色空间中设置 L 分量的阈值，可以提取表面缺陷的黑色区域。可以计算单果图像中表面缺陷的面积比，如图 4-16(b)所示。实验结果表明，计算机视觉对芒果品质分级的准确率达到 93%以上。

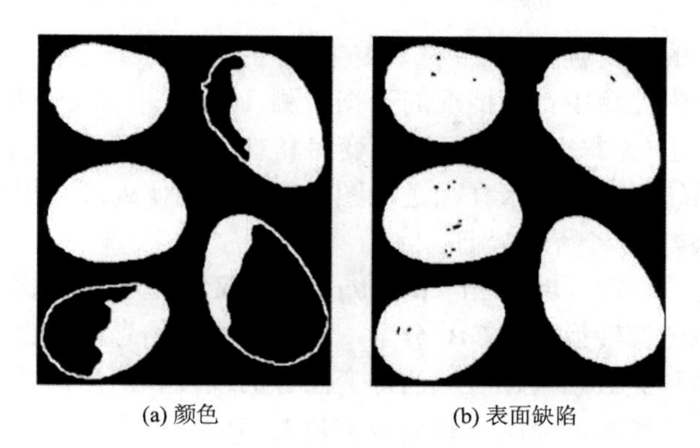

(a) 颜色　(b) 表面缺陷

图 4-16　外观特征提取

4. 在谷物中的应用

1) 大米品种的鉴定

目前，所有的大米品种都是人工分级，工作量很大，检测结果主观性很强，不一致。检测人员主要用肉眼观察检测米粒形状。虽然这种检测方法简单、成本低，但主观性较强，效率较低。Wan 等[21]提出了利用成像技术进行大米形状识别。通过图像处理方法提取米粒形状特征参数，用 PCA 分析提取的米粒形状特征值，然后用神经网络识别不同品质的米粒。

使用图像技术进行大米品种的鉴定，实验中使用的大米是产自吉林省的梅河牌大米。样品分为两种：全粒米和碎米。图 4-17 显示了灰色图像，图像经过分割和过滤操作。BP 神经网络被用来构建分类器来识别大米的颗粒形状。该分类器具有良好的容错性和适应性，适用于处理复杂的分类特征。构建了一个 3 层的 BP 网络结构。选择 200 粒大米用于神经网络的训练和学习，包括 100 粒整米和 100 粒碎米。此外，另外 600 粒大米(300 粒全米和 300 粒碎米)作为测试样本，输入系统进行识别。结果表明，整粒米的识别准确率达到 98.67%，能够满足快速准确检测米粒形状的要求。

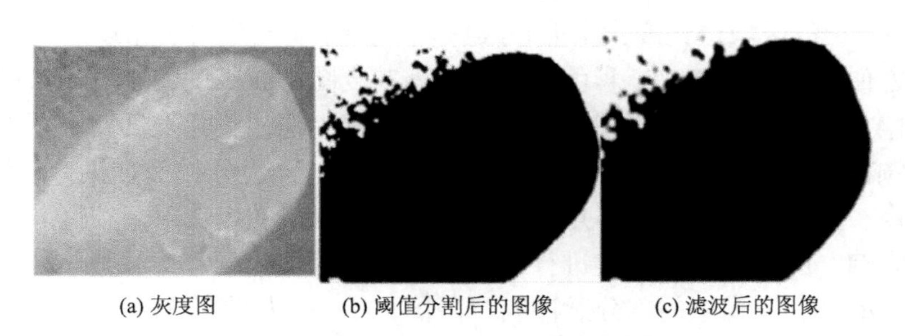

(a) 灰度图　(b) 阈值分割后的图像　(c) 滤波后的图像

图 4-17　从灰度图像中挑出米粒图像

2) 检测大米的霉变程度

为实现对大米储藏中霉变情况的无损检测，确定了不同霉变程度的大米种类，并将其分为对照组(无霉变组)、轻度霉变组和重度霉变组。潘磊庆和王振杰[22]利用计算机视觉系统对 3 组大米样品进行图像采集和图像处理，提取灰度、颜色和纹理特征，共获得 68 个图像特征。

首先，使用感兴趣区域(region of interest，ROI)来选择目标区域。然后，将得到的感兴趣区域图像转换为 RGB 分量，再提取亮度信息和颜色信息。利用灰度共生矩阵来描述和提取感兴趣区域的霉变图像的纹理和信息，并利用 SVM 来建立识别模型。结果显示，使用所有参数构建的 SVM 模型能够很好地区分对照组和霉变组。建模集和验证集的总体准确率分别为 99.7%和 98.4%。

4.4.2 在动物产品中的应用

1. 在禽蛋品质检测中的应用

禽蛋在生产、加工和销售过程中容易产生裂纹，微生物经常从裂纹处入侵，使鸡蛋新鲜度快速下降，腐败变质，导致经济损失。因此，为了便于鸡蛋的安全流通，需将裂纹鸡蛋检测剔除。鸡蛋的裂纹特征在其透射图像中可显现出，可通过可见光成像技术结合图像处理方法检测鸡蛋裂纹[23]。

试验材料为附近农场购买的当日新鲜柴鸡蛋，大小均匀，蛋形基本一致，蛋壳颜色接近褐色，经人工仔细检测无裂纹 88 个。试验前将鸡蛋清洗干净，然后通过物性仪(TA-XT2i，英国)进行准静态压缩造裂纹，从而产生 88 个裂纹鸡蛋。

将受测鸡蛋置于暗箱中的顶部，光源从卤素灯中发射出，采用 CCD 摄像头采集鸡蛋的透射图像，并进行相应的滤波去噪，A/D 转换，传输到计算机中进行处理。在图像采集过程中，为了得到清晰的鸡蛋图像，对 CCD 摄像机的光圈、焦距进行调节，并通过微调摄像机焦距，使得样本的图像能够被 CCD 摄像机清晰地捕获。采集的鸡蛋图像格式为 BMP、640×480 大小的 RGB 彩色图像[24]。

图 4-18(a)为采集到裂纹鸡蛋的原始透射图像，该图像通常背景黑暗，主体区域通红，裂纹区域透光度大于非裂纹区域，表现为一狭长的亮线或明亮的区域。为处理方便，将原始 RGB 彩色图像转化为灰度图，在灰度图中，裂纹区域较为明显[图 4-18(b)]，但在拍摄图像的过程中不可避免地在目标及其背景图像上会出现粉尘颗粒、镜头斑点，以及图像采集、量化、传输过程中产生多余的点和线，称为噪声，主要表现为孤立群点和孤立线。这些噪声的存在对裂纹区域的提取有较大的影响，因此有必要对其进行去除噪声的预处理。中值滤波是一种非线性滤波技术，能抑制图像中的部分脉冲噪声。图 4-18(c)为采用 3×3 矩形窗口进行中值滤波操作处理后的裂纹鸡蛋图像。再采用基于颜色的阈值分割法提取的鸡蛋目

标区域，取像素占总像素 0.02 的灰度级为阈值分割点，对相同灰度等级的像素数目进行统计，分割后裂纹及噪声区域为白色，背景为黑色[图 4-18(d)]。由于鸡蛋样本形状的影响，鸡蛋小头或大小两头部分，其灰度值较高，阈值分割后会产生大的噪声干扰区域，不能很好地提取出裂纹区域，因此采用形态学中的腐蚀对白色灰度区域进行连接[图 4-18(e)]。根据鸡蛋裂纹的形态和特征，选取合适的结构元素进行 Top-Hat 变换后[图 4-18(f)]，再经过阈值处理二值化[图 4-18(g)]，由图中可见，鸡蛋裂纹的基本线条形状被保留下来，但由于裂纹本身具有缝合性以及去噪处理的影响，裂纹线条出现许多断点，可以通过形态学膨胀连接，在此选用纵向性的结构元素进行处理[图 4-18(h)]，图中裂纹区域和噪声区域都有所增强，裂纹区域是线条形态，其长度比噪声区域大，因此可用区域的面积即区域像素个数代替区域长度识别并提取裂纹。采用 8 连通将所有区域标定出来后，计算出各个区域的面积，提取面积最大的区域，并分割出来，如图 4-18(i)所示。

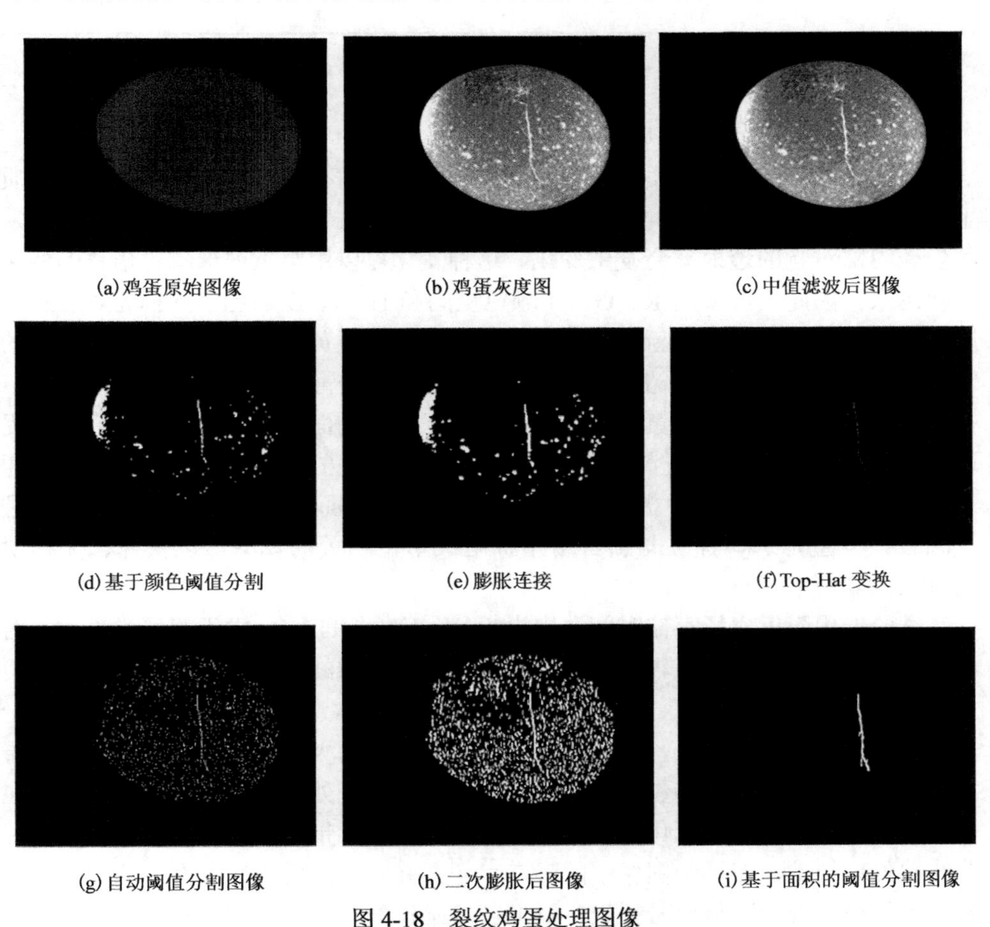

(a)鸡蛋原始图像　(b)鸡蛋灰度图　(c)中值滤波后图像

(d)基于颜色阈值分割　(e)膨胀连接　(f)Top-Hat 变换

(g)自动阈值分割图像　(h)二次膨胀后图像　(i)基于面积的阈值分割图像

图 4-18　裂纹鸡蛋处理图像

由于完好鸡蛋表面也存在一些斑点噪声，在蛋壳表面的图像形成部分白色区域。比较大部分完好和裂纹鸡蛋经上述图像处理后的面积区域，发现大部分裂纹鸡蛋提取的裂纹特征像素面积≥40，完好鸡蛋则反之。因此，选取 40 作为像素面积分界值来判别裂纹区域。

通过上述方法对 88 个完好鸡蛋和 88 个裂纹鸡蛋的判别结果如表 4-2 所示。88 个完好鸡蛋样本中，有 8 个被误判为裂纹蛋，88 个裂纹鸡蛋中有 20 个被误判为完好蛋，试验鸡蛋的总识别率为 84.1%。

表 4-2　鸡蛋裂纹的识别结果

鸡蛋类型	样本数量	识别结果		总识别率/%
		完好	裂纹	
完好	88	80	8	84.1
裂纹	88	20	68	

2. 在鸡蛋新鲜度检测中的应用

新鲜度是鸡蛋内部品质的重要标准，消费者通常把新鲜度下降作为鸡蛋品质下降的主要标志。鸡蛋新鲜度也随之逐步降低，首先表示为浓蛋白的不断稀释，其蛋壳内部对光的透射率会发生变化，这种变化可以用鸡蛋内部颜色信息的变化反映出来。因此，可采用 R、G、B 颜色空间和 H、I、S 颜色空间描述鸡蛋新鲜度的颜色信息变化。鸡蛋新鲜度的变化其次表示为蛋黄面积的扩大，鸡蛋新鲜的时候，蛋黄呈球状，随着储藏时间的延长，由于水分散失及蛋黄膜弹性的降低，在形态特征上，表现为蛋黄逐渐趋于平坦，水平方向面积逐渐增大。研究同时提取鸡蛋透射图像颜色、蛋黄面积变化以及密度三个方面的图像特征信息，再通过滤波去噪、区域填充，提取特征，并对这三个方面特征信息所提取的特征进行融合，变量筛选，建立与新鲜度指标哈夫单位相关的模型，以快速、无损检测鸡蛋的新鲜度。

试验选用附近农场存储时间分别为 1～14d 鸡蛋 112 个。由于鸡蛋蛋壳颜色对结果影响很大，选取颜色较为一致、形态比较均匀的红褐色养殖鸡蛋。鸡蛋的质量在 55～65g。

随着储藏时间的延长，鸡蛋的蛋黄面积会逐步增大，通过形态学特征统计蛋黄图像的面积，可描述鸡蛋新鲜度变化的信息。未经处理的原始鸡蛋图像，存在一定程度的噪声干扰。恶化了图像质量，给图像分析带来困难。中值滤波是一种非线性处理技术，能抑制图像中的噪声[25,26]。首先尝试采用长度为 3 的窗口对信号进行处理，若无明显信号损失，再把窗口延长到 5，对原图像作中值滤波。经过比较和分析，最终采用了 3×3 模板对图像进行中值滤波。

BP-ANN 模型训练集和预测集中，试验鸡蛋哈夫单位实测值和预测值的散点图如图 4-19 所示。鸡蛋的哈夫单位值训练集中训练集和预测集之间的 RMSECV 值为 2.26，相关系数为 0.708。在未知鸡蛋样本的新鲜度预测中，两者相关系数也可达 0.675，RMSEP 值为 2.425。

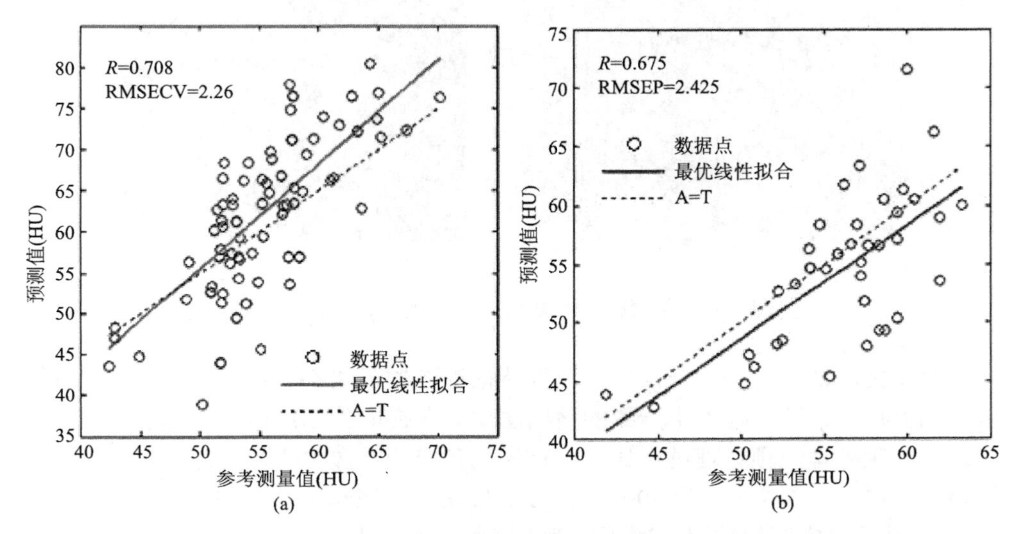

图 4-19　BP-ANN 模型中训练集(a)及预测集(b)鸡蛋哈夫单位实测值和预测值散点图

3. 在猪肉新鲜度检测中的应用

试验所用猪肉为取自当天屠宰的长白猪身上的里脊肉，购于超市肉制品专柜并在 30min 内运回实验室。然后在洁净工作台中分割成 90 块大小约为 4cm×4cm×2cm、质量约(40±0.5)g 的肉样。在试验中，为了得到不同新鲜程度的猪肉样本，将 90 个肉样均分成 5 组，每组 18 个，取其中 4 组分别在预先制备好的 *Bacillus fusiformis* J4，*Acinetobacter guillouiae* P3，*Pseudomonas koreensis* PS1 和 *Brochothrix thermosphacta* S5 菌悬液中浸润 10s 进行接种，取出放于贴好标签的无菌塑料袋中，剩余一组肉样不接种作为对照，所有测试肉样于 4℃冰箱保存。然后于第 1、3、5、7、9、11 天相同时段，每组各取 3 个肉样(共 15 个肉样/次)进行计算机视觉图像、近红外光谱和电子鼻数据采集及 TVB-N 含量测定。

同时对采集系统作适当的调整：用白板对相机做白色平衡，调整颜色相位差；调整镜头景深，使样本图像在监视器上占有较大面积；调整镜头焦距，使样本图像清晰；其他相机参数则以能反映猪肉真实图像为准[27]。在成像系统完成调试后，采集猪肉图像，将样本平铺在暗箱正中间，形成数字化图像后以 BMP 的格式保存。采集猪肉光谱信息的同时，进行猪肉图像采集。图 4-20(a)是某猪肉原始样本图像[27]。

(a)

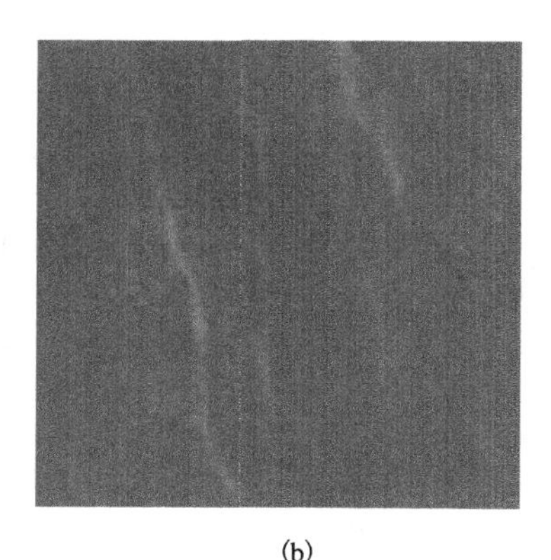

(b)

图 4-20　某猪肉原始图像(a)和预处理(b)后的图像

原始猪肉样本大小不一，导致图像特征提取的范围不一致。为了更好地提取猪肉图像特征，需选择大小一致的猪肉图像，在提取猪肉图像特征之前，对原始图像进行预处理，预处理过程如下：首先找到原始图像中心像素点的位置，然后以该点为原点，截取大小为 200 像素×200 像素的邻域作为感兴趣区域图像[28]。图 4-20(b)是某猪肉图像按照上述预处理步骤得出的结果。

观察猪肉变质过程中的外部特征发现，前 3 天肉样表面颜色略转为红色，纹理清晰；第 5 天颜色开始变暗，纹理也开始变得模糊；第 7 天肉样呈暗红色，表面软烂且黏液丰富，接种优势致腐菌的肉样已出现腐败；9 天后猪肉表面颜色已变为褐色或绿色，纹理已模糊不清。因此可以从肉样图像中提取颜色和纹理特征变量，间接地反映肉品新鲜度。利用计算机视觉系统获取各肉样 RGB 彩色图像后[图 4-21(a)]，由于各肉样大小不同，在图像特征提取前，需对各肉样图像进行剪裁，在肉样图像区域截取 200 像素×200 像素的区域作为目标图像[图 4-21(b)]进行特征值的提取，按照图像颜色特征值提取方法，从猪肉目标图像中提取红体均值($\overline{R}$)、绿体均值($\overline{G}$)和蓝体均值($\overline{B}$)以及它们的标准差δ_R、δ_G和δ_B 6 个颜色特征变量；接着，将图像从 RGB 模式转换为 HSI 颜色空间[图 4-21(c)]，并提取色调均值($\overline{H}$)、饱和度均值($\overline{S}$)和亮度均值($\overline{I}$)以及它们各自标准差δ_H、δ_S和δ_I 6 个颜色特征变量，共 12 个反映肉样颜色变化的特征变量。

为了获取反映猪肉变质过程纹理变化的特征信息，再将 RGB 目标图像转换为灰度图像[图 4-21(d)]，并利用图像统计矩方法从每幅灰度图像中提取平均灰度级(m)、标准差(δ)、平滑度(R)、三阶矩(μ_3)、一致性(U)和熵(e)6 个纹理特征参数。综合上述颜色和纹理特征，从每个肉样图像中提取了 18 个特征变量，由于这 18 个变量中多数都为不同量纲，为使这些变量具有可比性，对这些特征变量进行标准化处理。

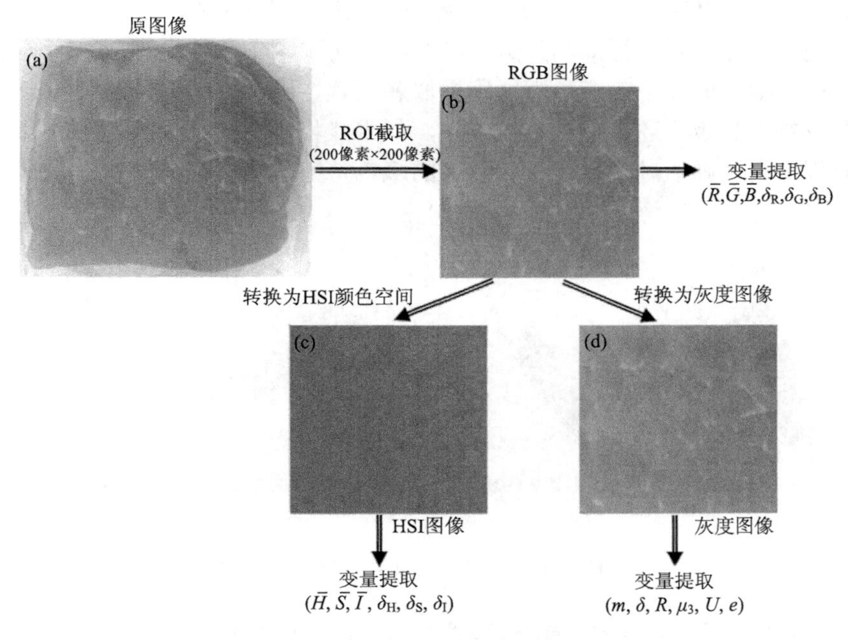

图 4-21　图像特征变量提取

该 18 个特征变量从不同方面描述肉样图像的颜色和纹理状态，它们之间以及与肉样 TVB-N 含量之间可能存在不同程度的相关性。为找出与肉样 TVB-N 含量高度相关的特征变量，剔除不相关或相关性较弱的冗余变量。研究对该 18 个特征变量与 TVB-N 含量之间进行 Pearson 相关性分析，多数特征变量之间存在显著相关性，而 $\bar{H}$, $\bar{S}$, $\bar{I}$, δ_H , δ_S , δ_I , m , δ , R , U 和 e 11 个特征变量与猪肉 TVB-N 含量显著相关，因此这 11 个特征值即作为猪肉图像提取的特征变量。结果还显示，基于 RGB 颜色的 $\bar{R}$, $\bar{G}$, $\bar{B}$, δ_R 、δ_G 和 δ_B 6 个特征变量与肉样 TVB-N 含量相关性较低，这表明肉样变质过程中 RGB 颜色值的变化不甚明显，难以有效地反映肉样的新鲜度。

4. 在牛肉生理成熟度检测中的应用

生理成熟度即牛的生理年龄，是牛胴体质量等级的一个重要指标，和牛胴体质量、牛肉嫩度、卫生等多项指标关系密切。牛胴体生理成熟度共分 5 级(A～E 级)，A 级和 B 级的胸椎骨棘突末端软骨呈白色透明状[图 4-22(a)，(b)]，C 级以上的软骨已逐渐骨质化[图 4-22(c),(d)]，白色透明状的软骨逐渐消失，当骨质化过程基本完成后，软骨与硬骨大体上融合在一起。生理成熟度由 A 到 E 的变化过程中，年龄小的硬骨呈现的颜色以暗红色为主，随着年龄的增加，硬骨红色慢慢消退，而逐渐转变为黄白色。专家评判生理成熟度首先锁定胸椎骨棘突中的有效部位——软骨和硬骨，接着对照标准图片给出其等级。所以，牛胴体生理成熟度等级判定通常也相应地分成以下三个步骤：①提取棘突软、硬骨；②提取棘突特征；③判定生理成熟度等级。通过上述分析可知，如果能将牛肉胸椎骨棘突的软骨和硬骨区域分割出来，则通过提取软骨和硬骨的颜色特征就能较好地识别出牛胴体生理成熟度[29]。

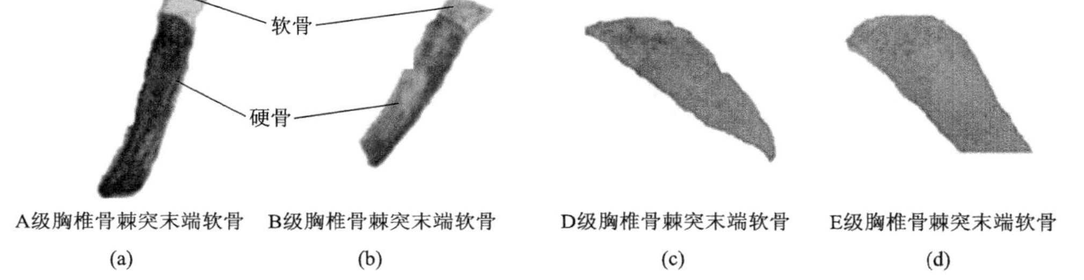

图 4-22　胸椎骨骨质化程度示意图

图像分割方法有很多种，颜色分割是一种计算过程相对简单的方法，很适合在线、实时检测使用。图像处理中常用的颜色系统有 RGB、HSI、CIE Lab、Ohta 等。

Ohta 系统可使各颜色之间有良好的分割结果，而且与 RGB 颜色系统变换简单，它在图像的颜色特征识别、边缘检测等方面都有很好的区分能力；同时也能提高图像处理的速度，防止非线性变换引起图像颜色的失真。因此本书选用 Ohta 颜色系统来分割牛胸椎骨图像中软骨和硬骨区域。

通过 Ohta 颜色系统来分割牛胸的骨骼图像后，尝试分割包含有软骨和小部分硬骨的小图像，并通过小图像的直方图分布来判定软骨骨质化情况，即能分割出软骨和硬骨。RGB 分量直方图矩特征是目前统计直方图分布特征的一种很好方法。直方图矩特征反映了直方图的外形轮廓特征，这种方法具有位移、比例及线性不变性。用直方图矩特征设计出的模式识别方法来对硬骨切割面不规则、骨骼大小不同以及对比度发生变化的牛胸骨图像判定骨质化情况应该有更好的判断准确性[30]。图 4-23～图 4-25 是生理成熟度分别为 A 级、C 级、E 级的典型图片直方图分布举例。从这些直方图分布来看，生理成熟度越低，则由于软骨颜色与硬骨颜色之间，以及软硬骨颜色与其他组织颜色之间都有较明显的差异，所以直方图的外形轮廓更复杂些；而生理成熟度越高，则胸椎骨颜色趋于一致，直方图的外形轮廓则会相对简单些。

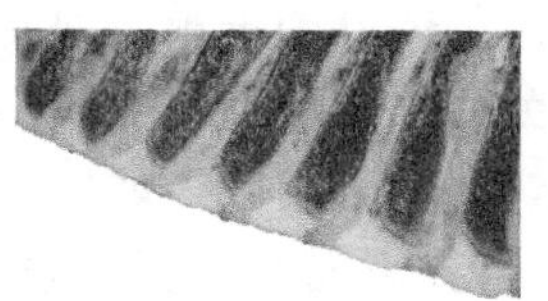

(a) 原图像

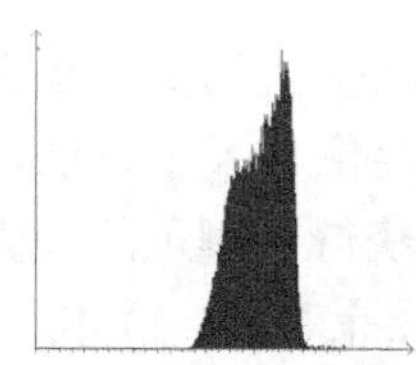
(b) R分量直方图分布

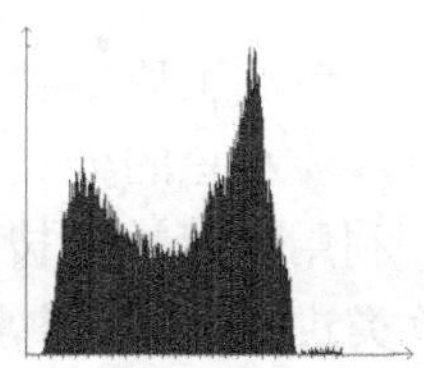
(c) G分量直方图分布

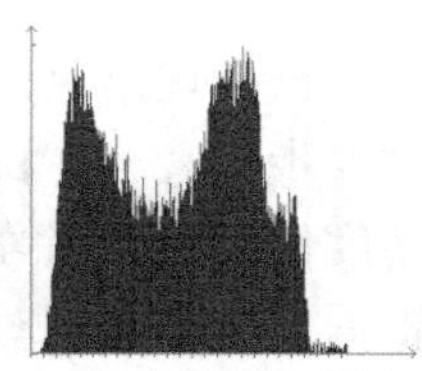
(d) B分量直方图分布

图 4-23　生理成熟度为 A 级牛肉图像(小图像)及其 R、G、B 分量的直方图分布

(a) 原图像

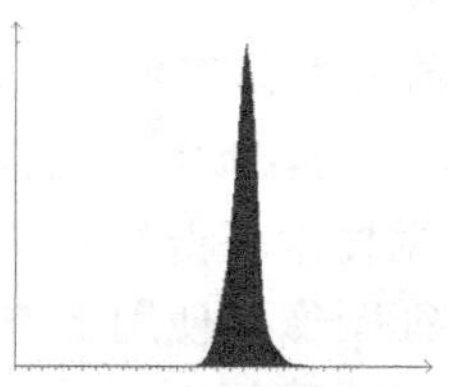
(b) R分量直方图分布

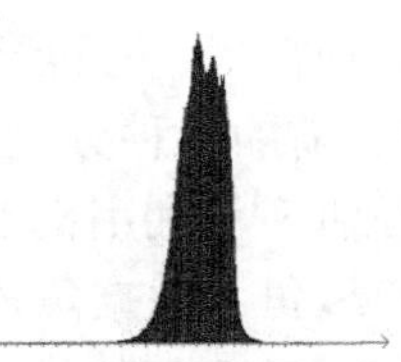
(c) G分量直方图分布

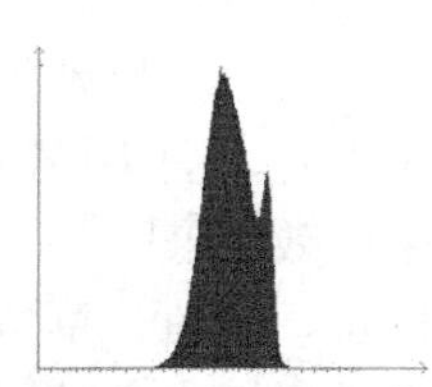
(d) B分量直方图分布

图 4-24　生理成熟度为 C 级牛肉图像(小图像)及其 R、G、B 分量的直方图分布

(a) 原图像

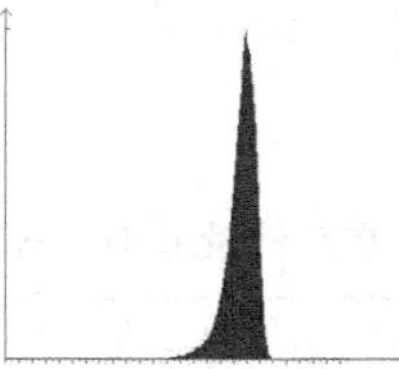
(b) R分量直方图分布

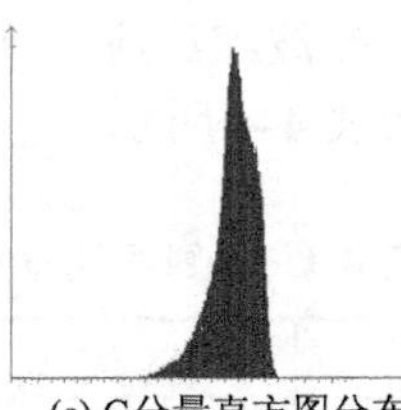
(c) G分量直方图分布

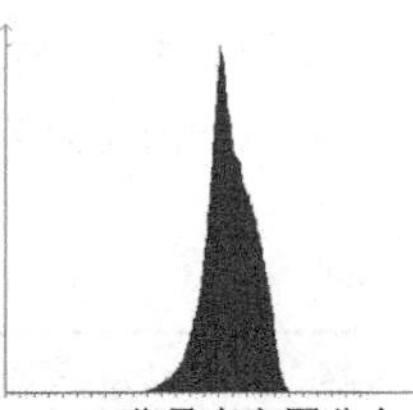
(d) B分量直方图分布

图 4-25　生理成熟度为 E 级牛肉图像(小图像)及其 R、G、B 分量的直方图分布

以 60 个样本的 f_{r1}、f_{r2}、f_{r3}、f_{g1}、f_{g2}、f_{g3}、f_{b1}、f_{b2}、f_{b3} 作为自变量，骨质化程度为因变量，采用支持向量机对牛肉样本进行识别，识别结果如表 4-3 所示，牛胴体生理成熟度的识别率达 91.7%。

表 4-3　测试样本训练结果

骨质化程度	样本数	正确识别的样本	正确识别率/%
A	12	11	91.7
B	12	10	83.3
C	12	11	91.7
D	12	12	100
E	12	11	91.7

4.4.3 在水产品中的应用

预处理是保证淡水鱼加工质量和商品价值的重要步骤，鱼体分类是预处理的主要步骤之一。目前，淡水鱼的分类主要依靠人工方法，劳动强度高、效率低、精度低。张志强等[31]利用机器视觉技术获得了鲫鱼的图像，并利用图像处理技术根据其投影面积对鱼类进行分级。实验结果表明，鱼体质量与投影面积高度相关，其决定系数 R^2 为 0.9878。对质量预测模型进行了验证，相对误差平均值为 3.89%，绝对误差平均值为 6.81g。实验结果表明，机器视觉技术可以为淡水鱼的品质分级方法提供参考。

淡水鱼繁殖的品种很多，鱼的形状和大小各不相同。淡水鱼的“三去”(去鳞、去内脏、去头)等加工前的品种分类、大小分级均由人工操作完成，劳动强度大、生产效率低[32,33]。万鹏等[32]利用机器视觉技术获得淡水鱼的身体图像，用于识别鲤鱼、鲫鱼、草鱼和鳊鱼。根据鱼体特征图像，使用形态特征参数和颜色特征参数进行淡水鱼种识别，92.50%的样品可以正确识别。

4.4.4 在其他领域中的应用

计算机视觉技术已经被广泛应用于许多领域，除了上述的详细例子，同样，在其他领域中的应用如表 4-4 所示。

表 4-4　计算机视觉技术在其他领域中的应用

文献	方向	方法
[34]	猪肉新鲜度	当分类阈值为 0.88 时，也就是说，如果分类阈值大于这个值，就是新鲜猪肉，如果分类阈值小于这个值，就是腐烂的猪肉
[35]	检测半透明的水产品	“双图像”方法通过从背光图像(图像 I)中获得的轮廓来定义物体，并利用图像 I 的分割结果，利用前光图像(图像 II)进行色彩分析，从而克服了分割困难
[36]	用 RGB-D 相机检测树上的红色和双色苹果	提出了一种基于颜色和形状特征的算法来检测和定位红色苹果和双色苹果
[37]	鲜切杨桃的成熟度	研究了将线性分类分析和多层感知器神经网络等人工分类器用作检测 HSI 颜色空间中杨桃成熟度（如未成熟、成熟和过成熟）的工具。使用从色调 10 到色调 74 的所有颜色特征，以及使用通过 Wilks’ lambda 分析生成的主色调来表征成熟和未成熟水果的色谱
[38]	新鲜西红柿的成熟度	一种通过将特征颜色值与反向传播神经网络分类技术相结合，检测新鲜西红柿的成熟度(绿色、橙色和红色)的方法

参 考 文 献

[1] Ballard D H, Brown C M. Computer Vision. New Jersey: Prentice Hall, 1982.

[2] 胡春华, 李萍萍. 基于图像处理的黄瓜缺氮与缺镁判别的研究. 江苏大学学报(自然科学版), 2004, 25(1): 9-12.

[3] 包晓安, 张瑞林, 钟乐海. 基于人工神经网络与图像处理的苹果识别方法研究. 农业工程学报, 2004, 20(3): 109-112.

[4] 黄星奕, 李剑, 姜松. 基于计算机视觉的稻谷品种识别技术的研究. 江苏大学学报(自然科学版), 2004, 25(2): 102-104.

[5] 贾大春, 贾昕. 基于 C#的图像颜色特征值的提取与匹配. 河北软件职业技术学院学报, 2008, 10(2): 52-55.

[6] 周正干, 赵胜, 安振刚. 基于分区域自适应中值滤波的 X 射线图像缺陷提取. 航空学报, 2004, 25(4): 420-424.

[7] 臧建莲. 图像处理技术在有机气敏传感器设计中的应用. 电子元件与材料, 2014, 33(1): 77-78.

[8] 罗小刚, 汪德暖, 柏兴洪. 嵌入式气体检测系统及其图像分析算法. 计算机应用, 2011, 31(8): 2270-2274, 2278.

[9] 姚敏, 等. 数字图像处理. 北京: 机械工业出版社, 2006.

[10] 李江, 程健, 周鑫. 数字图像处理中多窗口下的自适应中值滤波. 计算机工程, 2003, 29(17): 154-156.

[11] Muhammed H H, Larsolle A. Feature vector based analysis of hyperspectral crop reflectance data for discrimination and quantification of fungal disease severity in wheat. Biosystems Engineering, 2003, 86(2): 125-134.

[12] 陈全胜. 基于近红外光谱和机器视觉技术的茶叶品质快速无损检测研究. 镇江: 江苏大学, 2007.

[13] 张春龙, 张楫, 张俊雄, 等. 近色背景中树上绿色苹果识别方法. 农业机械学报, 2014, 45(10): 277-281.

[14] 郭志明. 基于近红外光谱及成像的苹果品质无损检测方法和装置研究. 北京: 中国农业大学, 2015.

[15] 谢为俊, 魏硕, 王凤贺, 等. 基于机器视觉的胡萝卜表面缺陷识别方法研究. 农业机械学报, 2020, 51(增刊 1): 450-456.

[16] 吕秋霞, 张景鸿. 基于神经网络的水果自动分类系统设计. 安徽农业科学, 2009, 37(35): 17392-17394, 17439.

[17] 曹乐平. 基于计算机视觉技术的水果分级研究进展. 农机化研究, 2007, (11):10-15.

[18] 赵茂程, 侯文军. 我国基于机器视觉的水果自动分级技术及研究进展. 包装与食品机械, 2007, 25(5): 5-8.

[19] 苏博妮, 化希耀. 基于机器视觉的草莓图像处理研究. 首都师范大学学报, 2018, 39(4):

42-45.

[20] 辛华健. 计算机视觉在芒果品质检测中的应用研究. 农机化研究, 2019, 41(9): 190-193.

[21] 万鹏, 孙瑜, 孙永海. 基于计算机视觉的大米粒形识别方法. 吉林大学学报(工学版), 2008, 38(2): 489-492.

[22] 潘磊庆, 王振杰, 孙柯, 等. 基于计算机视觉的稻谷霉变程度检测. 农业工程学报, 2017, 33(3): 272-280.

[23] Lin J, Puri V M, Anantheswaran R C. Measurement of eggshell thermal-mechanical properties. Transactions of the ASAE, 1995, 38(6): 1769-1776.

[24] 林颢. 基于敲击振动、机器视觉和近红外光谱的禽蛋品质无损检测研究. 镇江: 江苏大学, 2010.

[25] 黄粉平, 张玲, 郑恩让. 快速自适应滤波的图像增强方法. 西安科技大学学报, 2008, 28(4): 762-765.

[26] 陈大力, 薛定宇, 高道祥. 图像混合噪声的模糊加权均值滤波算法仿真. 系统仿真学报, 2007, 19(3): 527-530.

[27] 李欢欢. 猪肉中细菌总数的无损检测及优势致腐菌的快速鉴别研究. 镇江: 江苏大学, 2015.

[28] 林亚青, 房子舒. 猪肉新鲜度检测方法综述. 肉类研究, 2011, 25(5): 62-65.

[29]石志标, 佟月英, 陈东辉, 等. 牛肉新鲜度的电子鼻检测技术. 农业机械学报, 2009, 40(11): 184-188.

[30] 闫晓静. 基于光谱和图像信息的进口冰鲜与解冻牛肉品质检测研究. 镇江: 江苏大学, 2019.

[31] 张志强, 牛智有, 赵思明, 等. 基于机器视觉技术的淡水鱼质量分级. 农业学报, 2011, 27(2): 350-354.

[32]万鹏, 潘海兵, 龙长江, 等. 基于机器视觉技术淡水鱼品种在线识别装置设计. 食品与机械, 2012, 28(6): 164-167.

[33] 李玲, 宗力, 王玖玖, 等. 大宗淡水鱼加工前处理技术和装备的研究现状及方向. 渔业现代化, 2010, 37(5): 43-46, 71.

[34] 应婧, 王攀, 卢营蓬, 等. 计算机视觉技术在农业上的应用初探. 四川农业与农机, 2019, (1): 25.

[35] Alçiçek Z, Balaban Mö. Development and application of “the two image” method for accurate object recognition and color analysis. Journal of Food Engineering, 2012, (111): 46-51.

[36] Nguyen T T, Vandevoorde K, Wouters N, et al. Detection of red and bicoloured apples on tree with an RGB-D camera. Biosystems Engineering, 2016, (146): 33-44.

[37] Abdullah M Z, Mohamad-Saleh J, Fathinul-Syahir A S, et al. Discrimination and classification of fresh-cut starfruits (*Averrhoa carambola* L.) using automated machine vision system. Journal of Food Engineering, 2005, 76(4): 506-523.

[38] Wan P, Toudeshki A, Tan H et al. A methodology for fresh tomato maturity detection using computer vision. Computers and Electronics in Agriculture, 2018, (146): 43-50.

第 5 章　光谱成像检测技术

光谱成像是 20 世纪 80 年代发展起来的一项新技术，它将二维成像技术和光谱技术有机地结合在一起。光谱成像技术具有多波段、高光谱分辨率、地图和光谱一体化的特点。1983 年，美国喷气推进实验室开发了第一台航空成像光谱仪(AIS-1)，它显示了图像采集和分析的巨大潜力。光谱的全称为“光学频谱”，是由自然光通过棱镜、光栅或其他色散系统分光后形成的连续单色光组成。光谱大致可分为紫外光、可见光和红外光。其中 380nm 以下为紫外光，380～780nm 为可见光，780～2526nm 为近红外光，3000nm 以上为远红外光。

5.1　光谱成像检测技术概述

5.1.1　光谱成像技术简介

传统的成像技术可很好地检测出食品的外观特征，但难以检测食品内部质量；同样光谱技术可以很好地表征食品的内部质量信息，在食品外观特征的表达上却有明显的局限性。在此背景下，产生了光谱成像技术。光谱成像技术利用目标物体在不同波段的光谱反射率(吸收率)的灵敏度差异，对图像进行采集、显示、处理、分析和解释。光谱成像的生成在硬件设施的组成上主要取决于特定光源、滤光单元和光谱图像采集单元。激发光源的合适波长范围是影响有效光谱图像产生的重要因素。超出可见光范围的波长有利于增强目标物体不同部位的图像特征，从而有利于目标物体的质量检测。光谱图像采集单元按其扫描方式主要分为三种类型：点扫描式、线扫描式和区域扫描式。点扫描式的光谱成像速度慢，而区域扫描式的光谱成像速度快，但对硬件设施的要求高。另外，光谱成像的生成也依赖于配套的软件控制系统，主要用于控制光源的曝光时间、移动成像平台的移动速度以及光谱成像的起始和结束物理位置。过高的曝光时间会导致图像信息的丢失，过低的曝光时间会导致光谱响应效果差。同样，平台的移动速度与形成的图像信息密切相关，不适当的移动速度会使图像失真，降低了光谱成像技术的优势。

生成的光谱图像是由光谱系统在特定光谱范围内获得的一系列连续波长的二维图像组成的三维数据块。在每个波长，光谱数据提供二维图像信息。此外，同一像素在不同波长下的灰度也提供了光谱信息。图像信息可以反映尺寸、形状、颜色等外观特征，光谱信息可以反映内部结构、成分含量等特征信息。可见，光谱成像技术可以直观地分析食品的内在和外在品质特征。

5.1.2 光谱成像系统

基于光谱成像的基本原理，光谱成像技术包括许多不同的系统。随着科学技术的发展，成像光谱仪器的分辨率越来越高。一般认为，光谱分辨率在 $10^{-1}\lambda$ 范围内的图像称为多光谱图像，分辨率在 $10^{-2}\lambda$ 范围内的图像称为高光谱图像，分辨率在 $10^{-3}\lambda$ 量级的图像称为超光谱图像。可根据额外的探测精度和要求，选择不同分辨率的光谱成像技术。对于食品和农产品的质量安全检测，高光谱成像技术被广泛应用，在食品领域具有很大的发展潜力。

光谱成像技术获得的三维数据块包含了丰富的成分和图像特征信息，在食品质量安全快速检测中得到了广泛的研究和应用。因此，众学者进一步开发和升级了该技术，如显微高光谱成像、红外激光成像、拉曼光谱成像等[1]。显微高光谱成像技术将显微成像与高光谱成像相结合。从而将 HSI 技术研究深入微观层面，为研究或观察微生物、组织、细胞等微观物体提供了新的手段。在瞬时视场下，在显微镜物镜与 C-mount 接口之间设计了一个平移微调透镜，实现帚状成像。红外激光成像技术主要是基于物理光路的变化过程来实现成像[2]。当平行红外激光束照射样品时，衍射、干涉和折射的光路投射到漫反射屏上。之后，近红外摄像机捕捉到了它们。因此，在成像过程中，被检测对象的物理属性，如大小、形状、纹理等，都会影响图像信息。拉曼成像技术将光谱成像技术与拉曼散射技术相结合，拉曼散射是光散射物理现象中的一种独特效果。物质中的分子与入射光子之间的相互作用，使光的传播方向和频率偏离激光器，这种现象称为拉曼散射。每种物质都可能具有独特的拉曼特征峰。拉曼散射能更充分地获得探测对象在原子和分子水平上的信息，如分子的旋转和振动现象。因此，成像技术结合拉曼散射可以实现灵敏的定性和定量分析。

5.2 光谱成像检测技术及系统

5.2.1 高光谱成像技术

1. 高光谱成像技术简介

HSI 是一个在 20 世纪 80 年代出现的图像数据技术。它最初用于遥感和军事领域，然后在许多其他领域应用，如作物和食品、生物医药、地球物理、材料科学、植被物种和环境减灾。在粮食和农产品的应用中，HSI 技术也显示出优异的潜力。近年来，许多研究人员已将其应用于农业生产的检测，实现了良好的研究成果。HSI 技术的光谱范围是从紫外区域到近红外区域(200～2500nm)。其工作原理是借助成像光谱仪可以在中红外、近红外、可见光和紫外区域中获得许多窄且光谱连续的图像数据，为每个像素提供几个短带光谱信息以产生完整和连续的光谱曲线。

2. 高光谱成像检测系统

HSI 系统一般由硬件和软件组成。硬件包括光谱成像仪、光源、样品载体、暗盒和计算机。软件由数据采集软件和数据处理软件组成。HSI 是二维图像和光谱技术的结合。高光谱图像能反映样品的物理结构、样本形状、颜色和纹理等外部特征，如图 5-1 所示[3,4]。高光谱数据块由样本空间中每个像素的数百个相邻波段组成。每个点的光谱信息可以表示点的组成，每个波长的图像信息表示物体表面的空间特征。x 和 y 表示二维平面坐标轴，λ 表示波长信息坐标轴。

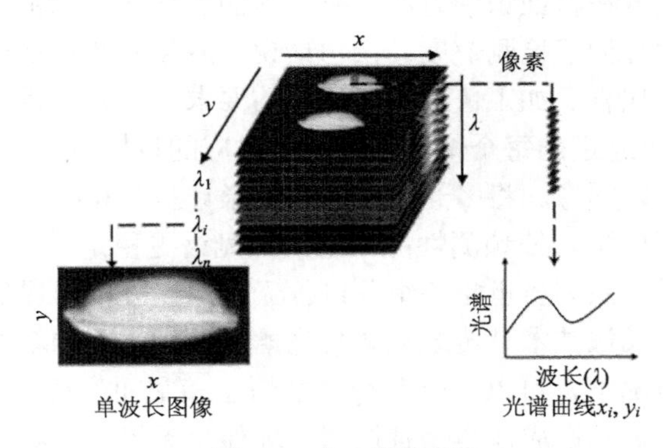

图 5-1　高光谱数据块

高光谱图像在成分分析方面表现出丰富的信息和突出的优势，非常适合于评价食品和农产品的质量安全[5]。它的主要优点可以总结如下。

(1) 它是一种无化学试剂的无损检测技术，几乎不需要样品前处理，省时、省力、省钱。

(2) 它类似于光谱技术，可以进行定性和定量分析。高光谱成像所采集的视场内每个像素的全光谱曲线具有明显的优势。它不仅能描述样品中不同物质的含量，还能描述其分布。

(3) 操作者可以通过建立并验证的模型实现简单快速的检测，同时测定同一样品中几种不同物质的含量和分布情况，并在分级操作过程中对附加的样品物体进行标注和定价。

(4) 可以很容易地选择感兴趣的区域、特征区域或像素处的光谱曲线作为光谱特征，并保存在光谱数据库中。

(5) 高光谱成像具有丰富的光谱和空间信息，对颜色相似、光谱曲线重叠、形态特征相似的不同目标有很好的识别效果。

然而，与其他技术一样，HSI 技术在未来的研究中有待进一步发展提高。首先，HSI 需要稳健的模型算法，不像化学分析方法具有低的检测限；其次，高光谱数据中存在大量冗余数据，对数据集中提出了很大的挑战，需要提高高光谱硬件的速度，以满足高光谱数据块的快速采集和分析。数据采集和分析比较耗时，不建议直接在线应用。

5.2.2　多光谱成像技术

1. 多光谱成像技术简介

高光谱图像数据具有大量的信息，可以采集数百甚至数千张照片用于检测目标，高光谱图像技术在特征识别方面具有显著的优势，但也带来了巨大的挑战。海量数据处理大大降低了检测速度。换句话说，海量的数据处理大大降低了检测速度，难以满足现代食品加工快速在线检测的要求。多光谱成像是多通道光谱成像技术的简称。如果通道的每个像素与通道上对应的目标点的光谱反射值成正比，则该图像称为多光谱图像。将多光谱成像和化学计量学相结合，建立了基于光谱和空间信息的预测模型，使预测性能比近红外光谱更稳定[6]。研究表明，多光谱成像特别适合于对一系列质量相关组分进行无创快速分析，提供组分空间变量的光谱响应。多光谱成像技术是传统成像与光谱成像相结合的新型无损检测技术；在不破坏样品的情况下，可以同时获得光谱信息和空间信息[7]。与传统的食品质量检测方法相比，多光谱成像是一种快速、环保、无损的检测方法。与传统的高光谱技术相比，多光谱技术应用于食品质量的实时在线检测，具有数据更直观、成本更低的优点。

2. 多光谱成像系统

多光谱系统一般由硬件和软件两部分组成，硬件包括光谱成像仪、波长选择系统、光源、样品载体、暗箱等，软件提供数据采集和数据处理软件[8]。与高光谱系统一样，多光谱系统是一种涉及多个波长的成像系统。但是，多光谱系统选择的波长比高光谱系统选择的波长要小。目前，两种多光谱系统的应用最为广泛。一种是基于滤光片的多光谱系统（图 5-2）[8]。根据探测对象（可见光或可见–近红外波段）的要求选择全波段发射光源，然后在相机前安装不同波长的滤光片，通过电机旋转滤波器，实现不同频带选择的需要[9]。另一种方法是在光源处发射不同的单波段，多光谱相机直接检测单个波长照射到物体上的反射光谱。多光谱图像是由多个离散波长的图像组成的三维数据块，可以观察和分析样品的组成、分布和表面纹理。与单波长成像系统相比，多光谱成像系统可以获得更全面的样品信息。

因此，多光谱成像技术已广泛应用于地质勘探、环境监测、生命状态观测等领域。与传统 HSI 相比，多光谱成像的优点如下。

(1) 光谱波段更少，采集时间更短；

(2) 数据结构简单，易于传输、存储和处理；

(3) 组成低，运行成本低。

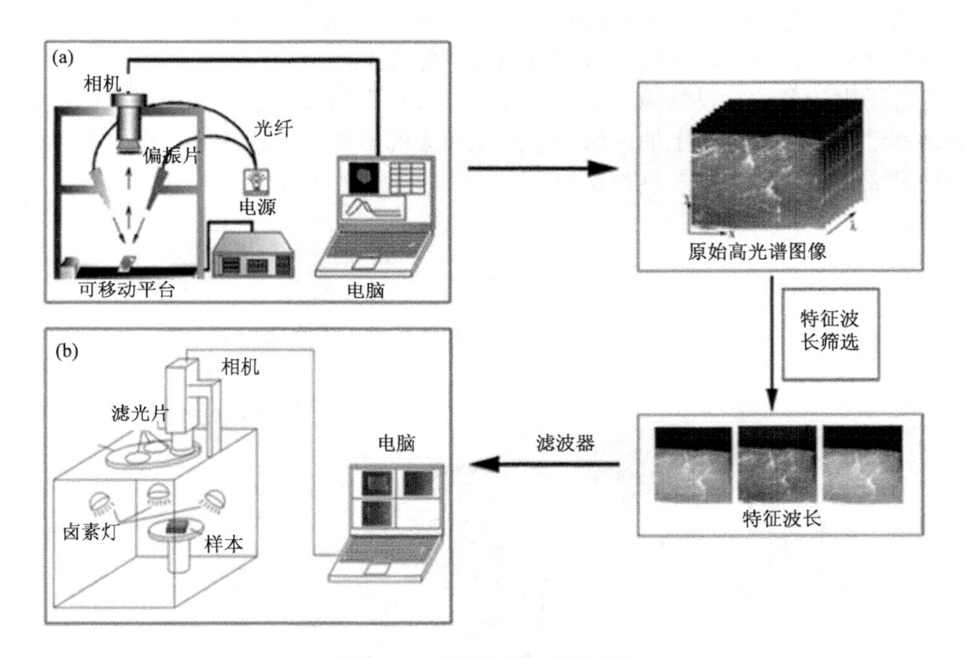

图 5-2　多光谱成像探测系统

5.2.3　高光谱显微成像技术

1. 高光谱显微成像技术简介

高光谱显微成像技术包括高分辨率成像技术和显微成像技术，可以将高分辨率成像技术的研究内容扩展到微观领域，为研究和观察小物体提供了一种新的方法。它可以用来观察组织、细胞和微生物的形态变化。近年来，它已被广泛应用于医学研究。例如，食品变质通常是微生物侵入并消耗猪肉中的营养物质以释放代谢物的过程。因此，在腐败过程中，微生物的分布、数量和内部组织(如肌肉细胞、结缔组织、肌间脂肪等)的吸收光谱有一定的变化。例如，当肌肉细胞受到微生物的侵袭时，细胞膜的组成、结构和功能都会发生变化，不可避免地导致蛋白质、核酸、糖、脂类和水分子等细胞组分的含量和构型发生变化。在检测猪肉新鲜度和跟踪变质过程时，必须捕捉这些差异。它们只能显示在特定波段的微尺度图像中。显微高光谱图像融合了光谱和显微图像，代表了质量变化过程中内部信息和微观结构的变化。

2. 高光谱显微成像系统

高光谱显微成像(hyperspectral microscopic imaging, HMI)系统的设计原理如图 5-3 所示[10]。样品放置在倒置显微镜的载体台上，由科勒照明系统进行照明。瞬时视场中的条纹在显微镜目镜和 C-mount 接口之间设计了一个平移微调透镜，通过移动样品在载体台上的成像位置产生相应的平移。结合狭缝，可以实现传统的扫帚成像，最终获得三维数据块。

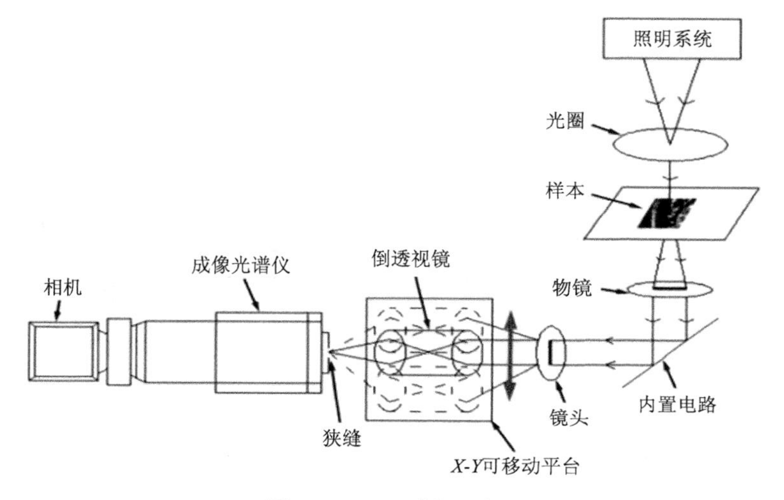

图 5-3　HMI 系统示意图

人机界面系统包括以下部分：用于数据采集的倒置显微镜、成像光谱仪、电子倍增 CCD 相机、石英水银灯照明系统、*X-Y* 可移动平台、数据采集和预处理软件，以及用于数据存储和显示的计算机。在显微光谱成像系统中，可以获得可见-近红外光谱范围内的显微光谱图像，每条高光谱光纤数据包含数百张可见-近红外光谱图像。成像光谱仪的两端连接有活动光学透镜(入射狭缝端)和电子倍增 CCD 摄像机。光学透镜的另一端通过 C-mount 接口与倒置显微镜相连。计算机通过串口与步进电机连接，控制 *X-Y* 可移动平台的运动，使摄像机扫描图像与平台的运动同步。具体实物图见图 5-4[10]。

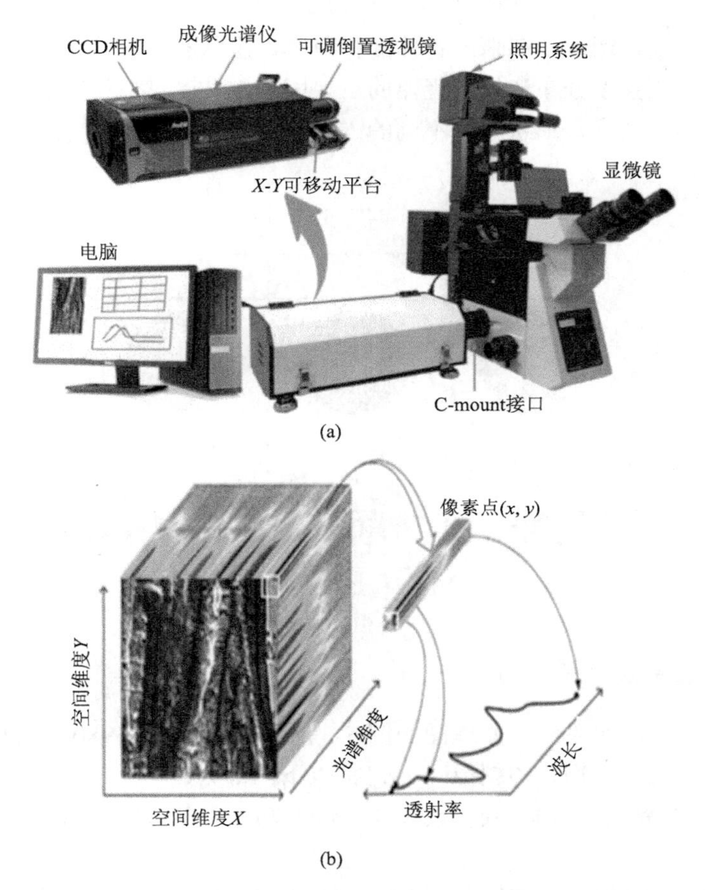

图 5-4　显微高光谱成像系统物理图像(a)及光纤高光谱图像三维数据块(b)

5.2.4　红外激光成像技术

1. 红外激光成像技术简介

激光成像是一种主要基于物理光程变化过程的成像技术。当平行激光束照射非均匀介质时，会出现衍射、干涉、折射等一系列光学现象，如图 5-5 所示[11]。当激光照亮被探测物体时，其中一部分直接穿过，另一部分会产生一系列的光学现象，如衍射、干涉、折射等。两者通过投射到漫反射屏幕上形成与被检测物体的质量和安全相关的独特图像信息。

同时，得到的图像信息也可以看作平面波或高斯光束的传播。一方面，近红外激光具有较强的穿透能力，对生物组织没有损伤，生物组织不易吸收近红外光。从而减少生物组织自身荧光的干扰，提高信噪比[11]。另外，当激发波长和光学变化不适应时，纹理图像不清晰。物体的折射率、形状和生物化学成分等物理性质是影响纹理图像强度分布和偏振规律的主要因素。因此，被检测物体的图像信息，如外圈的大小、强度、形状等是不同的。

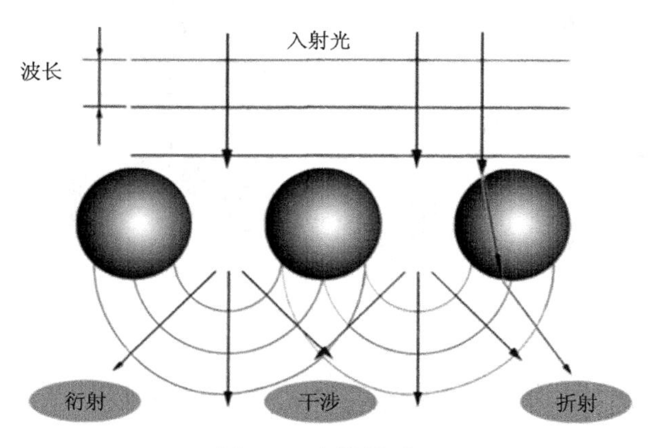

图 5-5　光散射原理

2. 红外激光成像系统

近红外激光成像系统的原理图如图 5-6 所示，系统选择 980nm 的激光发射器作为激发光源来采集物体的图像[12]，包括以下四部分：

(1) 近红外激光发射器(激发波长 980nm，功率 1mW，激发光为直径 5mm 正圆光斑)；

(2) 近红外相机(波长响应范围 900～1700nm，分辨率 320 像素×256 像素)；

(3) 漫反射屏；

(4) 电脑。

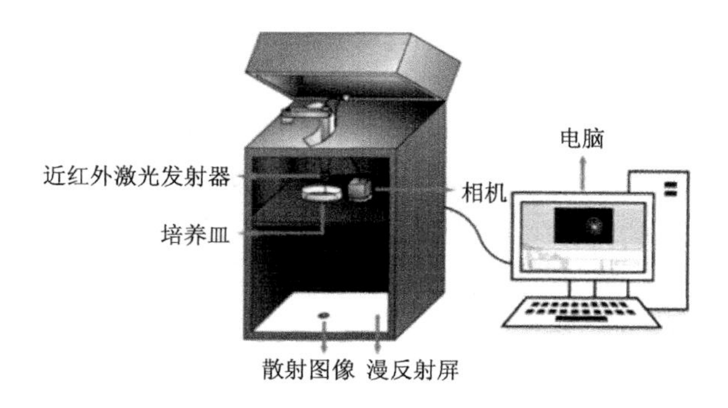

图 5-6　近红外激光成像系统

激光发射器位置、相机与漫反射屏之间的距离在整个实验过程中保持恒定，这是根据具体的实验条件确定的。激光发射器发出的平行光束垂直地照射平板上。其中一部分光线直接穿过待测物体进入漫反射屏，另一部分光线分散在待测物体上并投射到漫反射屏幕上。该屏幕上透射光和散射光形成的纹理图像被相机收集并传输到计算机上。因此，近红外激光成像技术可以用于显示被测量像中每个像素的空间分布[12]。

5.2.5　拉曼光谱成像技术

1. 拉曼光谱成像技术简介

拉曼成像作为第三代拉曼技术，是新一代快速、高分辨率和高精度的激光拉曼技术[13]。利用显微物镜将激光束聚焦在样品上，采集显微拉曼系统中的拉曼散射光。这降低了测量所需的激光功率，大大拓宽了拉曼光谱的应用范围。同时将拉曼测量的空间分辨率提高到亚微米和微米尺度，引入了一种新的拉曼光谱实验方法，即拉曼光谱成像技术。

拉曼光谱成像技术将拉曼光谱与机器视觉相结合，可以获得图像中采样点的拉曼光谱，拉曼光谱可以获取材料分子的振动和旋转信息。因此，它可以用于定性分析、定量分析和分子结构的确定。拉曼光谱成像获得的样品信息可以通过光谱、图像或两者的结合进行分析和处理，充分利用物体提供的信息。拉曼光谱成像技术是一种新兴的分析技术，可以实时实现目标化学物质的图像合成和成分分布，提供化学和生物分子结构的指纹信息。

得益于激光、单色仪和弱光信号检测技术的进步，目前拉曼光谱不仅可以借助特征拉曼频率来区分痕量混合物中的各种化学成分信息，还可以给出各组分的空间分布信息，其空间分辨率接近于光的衍射极限，即拉曼成像技术[14]。

2. 拉曼成像技术——DuoScan 和 SWIFT

DuoScan 是一种新型的成像技术，它使用两个高速旋转的镜子来控制激光束以用户选择的模式扫描样品表面，从而生成拉曼图像，DuoScan 的工作方法如下。

(1) 平均模式：由用户根据样品的情况选择测量区域和激光点扫描速度，通过高频旋转两面反射镜，相当于一个大面积的光斑，从而得到该区域各组分的平均光谱，适用于光敏生物样品的拉曼成像。

(2) 逐点模式：预先选取部分模型，然后在该区域进行精细逐点扫描，构建适合亚微米化学成像的拉曼图像。

(3) 大规模扫描模式：借助自动平台的运动，利用大光斑扫描更大的样品，记录整个样品表面的光谱，构建拉曼图像。该模型特别适用于成分分布分析或定位基板上的污染物、纳米材料等小尺寸物体。

DuoScan 模式可用于快速、均匀地扫描所有样品区域。由于扫描步长可以低至 50nm，拉曼成像可以从亚微米尺度扩展到宏观尺度。在此模式下不能使用透镜等光学元件。光谱范围为 220mm～1600nm，适用于从紫外到近红外的任何激光。在 DuoScan 的所有模式中，拉曼信号都保持在共焦轴上，因此测量结果的共焦特性保持合理，共焦图像的生成变得更快、更容易、更灵活。

SWIFT 的意思是“极快地扫描”。一般来说，每个样本点的数据采集时间不能少于 500ms，通常比传统拉曼成像快 10 倍。它是完全共聚焦的，不影响图像质量、空间或深度分辨率。

5.3　光谱成像数据和处理分析

5.3.1　光谱图像数据的组成

如前所述，光谱图像数据是三维的(图 5-7 和图 5-8)，称为图像块(高光谱立方体)[15]。二维数据块是图像像素的水平和垂直坐标信息(用坐标 x 和 y 表示)，三维数据块是波长信息。例如，光谱图像的数据由图像和光谱维数来概括。

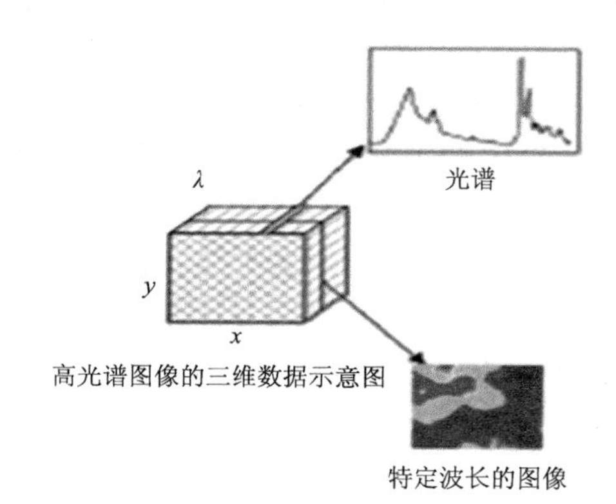

图 5-7　高光谱图像数据

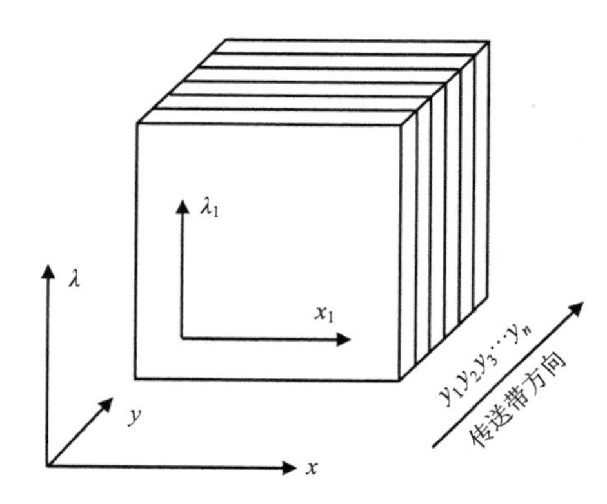

图 5-8　基于光谱仪的高光谱成像系统获取的图像数据示意图

(1) 图像维数：在图像维数上，高光谱图像数据与一般图像相似。

(2) 光谱维数：对应于高光谱图像的每个像素，都有一条连续的光谱曲线。

高光谱图像具有多波段、高光谱分辨率、光谱间相关性强等特点，因此高光谱图像获取的数据需要去除相邻波段间的冗余信息。

5.3.2　光谱图像数据描述模型

光谱成像技术可以获得被探测物体在多个电磁波波段的图像和光谱信息。数百个成像波长的高光谱图像技术几乎相当于在样本的光谱区间上进行连续采样，所获得的数据不同于传统的图像[16]。因此，准确定义高光谱数据是进行数据处理和分析的前提和基础。目前，高光谱图像数据可以概括如下。

1. 图像描述

图像描述是表示高光谱图像数据信息最直观的方法之一。它描述了探测对象之间的空间位置关系。由于一次只能观测到 1 个波长的灰度图像或由 3 个或 4 个波长组成的彩色图像，而且很难从图像中反映出波长之间的相关性，所以图像描述可以代表高光谱图像数据的一部分。该数据显示方法的最大优点之一是将测量到的农产品以图像的形式显示出来，为高光谱图像的处理和分析提供空间。

2. 光谱曲线描述

光谱曲线是用来描述高光谱图像数据的信息，它取决于被探测物体的光谱响应与波长之间的关系。在描述中，不同波长的每个像素的灰度值的变化反映了被检测物体在像素处的光谱信息，可以将其抽象为近似连续的光谱曲线。曲线上各点的值即为被测物体在相应波长下的光谱响应值。光谱曲线描述主要用于基于光谱空间的数据分析方法。

3. 特征向量描述

高光谱图像中的每个像素对应多个成像波段的反射值，可以描述为多维数据空间中的 N 维向量(N 表示成像波段数)。这相当于在多维数据空间中将近似连续的谱曲线转换为 N 维向量(图 5-9)。该方法的优点是具有不同分布特征的物体分布在特征空间的各个区域，有利于定量描述被检测物体的光谱特征及其在特征空间中的变化。

基于特征空间的描述方法在光谱图像处理与分析中得到了较好的应用。例如，从空间几何角度形成空间距离判断方法，从多元统计角度建立统计判别模型，基于特征空间的模糊理论、分形几何、神经网络等数据分析工具。特征空间是描述高光谱图像数据的理想方法，它代表了探测对象光谱特性的变化，描述了探测对象的分布结构。光谱成像技术的优点体现在信息量上。然而，光谱图像数据的特点通常是多波段(几十甚至上百个波段)、光谱分辨率高(纳米级)、数据量大、应用和分析不便。因此，选择合理的图像数据处理算法对农产品检测系统的设计具有重要意义。光谱图像信号处理方法一般分为图像特征数据处理方法和光谱特征数据处理方法。

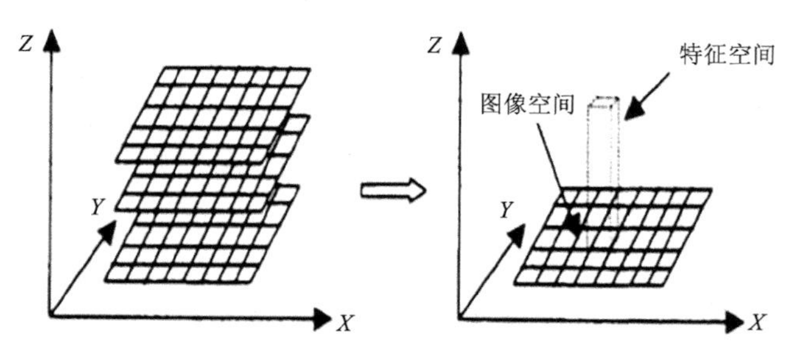

图 5-9　光谱图像特征向量表达式

4. 光谱特征数据处理

软件对高光谱图像进行适当切割，以图像中心为中心，截取 x(像素)×y(像素)矩形区域，其中包含波长在 450～900nm 内的图像，得到一个 200×200×525 的三维数据块。此外，可以从所选择的数据块获得平均值和极值，然后可以将获得的一维光谱数据块用于进一步分析。

5.4　光谱成像技术在食品质量安全检测中的应用

光谱成像是一种结合传统计算机成像和光谱技术从物体中获取空间和光谱信息的新技术[17]。光谱成像是一种对食品应用有潜在吸引力的过程分析技术，具有稳健、无损和灵活的特性，广泛应用于农产品、缺陷识别、成分分析、质量评价等食品质量安全检测。

5.4.1　在农产品检测中的应用

在农产品的种植和加工过程中，造成产品质量污染和变质的因素很多，主要体现在蔬菜(生菜)中重金属的污染和粒径大小以及不同的加工方式上。利用光谱成像和化学计量学方法建立茶叶感官质量判别模型，采集茶叶的图像、光谱和嗅觉特征。HSI 技术已成功应用于蔬菜和水果中重金属的无损检测。结合多种算法，有效提取深度光谱特征并建立稳健的重金属含量预测模型，用于作物中毒性胁迫的早期检测，以有效监测其生长情况[18]。

1. 茶叶品质检测

为弥补茶叶品质感官评价方法的不足，实现内外品质信息的快速无损检测，提出了一种基于高光谱图像的茶叶感官品质定量分析方法，并建立了茶叶等级判别模型。陈全胜等[19]建议开发一种基于光谱仪的高速信息采集系统来进行高速信息采集。通过主成分分析选出 3 幅最佳波段图像。然后，从每个最佳波段图像中，提取基于统计矩(平均灰度级、标准方差、平滑度、三阶矩、一致性和熵)的 6 个纹理特征，每个茶样本共有 18 个特征变量。最后，对 18 个特征变量进行主成分分析，提取 8 个主成分作为神经网络的输入。在实验中，从 700～850nm 波段的高光谱图像数据中选择对应于 3 个大权重系数的波长进行分析。基于主成分分析，这 3 个波长被选择用于特征图像。图 5-10 描绘了不同等级茶叶在这 3 种特征波长下的图像。

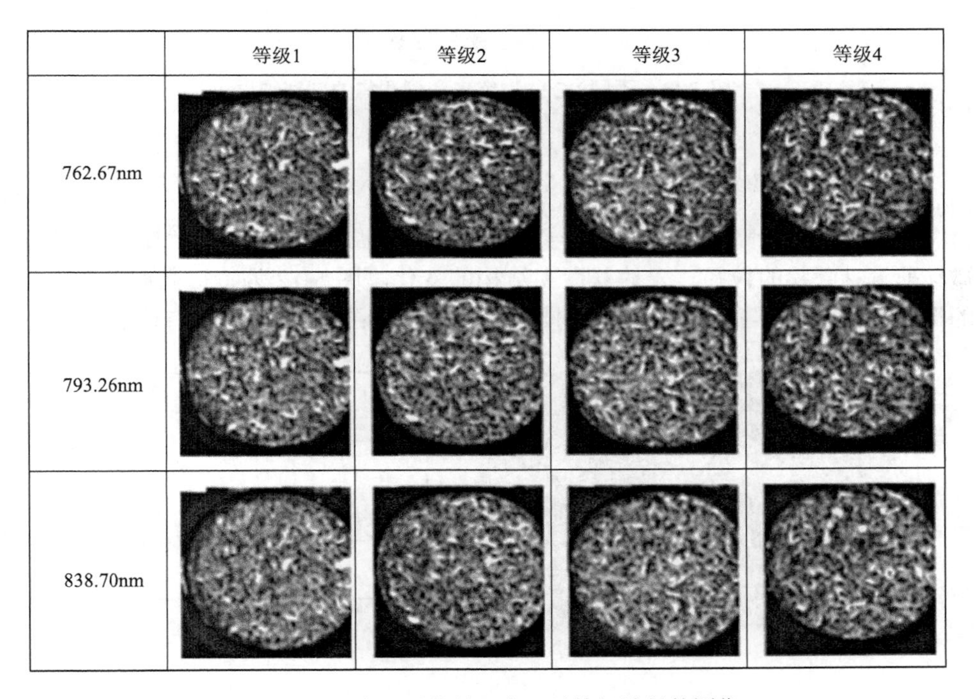

图 5-10　4 个级别茶样品在 3 种特征波长的图像

图 5-11 显示了不同主成分因子个数下 BP 神经网络模型的训练和预测结果。可以看出，随着主成分因子数量的增加，训练集的识别率和预测浓度也会增加。当主成分因子数达到 8 时，模型的识别率发生变化。前 8 个主成分所对应的累计方差贡献率可以解释 99.75%的原始数据信息，且相互独立，消除了冗余信息，提高了模型的稳定性。

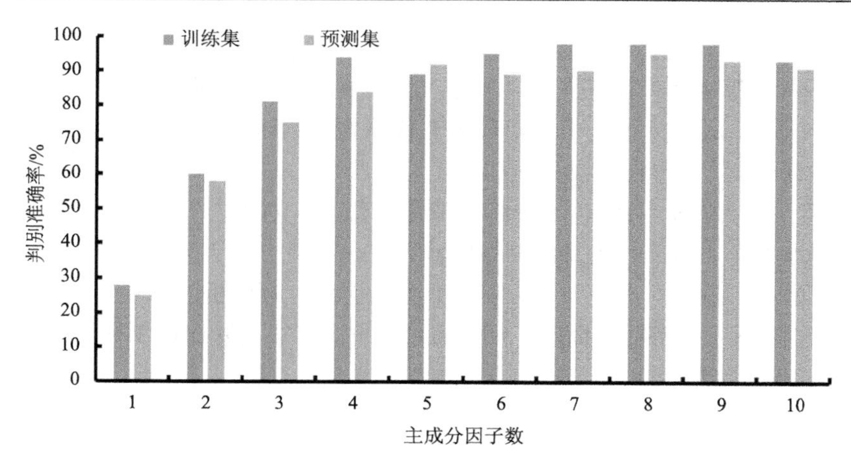

图 5-11　不同 PC 的训练集和预测集的判别结果

2. 抹茶感官品质检测

不同的抹茶栽培和生产方法会导致不同的感官品质。Ouyang 等[20]利用高光谱显微镜研究抹茶粉的粒径，表达其微观结构的变化。图 5-12 为特征光谱图像和 ROI 的选取过程。图 5-12(a)和(b)分别是在人机界面系统中获得的具有代表性的抹茶

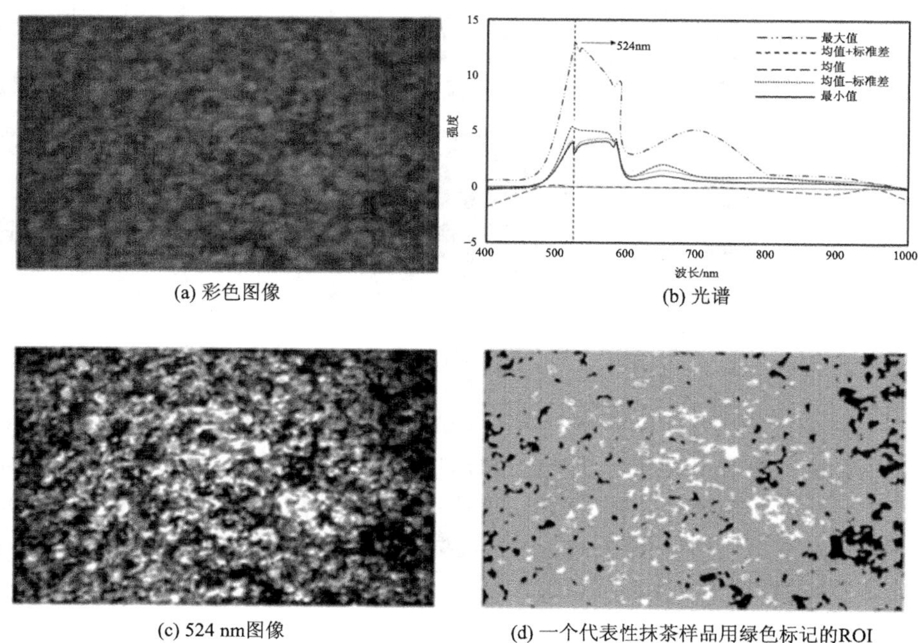

(a) 彩色图像　　(b) 光谱

(c) 524 nm图像　　(d) 一个代表性抹茶样品用绿色标记的ROI

扫描二维码获取彩图

图 5-12　特征光谱图像及 ROI 选择过程

样品的彩色图像和光谱。选取 524nm 处的光谱图像作为表征粒径分布的特征图像，如图 5-12(c)所示。图 5-12(d)为对应样品的 ROI，其中绿色、黑色和白色区域由于不符合而被排除，待进一步分析。

为探索利用人机界面技术评价抹茶粒度分布的可行性，建立了基于 D10、D20、D30、D40、D50、D60、D70、D80、D90 的抹茶粒度模型。D 值可以被认为是“质量划分直径”，它是一个样本中所有粒子的直径，当它们按照质量上升的顺序排列时，将样本的质量划分为指定的百分比。在感兴趣的直径以下的质量百分比是在“D”后面表示的数字。以 D10、D20、D30、D40、D50、D60、D70、D80、D90 为例，探讨 HMI 技术预测抹茶粒径分布的能力，即小于该粒径的颗粒分别为 10%、20%、30%、40%、50%、60%、70%、80%、90%。以关键光谱特征作为融合模型的原始数据，从特征图像中提取 28 个纹理特征。图 5-13 为各粒径分布的 ANN 模型中预测粒径与参考值相关性的散点图。

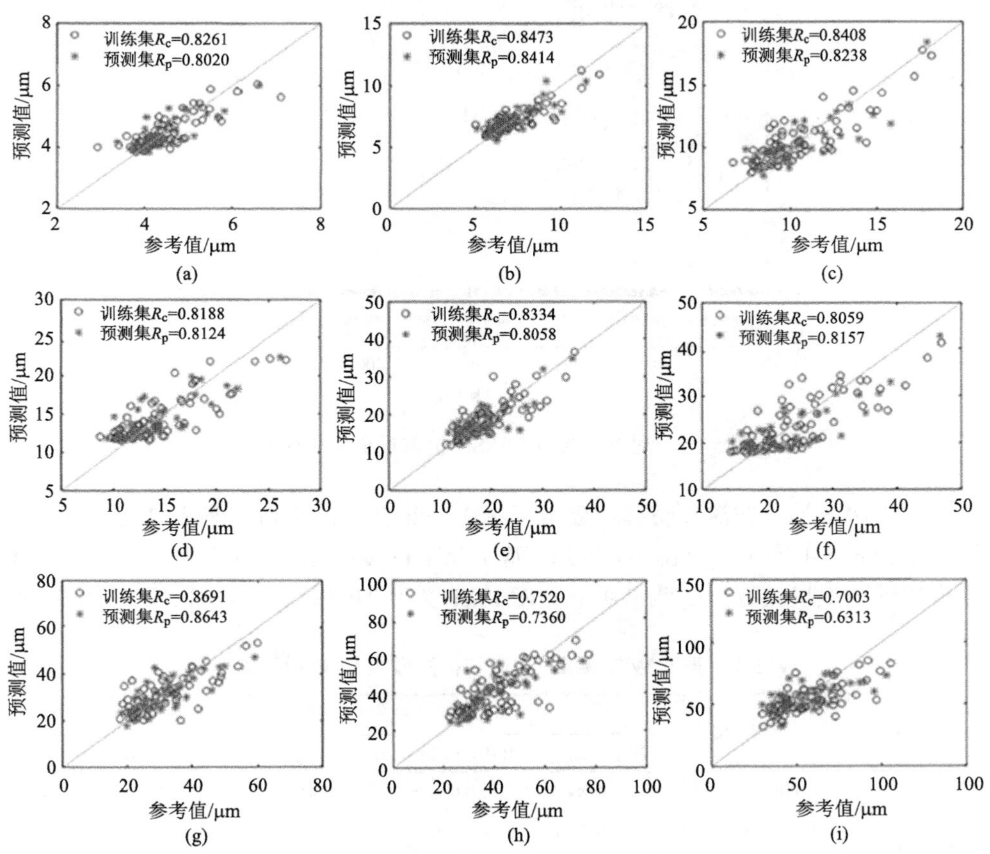

图 5-13　数据融合后的 ANN 模型分别预测 D10(a)、D20(b)、D30(c)、D40(d)、D50(e)、D60(f)、D70(g)、D80(h)、D90(i)的粒径预测值与参考值对比

3. 生菜中重金属的检测

重金属污染是一个严重的环境问题。Zhou 等[21]认为，随着对生菜需求的增长，需要加强生菜种植管理和污染控制。针对生菜叶片中重金属的深度特征提取问题，提出了一种基于小波变换和堆栈卷积自动编码器(stack convolution auto encoder, SCAE)的深度学习方法。采用连续投影算法(successive projection algorithm, SPA)和变量迭代空间收缩法(variable iterative space shrinkage approach, VISSA)得到最优波长，结合小波变换和堆栈卷积自动编码器提取深度特征。SPA 和 VISSA 提取重金属的特征波长如图 5-14 所示。

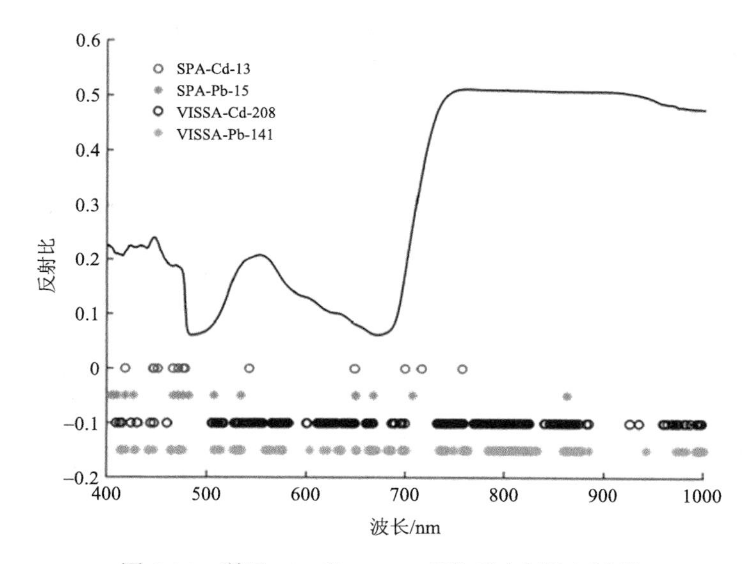

图 5-14　利用 SPA 和 VISSA 提取重金属特征波长

利用深度学习的深度特征，建立了 Cd、Pb 含量的支持向量机预测模型，预测结果如表 5-1 所示。由表 5-1 可知，基于 WT 深度特征的 Cd 含量支持向量机预测模型预测效果较好，R_p^2 为 0.9319，RMSEP 为 0.04988mg/kg，RPD 为 3.187。此

表 5-1　基于 WT-SCAE 深度特征提取的 SVR 模型的结果

HM	BL	模型规模	训练集		预测集		
			R_c^2	RMSEC/(mg/kg)	R_p^2	RMSEP/(mg/kg)	RPD
Cd	3	478–240–112	0.9603	0.03618	0.9176	0.05483	3.151
		478–240–112–95	0.9771	0.03023	0.9319	0.04988	3.187
		478–240–112–95–67	0.9702	0.03315	0.9234	0.05344	3.166
		478–240–112–95–67–35	0.9437	0.04094	0.905	0.05503	3.099

续表

HM	BL	模型规模	训练集		预测集		
			R_c^2	RMSEC/(mg/kg)	R_p^2	RMSEP/(mg/kg)	RPD
Pb	4	478–240–127	0.9627	0.03659	0.9281	0.05205	3.178
		478–240–127–90	0.9756	0.02617	0.9361	0.04612	3.203
		478–240–127–90–55	0.9863	0.02281	0.9418	0.04123	3.214
		478–240–127–90–55–40	0.9688	0.03547	0.9307	0.05176	3.183

注：HM 表示重金属；BL 表示最佳小波分解层；RPD 表示相对差异百分比。

外，基于 WT 深度特征的 Pb 含量支持向量机预测模型也取得了较好的预测效果，R_p^2 为 0.9418，RMSEP 为 0.04123mg/kg，RPD 为 3.214。结果表明，利用高光谱技术结合深度学习算法可以在生菜中检测到重金属 Cd 和 Pb。

5.4.2　在液体食品检测中的应用

固态发酵是食醋生产的重要环节，它直接影响食醋的质量和产量。此外，总酸、pH 和非挥发性酸也是衡量发酵醋醅品质的关键指标。根据它们的变化，可以及时确定醋醅的发酵状态，从而减少或避免醋醅变硬、发酵不良等问题。朱瑶迪等[22]利用 HSI 技术研究醋醅的图像和光谱信息。根据图像信息主成分数的不同，选取 3 幅特征图像，提取对比度、相关性和一致性 3 个纹理特征变量。采用 k 最近邻法建立了醋醅的识别模型。如图 5-15 所示，当 k=1, PCs 数量为 10 时，最优 KNN 模型预测了发酵阶段的样品。预测集的识别率为 90.04%。

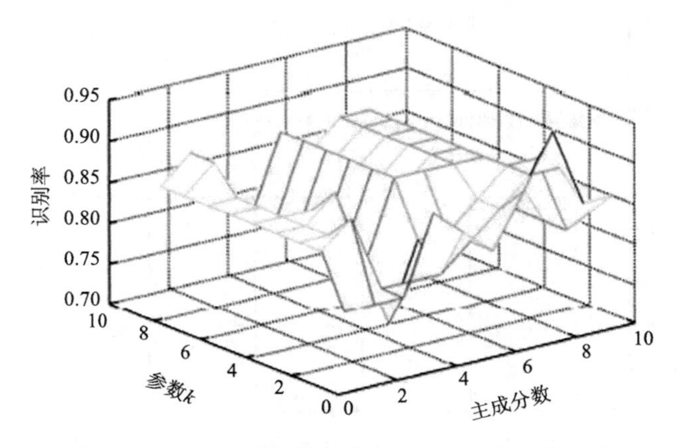

图 5-15　KNN 模型代表不同 k 水平和主成分因子

将预处理后的高光谱图像分为训练集和预测集。然后分别采用 PLS、iPLS 和 SiPLS 方法进行交互式验证建模。结果表明，优化后的 SIPLS 模型效果最佳。预测集总酸、pH 和非挥发性酸的 RMSEP 分别为 0.75、0.05 和 0.3，可实现重要理化指标的快速预测。因此，HSI 技术可以快速预测发酵醋的发酵状态，从而优化工艺操作，提高醋的质量。

5.4.3 在家禽检测中的应用

根据联合国粮食及农业组织的数据，中国是家禽的主要生产国和消费国[23]。禽肉被认为是一种健康的饮食选择，它富含蛋白质(15%～20%)、矿物质盐和维生素。肉类中的蛋白质成分会逐渐分解，产生组胺、酪胺、色胺等有毒小分子成分，使肉类变质。脂肪被分解成醛和酮，碳水化合物可能被转化成醇、羧酸、酮和醛等。这些物质长时间与其他碱性氮化合物在一起，构成了挥发性盐基氮(total volatile basic nitrogen, TVB-N)。

1. 猪肉新鲜度检测

Xu 等[24]提出了一种猪肉新鲜度的快速显微检测方法，利用自组装 HMI 系统检测不同储藏期的 TVB-N，并将其作为猪肉新鲜度的分类标准。

猪肉样品是事先准备好的，每个样品真空包装在一个密封的袋子里。4℃冷藏 1d、3d、5d 后，随着储藏时间的延长，猪肉中的蛋白质、脂肪、碳水化合物等主要成分会分解成小分子，主要化合物为 TVB-N 化合物。图 5-16 为不同储藏时间猪肉的参考测量值，可以看出 3 组之间 TVB-N 含量差异非常显著[24]。

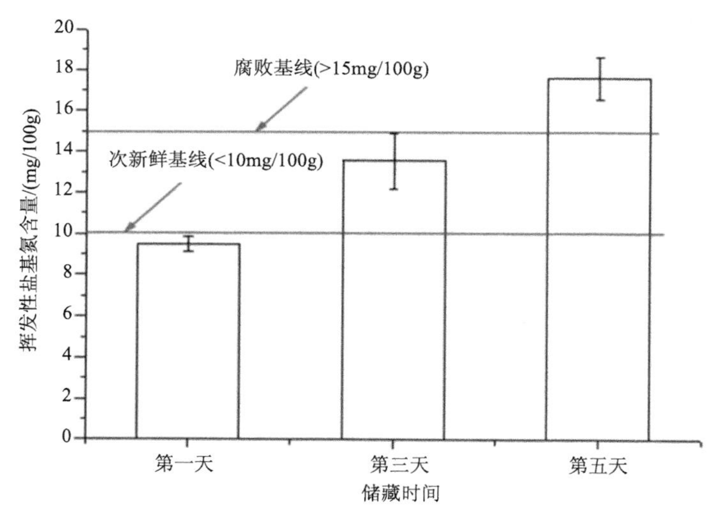

图 5-16　储存第一天、第三天、第五天猪肉 TVB-N 含量

在分类建模之前，对整个图像矩阵进行主成分分析，它可以轻松可视化数据集中包含的所有信息，同时保留原始数据集的大部分信息。因此，根据这些 PC1 图像，通过考察所有权重系数来估计优势波段，选择 5 个权重系数较高的优势波段(521.08nm、589.69nm、636.88nm、687.58nm 和 738.66nm)(图 5-17)。结果表明，基于提取的数据，BP-ANN 对新鲜度分类的准确率达到 100%。

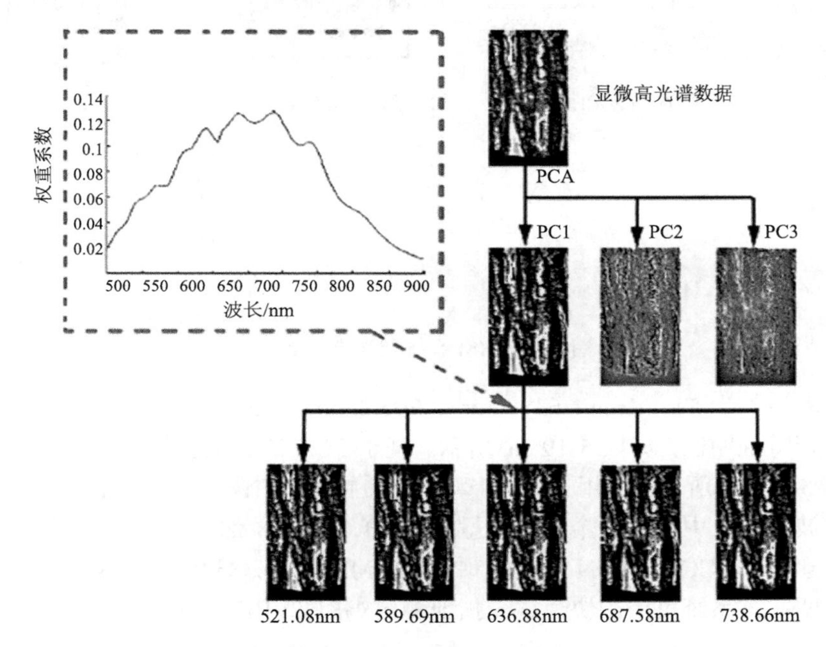

图 5-17　主成分分析选择的主要波长

主成分分析 PCA；PC1，主成分 1；PC2，主成分 2；PC3，主成分 3

2. 鸡肉新鲜度检测

鸡肉因其蛋白质含量高、脂肪含量低、易于消化而深受消费者欢迎。然而，生鸡肉是一种极易腐坏的食品，即使在 4℃下冷藏，保质期也只有 3～5d[25]。TVB-N 含量可作为判断鸡肉变质程度的化学指标。TVB-N 含量越高，微生物腐败程度越高。Khulal 等[26]利用 HSI 系统对鸡肉品质进行评价，比较了主成分分析和蚁群算法在数据降维方面的差异。

如图 5-18(a)所示，使用江苏大学农产品无损检测实验室开发的 HSI 系统采集样品数据。从超立方体中选取 5 个 ROI，每个样本的大小为 50 像素×50 像素，每个样本获得 5 个 ROI。5 个 ROI 光谱的平均值代表样本的原始光谱，75 个样本全部进行处理，图 5-18(b)显示了样品的平均光谱。

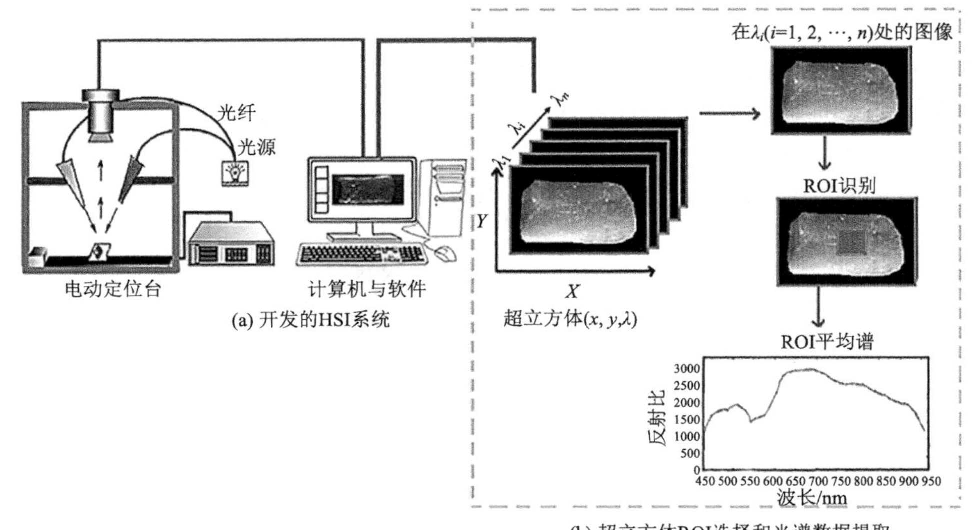

图 5-18 HSI 系统及光谱数据提取

选取波长为 544.01nm、638.75nm、705.25nm、726.08nm 和 855.33nm 的 5 种主要纹理特征图像，如图 5-19 (a)所示。基于 PCA 的 5 幅纹理特征图像的波长选择如图 5-19 (b)所示。使用 PCA 和算法提取主波长图像。然后，根据统计矩，从每个主波长图像中提取 6 个纹理变量，共 30 个变量。然后采用 ACO-BPANN 算法进行建模。ACO-BPANN 模型的预测集 RMSEP= 6.3834mg /100g, R = 0.7542。结果表明，该系统可用于快速、无损地测定鸡肉 TVB-N 含量。

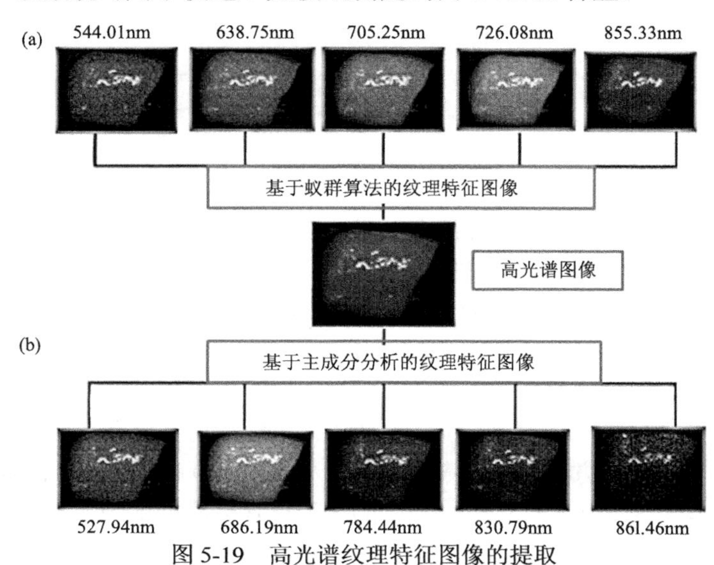

图 5-19 高光谱纹理特征图像的提取

(a) 从 ACO 选择的特征波长提取的 5 幅纹理特征图像；(b) 由主成分分析选择的特征波长提取 5 幅纹理特征图像

5.4.4　在水产品检测中的应用

鱼类产品是世界上大多数人的主要饮食。鱼骨在鱼类产品中经常出现，易发生误食，可能会造成划伤咽喉或者食管等黏膜，并引起炎症以及穿刺到其他器官等危险。为了研究鱼骨和鱼片之间的拉曼光谱差异，Song 等[27]开发了一种基于拉曼 HSI 的鱼骨检测新方法。采用基于热荷算法的模糊粗糙集模型（fuzzy rough set model based on the thermal-charge algorithm, FRSTCA）模型选择最优波段信息，然后建立支持向量数据描述(support vector data description, SVDD) 分类模型。

在五层鱼骨切片的独特拉曼峰处，分别得到 5 组生鱼骨和预处理鱼骨的单波段拉曼光谱，分别如图 5-20(b)和(c)所示。图 5-20(a)是分层样本对应的彩色图像对比。鱼片表面有鱼骨的分层样品中，鱼骨的拉曼信号最强，如图 5-20(c)所示。

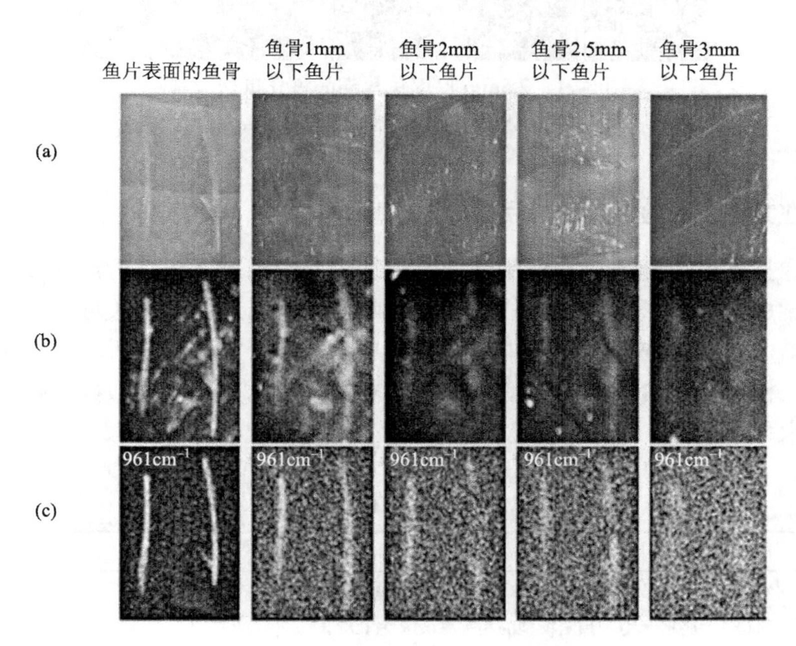

图 5-20　鱼骨和鱼片的图像分析

(a)彩色图像；(b)原始图像；(c) 961cm^{-1} 处的预处理拉曼图像

图 5-21 显示了 5 个案例的最终测试结果，检测结果图像如图 5-21(c)所示。该分类方法区分鱼骨和鱼片的纹理，并检测肉眼看不到的鱼骨。破坏性实验获得的解剖图像如图 5-21(b)所示。实验结果表明，对 2.5mm 深度的鱼骨进行了识别，检测性能高达 90.5%。

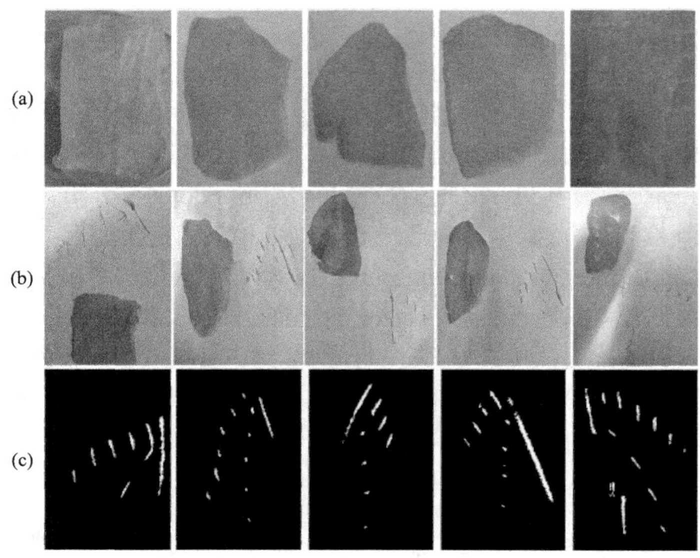

图 5-21　2.5mm 厚度鱼片样品鱼骨自动检测

(a) 彩色图像；(b) 解剖图像；(c) 图形结果

5.4.5　在其他食品检测中的应用

成像技术可以充分反映样品的外部特征，而光谱技术可以检测样品的物理结构和化学成分。除了上述应用外，它还被广泛应用于许多其他领域，如表 5-2 所示。光谱成像技术在食品检测中有许多有趣的用途，它可以从天然食品中提取图像信息，检测加工食品的质量变化，从而获得全面的产品质量数据，提高食品质量检测水平。

表 5-2　光谱成像检测技术在区域食品检测中的应用

类别	产品	检测结果	文献
天然食品	鸡蛋	LDA 法对鸡蛋样品的正确识别率为 95.7%	[28]
	脐橙	脐橙含糖量预测模型的相关系数 R 为 0.831	[29]
	银杏叶	类黄酮含量修正模型(R= 0.9307)	[30]
	冬虫夏草	支持向量分类模型的识别准确率为 96.30%	[31]
	白玉米	全近红外光谱(288 个波段)模型的总体准确率为 93.3%	[32]
加工食品	干腌火腿	PLS 预测模型对(R_p^2)的预测精度分别为 0.89、0.85、0.83 和 0.63	[33]
	意大利面	结果显示验证模型(R^2)的预测精度在 0.28～0.89，失拟误差<6%，方差解释超过 99%	[34]
	奶粉	检测奶粉中较低浓度(如<0.02%或 200mg/L)	[35]
	可可粉	检测最低浓度(0.1%的花生)	[36]
	炸藕片	模型预测集的相关系数和均方根误差分别为 0.819 mg/g 和 0.682 mg/g	[37]

5.5　结论与展望

目前，大多数用于农产品质量检测的光谱图像检测系统使用的光谱区域在400～1100nm。这些光谱图像包括水、蛋白质、叶绿素和类胡萝卜素的特殊吸收信息。这些吸收带用于检测农产品和食品的表面缺陷或污染也非常有效。随着无损检测技术从视觉检测和外观到内部质量的发展，对近红外长波（1100～2500nm）光谱图像的研究将变得更加重要。光谱成像技术可以同时从样品中获取光谱和图像信息，有助于更详细地分析。由于数据量大，信息冗余，会延长计算时间，影响快速检测目标。为了减少冗余数据，减少分析时间，需要进行一系列的信息过滤。首先通过对特征波段的筛选得到有效波长范围，然后设计并构建了具有多波段特征波长的滤波-多光谱成像系统，从根本上解决了光谱数据量大、计算耗时的缺点。另外，在分析光谱图像数据时，引入了独立分量分析、非均匀二次差分等化学计量学算法，提高了光谱成像检测的有效性和准确性，增强了检测系统的鲁棒性。此外，在线检测设备需要物料输送单元的协调。例如，在实验过程中，样品可以翻转，多光谱相机可以从不同角度采集样品的光谱图像。这样，在线检测设备就可以根据综合的光谱图像信息合理地评价质量。利用上述优化方法，可进一步实现农产品全面质量在线、快速、无损、准确检测的目标。

光谱成像技术是近年来备受关注的一种光电技术，已成为食品和农产品无损检测领域的前沿研究领域。在检测前不需要任何复杂的预处理。它几乎不使用任何化学试剂，而是依靠光电信号和化学计量学算法来获取样品信息进行鉴别。它产生的数据量巨大，蕴含着丰富的信息，具有“地图集成”的特点。随着数据挖掘和人工智能技术的快速发展，光谱成像技术的发展与应用研究在未来的食品和农产品加工与检测中具有很大的潜力。

参 考 文 献

[1] 徐霞, 成芳, 应义斌. 近红外光谱技术在肉品检测中的应用和研究进展. 光谱学与光谱分析, 2009, 29(7): 1876-1880.

[2] 张运海, 杨皓旻, 孔晨晖, 等. 激光扫描共聚焦光谱成像系统. 光学精密工程, 2004, 22 (6): 1446-1453.

[3] 刘善梅. 基于高光谱成像技术的冷鲜猪肉品质无损检测方法研究. 武汉: 华中农业大学, 2015.

[4] 张朝洁. 基于高光谱成像技术的不同加工程度下稻谷品种和虫害鉴别研究. 镇江: 江苏大学, 2014.

[5] 李庆利, 肖功海, 薛永祺, 等. 基于显微高光谱成像的人血细胞研究. 光电工程, 2008,

35(5): 98-101.

[6] 张艳超. 多光谱成像系统图像处理关键技术研究. 长春: 中国科学院长春光学精密机械与物理研究所, 2015.

[7] 刘锦霞. 基于多光谱成像技术快速检测注水肉及冷冻肉的品质安全. 合肥: 合肥工业大学, 2016.

[8] 万会江. 多光谱成像系统研究. 杭州: 浙江大学, 2011.

[9] 黄琪评. 基于光谱成像技术的猪肉品质检测研究. 镇江: 江苏大学, 2016.

[10] 刘魁武, 成芳, 林宏建, 等. 可见/近红外光谱检测冷鲜猪肉中的脂肪、蛋白质和水分含量. 光谱学与光谱分析, 2009, 29(1): 102-105.

[11] Pan W X, Zhao J W, Chen Q S. Classification of foodborne pathogens using near infrared (NIR) laser scatter imaging system with multivariate calibration. Scientific Reports, 2015, 5: 9524.

[12] Kamruzzaman M, ElMasry G M, Sun D, et al. Prediction of some quality attributes of lamb meat using near-infrared hyperspectral imaging and multivariate analysis. Analytica Chimica Acta, 2012, 714: 57-67.

[13] 李雪, 高国明, 牛丽媛, 等. 活体小鼠耳朵的拉曼成像方法研究. 分析化学研究报告, 2012, 40(10): 1494-1499.

[14] 翟晨, 彭彦昆, 李永玉, 等. 基于拉曼光谱成像的食品中化学添加剂的无损检测. 高等学校化学学报, 2017, 38(3): 369-375.

[15] 蔡健荣, 王建黑, 陈全胜, 等. 波段比算法结合高光谱图像技术检测柑橘果锈. 农业工程学报, 2009, 25(1): 127-131.

[16] 陈全胜, 张燕华, 万新民, 等. 基于高光谱成像技术的猪肉嫩度检测研究. 光学学报, 2010, 30(9): 2602-2607.

[17] Zhao J W, Chen Q S, Cai J R, et al. Automated tea quality classification by hyperspectral imaging. Applied Optics, 2009, 48(19): 3557-3564.

[18] Gowen A A, O'Donnell C P, Cullen P J. Hyperspectral imaging—An emerging process analytical tool for food quality and safety control. Trends in Food Science & Technology, 2017, 18(12): 590-598.

[19] 陈全胜, 赵杰文, 蔡健荣, 等. 利用高光谱图像技术评判茶叶的质量等级. 光学学报, 2008, 28(4): 669-674.

[20] Ouyang Q, Yang Y C, Park B, et al. A novel hyperspectral microscope imaging technology for rapid evaluation of particle size distribution in matcha. Journal of Food Engineering, 2020, 272: 109782.

[21] Zhou X, Jun S, Yan T, et al. Hyperspectral technique combined with deep learning algorithm for detection of compound heavy metals in lettuce. Food Chemistry, 2020, 321: 126503.

[22] 朱瑶迪, 邹小波, 石吉勇, 等. 基于高光谱图像技术的镇江香醋固态发酵过程研究. 现代食品科技, 2014, 30 (12): 119-125.

[23] Li H H, Kutsanedzie F, Zhao J W, et al. Quantifying total viable count in pork meat using combined hyperspectral imaging and artificial olfaction techniques. Food Analytical Methods,

2016, 9(11): 3015-3024.

[24] Xu Y, Chen Q S, Liu Y. et al. A novel hyperspectral microscopic imaging system for evaluating fresh degree of pork. Korean Journal for Food Science of Animal Resources, 2018, 38(2): 362-375.

[25] 赵杰文, 惠喆, 黄林, 等. 高光谱成像技术检测鸡肉中挥发性盐基氮含量. 激光与光电子学进展, 2013, 50(7): 073003.

[26] Khulal U, Zhao J W. Hu W W, et al. Nondestructive quantifying total volatile basic nitrogen (TVB-N) content in chicken using hyperspectral imaging (HSI) technique combined with different data dimension reduction algorithms. Food Chemistry, 2016, 197: 1191-1199.

[27] Song S Y, Liu Z F, Huang M, et al. Detection of fish bones in fillets by Raman hyperspectral imaging technology. Journal of Food Engineering, 2020, 272: 109808.

[28] 毕夏坤, 赵杰文, 林颢, 等. 便携式近红外光谱仪判别鸡蛋的贮藏时间. 食品科学, 2013, 34 (22): 281-285.

[29] 郭恩有, 刘木华, 赵杰文, 等. 脐橙糖度的高光谱图像无损检测技术. 农业机械学报, 2008, 39(5): 91-93, 103.

[30] 石吉勇, 邹小波, 张德涛, 等. 不同颜色银杏叶总黄酮含量分布高光谱图像检测. 农业机械学报, 2014, 45(11): 242-245, 33.

[31] Duan H, Tong X, Cui R. On-site identification of *Ophiocordyceps sinensis* using multispectral imaging and chemometrics. International Journal of Agricultural and Biological Engineering, 2020, 13(6): 166-170.

[32] Sendin K, Manley M, Marini F, et al. Hierarchical classification pathway for white maize, defect and foreign material classification using spectral imaging. Microchemical Journal, 2021, 162: 105824.

[33] ElMasry G M, Fulladosa E, Comaposada J, et al. Selection of representative hyperspectral data and image pretreatment for model development in heterogeneous samples: A case study in sliced dry-cured ham. Biosystems Engineering, 2021, 201: 67-82.

[34] Badaró A T, Amigo J M, Blasco J, et al. Near infrared hyperspectral imaging and spectral unmixing methods for evaluation of fiber distribution in enriched pasta. Food Chemistry, 2020, 343: 128517.

[35] Fu X P, Kim S M, Chao K L, et al. Detection of melamine in milk powders based on NIR hyperspectral imaging and spectral similarity analyses. Journal of Food Engineering, 2014, 124: 97-104.

[36] Laborde A, Puig-Castellví F, Jouan-Rimbaud B D, et al. Detection of chocolate powder adulteration with peanut using near-infrared hyperspectral imaging and Multivariate Curve Resolution. Food Control, 2021, 119: 107454.

[37] 朱瑶迪, 邹小波, 申婷婷, 等. 油炸藕片含油量快速预测及微观结构的三维重建. 农业工程学报, 2016, 32(5): 302-306.

第 6 章 气味成像化检测技术

气味是食品质量安全的重要指标。食品在储藏、加工过程中，由于自身新鲜度等品质的变化，外界环境真菌等微生物的感染，以及加工过程中成分的变化，通常会挥发出不同成分的气体。传统的检测手段如人工感官评定法、色谱化学分析法等，由于自身检测速度慢、耗时长等问题，难以实现食品质量安全的快速检测。气味成像化技术是目前国际上人工嗅觉技术研究领域一个新的分支，该技术通过对挥发气体敏感的色敏材料捕获挥发性气体，并以成像化的形式表现出来，可实现对食品质量安全的快速检测。气味成像化技术能够解决常见气体传感器存在的一些问题，弥补现有电子嗅觉技术的不足，更突出的特点是，其能将嗅觉信息转化为视觉信息，使气味直观可见，便于分析。相对于传统的电子嗅觉技术，气味成像化技术可选用的气体传感更广谱，可持续性更高，其检测结果呈现的方式也更加直观、生动。本章通过对气味成像化技术在食品质量安全领域中应用的理论分析，以及最新的科学研究和应用成果的介绍，系统性地揭示气味成像化技术的基本原理、传感器的制作和增敏处理、检测系统以及传感信号的处理与分析，阐述气味成像化技术在食品质量安全领域的科学研究以及应用前景，以期为气味成像化技术在食品质量安全领域的推广使用提供一定的参考价值。

6.1 气味成像化检测技术概述

气味成像化检测技术(又称为色敏传感技术或嗅觉可视化技术)诞生于 2000 年，由美国伊利诺伊大学厄巴纳-香槟分校的 Kenneth S. Suslick 教授首先提出[1]。Suslick 教授课题组在 *Nature* 杂志上提出了利用传感色敏材料与待检测气体发生配位结合反应，根据色敏材料反应前后的颜色变化对挥发性有机化合物（volatile organic compounds, VOCs）进行定性定量分析的设想，即把挥发气味通过直观可视的图像方式表达出来。该技术将色敏材料沉淀于底板上，制成色敏传感器来检测多种挥发气体，后称之为色敏传感器技术。该技术本质是一种新型的电子鼻技术，即捕获气体所采用的传感材料由导电金属物质转化为含有显色官能团的色敏材料，这些色敏材料通过氢键、π-π 键和金属键的作用与挥发性物质结合，从而发生相应的颜色变化而被分析、检测、鉴别和分类。随着材料加工技术的进步和计算机数据处理水平的不断提高，气味成像化检测技术被证明在环境监测、食品与饮料质量监控、疾病诊断等领域具有重大的应用前景。近年来，气味成像化检测技术逐步应用于一些挥发性较强的食品，如醋、白酒以及粮食的霉变的气味检测等[2]。

6.1.1　气味成像化原理

气味成像的基本原理是利用具有强显色能力的色敏材料与挥发性气体相结合，通过对传感器与气体结合进行成像化分析，检测分析气体的成分与浓度。色敏材料是气味成像化技术的关键，气味成像传感器所用的气体敏感材料需要满足以下两个基本的条件：①色敏材料至少要有一个能够和待检测物质发生强烈化学反应的官能团；②色敏材料和检测物质反应后，能够发生一定的颜色变化。色敏材料中心通常为不同的金属离子(M)，可以形成不同颜色的金属化合物。以最为常见的色敏材料卟啉(porphyrin)为例，含有相同 R 取代基的钴卟啉和三价铁卟啉在二氯甲烷中的颜色分别是深紫色和墨绿色。4 个次甲基位置上连接不同的取代基(R_1、R_2、R_3、R_4)也可以得到不同颜色的金属离子，如含有不同 R 基锌卟啉会呈现绿色、浅红色、棕色等不同的颜色。更重要的是，当金属卟啉(M-porphyrin)作为化学反应的受体，外来基团进入卟啉环内与中心金属离子以及其他基团连接时，金属卟啉会发生颜色变化。当含氮配体与铁卟啉轴向配位时，铁离子上的电子云密度会加大，同时吡咯环上的电子云密度也会增大，以上变化体现在光谱上就是吸收峰发生了红移。相同量的外来基团或不同量的同一基团会产生不同的颜色变化，从而可以根据色敏材料与气体分子反应前后的颜色变化程度对挥发性有机化合物(VOCs)进行定性或定量分析。色敏材料是气味成像化技术的关键，下面对色敏材料的官能团特征以及显色原理做简单介绍。

1. 卟啉类化合物

卟啉类化合物是实验中常用的色敏材料。卟啉类化合物是在卟吩(porphin)环上具有取代基的一类大环化合物的总称。卟吩分子中 4 个吡咯环的 8 个 β 位和 4 个中位(meso 位)的氢原子均可被其他基团所取代，生成不同种类的卟吩衍生物，即卟啉。卟啉的环系基本处于一个平面上，是一个高度共轭的体系，因此有稳定的内部结构性质且材料本身视觉上有鲜艳的颜色表现[3]。卟吩环上有 11 个共轭双键，这个高度共轭的体系极易受到吡咯环及次甲基的电子效应的影响，从而表现为各不相同的电子光谱。当卟啉中心的 4 个氮原子与金属离子结合时，就形成金属卟啉。如果改变卟啉环上的取代基类型、调节 4 个氮原子的给电子的能力、引入不同的中心金属离子，或者改变不同亲核性的轴向配体，都会使卟啉和金属卟啉具有不同的性质，因而也具有不同的功能。

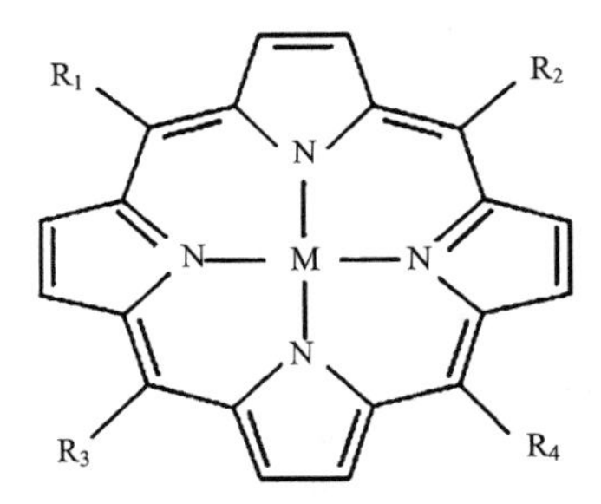

图 6-1 金属卟啉分子的化学结构

金属卟啉由大 π 共轭有机分子(卟啉环)和金属离子(M)构成，是一类含有金属离子的大环高分子化合物，化学结构如图 6-1 所示，金属离子位于卟啉环的中心。卟啉和金属卟啉分子具有刚性结构，周边官能团的位置和方向可加以控制，且分子有较大表面，其轴向配体周围的空间大小和相互作用的控制余地较大。位于金属卟啉(M-porphyrin)中心的金属离子与 4 个吡咯环上的氮原子连接，由于金属卟啉轴向配体的配位基是敞开的，所以金属离子还可以接收来自卟啉平面上方或下方的其他基团，形成金属-分析物化学键(金属键)，因此金属卟啉作为受体有显著优点，可进行分子大小、形状、官能团和手性异构体的识别[4]。

2. 氟硼吡咯类化合物

氟硼吡咯类化合物于 1968 年被首次发现，是氟硼吡咯被各类取代基取代后产生衍生物的总称。氟硼吡咯是合成卟啉类化合物的中间产物，它保留了部分发色基团(两个吡咯环)，所以氟硼吡咯类化合物具备较强的显色性能。如图 6-2 所示，当取代基嫁接在氟硼吡咯核心上，能够迫使氟硼吡咯类化合物彼此分开，并且其发色基团的特性不会受到影响。这种现象防止了 π-π 堆积形成构象受限的环状结构，使得氟硼吡咯类化合物具备简单的单共轭化学结构[5]。与卟啉类化合物相比，其合成所需的时间和成本也大大降低。同时，取代基的取代导致最高占据轨道

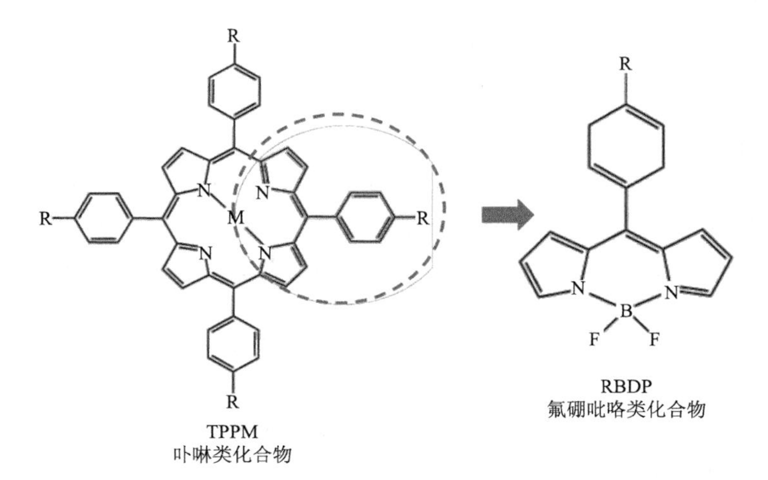

图 6-2 卟啉类化合物与氟硼吡咯类化合物结构对比

(highest occupied molecular orbital, HOMO) 和最低未占轨道 (lowest unoccupied molecular orbital, LUMO) 能级增加，氟硼吡咯类化合物的能带隙总体降低，获得了良好的光谱特性和化学反应性能。该类化合物吸收光大多在红光至近红外区域，对结构进行很小的改动就可以调节其光谱特性，产生蓝移或红移。在应用于环境气体检测时，容易获得灵敏度高和专一性强的取代化合物类型。简单的化学结构使其易于被纳米化和功能化修饰，并取得优异的传感效果，在荧光标记、传感器和激光染料的制作等领域得到了广泛的应用[6]。

3. MOF 类化合物

金属有机骨架 (metal-organic framework，MOF) 材料是一类由有机配体和金属离子通过共价键和配位键形成次级结构单元 (secondary building unit, SBU)，然后由 SBU 自组装形成的具有丰富孔隙的拓扑结构聚合物晶体材料。由于 MOF 具有多孔性骨架结构，因此合成 MOF 的有机配体多以苯环和含 N 杂环为其刚性主体结构，常见的配基则主要包括了能提供孤对电子的具有强配位作用的含 N、O 和 P 等原子官能团；合成 MOF 的金属离子通常为能提供形成配位键所需空轨道的阳离子。

根据合成 MOF 所需的有机配体和金属离子的配位方式的组合，可设计合成一维 (1D)、二维 (2D) 和三维 (3D) 等不同结构的 MOF。如图 6-3 所示，当配体与金属离子的配位形式均为平面结构时，合成的 MOF 为一维或二维结构；当配体或金属离子的配位形式为非平面结构时，可合成三维的 MOF。

作为一种新型功能性配位聚合物，MOF 具有巨大的比表面积、丰富的孔结构、大量的配位不饱和金属位点 (Lewis 酸) 和金属羟基 (Brϕnsted 共轭酸碱) 以及具有吸附/催化活性的有机官能团等位点。除了以上活性位点外，富电子的苯环结构本身也可作为小分子物质或有机化合物的有效吸附位点。

4. 酸碱指示剂

除了卟啉类及氟硼吡咯类化合物以外，酸碱指示剂也可以作为可视化传感器的色敏材料。酸碱指示剂一般为有机弱酸或弱碱，当环境中的 pH 改变时，指示剂获得质子转化为酸性或失去质子转化为碱性，由于指示剂的酸型和碱型具有不同的结构，因而具有不同的颜色。现以甲基橙为例，介绍颜色变化的原理。甲基橙是一种弱碱，为双色指示剂，存在如图 6-4 所示的离解平衡和颜色变化。由平衡关系不难看出，当 H^+浓度增大时，反应向右进行，甲基橙主要以醌式 (酸型) 存在，显红色；当环境中的 H^+浓度降低时，反应向左进行，甲基橙主要以偶氮式 (碱型) 存在，显黄色[7]。

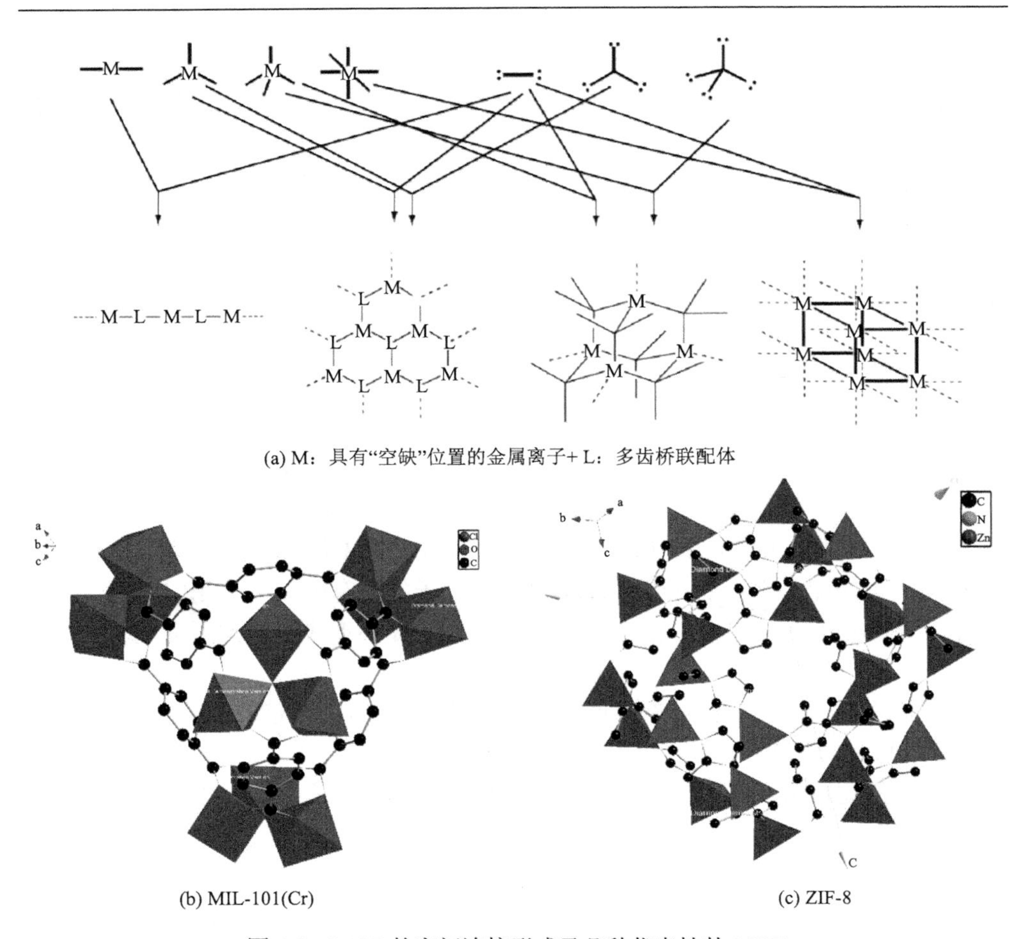

(a) M：具有“空缺”位置的金属离子+ L：多齿桥联配体

(b) MIL-101(Cr)　　(c) ZIF-8

图 6-3　MOF 的空间连接形式及几种代表性的 MOF

酸碱指示剂不仅会感应环境中的酸碱变化，当环境中的物质极性发生变化时，酸碱指示剂也会产生相应的颜色变化。

$(CH_3)_2N$—⟨苯环⟩—N=N—⟨苯环⟩—SO_3^- $\underset{OH^-}{\overset{H^+}{\rightleftharpoons}}$

黄色(偶氮式)

$(CH_3)_2N^+$=⟨醌环⟩=N—N(H)—⟨苯环⟩—SO_3^-

红色(醌式)

图 6-4　甲基橙在酸碱环境中的变色原理

6.1.2　色敏材料选取显色机理分析

色敏材料是构建色敏传感器的核心材料，目前广泛采用并且被认为性能较好的色敏材料是卟啉类和吡咯类化合物。卟啉类化合物含有 4 个吡咯环构成的 π 状共轭体系，使其具有优异的显色性能；且中心可以与大部分金属离子结合，使其有大量的衍生物可供选择。多样化的卟啉类衍生物一方面为色敏材料提供了广阔的选择空间，有利于构建专一性的色敏传感器，另一方面也在色敏材料的筛选上造成了一定的难度。因此，高效筛选、合成低成本的色敏材料是气味成像化技术研究的重要方向。

1. 色敏材料与待测分子结合紫外光谱动力学分析

色敏材料分子大多具有大 π 共轭环状结构和刚性平面结构，拥有生色基团，能与多种物质发生化学作用，通过轴向配位、氢键、静电作用等分子间相互作用使卟啉化合物的构型发生改变，利用吸收光谱、荧光光谱等光谱技术均可检测这种变化。此外，色敏材料与挥发性气体的反应是通过分子配位结合，导致其电子跃迁能级的改变，在外观上则反映为颜色的变化，即称为显色效应。色敏材料分子的空间结构、中心金属离子活性等都对配位反应的结果有较大影响。图 6-5 为四苯基卟啉(TPP)与乙醇挥发气体显色反应的紫外可见光谱图，TPP 的紫外可见光谱图在 417nm 处形成了一个强吸收峰，该强吸收峰称为 Soret 带(即 B 带)，是由电子从高占据分子轨道 $\alpha_{1\mu}$ (π)跃迁到最低空轨道 e_g(π*)导致，此外，TPP 还由于 $\alpha_{2\mu}$ (π)

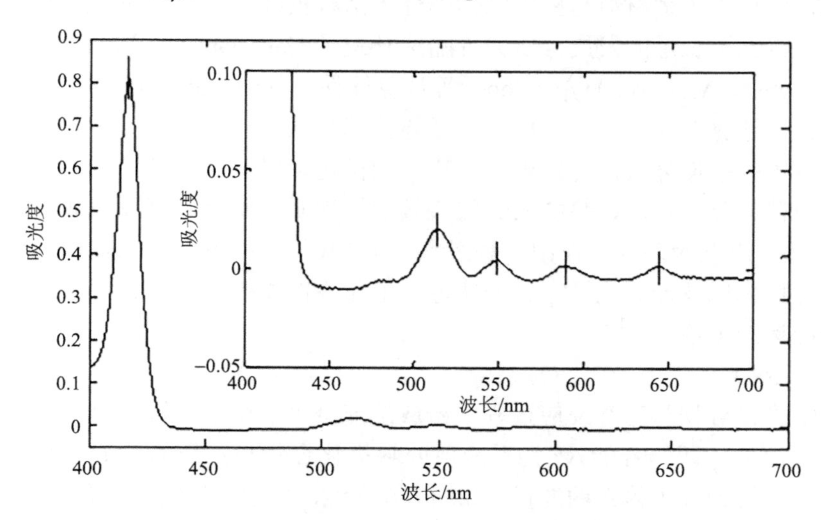

图 6-5　四苯基卟啉(TPP)的紫外可见光谱

跃迁到 $e_g(\pi^*)$ 形成 4 个吸收较弱 Q 带，波长分别位于 513nm、550nm、591nm 和 646nm 处，由于跃迁偶极相互抵消的作用，Q 带的吸收较弱。而 Soret 带的跃迁是两个跃迁偶极的增强作用，因此，Soret 带的吸收较强，TPP 的 Soret 带吸光度约是 Q 带的 40 倍[8]。

配位反应中配位数和平衡常数是研究分子间相互作用的重要参数，可以利用 Benesi-Hildebrand 方程计算，方程如式(6-1)所示：

$$\lg K = \lg \frac{A - A_1}{A_2 - A} - n \lg C \tag{6-1}$$

式中，A_1 为没有添加乙醇时卟啉的空白吸光度；A_2 为卟啉最终完全质子化时溶液的吸光度；A 为滴定过程中任意一点时卟啉溶液的吸光度；C 为所加乙醇的浓度值。根据一定波长下吸光度的变化，由 $\lg\left[(A - A_1)/(A_2 - A)\right]$ 对 $\lg C$ 作图得到的曲线斜率可求得乙醇与卟啉的配位数 n，而由截距可求得平衡常数 $\lg K$ [9]。

2. 色敏材料与待测分子结合泛密度函数分析

色敏材料与挥发性气体反应前后的颜色变化涉及分子间的相互作用，而分子间的相互作用与原子核之间的电子云分布等有关。因此，通过密度泛函理论(density functional theory，DFT)对色敏材料与挥发性特征气体反应机理进行理论模拟计算，对其与挥发性气体配位反应前后的结合能、HOMO 及 LOMO 轨道能级差、偶极矩、原子电荷、中心金属离子偏离卟啉分子平面位移等参数的变化进行研究，可探索色敏材料与挥发气体小分子结合机理。计算机的普及使得量子化学计算法得到了长足的发展，研究者陆续开发了 Gaussian、Multiwfn、Molekel、VASP、Sybyl、Molpro、HyperChem 等计算软件。其中 Gaussian 是目前应用最广的量子化学计算软件之一，常用于半经验计算和从头计算。该程序适用于气相和溶液中分子的模拟分析，可实现分子构型的优化，以及对分子相互作用过程中的能量、电荷、分子轨道、势能面、取代效应等性质的研究。可采用基于杂化函数 B3LYP 的密度泛函理论，在中等基组水平 6-31G(d, p)下，对色敏材料和己醛的结构进行优化以及计算能量、分子轨道、电荷等性质的变化，并用 GaussView 实现分子结构的可视化[10]。

1)结合能

卟啉类化合物与乙醇反应过程中释放的能量可以用于分析卟啉类化合物与乙醇的结合能力，即结合能 ΔE 为反应前卟啉类化合物与乙醇的总能量减去反应后卟啉与乙醇结合分子体系的能量，如图 6-6 所示。能量单位哈特里(a.u.)与常用的能量单位 kcal/mol 的换算公式为 1a.u.=627.5095kcal/mol。

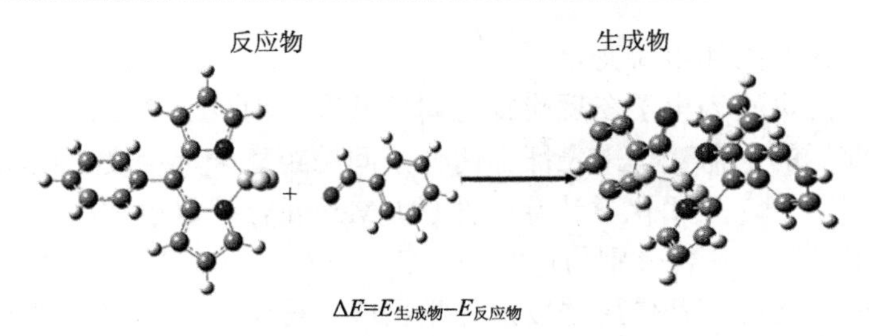

图 6-6　卟啉与乙醇反应前后的结合能计算方法

2) 轨道能级差

Fukui Kenichi 于 1975 年提出了前沿分子轨道理论，用于解释化学反应中电荷转移等现象。他认为，在分子中存在着 HOMO 和 LUMO，其中 HOMO 上有电子分布，电子能最高，LUMO 上无电子分布，能量最低；在化学反应中处于高能状态的 HOMO 上的电子受束缚最小，活跃度最强，容易跃迁至低能状态的 LUMO 上，从而实现电子的转移，如图 6-7 所示。因此，HOMO 和 LUMO 轨道是一个体系中分子间发生反应的关键。研究表明，激发电子所需的能量越小，越有利于电子从 HOMO 跃迁至 LUMO，即 HOMO 与 LUMO 之间的能级差越小，越有利于电子的跃迁，发生化学反应或物理变化。

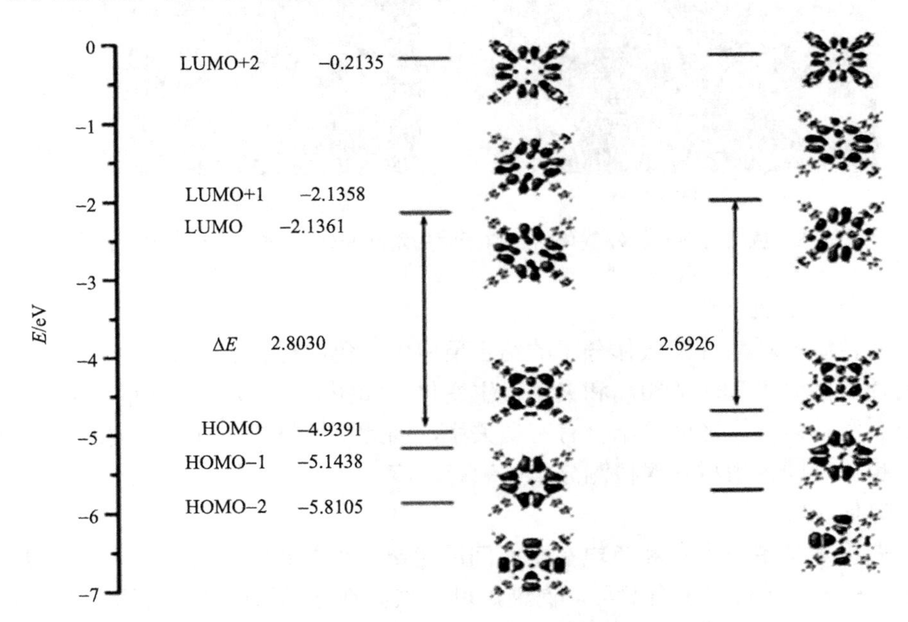

图 6-7　ZnTPP 与乙醇配位反应前后能级变化图

3）原子间的距离和电荷变化

化学反应的本质为电子在反应物之间的共享，而反应物之间的电子变化可以由化学反应前后的电荷变化来表征。两分子间的距离一定程度上反映了它们之间的相互作用强度[11]。采用化学计算软件（如 Mercury）计算色敏材料与挥发气体分子反应，氟硼吡咯的—F 分别与己醛的—C_2、—C_3、—C_4间的距离，可探究氟硼吡咯与己醛分子间的相互作用强度，化学反应过程中化合键的断裂与形成从本质上看是反应物之间电子的转移，其电子的转移可用化合物反应前后的电荷变化表征，如图 6-8 所示。

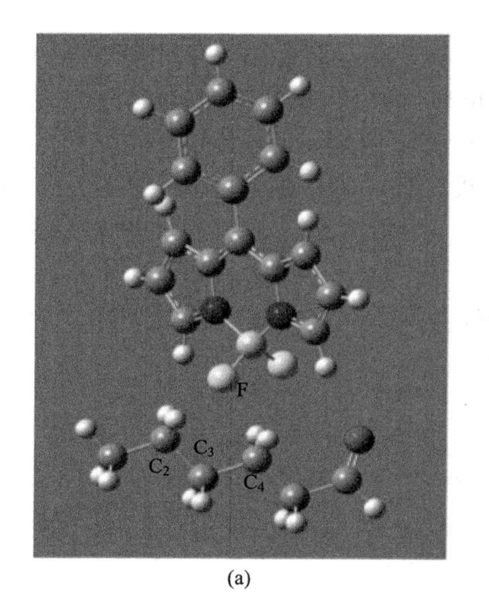

(a)

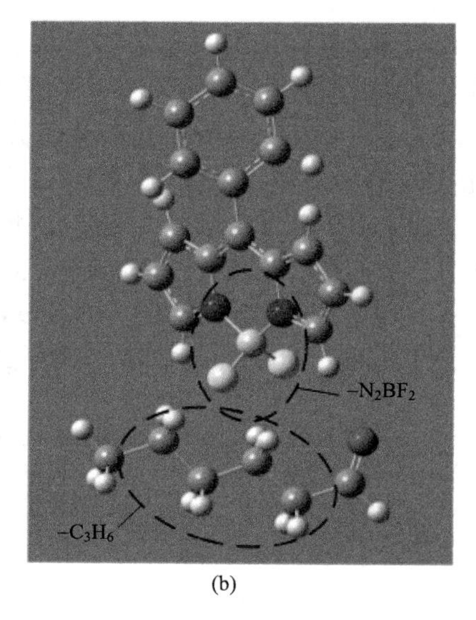

(b)

图 6-8　色敏材料与挥发气体结合原子间的距离变化（a）和电荷变化（b）示意图

4）分子平面夹角

在色敏材料与挥发气体分子的结合反应中，色敏材料分子杂环上的取代基变化会使得两分子平面的距离和夹角发生变化，如图 6-9 所示。这种变化往往与色敏材料和待测分子之间的结合有密切关系，因此色敏材料与分子平面的距离以及夹角也可反映色敏材料对待测分子的敏感程度。

5）偶极矩

偶极矩是指正电荷和负电荷中心间的距离 r 和电荷中心所带电量 q 的乘积，即 $\mu = r \times q$，单位是 D（德拜）。偶极矩可用来评判分子的极性，若偶极矩等于 0，则为非极性分子；反之，则为极性分子。偶极矩越大，分子的极性越强。以卟啉和多种金属卟啉与乙醇作用前后的对比为证，如图 6-10 所示。

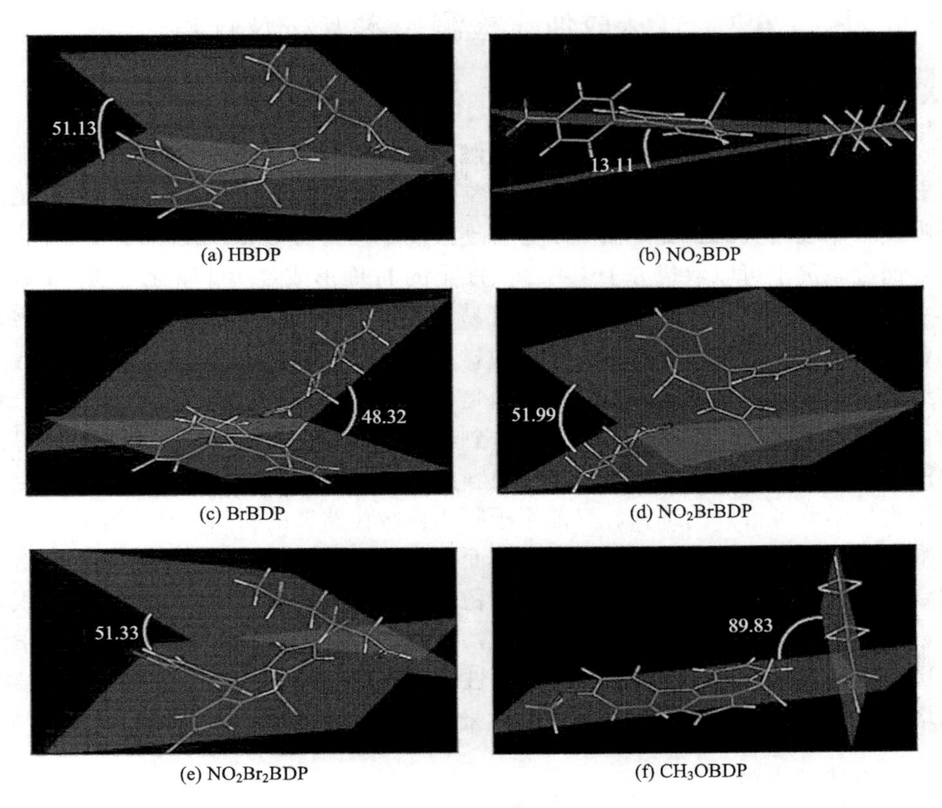

(a) HBDP　(b) NO_2BDP
(c) BrBDP　(d) NO_2BrBDP
(e) NO_2Br_2BDP　(f) CH_3OBDP

图 6-9　氟硼吡咯与醇类的平面夹角

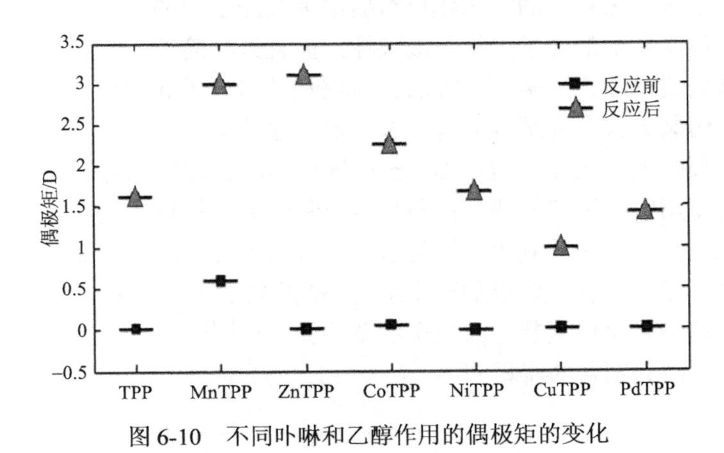

图 6-10　不同卟啉和乙醇作用的偶极矩的变化

6.2　气味成像化检测技术方法及仪器

6.2.1　色敏材料的纳米化处理

常规的色敏材料对于常量的气体检测有较好的效果，但对微量气体检测能力较弱，其主要原因是色敏材料的粒径通常很小，与检测气体有效接触面积不足。卟啉及氟硼吡咯类化合物是由吡咯分子连接而成的具有 π-π 共轭结构的杂环化合物，而金属离子可以取代分子中心 N—H 上的 H 而形成金属卟啉化合物，π 共轭体系使其具有良好的色敏特性，且具有易于修饰、性质稳定等特点，因此通常采用带有聚集效应的纳米分散体处理色敏材料，从而提高色敏介质衬底与气体分子的结合力，提高其灵敏度。纳米级材料是一种典型的介观系统，处于原子和宏观物体交界的过渡区域，当宏观物体细分到纳米级别时，其光学、力学及化学等方面的性能会显著地改变。由于纳米化材料的比表面积大，此纳米颗粒成为固定支持生物化学分子很好的选择。目前用于制作色敏传感器的材料主要有卟啉类及氟硼吡咯类化合物。应用于色敏传感器方面，可以进一步修饰卟啉类或氟硼吡咯类化合物，以提高色敏传感器的灵敏度和稳定性。利用聚合物纳米球的比表面积效应、小尺寸效应、量子效应、界面效应，与色敏材料二者聚合成灵敏度和化学活性更高的纳米化材料，能与检测的挥发性有机物质等目标分子形成更稳定的结构而增强显色效应[12]。色敏材料常见的纳米化修饰的方式如下。

1. 纳米化自组装

目前，纳米色敏材料的纳米化自组装法因其分子间的作用力为非共价键，能较好地保证纳米材料的电子结构不被破坏，而且方法简便、易于控制纳米卟啉的形貌，已成为目前被广泛采用的方法。自组装是指分子通过分子间的相互作用，通过一定的组装方式自发结合成为具有一定有序结构、一定规则几何外观的一种技术，其主要是通过氢键、配位键、π-π 堆积作用、范德瓦耳斯力等非共价键的作用。目前常用的自组装方法包括固相自组装法和液相自组装法。固相自组装法主要为物理气相沉积法，液相自组装法主要分为再沉淀法、表面活性剂辅助法及离子自组装方法。其中，表面活性剂辅助法是再沉淀法的改进，该方法操作简单，在色敏材料的纳米化自组装方面使用的范围比较广[13]。图 6-11 为一种色敏材料(卟啉)纳米化组装制备的流程图。

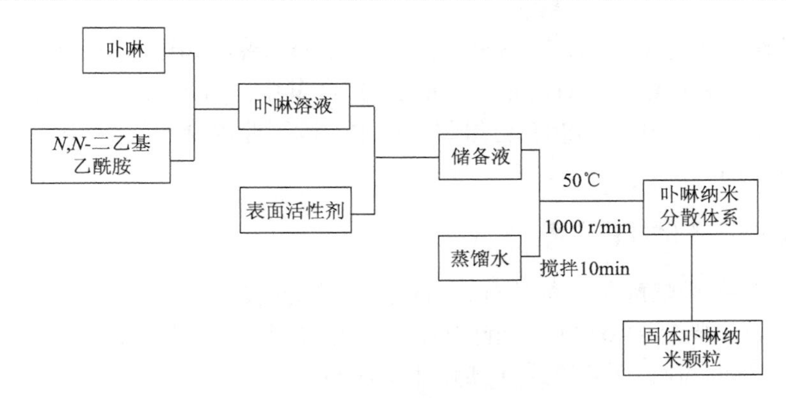

图6-11　卟啉纳米材料的制备路线图

色敏材料纳米化自组装后会生成棒状结构或者片状结构，而通过分子间π-π相互作用则会形成面对面的H型聚合物，自组装纳米化材料颗粒的平均宽度为100～500nm，长度为0.5～2.5μm。图6-12是卟啉材料N-MnTPP纳米化自组装的

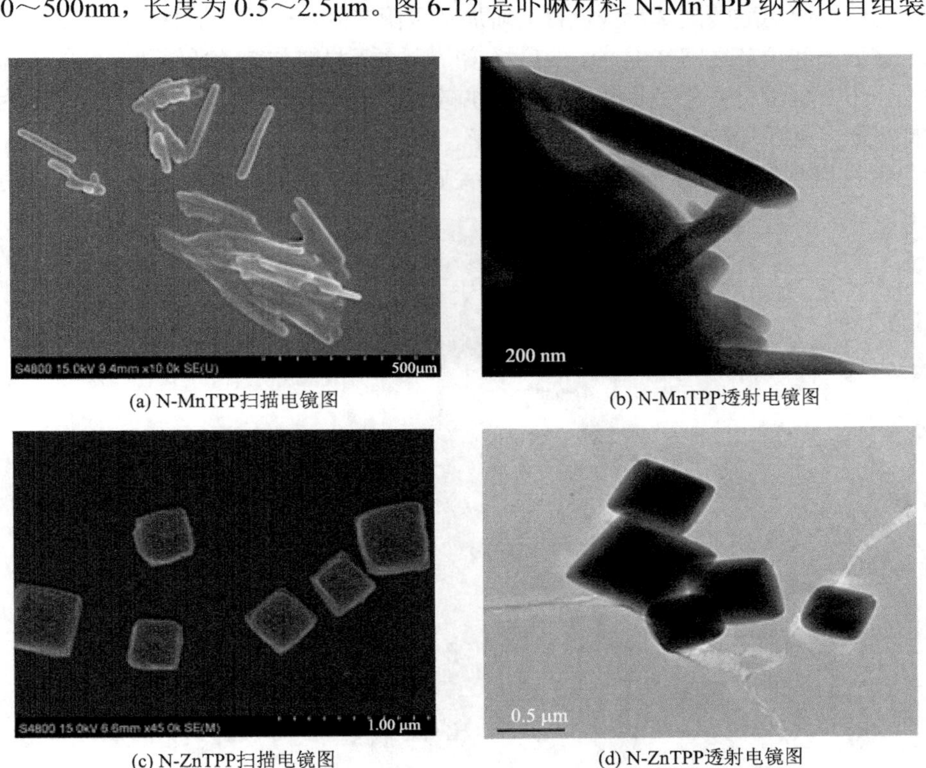

(a) N-MnTPP扫描电镜图
(b) N-MnTPP透射电镜图
(c) N-ZnTPP扫描电镜图
(d) N-ZnTPP透射电镜图

图6-12　色敏材料MnTPP和ZnTPP纳米化表征后的电镜图

扫描电镜图和透射电镜图，以及 N-ZnTPP 的扫描电镜图和透射电镜图。从图中可以看出，MnTPP 自组装成有一定厚度的正方片，其中正方形的边长大约为 500nm，这也进一步证明，N-ZnTPP 在自组装过程中，除了卟啉分子间的 π-π 相互作用，还有氢键作用。

2. 聚合纳米化材料修饰

聚苯乙烯-丙烯酸是一种带有表面聚集功能的纳米聚合物，通过无皂乳液共聚合方法，使用苯乙烯(St)和丙烯酸(AA)作为单体以过硫酸铵(APS)作为非缓冲介质中的引发剂，制备聚苯乙烯-丙烯酸微球(PSA)。

以苯乙烯和丙烯酸为原料，合成一种聚合物纳米微球，再混合色敏材料，然后通过加热来提高混合体系的温度，一方面来增加色敏材料的溶解度，同时，温度的升高也可以增强纳米球表面丙烯酸链的活动性，产生更多的自由体积，促进溶液中的色敏材料分子与纳米球之间的相互作用。当材料分子与纳米球表面充分接触，它们与丙烯酸的羧基形成氢键，增加了吸附在外水合层上的材料的量，然后在纳米球表面和内部之间产生一个浓度梯度[14]。由于材料与苯乙烯链段之间的强疏水相互作用，色敏材料分子从纳米球表面扩散到内部，降低了水相中的浓度[15]。为了保持平衡，悬浮颗粒中的更多材料会溶解，直到所有分子都被纳米球吸收。图 6-13 为色敏材料与纳米微球合成示意图，相关研究表明，通过对纳米微球的粒径(丙烯

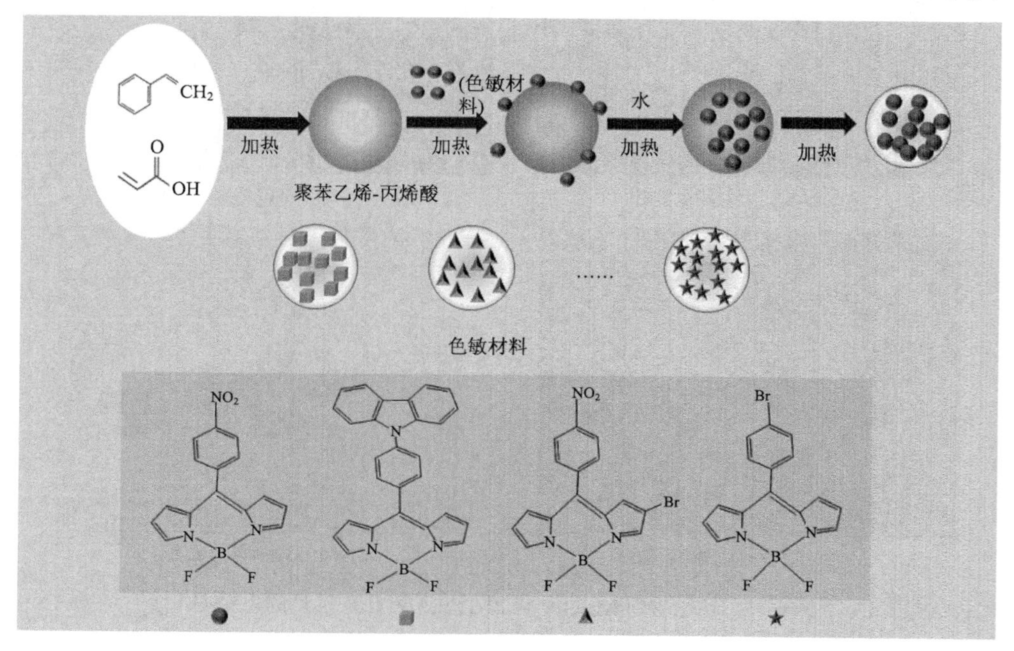

图 6-13　色敏材料 BODIPY 和纳米微球(聚苯乙烯-丙烯酸)的聚合

酸的用量)、纳米微球与色敏材料的质量比、乳化剂的选择等方面进行优化，可增强纳米色敏传感器应用于气体检测的性能[16,17]。

3. 多孔纳米化材料修饰

介孔二氧化硅纳米球材料是多孔的，这是由于多孔二氧化硅纳米球(PSN)具有比表面积大、孔体积大以及孔径可调的特性[18-20]。基于PSN制造纳米化色敏传感器用于气体检测，将选出的化学响应性染料与PSN混合并分散在*N*, *N*-二甲基乙酰胺(DMAC)和乙醇中，然后在50℃下缓慢搅拌2h。具体流程如图6-14所示。

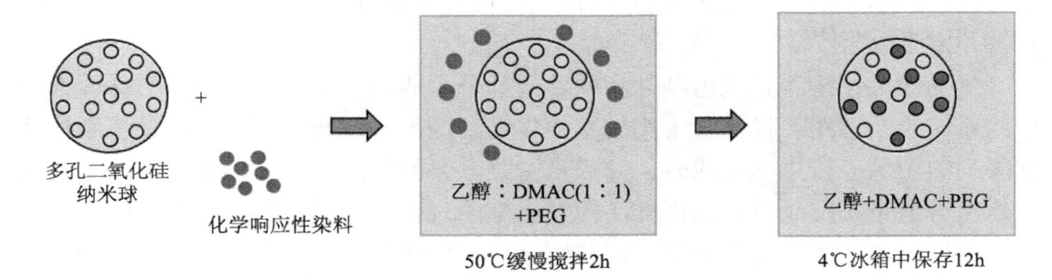

图6-14 多孔纳米修饰染料的合成过程

图6-15显示了扫描电子显微镜(SEM)、透射电子显微镜(TEM)和能量色散X射线光谱(EDS)图像。白色粉末由球形纳米颗粒组成，其平均直径估计约为250nm。相应的EDS[图6-15(a)中的小图像]发现Si和O元素的存在，表明球形纳米粒子由二氧化硅组成。在更高的放大倍数下[图6-15(b)]可以看出，纳米球是多孔的。图6-15(c)～(e)属于不同表面改性PSN的TEM图像。在粒径、孔径和表面形貌方

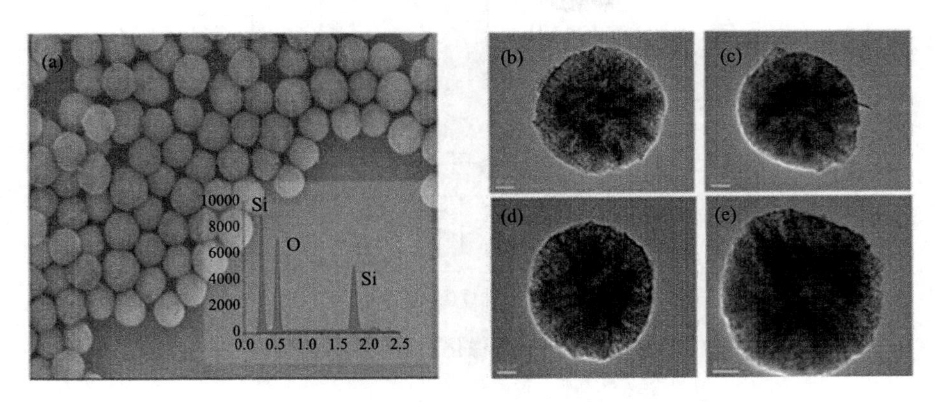

图6-15 PSN的SEM、TEM和EDS图像[17]

(a)PSN的SEM和EDS图像；(b)PSN的TEM图像；(c)PSN-NH_2的TEM图像；(d)PSN-CH_3的TEM图像；(e)PSN-COOH的TEM图像

面，与 PSN 相比，$PSN-CH_3$、PSN-COOH 和 $PSN-NH_2$ 没有显著变化。然而，$PSN-CH_3$ 的外壳比其他样品的外壳更光滑[图 6-15(d)]。由于粒子的表面化学性质对 Zeta 电位有重要影响，接枝不同偶联剂的粒子具有多种表面化学性质。

6.2.2　气味成像化检测系统

气味成像化检测技术是将气味信息转化为视觉信息，使气味“看得见”，相对于传统的电子鼻技术，嗅觉成像技术更加直观、生动。该技术通过具有特定识别能力的染料，捕获被检测物的挥发气体，从而发生颜色变化，再通过图像设备结合模式识别方法，处理相应的 RGB 等颜色变化差值，从而实现对被检测物的定性和定量分析[21]。

气味成像化检测系统由硬件和软件两部分组成，图 6-16 是便携式气味成像化检测系统的示意图。样品置于集气室中集气，图像获取装置采集反应前色敏传感器阵列的图像；待集气完成时，开启真空泵，泵的作用是将被检测对象的挥发性气体由管道带入反应室，使得样品挥发出来的气体与色敏材料在反应室中接触反应，色敏材料的颜色发生变化；反应结束后，图像获取装置采集反应后的图像，计算机进行模式识别，从而对被检测样本进行分析[22]。

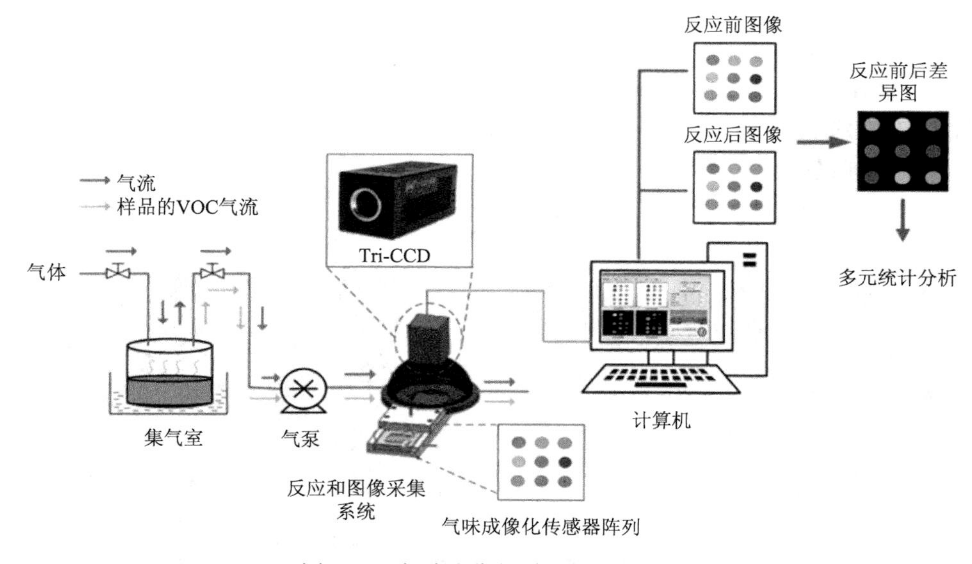

图 6-16　气味成像化系统装置示意图

1. 传感器阵列的制作

气味成像化传感器阵列的制作是气味成像化检测系统的核心技术。确定好色敏材料后，将这些材料制成传感器既有制作技术的问题，也涉及工艺的问题。对于一个传感器，其基本要求如下：高灵敏性、抗干扰的稳定性(对噪声不敏感)、线性、高可靠性、可重复性、安全性、互换性，以及高精度、高响应速率、宽测量范围、宽工作温度范围等。另外，针对特定类型传感器还应有特殊的要求[23]。

气味成像传感器材料的获取和制作的工艺是传感器的核心技术，介质衬底(基板)作为形成相应敏感材料的薄膜，因此基板材料的选取对传感器的性能也会产生影响。目前用于气味成像传感器制作的基板主要有反相硅胶平板、聚四氟乙烯等疏水性材料[24]。

一种化学显色剂可以制成单个可视化气体传感器，不同显色剂制成的传感器，其敏感特性不同，将多个不同显色剂制成的传感器排列在一起就形成可视化气体传感器阵列，这些传感器的排列组合，提高了检测精度，也极大地拓展了嗅觉可视化的应用范围[25]。因此，色敏传感器一般以阵列的形式出现，如图 6-17 所示。

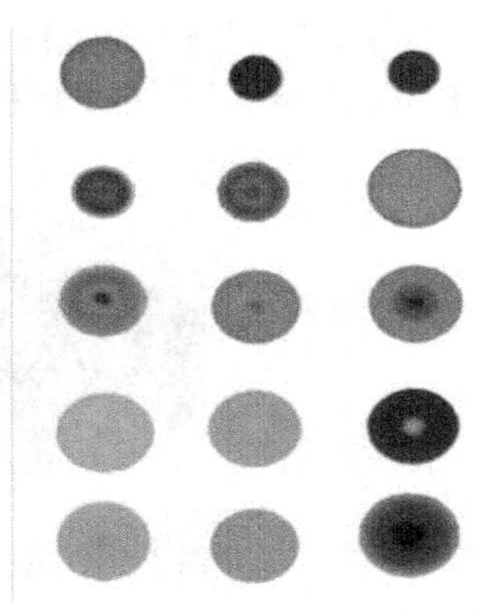

图 6-17　色敏传感器阵列

嗅觉可视化传感器阵列制作方法如下。

(1) 气体色敏材料的选择：选用对气体有颜色变化的疏水卟啉类、氟硼吡咯类化合物和酸碱指示剂作为气体色敏材料。

(2) 溶剂的选择：针对(1)中所选择的每种气体色敏材料选择相应的有机溶剂，将气体色敏材料以一定的浓度(以 0.1～0.5mol/L 为佳)溶解在有机溶剂中。

(3) 传感器基板材料的选择与制作：①选择白色聚四氟乙烯材料(1mm≤厚度≤3mm)，并将其加工成长方形或正方形方块；②在每个正方形方块上用激光雕刻刀整齐地雕刻边长为 0.2～0.5mm 正方形(或直径为 0.2～0.5mm 圆形)、深度为 0.01～0.02mm 的标记；③在每个标记处覆以一层 0.01～0.02mm 厚的疏水性白色稳定剂。

(4) 阵列制作：通过微量取样装置取 0.1～10μL 气体色敏材料溶液固定到基板标记处的稳定剂上，一个标记处固定一种气体色敏材料溶液，将有机溶剂干燥后即得到色敏传感器阵列。

2. 配套设备

气味成像系统的配套设备主要包括集气室、真空泵、摄像头、光源、反应室、色敏传感器阵列和计算机。我们选择与系统性能密切相关的设备作为研究对象，优化设备以提高气味成像检测能力。

1）图像采集装置

扫描仪和相机作为目前图像获取的主要方式，各具优缺点。其中，扫描仪价格便宜，且扫描仪内部自带光源，灯管随步进电机一起运动，光照均匀。但是，与相机相比，扫描仪体积笨重、扫描速度慢且一般不支持二次开发，因此不利于开发成便携式系统。所以，本书中的图像获取方式选择轻便、可在线采集图像并且支持二次开发的相机来获取图像。图 6-18 是 CCD 相机的实物图。3CCD 相机内的三棱镜可将光源分为红、绿、蓝三原色光，且 3CCD 相机内有 3 个独立的影像感应器，可将红、绿、蓝三原色光单独处理，从而改善相机获取颜色的准确程度及影像质量。此外，3CCD 相机的 3 个 CCD 影像感应器的光线采集区域均较大，使得 3CCD 相机与 CCD 相机相比，信噪比高、敏感度好且动态范围宽[26]。

图 6-18　色敏传感器阵列图像采集的 CCD 相机实物图

2）光源的选择

光源的均匀性将直接影响图像的质量，从而影响装置的性能。均匀度、亮度、效率、使用寿命以及发光的光谱特征等，这诸多因素都是相机光源的选择因素。常用的相机光源有卤素灯（光纤光源）、高频荧光灯以及 LED 光源。目前 LED 光源最常用，相对于其他光源，LED 不仅亮度高、使用寿命长，而且由于它是由多颗 LED 排列而成，因此可以设计成复杂的结构，从而实现不同角度的光源照射。在光源前面添加一个漫反射板，即漫反射光源，可以使得光源所发出的光线通过漫反射板多次反射，实现空间区域的漫反射照明，使得光线更加均匀，完全消除阴影，并能削弱待测物体表面的镜面反射对成像图像的影响。通常可以采用的光源有条形漫反射 LED 光源和积分球漫反射 LED 光源，如图 6-19 所示。一般而言，积分球漫反射光源可以将底部平面上的一圈 LED 光源均匀反射在图像上，使得图像亮度的均匀性较好。

3）反应室的设计与优化

传感器信号的稳定性、可重复性、信号响应时间以及响应程度等，都会很大程度上受到色敏传感器系统反应室结构的影响，在反应过程中，需要保证待检测气体的气流与传感器阵列的各个色敏材料均匀接触。因此，反应室的优化对提高气味成像化系统的检测能力有重要意义。利用流体分布模拟仿真软件（如 Comsol

(a) 条形光源　　(b) 积分球漫反射光源

图 6-19　条形光源和积分球漫反射光源实物图

等）可以将物理场求解问题转化为偏微分方程组的求解问题来实现物理场仿真功能的特色，建立反应室二维模型，模拟气体在挡板作用下于反应室中流动的分布。同时不断改变挡板弯曲程度和挡板嵌入反应室的位置，总结气体在反应室中流场变化的规律，并根据在反应室中摆放色敏传感器阵列的地方气体的分布应尽量均匀的要求，不断优化反应室挡板的形状和位置尺寸。

从图 6-20(a)～(e) 可以看出，当挡板离进气口太近时，传感器阵列两侧的气流速度变小。连续调整挡板的曲率和位置后，挡板的曲率和位置的最佳结果如图 6-20(f) 所示。因为气流集中在腔室中间，不利于改善色敏传感器阵列和 VOCs 之间的反应，反应室模拟的速度场分布图和粒子分布图同时验证了这一点。不同种类的带挡板的粒子跟踪匹配仿真如图 6-20 所示。小曲率或大曲率挡板的反应室和无挡板的反应室都不能满足要求，因为它们的颗粒不能覆盖传感器阵列，并且分布不如具有优化挡板的反应室均匀。

6.2.3　色敏传感器系统的软件设计

便携式色敏传感器系统的图像获取软件可实时采集与分析色敏材料传感器阵列与待测气体反应前后的图像，并可实时提取色敏材料的灰度值，并以此为原始数据，从而对待检测样本的品质进行分析。该系统的图像获取装置是 3CCD 相机，是在 Windows 系统下应用 Microsoft Visual Studio 2008 +QT4.6 开发完成的，并调用了 Halcon 8.0 进行数字图像分析，系统包括图像的采集与显示、相关参数的设置以及图像的存储与分析。

图 6-21 是图像获取软件的流程图。软件参数的设置是指对色敏传感器系统中涉及的可调节的参数进行设置和优化。主要包括 3CCD 相机参数、相机采集速度、图像校正等方面，以便能获取更佳的图像效果。3CCD 相机可以实时采集色敏传感器的图像，并进行分析。图像的显示包括原始图像的显示，传感器在特定时间内与待测对象发生反应的原始图像实时显示，以及该图像与原始图像之间的差值图像的实时显示，此外，还包括了反应结束后的可视化传感器图像与原始图像之

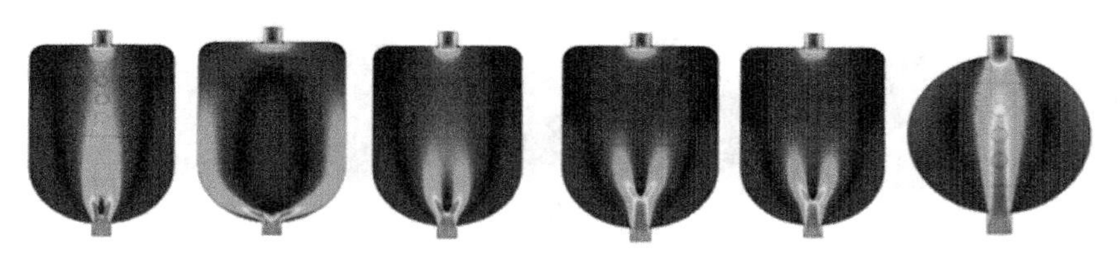

不同条件下反应室中的速度场

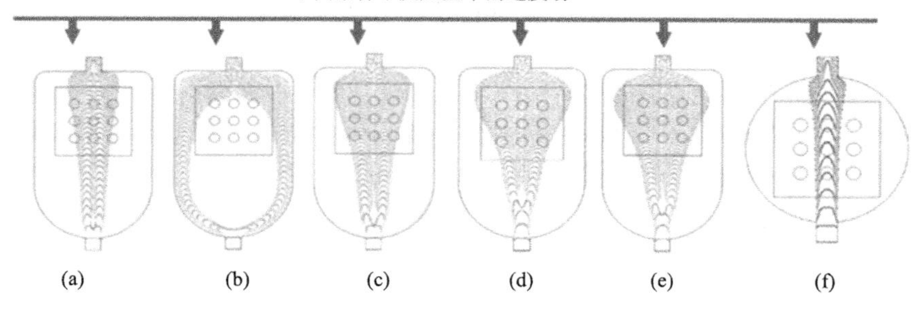

不同条件下反应室中的颗粒分布

图 6-20　反应室的设计与优化

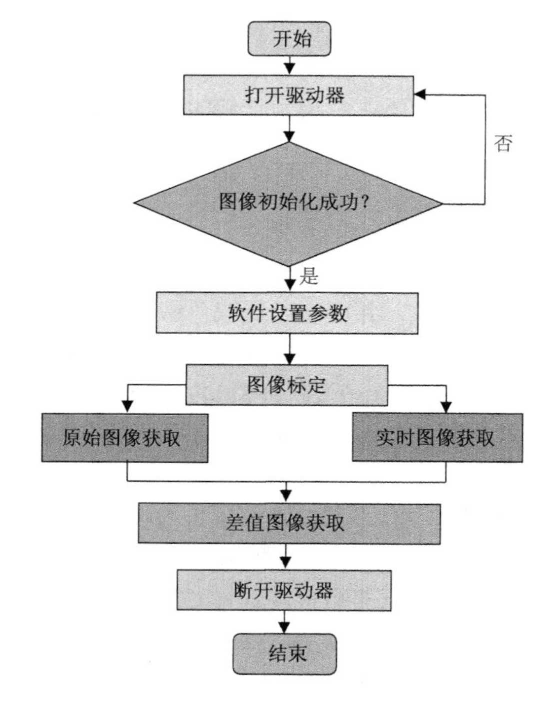

图 6-21　色敏传感器阵列图像获取流程图

间颜色差异的差值图像显示。其中，传感器的图像获取是通过阈值分割、区域最小外接矩形等算法提取背景图像区域，将有效区域的原始图像、实时检测图像、实时差值图像及总体差值图像显示于系统界面[25]。最后，按照用户设置的路径，将 3CCD 相机所获取的色敏传感器彩色图像、计算机所获取的差值图像存储[27]。

6.3　气味成像化图像信号处理与分析

图像处理模块是气味成像系统中的重要组成部分，它负责对颜色反应区域的颜色差异信息进行提取并分析，而这种差异信息一般由可视化传感器阵列各显色区域反应前后的特征差值矩阵来表示，在满足此目标要求的前提下，所设计和应用的图像处理算法还应该满足计算量较小、计算耗时较短等要求。目前图像处理的流程包括图形中心点定位、特征区域选取、颜色空间模型几个部分，具体实施步骤一般包括滤波降噪、二值化、形态学处理、取图形中心、特征区域选取等步骤，以便对反应前后两种图像中传感器阵列的显色区域进行分割，提取相应的颜色信息等，如图 6-22 所示[26]。

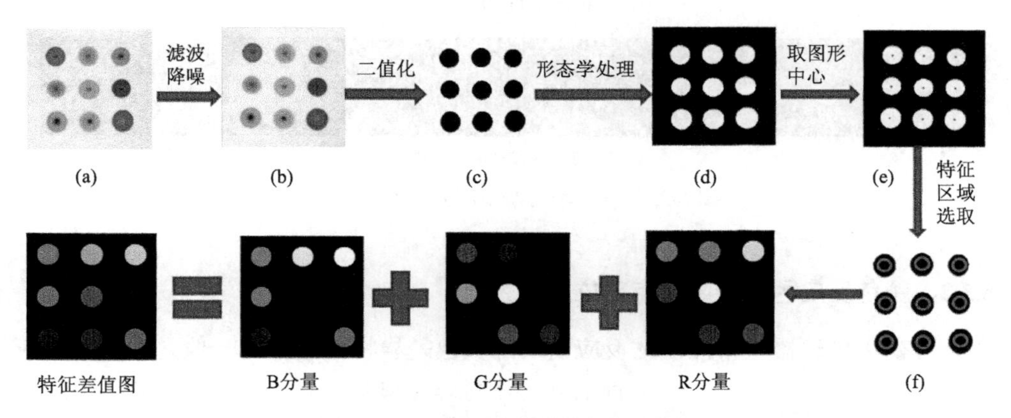

图 6-22　色敏传感器图像处理流程图

(a) 原图；(b) 滤波降噪后图；(c) 二值化图；(d) 形态学处理图像；(e) 取图形中心点图像；(f) 取特征区域图像

6.3.1　不同颜色空间下的特征值提取

在目前应用可视化传感器技术检测气体中，目标图像特征数据的提取一般是在基于 RGB、HSV 和 CIELab 三种颜色模型对传感器的显色区域下进行的。在检测不同对象时，不同颜色模型下提取的图像特征值可为模式识别分析提供更好的基础。

在一般的实际应用中，RGB 颜色模型(红、绿、蓝三原色模型)在众多颜色模型中最为常用。HSV 分别代表英文的 hue、saturation 和 value，即使用色调、饱和度和亮度的三维值来指示颜色，见图 6-23(b)。CIE Lab 颜色空间模型使用 3 个分量 L^*和 a^*、b^*来标记颜色，其中坐标 L^*表示颜色的亮度，坐标 a^*和坐标 b^*共同表示了色度，a^*坐标值代表颜色在绿色和红色间的程度变化，b^*坐标值则反映蓝色和黄色间不同程度的颜色，见图 6-23(c)。计算出来的传感器显色区域的 ROI 特征变量矩阵，是分别基于 RGB、HSV 和 Lab 颜色模型的，此外，为了数据图像化和比较之便，所有空间下获得的各通道数值均归一化到区间[0，255]，见图 6-23(a)。

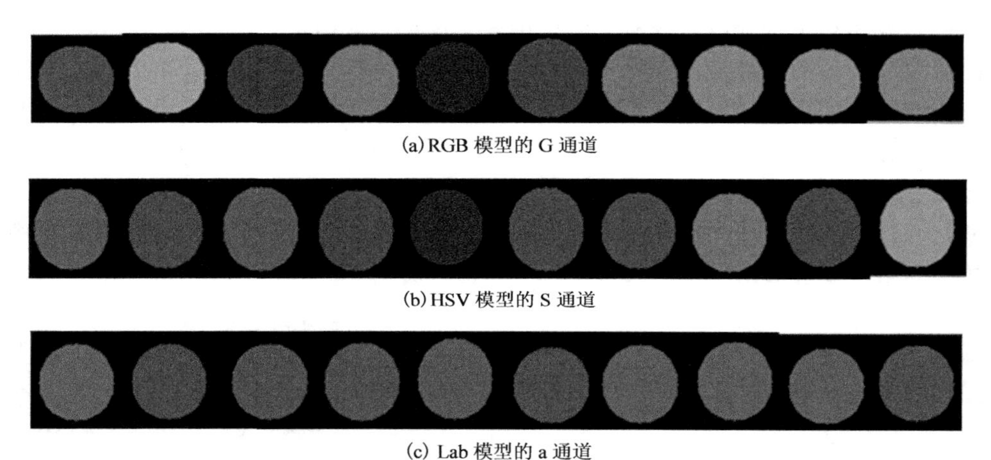

(a) RGB 模型的 G 通道

(b) HSV 模型的 S 通道

(c) Lab 模型的 a 通道

图 6-23 三种颜色模型部分通道的灰度图

6.3.2 颜色反应区域的中心点定位方法

可视化传感器与待测气体反应前后的颜色差异特征数据，一般是通过对反应前后两种图像作相减运算得到的。首先要确定反应前后图像中各传感器在图像上的精准位置，才能够使各传感器与 VOCs 反应前后的颜色区域一一对应地相减，如图 6-24 所示。在这里，显色区域的中心点可以选择为各个传感器的独特位置标记，此外，传感器的中心点定位也可能进而影响提取各感兴趣区域(ROI)的准确度。鉴于此，应用一阶矩、最小外接矩形和椭圆拟合的方法，求目标图形的中心点坐标，可提高传感器阵列感兴趣区域的识别精度[26]。

图 6-24 近圆形的图像阵列

1. 一阶矩法

一阶矩法是为了求取图像的重心，可将可视化传感器的显色区域的重心当作区域的中心。计算图像的特征矩一般要求图像是灰度图像，因此在计算图像的各种矩之前需要将彩色图像转化为灰度图像，设图像可以用函数 $f(x, y)$ 表示，因为图像上的点是二维离散的，所以图像 $f(x, y)$ 的 $p+q$ 阶矩可定义为

$$m_{p,q} = \sum\sum x^p y^q f(x, y) \tag{6-2}$$

对于二值化的图像(即图像的灰度只有黑、白两色，且分别用 0 和 1 表示)，图像的 0 阶矩 $m_{0,0}$ 计算出图像中所有非零像素的总数，图像的一阶矩 $m_{1,0}$、$m_{0,1}$ 代表的则分别是图像中所有非零像素的横坐标之和与纵坐标之和，于是图像的重心 (x, y) 可以用 $\left(\dfrac{m_{1,0}}{m_{0,0}}, \dfrac{m_{0,1}}{m_{0,0}}\right)$ 求得。

2. 最小外接矩形法

最小外接矩形法一般需要先扫描目标图形的轮廓，以便获得轮廓的外包正矩形，然后通过对正矩形的主轴或副轴进行旋转和平移操作来得到最小外接矩形，之后根据 4 个顶点坐标 p_1, p_2, p_3, p_4 计算出最小外接矩形的中心点坐标 $o(x, y)$，如图 6-25 所示。

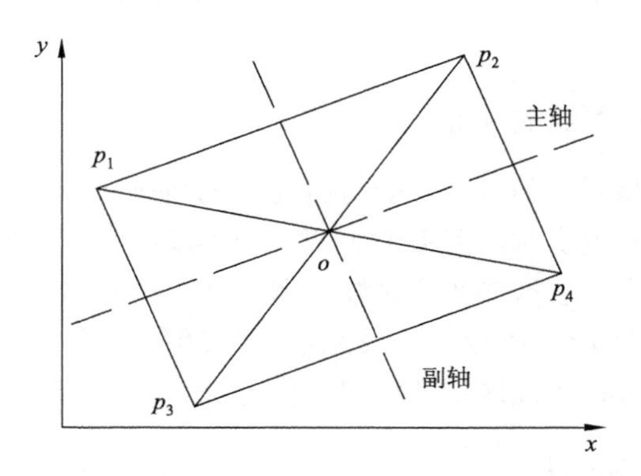

图 6-25　最小外接矩形法示意图

3. 椭圆拟合法

最小二乘椭圆拟合算法的基本思想是，数学上椭圆图像可以表示成

$$f(\alpha, X) = \alpha X = Ax^2 + Bxy + Cy^2 + Dx + Ey + F = 0 \tag{6-3}$$

来求解参数。令 α 为 (A,B,C,D,E,F)，$X_i = (x_i^2, x_i y_i, y_i^2, x_i, y_i, 1)$，由于图像上的点在实际计算时不可避免地存在误差，2 个相乘量的隐式方程 $f(\alpha, X_i)$ 的值在点 (x_i, y_i) 处不会等于零，因此，$f(\alpha, X_i)$ 计算值也可以意味着点 (x_i, y_i) 与式 $f(\alpha, X)$ 之间的距离(即距离不为零)，可以通过使迭代的点到方程式距离的平方和最小来求解最优参数，即找到下式

$$f(A,B,C,D,E,F) = \sum_{i=1}^{n}(Ax_i^2 + Bx_i y_i + Cy_i^2 + Dx_i + Ey_i + F)^2 \tag{6-4}$$

最小化的解，这样求线性方程组的最优解也就得到椭圆最优参数，进而计算其中心，如图 6-26(c)所示。

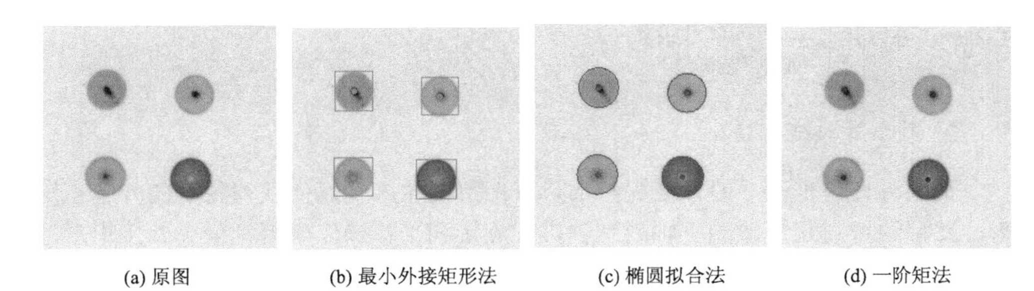

(a) 原图　(b) 最小外接矩形法　(c) 椭圆拟合法　(d) 一阶矩法

图 6-26　不同方法求传感器中心点的效果图

6.3.3　目标图像特征区域的选取

在实际制作传感器阵列时，色敏材料需要先制成一定浓度的溶液，用毛细管将溶液点样在固体基板上时，溶液的扩散有一个过程，色敏材料溶液在由点样中心扩散时容易形成不同层次的颜色区域。但是，在传感器阵列中不同区域的颜色选取对表现色敏传感器与待测气体反应前后的颜色变化特征的结果是有所不同的，本节介绍两种进行特征区域的选取操作方法。

1. *感兴趣区域选取法*

一般选取传感器显色区域的特征区域时，先需确定图形的位置，而位置以其中心点坐标来表示，中心点定位完成后，即以传感器显色区域的中心点为圆心，依据经验以一定的像素长度为半径作圆(需小于显色区域最小内切圆)，人为设置该圆形区域为感兴趣区域，即特征区域，如图 6-27(b)所示[28]。

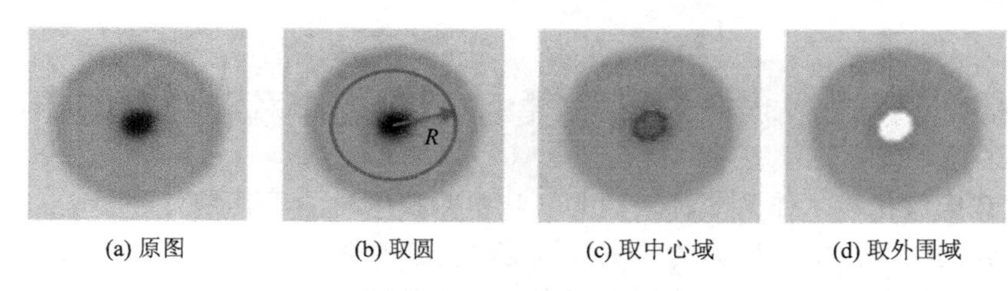

(a) 原图 (b) 取圆 (c) 取中心域 (d) 取外围域

图 6-27 不同特征区域识别色敏传感区域的结果

2. 漫水填充算法

漫水填充算法是区域填充法的一种，这种方法可对颜色或亮度非常相似的区域进行填充，根据所填充的区域便可以实现区域分割的目的。漫水填充算法首先需要选取图像区域内待填充部分的某一像素作为种子，然后扫描种子的邻域像素，同时根据颜色判定规则判定邻域像素是否和种子属于同一区域并且相似，并用新值取代该像素的原值，在这里需要被取代像素值的各像素都是判定结果为正的像素，依次进行直到没有新的连通区域像素符合要求。在此，颜色判断规则一般是在某种颜色模型下，如 RGB、HSV 颜色模型等，对颜色空间的各通道设置阈值，一旦某像素各通道值的大小没有超出已设定的阈值范围，则判定结果为正，即此像素与种子相似。应用漫水填充算法的目的是将传感器显色区域的中心部分颜色层和外围颜色层分割出来(其中后者可以通过在原图中减去前者的区域而得到)，并分别将它们作为传感器颜色变化的特征提取区域，如图 6-28 所示。

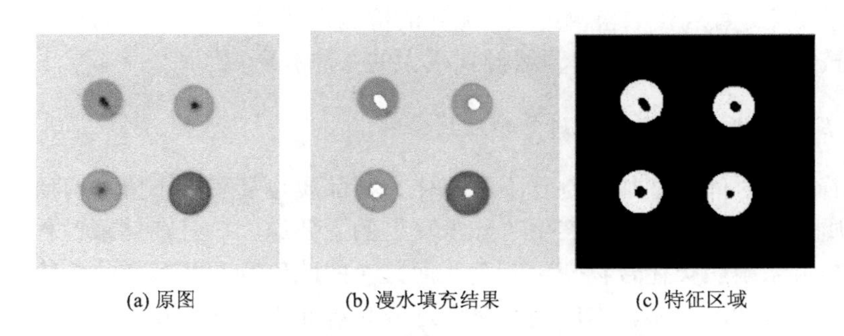

(a) 原图 (b) 漫水填充结果 (c) 特征区域

图 6-28 漫水填充算法获得特征区域的效果图

当得到不同的感兴趣区域后，提取色敏材料与 VOCs 反应前后 ROI 的各通道灰度值并作减法运算，即可得到特征区域颜色反应前后的各通道的变化。

6.4　气味成像化技术在食品质量安全检测中的应用

气味成像化技术作为一种新型的气味检测技术，由于其具有直观化的检测结果、优异的检测性能、广谱的检测范围等特点，受到了众多专家学者的关注，在短时间内成为食品气味分析的热点研究，在食品质量安全的快速无损检测中发挥着越来越重要的作用。目前，国内外学者利用气味成像化技术，在谷物[29,30]、酒醋类风味食品[31-34]、禽肉[35]、水产品、果蔬、茶叶等大宗食品和农产品的质量安全快速无损检测上进行了大量的研究，本章以几个相关研究为例，介绍气味成像化技术在食品质量安全控制中的研究成果和应用案例。

6.4.1　在谷物质量安全检测中的应用

谷物在储藏运输的过程中，随着储藏时间的增加，其品质会有所下降，表现为谷物中的脂类物质、硫化物和呋喃类化合物的增加，这一类挥发性气体的变化与谷物品质特别是新鲜度密切相关。此外，谷物在储藏过程中易遭受霉菌的感染和侵袭，霉菌的生命活动会改变其内部结构的一些物理特性。研究发现，在储藏过程中谷物受到不同霉菌的感染，会产生不同类型和含量比例的挥发性气体，及时快速在早期发现谷物霉变是解决处理霉菌粮食安全问题最行之有效的办法[22, 36]。气味成像化技术可捕获感染霉菌的谷物特征挥发气体，对谷物感染霉菌的状况进行检测分析，为谷物的质量安全防护提供保障。这些挥发性物质可与色敏材料发生显色效应，从而实现气味信息的“可视化”，即把挥发性气味通过直观可视的图像方式表示出来。直观化的检测结果、优异的检测性能使得色敏传感技术(气味成像化检测技术)在谷物品质检测领域得到极大的关注和研究[37,38]。

1. *在谷物新鲜度品质检测中的应用*

随着储藏时间的增加，谷物不断陈化，其品质也会有所下降，有研究表明，醛类物质是大米储藏过程中产生“陈米臭”的主要原因，且在储藏过程中增加显著，这与大米中脂类化合物变化有关，而且一些硫化物和呋喃类化合物也与大米的陈化有着密切的关系。本应用实例中选取 7 种卟啉类化合物和 6 种氟硼吡咯类化合物分别与不同浓度的已醛气体反应，筛选对已醛敏感的色敏材料，并将特异性的色敏材料制作成传感器；将制备好的色敏传感器置于气体反应室的凹槽中，利用图像采集系统采集原始图像即反应前的图像，然后取一定浓度的已醛溶液(或适量大米)于气体富集装置中，并关闭系统中的阀门使气体富集后开启，启动泵使样品的挥发性气体进入反应室与色敏传感器充分反应，最后采集色敏传感器反应后的图像，并利用计算机及其相应的软件，获取反应前后图像的 R、G、B 分量的灰度均值，并相减，得到 ΔR、ΔG、ΔB 值。差值图可通过将 ΔR、ΔG、ΔB 与红绿蓝(RGB)三原色的波长相乘再叠加得到的[32]。

图 6-29 是将优化的交互色敏传感器阵列用于气味成像化系统中，对不同储藏期大米鉴别的特征图。色敏传感器与不同储藏期大米的挥发性气体发生反应后，出现不同程度的颜色变化，形成与大米储藏期相对应的专一的特征图。尽管通过肉眼观察特征图可以将不同储藏期的大米基本区分开来，但是人的感觉器官在长时间的工作后会产生疲劳感，造成准确率的下降，且主观性强，不利于该技术的商业化应用。因此，将特征图的每个色敏单元都转换成 R、G 和 B 3 个颜色分量，共得到 18 个变量(6 种色敏材料×3 个颜色分量)，并采用模式识别法对不同储藏期大米样本的数据信息进行分析研究。

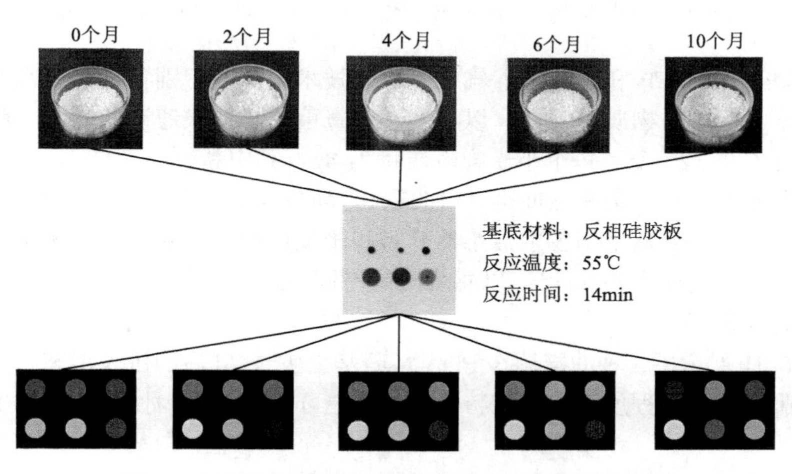

图 6-29　优化的交互色敏传感器对大米储藏期的判别

图 6-30(a)是 5 类样本以主成分得分为输入得到的三维散点图。前 3 个 PCs 的贡献率为 74.13%、16.14%和 5.14%，累计贡献率达 95.41%(＞85%)，因此前 3 个 PCs 可以用于表征样本的全部信息。储藏期为 2 个月、4 个月、6 个月、10 个月的大米基本可以完全区分开来，且在储藏期为 0～6 个月时，各类大米样本的分布呈现一定的方向性。从图 6-30(b)中可以看出，当 PCs=5 时，训练集和预测集的识别率达到最高，分别为 99%和 98%，其中在预测集中只有 1 个样品储藏期为 0 个月被错判为 2 个月。

2. 在谷物霉菌感染检测中的应用

谷物在储藏过程中易遭受霉菌侵袭，会产生不同类型和含量比例的挥发性气体，例如，灰绿曲霉和白曲霉的代谢会产生以醇、酮、醛等为主的有机化合物，

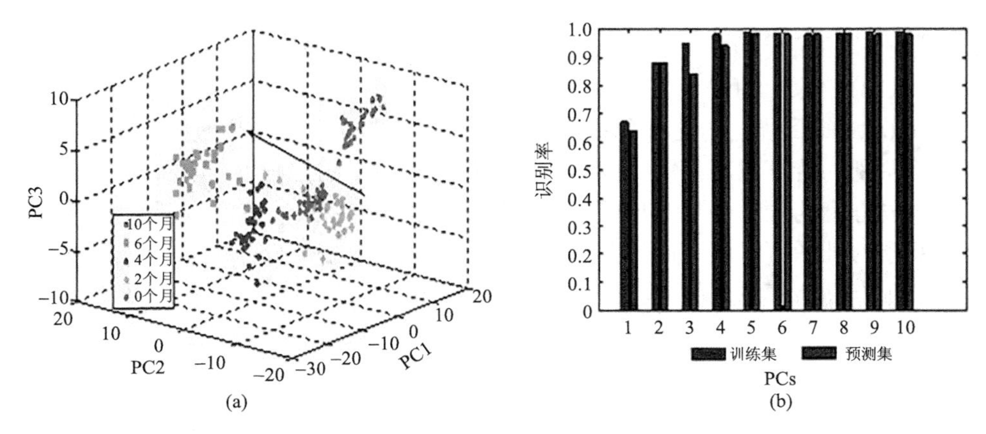

图 6-30　不同储藏期大米的三维主成分散点分布图(a)以及 LDA 模型判别结果(b)

使得谷物带有霉腐味和酸败味。气味成像化技术可快速识别谷物感染霉菌的特征挥发气体，保障谷物质量安全。以小麦感染霉菌的早期快速诊断为例。研究采用的小麦样本共 320 个，每个小麦样本质量为 8g，其中新鲜小麦样本 32 个，其他小麦样本分别接种感染灰绿曲霉、白曲霉和黄曲霉，3 种曲霉菌在 PDA 培养基上生长不同天数，分别采用色敏传感器阵列和平板计数法检测分析。所制备的 3 种曲霉感染的小麦样本各 96 个，以感染时间不同，分为 3 个霉变程度的样本，每个霉变程度各 32 个。

图 6-31 展示了 3 种曲霉菌在 PDA 培养基上生长 7d 后的生长形态与感染不同曲霉菌在不同霉变程度下的籽粒特征。从图中可以看出，3 种曲霉菌在 PDA 上生

图 6-31　3 种曲霉菌在 PDA 培养基与在籽粒上生长 7d 后的生长形态

长 7d 后，形成的菌落普遍较大，表面干燥蓬松，呈绒毛状，且与培养基结合紧密，不易被挑取，但颜色差异较大，易于分辨。当小麦分别被 3 种曲霉菌感染后，储存 1～2d 但未霉变的小麦与新鲜小麦外观差异不大；发生轻微霉变后，籽粒颜色暗淡，某些颗粒末端带有肉眼微见的菌丝，但整体变化较小，不易被察觉；进入霉变临界点后，小麦籽粒颜色暗淡且轻微干瘪，感染灰绿曲霉的小麦上开始出现能够被观察到的灰绿色菌丝，感染白曲霉的小麦整体泛白，且部分籽粒末端有白色菌丝，感染黄曲霉的小麦籽粒周围出现黄绿色菌丝，且伴随轻微霉味。

选取了对特征挥发气体 1-辛烯-3-醇敏感的色敏材料之后，也选取了对小麦挥发性气体中常见的烃类、醛类、醇类、酮类等较为敏感的色敏材料，共同构建小麦霉变早期检测的色敏传感器阵列。研究使用了合成的纳米多孔修饰染料结合对各类挥发性气体敏感的化学响应性染料共同组成一个 5×5 的色敏传感器阵列，在小麦感染 3 种不同曲霉菌发生霉变的情况下，每组样本得到的 RGB 响应差值均值被绘制成特征图像展示于图 6-32 中。从图 6-32 可以看出，新鲜小麦感染不同霉菌后，其挥发气体在色敏传感器阵列上有比较显著的反应和差异，一些色敏材料随着霉菌感染程度的加深，也呈现出较为规律的颜色变化。但由于色敏传感器阵列中的色敏材料较多，小麦样本自身所有的挥发性气体种类与组成也有差异，导致难以通过直观的方式得出霉菌感染的检测结果。因此，分别使用 PCA 算法提取色敏传感器阵列的图像信息，进行进一步的分类和判别。

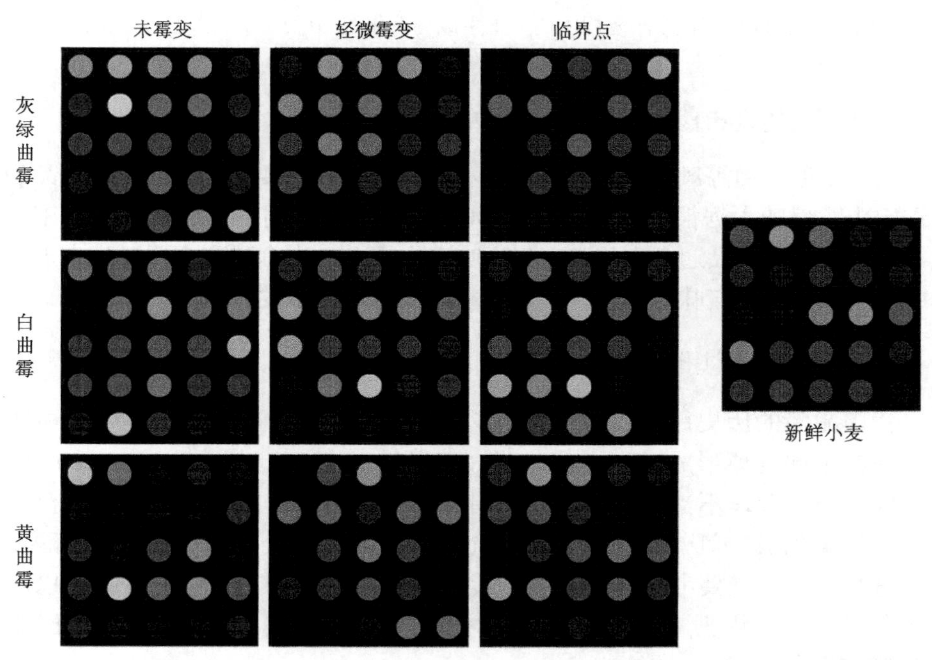

图 6-32　色敏传感器检测各组小麦样本得到的 RGB 响应差值均值所绘制的特征图像

图6-33是对感染灰绿曲霉小麦不同霉变程度样本在3个方差贡献率较大的主成分下，进行PCA得到的三维主成分聚类图，它给出了样本点在三维空间的分布。其中，前三个主成分贡献率分别为81.69%、9.919%和2.617%，累计贡献率达到94.219%。从图中可以看出，4组小麦样本之间分布距离较大，只有霉变程度Ⅰ和Ⅲ的样本有少部分接触，说明色敏传感器阵列的检测方法对它们的响应有明显差异，大部分样品可以直接区分。

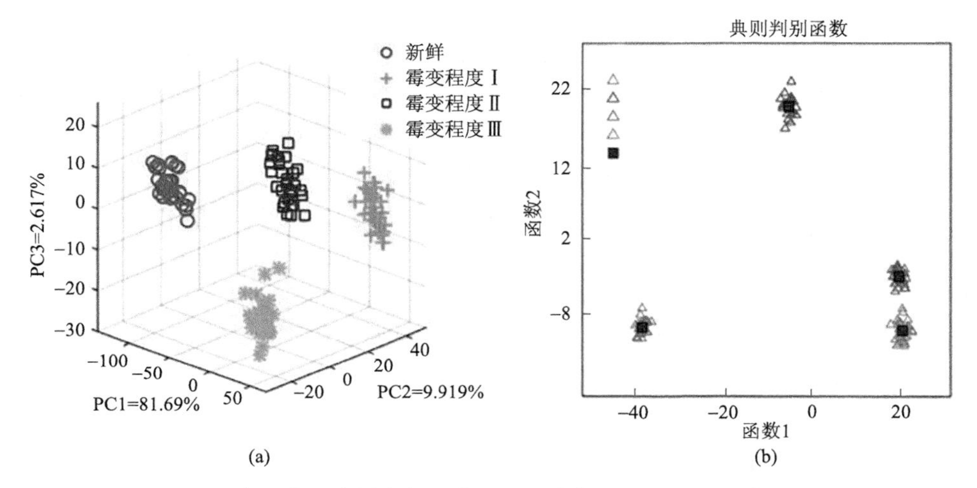

图6-33　不同霉变程度小麦样本的三维主成分聚集图(a)及LDA模型识别结果(b)

6.4.2　在酒醋类风味食品质量安全检测中的应用

气味是醋、酒等风味食品真伪鉴别和品质分级的重要评定依据。在食品的感官评定中，气味占据很高的评分权重(30%～40%)，同时，气味和滋味又密切相关，散发香气的食品通常也伴随着好滋味[39]。因此，在食醋和食用酒生产加工过程中，对散发出的气味进行检测分析是实现其品质控制的重要环节[40-42]。

1. 在食醋发酵过程中的品质监控

我国酿醋的历史已经长达3000多年，随着醋的发展与演变，依据地域、原料等的不同逐渐形成了中国的“四大名醋”。其酿造过程中，酒精和醋酸均易挥发，如若管理不当，则会造成酒醋损失，且当酒精耗尽后，醋酸菌会将醋酸进一步氧化成二氧化碳和水，造成食醋产量下降。因此，有必要对醋酸发酵过程进行监控，既要考虑到醇、酯、酸等特征性挥发物质含量的变化，以掌握醋醅发酵的主体状况，也要考虑到其他挥发气体的检测和表征，以获得醋醅气味的整体信息。

通过试验筛选出 9 种卟啉类化合物和 3 种 pH 指示剂共 12 种色敏材料制成 4 行 3 列(4×3)的传感器阵列。利用便携式色敏传感器系统来表征镇江香醋的醋酸发酵过程中醋醅的挥发性气体。通过归一化处理得到标准化后的特征图像和含有 36 个特征变量的特征矩阵(12 种色敏材料×3 个颜色分量)，将特征矩阵作为原始数据进行模式识别分析[7,21]。如图 6-34 所示，14min 之前，色敏材料传感器阵列的特征图像一直在变化，且比较明显，说明反应还未达到平衡，当反应时间达到 14min 后，后面的不同反应时间的特征图像中各显色剂的颜色不再明显变化，差值图的颜色趋于平稳。

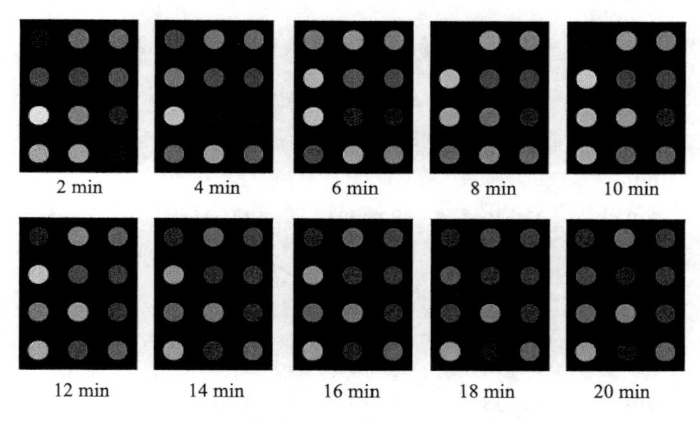

图 6-34 色敏传感器暴露在醋醅 VOC 中 2～20min 的特征图像

为进一步探讨采用色敏传感器阵列对醋酸发酵过程中醋醅挥发性气体的表征，用 LDA 算法来鉴别醋醅的发酵天数。主成分数作为潜变量被用来作为 LDA 分类器的向量输入。将 190 个醋醅样本的色敏传感器阵列特征图像中所提取的 36 个特征值代入 LDA 进行分析。不同发酵天数醋醅的 LDA 模式识别结果如表 6-1 所示，表中用加粗斜体表示判别误差天数大于 3d 的样本。结果表明，若将整个醋酸发酵过程中的醋醅样本分成 19 类，有 80.53%(153/190)的样本能够与它们发酵的天数正确对应，虽然有一些判别错误，仍表现出良好的鉴别能力，发生的判别错误大多是相近天数，如第 8 天的样本的识别率为 60%(6/10)，其中有 3 个样本分别误判到发酵第 5 天、第 7 天和第 9 天；第 3 天的样本有 3 个样本分别误判到第 7 天、第 7 天和第 10 天，这是由于醋酸发酵是由第 8 天的样本接种到第 1 天的醋精发酵底物与麸皮的混合物上，两者没有混合均匀使得醋醅样本的挥发性气体接近于种子醋醅的挥发性气体；如果将误差范围扩大到 3d，则识别率高达 96.32%(183/190)。

表 6-1　LDA 模型识别不同发酵天数醋醅结果

发酵天数	识别率	误判来源(醋醅样本实际发酵天数→LDA 模型预测天数)				
1	10/10					
2	10/10					
3	6/10	3→5	***3→7***	***3→7***	***3→10***	
4	10/10					
5	9/10	5→3				
6	9/10	6→5				
7	9/10	7→5				
8	6/10	***8→3***	8→5	8→7	8→9	
9	7/10	9→8	9→12	***9→13***		
10	8/10	10→12	10→12			
11	8/10	11→12	***11→17***			
12	10/10					
13	5/10	13→10	13→12	13→15	13→15	***13→19***
14	7/10	14→11	14→12	14→13		
15	8/10	15→16	15→18			
16	9/10	16→15				
17	8/10	17→18	17→19			
18	7/10	18→15	18→15	18→17		
19	7/10	19→17	19→18	19→18		
总计	153/190					

2. 在黄酒品质检测中的应用

黄酒是以稻米、黍米等为主要原料，经蒸煮、加曲、糖化、发酵、压榨、过滤、煎酒(杀菌)、储存、勾兑等工艺而成的酿造酒，其中发酵和勾兑是保证产品质量最关键的两个工序。在黄酒发酵的过程中，一些重要的物理和化学指标是需要不断监控的，如酒精、芳香类物质的动态变化，很多的工艺步骤也需要根据这些指标的变化而进行适当调整，保证产品应有风味的一致性，维护该产品在消费者心目中的形象，使产品稳固地占有市场。色敏传感器阵列不易受湿度变化的影响，适合对液态食品的气味特征进行分析与检测。

试验针对黄酒气味的特征，优选出 9 种卟啉类化合物以及 6 种 pH 指示剂为色敏材料，构成传感器阵列。这些色敏材料与黄酒中的挥发性气体发生反应，产生不同强度的颜色变化，具有良好的选择性和灵敏性。每个显色剂提供了 R、G 和 B 3 个颜色分量作为特征值，则 1 个色敏传感器阵列共提供了 45 个特征变量(15 个显色剂×3 个颜色分量)。图 6-35 显示了反应 16min 后，不同酒龄黄酒的特征图像，各显色剂与不同酒龄的黄酒反应后，会发生不同程度的颜色变化。每个黄酒样品都有其各自的特征图像，但在不同黄酒的特征图像中，一些显色剂发生的颜色变化也是非常相近的。因此，通过肉眼观察很难区分不同酒龄的黄酒，需要借助化学计量法来区分。试验提取了特征图像中每个显色剂的 *R*、*G* 和 *B* 3 个颜色分量作为特征值，则一个黄酒样品就得到 45 个特征变量(15 个显色剂×3 个颜色分量)。然后，再通过 LDA 对特征变量进行处理，以区分不同酒龄的黄酒。

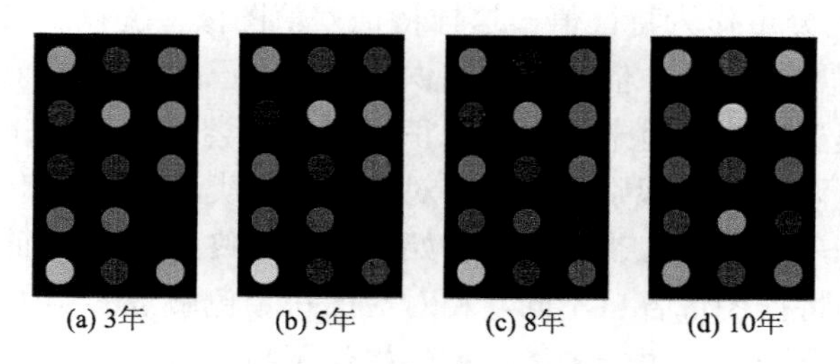

图 6-35 不同酒龄黄酒的特征图像

将所有黄酒样本的色敏传感器阵列特征图像中所提取的 45 个特征值代入 LDA 进行分析。图 6-36 显示了 LD_1 和 LD_2 的得分图，其中 LD_1 解释了原始变量 66.39%的信息，LD_2 解释了原始变量 26.89%的信息，两个判别函数共解释了 93.28%的信息。从图中可以看到，4 种不同酒龄的黄酒可以完全区分，不同类别之间也没有交叉重叠。结果表明，采用嗅觉成像传感器结合 LDA 方法对不同酒龄黄酒的区分效果比较明显。

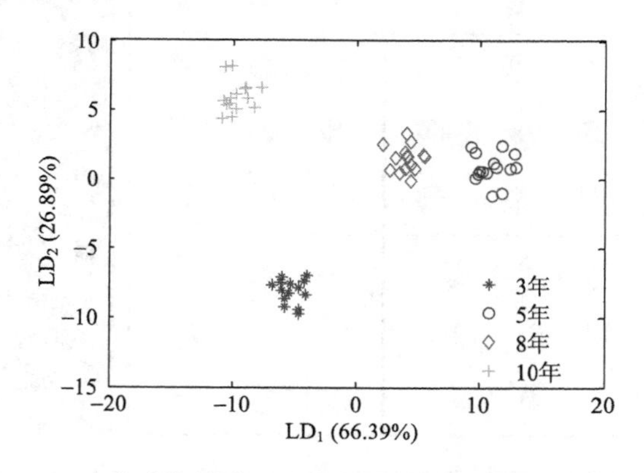

图 6-36 嗅觉成像传感器对不同酒龄黄酒的 LDA 分析结果

6.4.3　在茶叶品质安全检测中的应用

按照加工工艺的不同，茶叶可以分为多种不同的类型，其中绿茶、乌龙茶和红茶为 3 种最常见的类型。不同类别的茶叶具有较为明显的香味特征，这种特征一般是通过人类的嗅觉感官来评判。但是感官评定很容易受到审评人员的经验、精神状态、性别、体质甚至地域环境等因素的影响，色敏传感技术为茶叶香气品质的快速智能化评判提供了广阔的应用前景。

根据待检测对象的特点，选择针对性强的色敏材料。每个显色剂提供了 *R*、*G* 和 *B* 3 个颜色分量作为特征值，这样特征差值图像便提供了 27 个特征变量(9 个显色点×3 个颜色分量)。借助于模式识别方法对已知样本进行学习和训练，并构建一个判别模型来完成对未知气味的识别。分别尝试主成分分析(PCA)和线性判别分析(LDA)两种模式识别方法，并对它们的分类结果进行比较分析。图 6-37 显示的是绿茶、乌龙茶和红茶各自的初始图像、最终图像和特征图像，从图中可以看到 3 类茶的特征图像各自不同，相对应的每个色敏点的颜色有或大或小的差别，这说明传感器阵列对每一种茶叶香气提供了与之对应的特征响应。但它必须借助于模式识别方法对已知样本进行学习和训练，并构建一个判别模型来完成对未知气味的识别。

	初始图像	最终图像	特征图像
绿茶			
乌龙茶			
红茶			

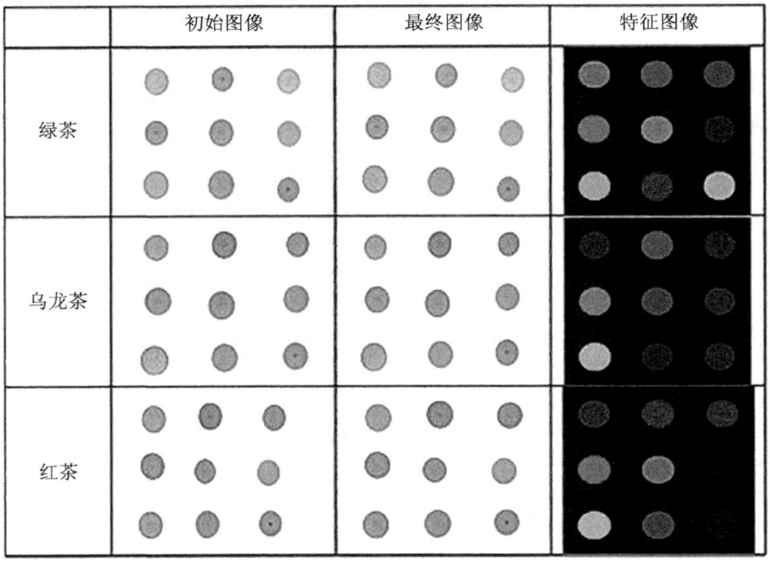

图 6-37　绿茶、乌龙茶和红茶的初始图像、最终图像和特征图像

由图 6-38 可以清楚看到，相较于红茶的分界线，乌龙茶和绿茶的界线更明显，可以更好地区分。这种区分结果主要是由于 3 类茶的发酵程度不同。色敏传感器阵列中的大多数色敏点都对茶汤中的 VOCs 有响应，并且针对特定的 VOCs 成分有与之对应的特征图像(即特征指纹图谱)；而且色敏点与色敏点之间的响应往往较为独立，交叉重复性较小。因此，每个特征变量之间的相关性较小，这样原始数据中的冗余信息过少。应用 LDA 分类工具，如图 6-38 所示，基本能够解释 100%的原始数据信息，取得了较好的分类效果，对不同发酵茶叶的交互验证达到了 100%的正确率。

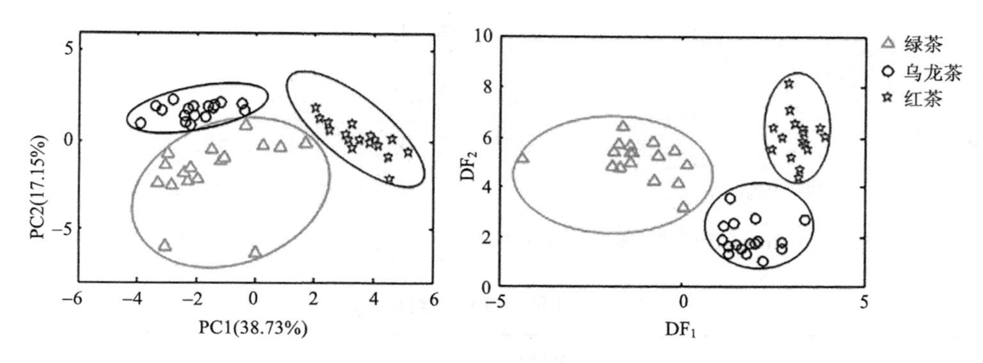

图 6-38　绿茶、乌龙茶和红茶的识别结果

6.4.4　在禽肉质量安全检测中的应用

禽肉是世界上许多地方增长最快的食品之一，鸡肉作为禽肉重要组成部分，具有高营养、低胆固醇、低脂肪和低价格等优点，是我国居民肉类消费结构中重要营养素来源。随着人们对鸡肉的需求不断增加，新鲜度逐渐成为消费者和研究人员关心的一个主要问题，特别是鸡肉新鲜度的一个重要参考指标——总挥发性盐基氮(TVB-N)含量。基于低成本色敏传感器阵列的新型电子鼻也被探索研究应用于该领域的快速检测[43]。

采用国家标准测定鸡肉样品中的 TVB-N 含量，在色敏传感器阵列与鸡肉反应前后各进行一次扫描。TVB-N 含量> 15mg/100g 的鸡肉样品被定义为“不新鲜的”，否则为“新鲜的”。所有 75 个样本被分成 2 个子集，校准集包含 50 个样本，预测集包含 25 个样本，建立 AdaBoost-神经网络(AdaBoost-BP ANN)模型。通过交互验证进行优化，并由最低预测均方根误差(RMSEP)确定。图 6-39(a)显示了 AdaBoost-BPANN 模型在不同主成分数和阈值下的 RMSEP，从图中看出，当主成分数为 6 和 φ= 0.13 时，可以获得最低 RMSEP。最终，在预测集中，当预测集中的相关系数 R_p = 0.8880，RMSEP = 5.0282mg/100g 时，获得了最佳的

BP-ANN 模型，TVB-N 含量的参考测量值和预测结果之间的散点图如图 6-39(b)所示。在此将其与偏最小二乘回归(PLS)、遗传算法联合偏最小二乘回归(GA-PLS)和 BP-ANN 这 3 种常用算法进行比较，表 6-2 显示了具体的比较结果，可看出 AdaBoost-BPANN 模型在应用色敏传感技术检测鸡肉新鲜度方面有良好性能。

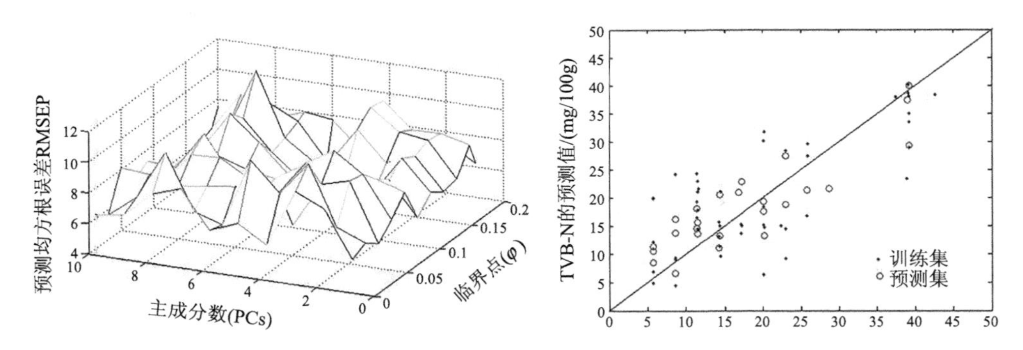

图 6-39 AdaBoost-BPANN 模型识别鸡肉样本的参数优化图(a)以及识别结果图(b)

表 6-2 4 种预测模型结果比较

模型	训练集		预测集	
	R_c	RMSECV	R_p	RMSEP
PLS	0.7805	10.20	0.8093	9.75
GA-PLS	0.8543	8.47	0.8454	8.89
BP-ANN	0.8972	5.18	0.8627	5.10
AdaBoost-BPANN	0.8216	9.47	0.8880	5.03

6.4.5 在水产品质量安全检测中的应用

淡水鱼等水产品的不饱和脂肪酸含量较高，容易氧化。同时，鱼体内的蛋白质容易分解产生难闻的气味，导致风味变化，甚至危害消费者的健康。在鱼类腐败过程中，挥发性成分主要包括烃类、醇类、醛类、酮类、酯类、酚类和硫、氮化合物。视觉传感器阵列由卟啉化合物和 pH 指示剂组成，可以检测鱼类新鲜度的变化。Huang 等[44]基于径向基函数算法将鱼肉的传感器阵列测量结果分为 3 组，分别对应于第 1 天(第 1 组)、第 2～5 天(第 2 组)、第 6 天和第 7 天(第 3 组)，如表 6-3 所示。总分类准确率为 88.9%。由表 6-3 可知，该系统能够检查鱼和其他含有高蛋白质的食物的质量。

表 6-3　鱼类新鲜度的径向基函数神经网络分类

天数	第1组	第2组	第3组	总计	分类结果/%
1	33	7	0	40	82.5
2	8	32	0	40	80.0
3	5	35	0	40	87.5
4	3	37	0	40	92.5
5	3	36	1	40	90.0
6	0	3	37	40	92.5
7	0	1	39	40	97.5
总计					88.9

6.4.6　在水果质量安全检测中的应用

桃子在采摘运输中易受到损伤，损伤桃子的风味下降，受霉菌感染的桃子还有致癌作用。目前对桃子的分级检测主要是根据大小、颜色、表皮疤痕等外观特征，损坏桃子(尤其是机械损伤)在储藏初期，外观特征和正常果并无明显差异，混置在正常果实中，腐败、变质后，影响水果的整体品质。根据金属卟啉类化合物对桃子气味中的芳香物质具有交叉敏感性的原理，设计相应的传感器阵列和可视化检测系统对3类不同损伤的桃子进行测试[45]。

将桃子分为3类：一类果(15个)，不做任何处理；二类果(20个)，从不同的高度做自由落体运动，模拟机械损伤，在30℃下搁置24h后测试；三类果(15个)，用针刺破桃子的果皮，用接种针在果皮破损处接种少量的灰霉。阵列中每个传感器图像用 *R*、*G* 和 *B* 颜色分量表达，5×5的传感器阵列颜色组合为5×5×3。数据矩阵标准化处理后，利用最小二乘支持向量机(LS-SVM)对色敏传感信号进行建模，表6-4是LS-SVM分类模型的预测结果。1个一类果和1个二类果发生了错误的互判。机械损伤会刺激呼吸跃变型水果乙烯的产生，乙烯作为一种催熟激素能够加速水果成熟风味的形成。因此，机械损伤桃子的风味与成熟度高的桃子有一定的相似性，轻微机械损伤与成熟度高的水果易发生误判。三类果由于霉菌的作用，其VOCs明显不同于一、二类果，容易区分。实际应用中，三类果的正确识别更有意义，因为一、二类果是可食用果，而三类果受真菌感染不可食用。

表 6-4　不同类型水果识别结果

桃子种类	预测正确数	预测错误数	正确率/%
一类果	5	1	83.3
二类果	9	1	90.0
三类果	7	0	100.0

6.4.7 在其他领域中的应用

气味成像化技术作为一种快速的分析方法，可以对各种食品挥发气体进行快速准确的定性、定量分析，为食品质量安全的监控提供保障。气味成像化技术在许多领域得到了广泛的应用。在食品产地区分、预测食品的新鲜度、成熟度等质量安全的监测也有较多的研究，且表现出了较好的应用结果。如表 6-5 所示。

表 6-5 气味成像化技术在其他行业领域中的应用

类别	食品	检测结果	参考文献
天然食品	大米	大米样品储存时间的 85%的正确判别率	[46]
	小麦	霉变判别模型训练集和预测集均方根误差分别为 3.05g/L 和 1.65g/L	[12]
	鸡肉	检测总挥发性盐基氮含量的定量模型 R_p 为 0.898	[43]
	猪肉	支持向量机预测模型的决定系数达 0.9055	[47]
	牛奶	牛奶中检测 100nmol/L 的链霉素	[48]
	蜂蜜	检测蜂蜜中的链霉素，浓度为 125nmol/L	[48]
	草药	46 种草药蒸馏物的鉴别(100%准确率)	[49]
加工食品	醋	使用线性判别(LDA)和聚类分析(HAC)监测醋酸发酵天数	[31]
	白酒	PCA、LDA 和 HAC 模型的地域识别率 100%	[32]
	啤酒	分类识别错误率<3%	[50]
	猪肉香肠	存储时间的偏最小二乘回归模型检测准确率为 93.81%	[51]
	茶	按留一交互验证法(LOOCV)达到 100%的分类	[33]
	水果罐头	掺假有毒物质的分析准确度为 0.99	[52]
	咖啡	在 10 种商业咖啡和对照组鉴别中，HAC 的分类没有混淆或错误	[53]

参 考 文 献

[1] Rakow N A, Suslick K S. A colorimetric sensor array for odour visualization. Nature, 2000, 406: 710-713.

[2] Zhang C, Suslick K S. Colorimetric sensor array for soft drink analysis. Journal of Agricultural and Food Chemistry, 2007, 55(2): 237-242.

[3] Prieto I, Pedrosa J M, Martín-Romero M T, et al. Characterization and structure of molecular aggregates of a tetracationic porphyrin in LB films with a lipid anchor. The Journal of Physical Chemistry B, 2000, 104(43): 9966-9972.

[4] White W I. Aggregation of porphyrins and metalloporphyrins//Dolphin D. The Porphyrins. Vol V. Physical Chemistry, Part C. New York: Academic Press, 1978: 303-339.

[5] Swamy P C A, Mukherjee S, Thilagar P. Multichannel-emissive V-shaped boryl-BODIPY dyads: Synthesis, structure, and remarkably diverse response toward fluoride. Inorganic Chemistry,

2014, 53(10): 4813-4823.

[6] Lin H, Man Z X, Kang W C, et al. A novel colorimetric sensor array based on boron-dipyrromethene dyes for monitoring the storage time of rice. Food Chemistry, 2018, 268: 300-306.

[7] Chen Q S, Li H H, Ouyang Q, et al. Identification of spoilage bacteria using a simple colorimetric sensor array. Sensors and Actuators B: Chemical, 2014, 205: 1-8.

[8] Li X, Xu W, Wang X, et al. Ultraviolet-visible and surface-enhanced Raman scattering spectroscopy studies on self-assembled films of ruthenium phthalocyanine on organic monolayer-modified silver substrates. Thin Solid Films, 2004, 457(2): 372-380.

[9] 王慢想, 李强. 卟啉及其衍生物的紫外–可见光谱. 光谱实验室, 2011, 28(3): 1165-1169.

[10] Gu H Y, Huang X Y, Chen Q S, et al. Prediction of the property of colorimetric sensor array based on density functional theory. Sensors and Materials, 2019, 31(10): 3067-3073.

[11] 顾海洋. 金属卟啉类嗅觉可视化传感器反应机理及其在鱼新鲜度检测中的应用研究. 镇江: 江苏大学, 2014.

[12] Lin H, Kang W C, Kutsanedzie F Y H, et al. A novel nanoscaled chemo dye–based sensor for the identification of volatile organic compounds during the mildewing process of stored wheat. Food Analytical Methods, 2019, 12(12): 2895-2907.

[13] 楚华琴, 卢云峰. 2010. 功能化纳米材料的制备及在食品安全检测中的应用研究进展. 分析化学, 2010, 38(3): 442-448.

[14] 康文翠, 林颢, 左敏, 等. 纳米色敏传感–可见/近红外光谱的霉变小麦菌落数定量分析. 光谱学与光谱分析, 2020, 40(5): 1569-1574.

[15] Ruenraroengsak P, Tetley T D. Differential bioreactivity of neutral, cationic and anionic polystyrene nanoparticles with cells from the human alveolar compartment: Robust response of alveolar type 1 epithelial cells. Particle and Fibre Toxicology, 2015, 12: 19.

[16] 朱泉峣, 陈文, 徐庆, 等. 聚吡咯衍生物–过渡金属氧化物纳米复合材料的制备与表征. 功能材料, 2004, 35(增刊 1): 2940-2942, 2948.

[17] Lin H, Duan Y X, Yan S, et al. Quantitative analysis of volatile organic compound using novel chemoselective response dye based on Vis-NIRS coupled Si-PLS. Microchemical Journal, 2019, 145: 1119-1128.

[18] Wang Y, Yang Q, Zhao M, et al. Silica-nanochannel-based interferometric sensor for selective detection of polar and aromatic volatile organic compounds. Analytical Chemistry, 2018, 90(18): 10780-10785.

[19] Dumanoğulları F M, Tutel Y, Küçüköz B, et al. Investigation of ultrafast energy transfer mechanism in BODIPY–Porphyrin dyad system. Journal of Photochemistry and Photobiology A: Chemistry, 2019, 373, 116-121.

[20] Von Baeckmann C, Guillet-Nicolas R, Renfer D, et al. A toolbox for the synthesis of multifunctionalized mesoporous silica nanoparticles for biomedical applications. ACS Omega, 2018, 3(12): 17496-17510.

[21] 邹小波, 赵杰文. 农产品无损检测技术与数据分析方法. 北京: 中国轻工业出版社, 2008.
[22] 严松. 基于色敏传感器-可见/近红外光谱技术的小麦霉变检测研究. 镇江: 江苏大学, 2018.
[23] 王名星. 基于嗅觉可视化和近红外光谱技术的鸡肉中假单胞菌快速识别研究. 镇江: 江苏大学, 2017.
[24] 金鸿娟. 基于嗅觉可视化技术的镇江香醋醋龄识别研究. 镇江: 江苏大学, 2016.
[25] Jiang H, Xu W D, Chen Q S. Evaluating aroma quality of black tea by an olfactory visualization system: Selection of feature sensor using particle swarm optimization. Food Research International, 2019, 126: 108605.
[26] 宋奔腾. 食品挥发气味嗅觉可视系统的研制及图像处理研究. 镇江: 江苏大学, 2017.
[27] Kutsanedzie F Y H, Lin H, Yan S, et al. Near infrared chemo-responsive dye intermediaries spectra-based in-situ quantification of volatile organic compounds. Sensors and Actuators B: Chemical, 2018, (254): 597-602.
[28] 王卓. 色敏传感器结合光谱分析技术对大米储藏期的检测及装置开发. 镇江: 江苏大学, 2019.
[29] Lin H, Wang Z, Ahmad W, et al. Identification of rice storage time based on colorimetric sensor array combined hyperspectral imaging technology. Journal of Stored Research Product, 2020, 85: 101523.
[30] Lin H, Yan S, Song B T. Discrimination of aged rice using colorimetric sensor array combined with volatile organic compounds. Journal of Food Processing Engineering, 2019, 42(4): e13037.
[31] Guan B B, Xue Z L, Chen Q S, et al. Preparation of zinc porphyrin nanoparticles and application in monitoring the ethanol content during the solid-state fermentation of Zhenjiang Aromatic vinegar. Microchemical Journal, 2020, 153: 104353.
[32] Lin H, Man Z X, Guan B B, et al. In situ quantification of volatile ethanol in complex components based on colorimetric sensor array. Analytical Methods, 2017, (40): 5873-5879.
[33] Chen Q S, Liu A P, Zhao J W. Classification of tea category using a portable electronic nose based on an odor imaging sensor array. Journal of Pharmaceutical and Biomedical Analysis, 2013, 84: 77-83.
[34] Chen Q S, Sun C C, Ouyang Q, et al. Classification of vinegar with different marked ages using olfactory sensors and gustatory sensors. Analytical Methods, 2014, 6(24): 9783-9790.
[35] Alimelli A, Pennazza G, Santonico M, et al. Fish freshness detection by a computer screen photoassisted based gas sensor array. Analytica Chimica Acta, 2007, 582(2): 320-328.
[36] 严松, 林颢. 基于嗅觉可视化技术和气相色谱-质谱联用鉴别霉变小麦. 食品科学, 2019, 40(2): 275-280.
[37] 满忠秀. 基于嗅觉可视化技术的大米储藏期识别研究. 镇江: 江苏大学, 2018.
[38] 康文翠. 基于纳米色敏传感器的小麦霉变特征挥发气体检测研究. 镇江: 江苏大学, 2019.
[39] Lin H, Kang W C, Jin H J, et al. Discrimination of Chinese Baijiu grades based on colorimetric sensor arrays. Food Science and Biotechnology, 2020, 29: 1037-1043.

[40] 管彬彬, 赵杰文, 林颢. 嗅觉可视化技术鉴别不同原料和不同批次的食醋. 农机化研究, 2013, (11): 202-205.

[41] 管彬彬, 赵杰文, 金鸿娟, 等. 基于嗅觉可视技术的醋醅理化指标分析. 农业机械学报, 2015, 46(9): 223-227, 244.

[42] 管彬彬, 赵杰文, 金鸿娟, 等. 基于嗅觉可视化技术的醋酸发酵过程中酒精度的检测. 食品与发酵工业, 2015, 41(12): 191-195.

[43] Khulal U, Zhao J W, Hu W W, et al. Comparison of different chemometric methods in quantifying total volatile basic-nitrogen (TVB-N) content in chicken meat using a fabricated colorimetric sensor array. RSC Advances, 2016, 6(6): 4663-4672.

[44] Huang X, Xin J, Zhao J. A novel technique for rapid evaluation of fish freshness using colorimetric sensor array. Journal of Food Engineering, 2011, 105(4): 632-637.

[45] 黄星奕, 辛君伟, 赵杰文, 等. 可视化传感技术在桃子质量评价中的应用. 江苏大学学报: 自然科学版, 2009, 30(5): 433-436.

[46] Guan B, Zhao J, Jin H, et al. Determination of rice storage time with CSA array. Food Analytical Methods, 2016, 10(4): 1054-1062.

[47] Li H, Kutsanedzie F Y H, Zhao J, et al. Quantifying total viable count in pork meat using combined hyperspectral imaging and artificial olfaction techniques. Food Analytical Methods, 2016, 9: 3015-3024.

[48] Liu Z, Zhang Y, Xie Y, et al. An aptamer-based colorimetric sensor for streptomycin and its application in food inspection. Chemical Research in Chinese Universities, 2017, 33(5): 714-720.

[49] Hemmateenejad B, Tashkhourian J, Bordbar M M, et al. Development of colorimetric sensor array for discrimination of herbal medicine. Journal of the Iranian Chemical Society, 2017, 14: 595-604.

[50] Zhang C, Bailey D P, Suslick K S. Colorimetric sensor arrays for the analysis of beers: A feasibility study. Journal of Agricultural and Food Chemistry, 2006, 54(14): 4925-4931.

[51] Salinas Y, Ros-Lis J V, Vivancos J L, et al. A novel colorimetric sensor array for monitoring fresh pork sausages spoilage. Food Control, 2014, 35(1): 166-176.

[52] Bordbar M M, Tashkhourian J, Hemmateenejad B. Qualitative and quantitative analysis of toxic materials in adulterated fruit pickle samples by a colorimetric sensor array. Sensors and Actuators B: Chemical, 2018, 257: 783-791.

[53] Suslick B A, Feng L, Suslick K S. Discrimination of complex mixtures by a colorimetric sensor array: Coffee aromas. Analytical Chemistry, 2010, 82(5): 2067-2073.

第 7 章　声(力)学检测技术

食品、农产品的振动力学特性是指农产品在外界激励作用下所产生的振动信号特征，振动力学信号分析技术则是对农产品振动信号的反射特性、散射特性、透射特性、吸收特性、衰减系数和传播速度及其本身的声阻抗与固有频率等进行分析，它们反映了振动信号与农产品相互作用的基本规律。物体的机械性振动在具有质点和弹性的媒介中的传播现象称为波动，而引起人耳听觉器官有声音感觉的波动则称为声波(acoustic wave)。因此，食品的力学特性常常通过振动的声波方式表现出来。通过对食品、农产品在外界激励下振动响应信号的分析，可检测水果的硬度、成熟度，禽蛋裂纹等品质结构特性。本章旨在介绍声(力)学检测技术概况、声(力)学检测系统和原理、声(力)学信号处理与分析，以及声(力)学检测技术在食品、农产品检测中的应用。

7.1　声(力)学检测技术概述

7.1.1　物体的机械振动波

从普通物理学中已知声能是机械能的一种形式。振动信号的产生必须具有两个条件：一是信号激励源，二是弹性介质。当外界信号激励发生振动后，周围的介质质点就随之振动而产生位移，在流体介质空间就形成介质的疏密，从而形成了声波传播(图 7-1)。当振动器表面向右振动时，介质质点受压缩，如图 7-1 中 A、B、C 所示；当振动器表面向左振动时，就形成负压而产生稀疏，如图 7-1 中 P、Q、R 所示。注意图中沿传播方向的声压变化，其平均值并不等于 0，在空气中则为该处大气压，在水中则为该处静压力。在无限均匀介质中，当声波发射后，观察其某一瞬间情况，如图 7-2 所示。

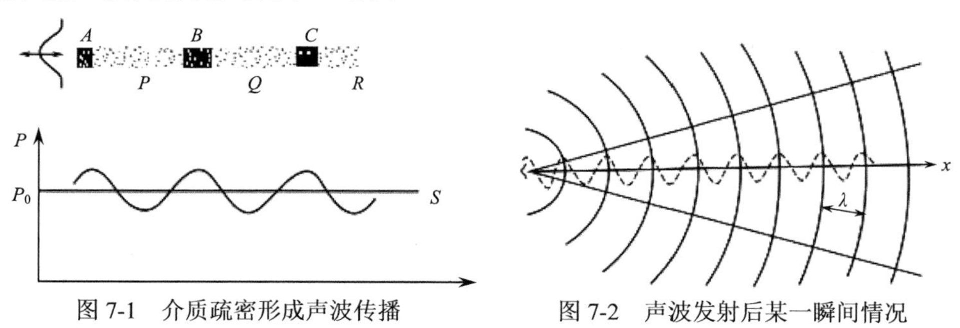

图 7-1　介质疏密形成声波传播　　图 7-2　声波发射后某一瞬间情况

图 7-2 中圆弧代表波阵面，波阵面是声场中振动相位相同的点所连成的面。图 7-2 中所示是一特例，代表振动的瞬时峰值位置该处质点位移最大。两个峰值间的距离是 λ，称为波长。用声射线(即声线)来表示声波传播的方向。从图 7-2 中也可看出，远离声源处，波阵面的曲率很小，在有限范围内，波阵面近乎平面，声线近似平行线，波的性质也和平面波的性质相近。但要注意以下两点问题。

(1)振动波传播并非介质质点本身的传播，而是质点振动形式的传播。所以必须把质点的振动速度(振速)和声波在介质中的传播速度(声速)区别开来。

(2)图 7-1 和图 7-2 用曲线代表波动的概念，和在电磁波、弦绳的振动中是完全不同的。后者质点的位移同其传播方向相垂直，故称横波。而流体介质中声波质点的位移同其传播方向相平行，故称纵波。故在图 7-1 和图 7-2 中所画出的位移垂直于 x 轴，仅仅是为了表意上的方便，不能混淆两者概念。

7.1.2　质点及弹性体的振动

在弹性介质中要产生声波，则必须首先产生振动。设想由于某种原因，在弹性介质的某局部地区激发起一种扰动，使这局部地区的介质质点 A 离开平衡位置开始运动。这个质点 A 的运动必然推动相邻介质质点 B，亦即压缩了这部分相邻介质(图 7-3)。由于介质的弹性作用，这部分相邻介质被压缩时会产生一个反抗压缩的力，这个力作用于质点 A 并使它恢复到原来的平衡位置。另外，因为质点 A 具有质量也就是具有惯性，所以质点 A 在经过平衡位置时会出现“过冲”，以致又压缩了另一侧面的相邻介质，该相邻介质中也会产生一个反抗压缩的力，使质点 A 又回过来趋向平衡位置。可见由于介质的弹性和惯性作用，这个最初得到

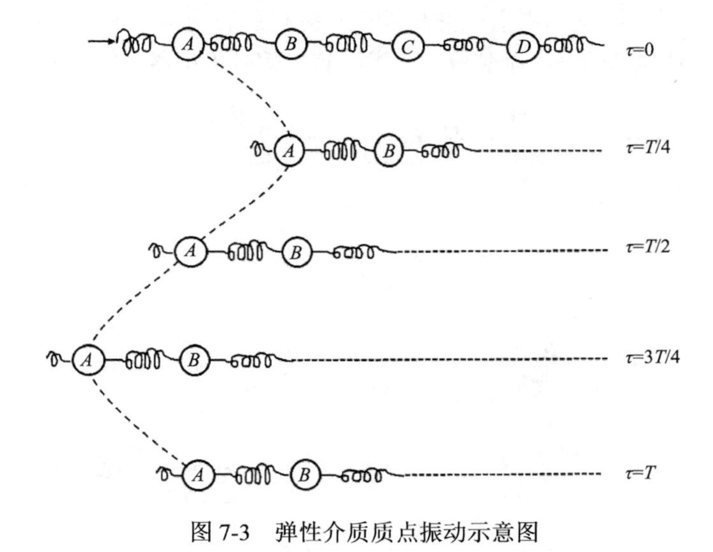

图 7-3　弹性介质质点振动示意图

扰动的质点 A 就在平衡位置附近来回振动。由于同样的原因，被 A 推动了的质点 B 和更远的质点 C、D 等也都在平衡位置附近振动起来，只是依次滞后一些时间。这种介质质点的机械振动由近及远地传播就称为声振动的传播(或称为声波)。可见声波是一种机械波。弹性介质里这种质点振动的传播过程十分类似于多个振子相互耦合形成的质量-弹簧-质量-弹簧的链形系统，一个振子的运动会影响其他振子也跟着运动的过程。图 7-3 表示振子 A 的质点在 4 个不同时间的位置，其余振子的质点也都在平衡位置附近做类似的振动，只是依次滞后一些时间。

7.2　声(力)学检测系统和原理

农产品的表面结构或内部组织不同，在外界激励下做自由振动时，产生的声音响应信号会呈现不同的特点[1,2]。利用不同品质农产品在声波作用下表现出的反射特性、散射特性、透射特性、吸收特性、衰减系数和传播速度及其本身的声阻抗与固有频率等敲击振动响应信号特性的差异，可判断其质量好坏。一般而言，结构强度不同的农产品，在外界激励下产生的声音信号会有所不同。在外界激励下，强度较大的检测对象产生的声音很清脆；强度较小的检测对象，产生的声音相对沉闷。通过分析受外界冲击产生声音信号的差异，可分析检测对象结构刚度的不同。

7.2.1　振动响应信号采集和分析平台

基于振动力学信号分析的检测系统，是通过采集和分析敲击农产品产生的响应信号，实现不同质量鸡蛋蛋壳的检测[3]。检测系统结构原理示意图如图 7-4 所示，其主要部件包括信号激励装置、支撑装置、信号采集器、信号放大器、声卡和

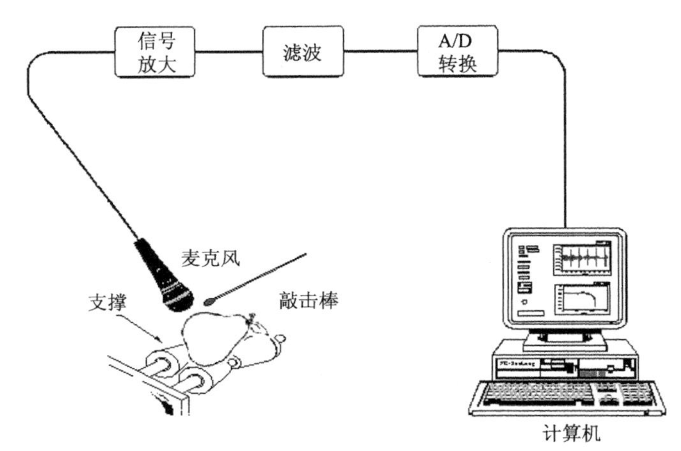

图 7-4　农产品声振动检测系统结构示意图

计算机数据采集系统。通过麦克风采集振动检测对象所产生的振动响应信号，经信号放大、滤波及 A/D 转换后进入计算机，由 Labview 语言编译的程序采集和处理农产品敲击振动响应信号。

1. 硬件系统

振动力学信号分析平台硬件系统由敲击模块、支撑模块、信号的采集和处理模块三个部分组成。敲击模块从外界给受检农产品脉冲激励，使农产品受冲击后可以产生自由振动。支撑模块的作用是支撑检测对象，使检测对象在外界冲击作用下，在不破坏待测物的表面结构的情况下实现最大可能的振动。信号的采集和处理实现对振动发出的响应信号进行采集并做相应的滤波处理，并将模拟信号转化为数字信号，供下一步处理。鸡蛋裂纹检测系统的实物图如图 7-5 所示。

图 7-5　鸡蛋裂纹检测系统实物图

1) 信号激励系统

农产品外界冲击的机械激励的敲击模块通常由可调线性电源、电磁铁、单片机、敲击棒等组成。敲击的力度以电磁铁为驱动力，与线性电源结合可实现力度的调控。电磁铁采用的是双向转角永磁性电磁铁(SXCT38-15/13)，此电磁铁在性能上涵盖了旋转电磁铁和双向自保持电磁铁的主要功能。由于采用了高性能的永磁体及晶粒取向的高硅钢带为磁路主要材料，线圈绕制采用穿绕工艺，使电磁铁的主要特性参数“安匝数”和“磁功率”保持在最佳状态。当线圈通电后，轴芯能立即产生旋转位移，断电后，在永久磁铁的封闭磁场作用下，能保持轴芯在通电位移后的位置而不再需要电力的输入。旋转与复位由正反向的脉冲电源驱动。双向转角电磁铁能将轴芯保持在形成始和终的两个位置，且两个不同位置具有同等的输出扭矩(具有双稳态特点)。因此，与同类大小的旋转电磁铁相比，双向转角电磁铁具有旋转角度大(动作角度可达 100°)、可双向旋转(左、右旋均可)、响应时间快、省电、温升小与功率大等显著特点，能满足对受检农产品自动、快速敲击的需求。

敲击系统执行敲击操作时，需要系统给电磁铁一个信号，使电磁铁执行敲击命令。同时，敲击的速率也需根据系统的需要调节。敲击系统的敲击动作执行指令和敲击速率过程较简单，系统采用单片机控制这些指令。

2) 载物平台

受检农产品的支撑模块由支撑滚轮、钢管、钢板材料的底座和支架、带有调速器的步进电机等部件构成。支撑滚轮是由四个尼龙材料的台柱式空心滚轮组成的，其形状可适合正常农产品的放置；空心滚轮与钢管相套，并在钢管上的位置可相对调节以寻求对农产品的最佳支撑位置。带有调速器的电机调速范围为 20～60rad/min，步进电机通过带动滚轮的转动而带动农产品的转动，以便于对待测农产品的全面敲击。

3) 信号采集

敲击响应的信号通过声卡采集，放大器放大，再由声卡进行滤波和 A/D 转换后输入计算机。本系统敲击振动响应信号采集由麦克风完成(参数指标：动圈式麦克风，单指向型，采样频率 20～20kHz)。由于麦克风输出的是微弱的电压信号，此信号一般是几十毫伏到几百毫伏，必须放大后才能对其进一步处理，本系统采用的是模拟信号放大器，对采集的模拟信号直接放大后输送入声卡，然后通过声卡(16 位 A/D 采样精度，44.1kHz 采样频率)将麦克风发出的模拟信号转换成计算机能处理的数字信号。

2. 软件系统

软件系统包括信号的获取、信号的阈值触发、信号处理三个功能模块。当农产品受外界敲击产生的振动响应信号通过声卡传递到主机时，软件系统读取该信号，得到时间-幅值的二维敲击振动响应信号强度的时域图，并在软件的人机界面上显示该时域信号的实时变化。软件系统在时域与频域信号转换的过程中设置了阈值触发，即当系统识别所采集的信号为农产品敲击振动响应信号，而非环境噪声时，对时域信号进行快速傅里叶变换(FFT)，将时域信号转化为频域信号，并采用功率谱作为频域信号的统计参数。响应信号的功率谱同样可以在系统的人机界面上实时地观察到。得到响应信号的功率谱后，系统采用滤波器对信号进行滤波去噪处理，并将数据存储在硬盘中，以供后续处理。图 7-6 为基于 Labview 语言的禽蛋蛋壳质量信号采集软件系统界面。

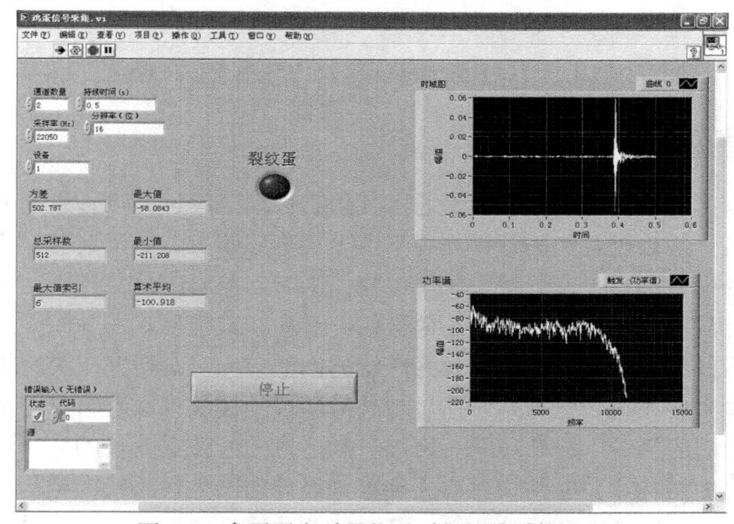

图 7-6　禽蛋蛋壳质量信号采集软件系统界面

7.2.2　振动力学信号的采集和处理流程

每个受检农产品的敲击振动响应信号采集和处理流程一般为受检测对象经外界机械敲击振动产生的响应信号，通过动圈式麦克风采集转化为模拟信号，再经由放大器对模拟信号放大，然后信号进入声卡进行 A/D 转换。软件系统程序获取模拟时域信号，通过阈值触发得到受检对象响应信号的频域信号，再经过虚拟硬件滤波去噪，即可得所需的数据，并存储在硬盘中供下一步分析，具体的流程图如图 7-7 所示。

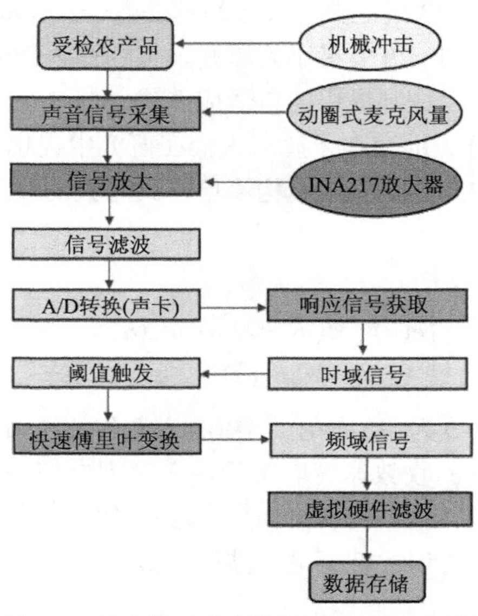

图 7-7　敲击振动响应信号采集及处理流程

7.3 声(力)学信号处理与分析

7.3.1 信号处理

检测农产品的外部结构质量是通过其敲击振动响应信号进行判别的，在试验过程中，有一些难以避免的外界环境噪声干扰响应信号。由于这些噪声信号的影响，采集的受检测对象信号特征比较模糊，影响到品质的检测判别，因此需对这些噪声进行滤波去噪处理，以提高信号的分辨率和灵敏度。

自适应滤波技术是目前应用较为广泛的滤波技术，是研究一类结构和参数可以改变或调整的系统。这种系统通过与外界环境的接触来改善自身的信号处理性能，称为自适应系统。自适应系统可以自动适应信号传送变化的环境和要求，无须知道信号的结构和先验知识，亦无须精确设计信号处理系统的结构和参数。自适应系统是一类时变的非线性系统，其系统的非线性特性主要是由系统对不同信号环境实现自身调整确定的。在自适应滤波信号处理方法中，有限冲激响应(finite impulse response, FIR)自适应滤波结合归一化最小均方(normalized least mean square，NLMS)误差和递归最小二乘(recursive least squares, RLS)两种算法是比较常用的对农产品的信号进行滤波去噪处理的方法。

1. LMS 自适应滤波

最小均方(least mean square, LMS)算法是一种线性自适应滤波算法，结构简单、稳定性好，是自适应滤波经典、有效的算法之一。LMS 在滤波过程中以期望响应和滤波器之间误差的均方值最小为原则，依据输入信号在迭代过程中估计梯度矢量，并更新权系数以达到最优的自适应迭代。但 LMS 算法在收敛速度和稳态失调对步长 u 的选择方面存在矛盾。人们在研究中提出了很多 LMS 改进的算法，其中归一化最小均方误差算法结构简单，具有大的输入动态范围，被广泛应用[4,5]。

在基本的 LMS 算法中：

$$\begin{cases} \boldsymbol{e}(n)=\boldsymbol{d}(n)-\boldsymbol{X}^{\mathrm{T}}(n)\boldsymbol{W}(n) \\ \boldsymbol{W}(n+1)=\boldsymbol{W}(n)+2u\boldsymbol{e}(n)\boldsymbol{X}(n) \end{cases} \tag{7-1}$$

式中，$\boldsymbol{e}(n)$为误差；$\boldsymbol{d}(n)$为期望输出；$\boldsymbol{W}(n)$为迭代的权值；u 为迭代步长，当 u 一定时，自适应滤波器的收敛速度取决于输入序列自相关矩阵 $\boldsymbol{R}$ 的最小特征值 $\lambda_{\min}$，而总失调量主要取决于最大特征值 $\lambda_{\max}$，$\boldsymbol{R}$ 的特征值随输入信号的改变而改变，影响收敛速度和失调，甚至可能破坏收敛条件，于是提出了 NLMS 算法。

$$\begin{cases} \boldsymbol{e}(n) = \boldsymbol{d}(n) - \boldsymbol{X}^{\mathrm{T}}(n)\boldsymbol{W}(n) \\ \boldsymbol{W}(n+1) = \boldsymbol{W}(n) + u\boldsymbol{e}(n)\boldsymbol{X}^{\mathrm{T}}(n)\boldsymbol{X}(n)^{-1}\boldsymbol{X}^{\mathrm{T}}(n) \end{cases} \tag{7-2}$$

相当于用 $u(n) = u[\boldsymbol{X}^{\mathrm{T}}(n)\boldsymbol{X}(n)]^{-1} = u / p_j$ 代替了 u，p_j 为输入功率归一化值。均方误差的收敛时间为 $\tau = T_s / (4u\lambda_i / p_j)$，$M = (u / p_j)\mathrm{tr}(\boldsymbol{R})$。因 λ_i 与 $\mathrm{tr}(\boldsymbol{R})$ 均与 p_j 成比例，因而 p_j 的引入可使 LMS 算法性能保持稳定并扩大了它输入的动态范围。为了确保自适应滤波器的稳定收敛，对收敛因子 u 进行归一化的 NLMS 算法，实现信号的自适应滤波。

图 7-8 为 NLMS 算法自适应滤波前后的鸡蛋蛋壳受外界敲击响应信号图，由图可以看出，基于 NLMS 算法的自适应滤波器对鸡蛋的滤波去噪效果比较显著。经自适应滤波后，敲击振动响应信号的噪声显著减小，提高了信号的分辨率和灵敏度，为鸡蛋敲击振动响应信号的有效识别提供了可能。

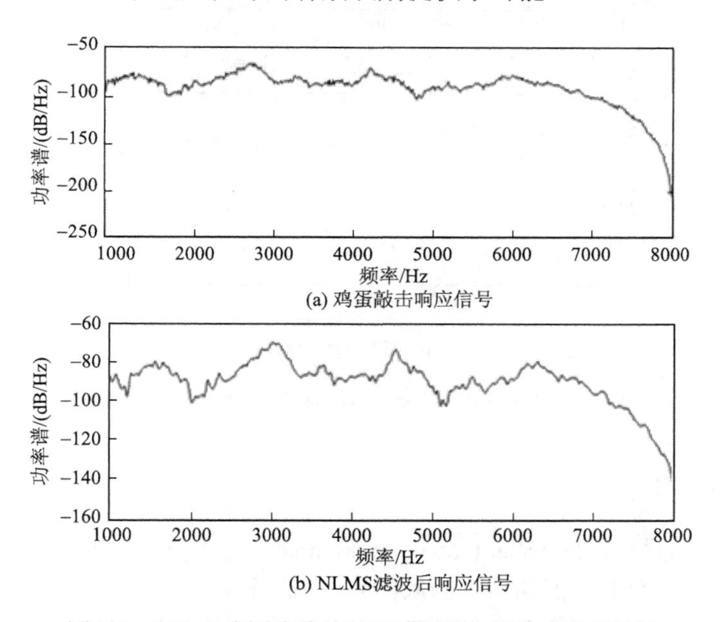

图 7-8　NLMS 自适应滤波前后鸡蛋敲击振动响应信号图

2. RLS 自适应滤波

RLS 是一种通过最小二乘自适应横向滤波器递推的自适应滤波算法，该算法由 n–1 时刻滤波器抽头权向量的最小二乘估计来递推 n 时刻权向量的最新估计。在 RLS 中，期望响应 $d(n)$ 与抽头输入向量 $u(n)$ 之间的关系可用多重线性回归模型表示：

$$d(n) = W_0^{\mathrm{T}} u(n) + e_0(n) \tag{7-3}$$

式中，$W_0=[W_0,0,W_0,1,\cdots,W_0,M-1]^{\mathrm{T}}$ 为回归参数向量；$e_0(n)$ 是均值，为 0。抽头输入向量 $u(n)$ 由随机过程生成，其自相关函数具有遍历性。因此可用时间平均代替统计平均。与 NLMS 一样，RLS 算法也是在 32 位的自适应滤波器中实现的，遗忘因子设为 1，初始滤波系数设为 0。图 7-9 为 RLS 算法自适应滤波前后的鸡蛋敲击振动响应信号图。

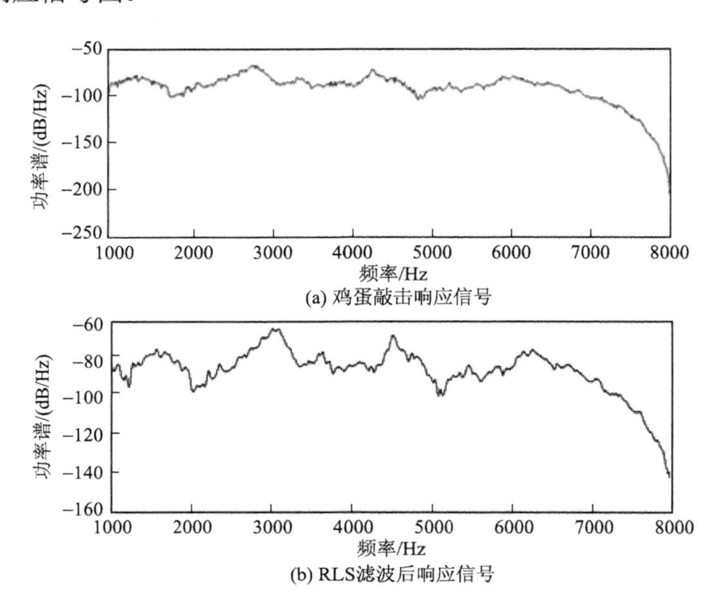

图 7-9　RLS 自适应滤波前后鸡蛋敲击振动响应信号图

3. 独立分量分析

独立分量分析(independent component analysis, ICA)是一种多元统计数据分析技术，用于提取非高斯和独立的源信号。低分辨率图像的盲解卷积一直是人们关注的问题。ICA 的优点之一是不需要关于模糊类型和大小的信息。此外，由于只需要对混合矩阵进行吸收模糊处理，因此该分析技术可以节省计算量，从而提高数据处理效率。

7.3.2 特征提取与分析

1. 特征信息提取

振动力学响应信号功率谱包含的信息较多，需要对其特征信息进行提取，便于进一步分析[6]。下面介绍几个比较常用的振动力学响应信号分析方法，包括特征功率谱面积(Area)、功率谱标准差(σ)、第一共振峰对应的频段(f_1)、前三个共振峰功率谱方差(D)、中低频段功率谱能量、变异系数、差商、过零点数的计算等。

1) 功率谱面积

功率谱面积(Area)即各点功率谱幅值之和，通过计算并比较试验数据，不同结构刚度的食品、农产品功率谱面积有所不同，因此功率谱可作为判别的一个特征因子，其计算方法为

$$\text{Area} = \sum_{i=0}^{512} P_i \tag{7-4}$$

式中，P_i 为各个采样点对应的功率谱幅值。

2) 功率谱标准差

功率谱标准差(σ)能反映采样点功率谱数据集的离散程度，通常而言，结构刚度较好的农产品的功率谱峰值较为突出，幅值之间的差异较大。其计算公式为

$$\sigma = \sqrt{\frac{\sum_{i=0}^{n} P_i^2 - nP^2}{n-1}} \tag{7-5}$$

式中，n 为采样点；P_i 为各个采样点对应的功率谱幅值；P 为功率谱幅值的均值。

3) 第一共振峰对应的频段

第一共振峰对应的频段 f_1 是指幅值最大值时对应的频率点。f_1 用公式描述为

$$f_1 = \text{Index}_{\max}(P_i) \tag{7-6}$$

4) 前三个共振峰功率谱方差

结构刚度比较大的农产品，被外界响应信号激励时，其功率谱通常有明显的主峰，前三个共振峰的功率谱方差(D)较大，前三个共振峰功率谱方差 D 用公式描述为

$$D = \text{Max}_{1:3}(P_i)/3 \tag{7-7}$$

5) 中低频段功率谱能量比均值

通常而言，结构刚度较大的农产品受外界继续敲击的中频段(3500～6000Hz)集中的能量明显多于低频段(1000～3500Hz)间的功率谱能量，而结构刚度低的农产品功率谱中频段与低频段的功率谱能量相差不明显，因此可将此特征作为区别不同结构刚度农产品的一个参数，中低频段功率谱能量比均值(M)的计算方法如下：

$$M = \left(\frac{\sum_{i=1}^{200} P_i}{\sum_{i=201}^{400} P_i} \right) \Bigg/ 200 \tag{7-8}$$

6) 变异系数

变异系数是反映总体各单位标志值的差异程度或离散程度的指标，是反映数据分布状况的指标之一[7,8]。相比标准差，变异系数可以更全面地反映数据的波动性，农产品结构较为完整，其表面被激励不同区域所发出的信号变异系数比较小，但当农产品出现损伤或裂纹时，受到外界激励不同区域所发出的信号变异就会变大，其计算公式为

$$\mathrm{CV} = \frac{\sqrt{\frac{1}{N}\sum_{i=1}^{N}(x_i - \mu)^2}}{\mu} \tag{7-9}$$

式中，$\mu = \frac{1}{N}\sum_{i=1}^{N} x_i$ (i=1,2,3,…,512)，为算术平均数。

7) 差商

一组数据最大值和最小值的差的比值，表示该组数据的相对波动幅度，其计算公式为

$$T = \frac{X_{\max} - X_{\min}}{X_{\min}} \tag{7-10}$$

8) 过零点数

当两个连续振幅为一正一负时，该波形过零点，通过自编程序计算过零点数。结构刚度不同的农产品，在过零点数上也有较大的区别。

2. 特征值的优化筛选

当农产品被外界特征值用于剔除数据的冗杂信息，简化建模过程，但特征参数的数量并非越多越好，有些特征值不能很好地反映数据的全局特征，稳定性较差，不能较好地表征不同结构刚度农产品受激励信号的差别。所以需要对所提取的特征变量进行进一步筛选，优选出更合理的特征参数，去掉贡献较小的参数，增强模型的稳定性。“优度”对于数量较少的特征值的筛选更有优势，该方法在考虑波形特征值稳定性的同时，又考虑特征值的识别能力。优度的优劣判断标准为区分指数(distinguish index，DI)，计算公式如下：

$$\mathrm{DI} = \frac{\left|\overline{X_2} - \overline{X_1}\right|}{\sigma_2 + \sigma_1} \tag{7-11}$$

式中，$\overline{X_1}$，$\overline{X_2}$为所比较不同结构刚度农产品对应的某一特征值下的均值；σ_1，σ_2为相应的信号在该特征值下的标准差。

DI 值越大，分辨率越大，该特征参数的识别能力越强，当某个参数的 DI≤0.85，则认为其优度不够，不适合进一步建模识别，应将其剔除。

7.4　声(力)学检测技术在食品质量安全检测中的应用

7.4.1　在禽蛋蛋壳强度检测中的应用

鸡蛋破损的产生是由于在储藏、运输过程时，静、动载荷超过鸡蛋蛋壳所能承受的极限，从而导致破损。破损鸡蛋将部分或全部失去其食用价值，同时还会污染其他的鸡蛋，导致严重的经济损失。因此，需要对鸡蛋的蛋壳强度进行检测，防止鸡蛋负载超负荷，减少鸡蛋的破损。准静态压缩是目前常用的鸡蛋蛋壳强度检测方法。它是一种破坏性的方法，不能对储运、加工的鸡蛋进行逐一检测。因此，通常抽样的方法来预测整批鸡蛋蛋壳的质量。不同鸡蛋之间蛋壳强度差异较大，会导致预测精度不高，且这种方法的检测效率也较低。相关研究人员尝试通过采集和分析敲击鸡蛋产生的响应信号[9,10]，与准静态压缩试验检测的鸡蛋承受应力建立模型，以期快速、无损地检测鸡蛋蛋壳应力。图 7-10 为鸡蛋的应力分布图，从图中可以发现，每一个鸡蛋所承受的应力随着压缩变形量的增加而增大，当蛋壳被压缩出现破碎时，所承受的负载突然下降和强度损失，应力也相应下降，因此每条曲线的峰值就是物性仪所检测的鸡蛋最大准静态压缩承受应力。

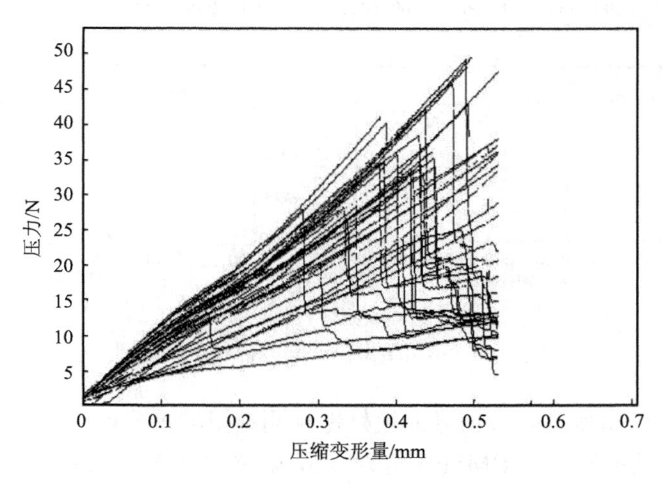

图 7-10　鸡蛋的应力分布曲线

准静态压缩只能检测静态和连续的鸡蛋负荷，而动态和瞬时鸡蛋负荷则难以检测。因此，振动响应信号也用于蛋壳强度测量[11,12]。鸡蛋破裂振动响应信号的频率范围为1000～8000Hz。利用RLS对鸡蛋破裂振动响应信号进行自适应滤波。图7-11为通过RLS滤波器去噪后不同蛋壳强度的鸡蛋破裂振动响应信号的功率谱。图7-11(a)～(c)显示了蛋壳强度较高(高于40N)的信号响应图。图7-11(d)～(f)显示蛋壳强度较低(小于40N)的声学振动响应信号图。从图中可以观察到，具有较大外壳强度(最大轴承应力)的鸡蛋振动响应信号具有显著的共振峰，而在较低外壳强度的鸡蛋中不存在共振峰，这可能是因为蛋壳更强的鸡蛋在受到撞击时会接收到更尖锐的脉冲信号，相应的共振峰可能更突出，相比之下，蛋壳强度较低的鸡蛋会产生较为温和的脉冲信号。

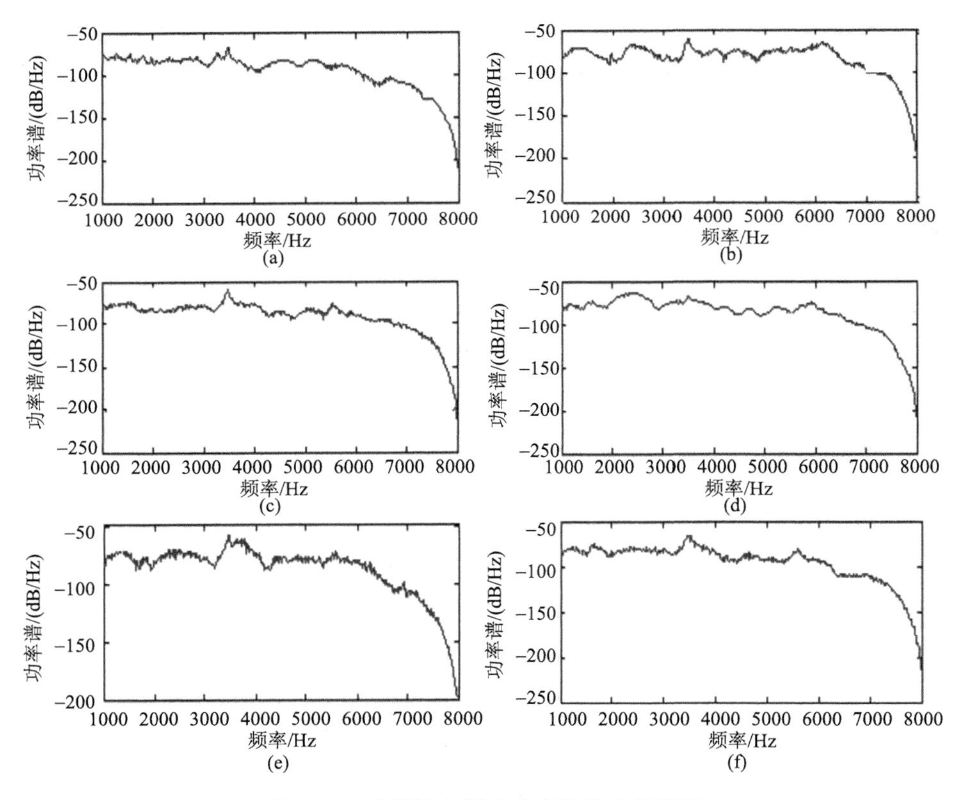

图7-11　鸡蛋敲击振动响应信号功率谱图

通过鸡蛋敲击振动响应信号能较好地预测鸡蛋的蛋壳硬度。对独立的鸡蛋样本，GA-PLS预测模型的RMSEP值为3.6，相关系数为0.7711；GA-SiPLS预测模型的RMSEP值为3.55，相关系数为0.7591，结果如图7-12所示。

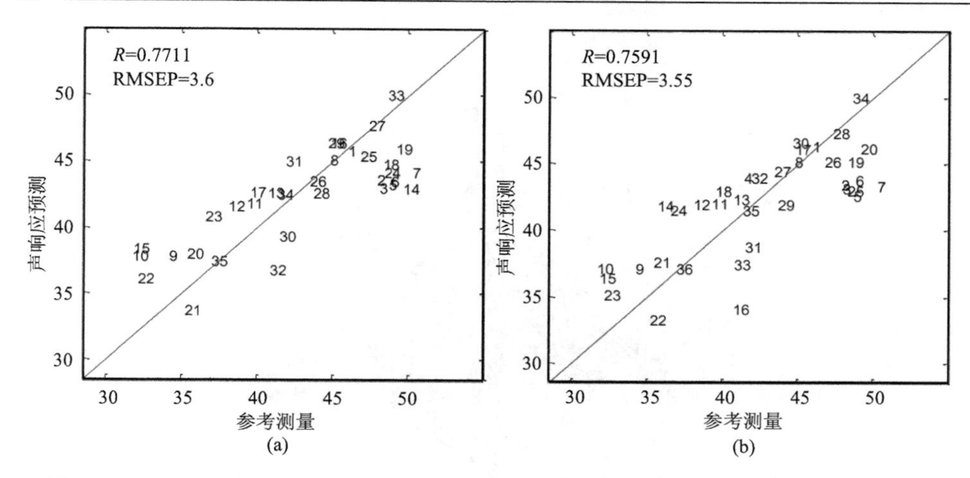

图 7-12　GA-PLS(a)和 GA-SiPLS(b)模型裂蛋振动响应信号预测值与实测值的相关图

7.4.2　在禽蛋蛋壳破裂检测中的应用

蛋壳经过生产加工后，不可避免地会产生裂纹。较大的裂缝易于肉眼观察，便于筛选。然而，其中许多都是小裂缝，损坏不容易被发现[13]。因此，禽蛋表面裂纹的快速检测是亟待解决的问题。当蛋壳出现裂纹时，蛋壳的表面特征发生了变化，如阻尼系数和刚度[14-17]。林颢[18]提出了一种利用多个振动传感器分析检测鸡蛋裂纹的新方法。选取 100 个干净的鸡蛋，并按顺序贴上标签。在这项工作中，有完整外壳的鸡蛋首先被敲打。每个分接点重复 3 次。为每个鸡蛋选择 8 个分接点。完成序列后，用金属棒轻敲蛋壳，直到蛋壳轻敲声变暗。然后在这些鸡蛋上进行同样的声学实验，每个撞击点重复 3 次，每个鸡蛋有 8 个撞击点。传感器的位置和蛋壳的完整性会影响信号。鸡蛋的检测平台结构如图 7-13 所示。

裂纹可以降低振动波，因此裂纹鸡蛋的振幅将相应降低[19,20]。图 7-14 显示了裂纹鸡蛋和完好鸡蛋波形的比较。可以发现，完整卵的最大振幅大于破裂卵，可能的原因是鸡蛋受到外部激励时蛋壳表面的振动波发生了变化。完整的蛋壳确保了振动波的平稳传播。

LDA 用于鉴定样品的质量。三组传感器均获得了满意的性能，当使用传感器 A 时，获得了最佳结果，其中训练集和预测集的裂纹蛋识别率分别为 97.50%和 93.75%。表 7-1 描述了传感器的联合线性判别分析结果。数据表明，传感器 A 和传感器 C 的标准偏差以及前 10 个最大值之和的比率对裂蛋有较好的识别效果。在敲击点第 5 处，高分辨率指数的数量比其他敲击点处多，这进一步说明了底部传感器的分辨优势。

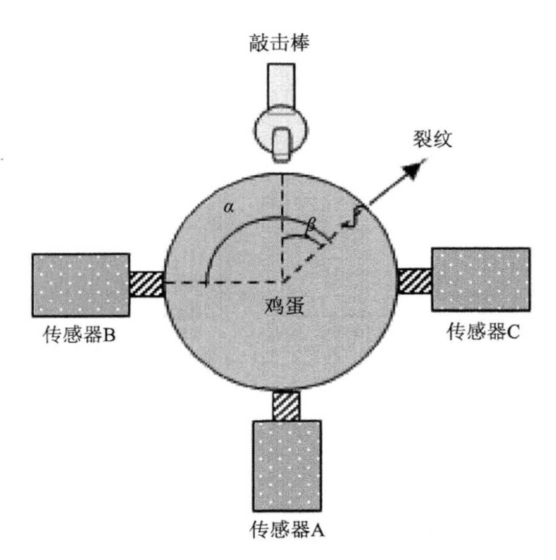

图 7-13　多传感器鸡蛋裂纹检测平台侧面示意图

α 表示裂纹与传感器的夹角，β 表示敲击点与裂纹的夹角

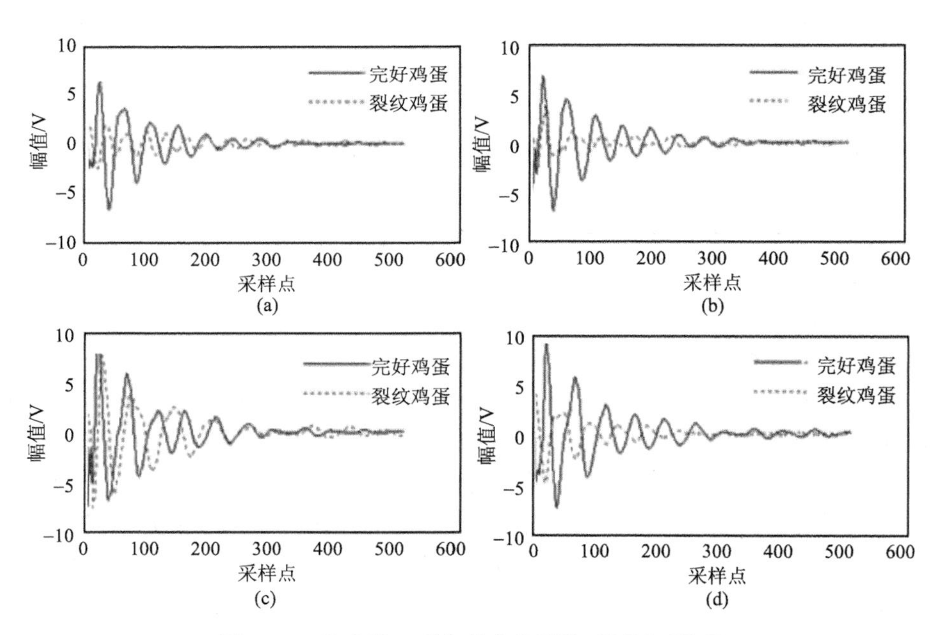

图 7-14　传感器 B 采集的完整裂纹时域波形比较

(a)～(d) 分别为选取同一鸡蛋的不同敲击位点处完好鸡蛋与裂纹鸡蛋获取的波形对比图

表 7-1　传感器的联合线性判别分析结果

敲击点	传感器 A		传感器 B		传感器 C	
	预测集/%	训练集/%	预测集/%	训练集/%	预测集/%	训练集/%
1	**91.52**	**95.83**	**81.25**	**85.83**	**93.75**	**95.83**
2	61.52	58.33	68.75	72.50	52.50	62.50
3	**80.00**	**86.67**	**83.75**	**90.83**	**83.75**	**89.17**
4	60.00	59.17	61.25	69.17	55.00	59.17
5	**93.75**	**97.50**	**86.25**	**95.00**	**80.00**	**95.83**
6	63.75	59.17	60.00	56.67	58.75	56.67
7	**87.50**	**90.83**	**91.25**	**83.33**	**92.50**	**92.50**
8	65.00	61.67	61.25	65.83	63.75	62.50

7.4.3　在水果品质检测中的应用

农产品的表面结构和内在品质不同，在外界激励下自由振动时，产生的声响应信号会表现出不同的特征。除了自身的声阻抗和固有频率外，振动响应信号的声学特性的差异可以判断水果的品质。受损和完整的水果在外界激励下会产生不同的声音信号。

1. 声振动在梨损伤检测中的应用

水晶梨表面的损伤通常会利用统一的人为操作，为避免实验的偶然性，会引入大量样本来进行验证。一般会在水晶梨表面制造直径约为 1cm 的破损。在标记点选择开裂位置，确保开裂强度不会损坏梨组织损伤。

大量实验证明完好梨和损伤梨的时域图相似，难以区分。利用 FFT 将梨振动响应信号从时域空间转换到频域空间。在频域空间，讨论了两种梨的信息差异。FFT 采样点数为 512，初步测试振动响应信号主要在 8000Hz 以内。高频信号较弱，信噪比相对较低。图 7-15 显示了带通滤波后梨敲击响应的频域功率谱信号，完好梨的功率谱差异不明显，大多数梨的功率谱共振峰相对稳定。当梨损伤部位的结构刚度被破坏时，阻尼系数增大。

当利用 LDA 建立完好梨和损伤梨的判别模型。1～4d 判别模型对完好梨和损伤梨样品的识别率均在 82%以上，可以识别大部分实验梨样品。通过比较 1～4d 训练集和预测集的识别率，发现总体识别率随时间呈下降趋势。随着储藏时间的延长，完好梨的品质逐渐下降，表面结构变软，鉴别率逐渐降低。

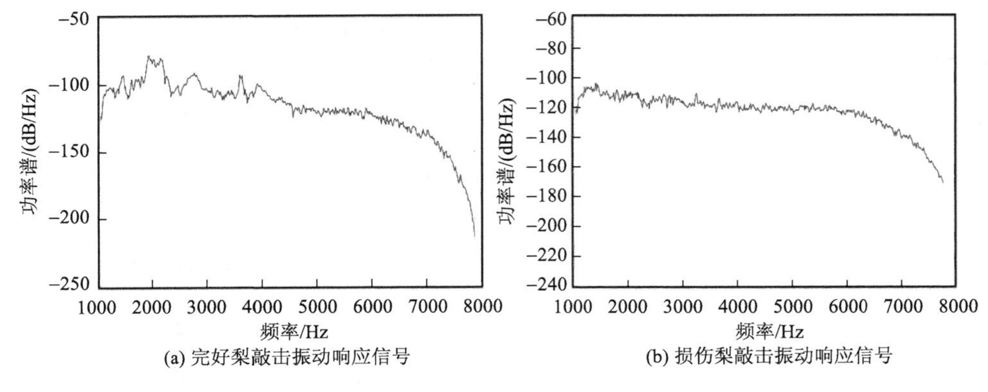

(a) 完好梨敲击振动响应信号　(b) 损伤梨敲击振动响应信号

图 7-15　梨敲击响应的频域信号

2. 在西瓜成熟度评价中的应用

成熟度是西瓜品质的重要指标。一般来说，西瓜的成熟度可分为未成熟、成熟和过熟。目前，西瓜成熟度鉴定主要通过人工采摘和经验鉴定，费时低效。声振法是一种简单有效的西瓜成熟度检测方法。陆勇等[20]建立了自制的声振动检测平台，对西瓜表面进行敲击声检测。样品被人工催熟并分成不同成熟度的西瓜，选择茎、西瓜赤道及根蒂作为打击点。在这一部分中，频率响应函数(frequency response function, FRF)分析用于计算响应函数。采用非线性函数关系和多元线性回归模型，通过多个振动特征值来描述储存时间。多元线性回归模型的确定系数为 R^2=0.931，模型的最大标准误差为 3.87。袁佩佩[21]使用类似的方法检测西瓜的质量。本书利用主成分分析(PCA)提取响应信号特征，构建了西瓜成熟度分类和极限学习机(extreme learning machine, ELM)检测西瓜含糖量的模型。在机器学习分类算法中，ELM 的识别效果最好且处理速度最快。然而，在实际生产和应用中仍存在许多问题。

图 7-16 显示了西瓜敲击振动监测系统。Li 等[22]以振动声学法为原理，通过信号传输，FFT 可以得到西瓜的固有频率，并利用固有频率与成熟度的关系来判断西瓜的品质。图 7-17 显示了西瓜音频信号波形。据悉该水果检测设备已成功研制，很大程度上具有推广意义，它不仅适用于个人用户的日常判断，同时对于大规模工程应用上也起到了高效便利的作用。

3. 声振动在其他水果上的应用

市场上香蕉品质的检测一般采用穿刺试验。方法经典有效，但对于样本的损害、人工消耗等方面来说，并不适合推广性的应用。利用物体受到的外部敲击力

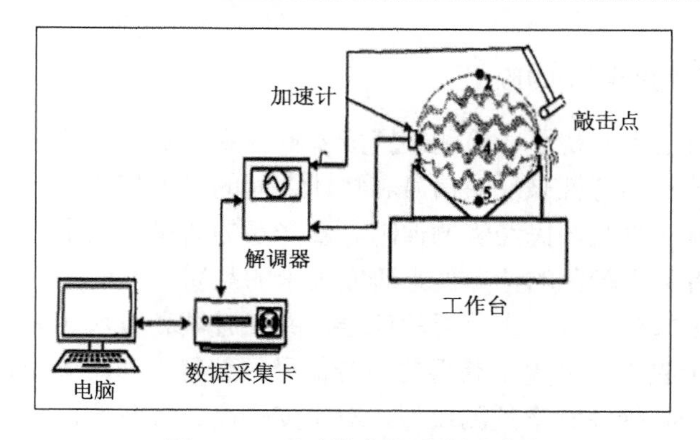

图 7-16　西瓜敲击振动监测系统

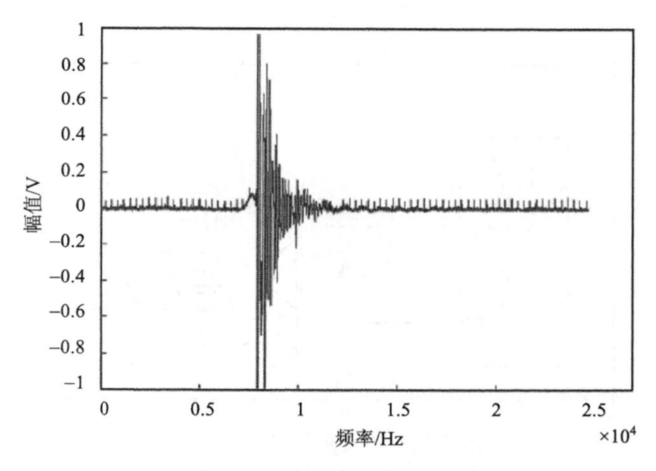

图 7-17　西瓜音频信号波形

作用，检测该物体本身物理特性的变化，从而判别其品质变化，该方法很大程度上避免了人为操作的主观性及对样本的消耗。Jangannath 等[23]通过收集香蕉受损前后的声学响应谱来判断香蕉的质量。利用自制的实验装置探索其中规律。研究发现，当这些香蕉样品受到外部动力冲击时，香蕉部分开裂。随着香蕉成熟，响应共振频率降低，阻尼系数增加。共振频率和阻尼系数与香蕉的颜色变化有关，这种颜色变化是由机械或温度吸收引起的呼吸速率增加。果实阻尼是一个重要的参数，它与果实成熟度和果实组织有关。颜色指数、频率和阻尼比 3 个参数之间存在显著相关性。结果表明，上述 3 个参数与果实隆起引起的物理损伤有关，表明频率和阻尼比提供了果实新鲜度的指标。

7.4.4　在其他食物检测中的应用

声学检测方法受干扰小，检测装置成本低，易于实现智能化。有研究人员利用水果和蔬菜的声学特性来反映信号和物体之间的基本规律关系。

农业的发展一直是国民经济的保障。农产品的质量直接影响其市场竞争力。过去，相关学者基于颜色的特异性来研究大米的品质。然而，李广超[24]使用小麦硬度的声学测量来分析从小麦获得的信号，并在时域和频域研究小麦的特性。图7-18显示了用于收集从小麦中获得的声音信号的装置，利用该装置建立了基于特征参数WFI的BP神经网络预测模型，对小麦硬度进行预测。该模型预测值的最大相对误差为–2.24%，平均相对误差约为0.15%。说明利用声波检测技术可以测量小麦的硬度。

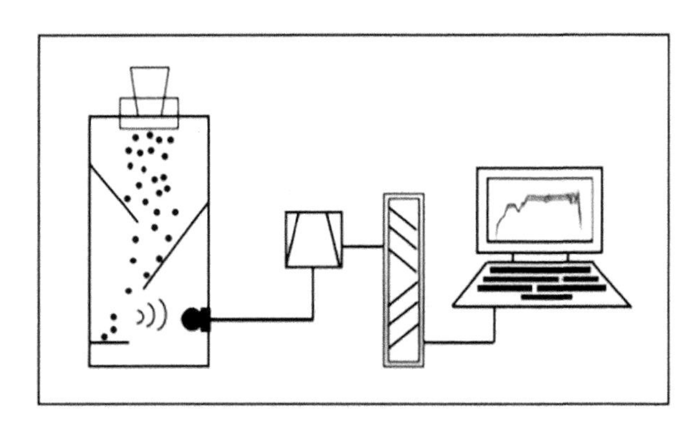

图7-18　小麦声信号采集装置

李广超根据小麦籽粒的特性和声学特性原理，设计了一种测量小麦水分的系统，包括小麦籽粒声音信号的产生、采集和后期信号分析。整个试验过程在自制的水分平衡箱中进行，通过添加水分可以控制小麦的水分含量。当样品放入进料机与底部碰撞时，计算机可以采集碰撞产生的声音信号。与小麦重力撞击目标获得的声信号相比，该装置中增加了隔声部分，在一定程度上减少了外部噪声干扰，提高了结果的准确性。

利用声波对粮食进行无损检测是一种新的研究思路，但在大规模生产中存在许多问题。在预处理过程中，利用声学特性检测小麦水分含量比较麻烦，需要人工除杂和去除小粒。另外，由于小麦样品数量少，且结果不具有普遍性，因此该方法需要在今后的研究中加以改进。

7.5　结论与展望

声学实验可以通过测试反射特性、声波传播速度、衰减系数和散射特性等指标来确定试样结构是否受损。该方法简便易行，尤其适用于果蔬和禽蛋类农产品。可以建立与产品特性和声学特性相关的模型。如果能够优化检测方法，可以开发相关的测量仪器，以减少实验过程中产生的误差。

随着电子通信科学技术的发展，各种新的无损检测技术逐渐应用于农畜产品质量检测的各个领域。利用机器视觉和近红外光谱技术，通过振动响应信号检测鸡蛋的综合品质。这些研究旨在将这些新方法从实验室推广到实际应用，并为质量检测的自动化和产业化提供可能。

参 考 文 献

[1] 王树才，任奕林，陈红，等. 利用敲击声音信号进行禽蛋破损检测和模糊识别. 农业工程学报, 2004, (4): 130-133.

[2] 刘俭英，田茂胜，王巧华，等. 基于 DSP 的鸡蛋破损检测分级装置设计. 农业机械学报, 2007, (12): 125-128.

[3] 姜瑞涉，王俊，陆秋君，等. 鸡蛋敲击响应特性与蛋壳裂纹检测. 农业机械学报，2005, 36(3): 75-78.

[4] 梅劲华，王石泉，王树才. 禽蛋破损在线检测自动敲击发声装置设计与试验. 农业工程学报, 2011, 27(9): 334-338.

[5] 潘磊庆，屠康，刘明，等. 基于声学响应和 BP 神经网络检测鸡蛋裂纹. 南京农业大学学报, 2010, 33(6): 115-118.

[6] 周平，蔡健荣，林颢. 基于声学特性的鸡蛋蛋壳强度检测的研究. 食品科技，2010, 35(2): 237-240.

[7] 潘磊庆，屠康，赵立，等. 敲击振动检测鸡蛋裂纹的初步研究. 农业工程学报，2005, (4): 11-15.

[8] 王巧华，任奕林，文友先. 基于 BP 神经网络的鸡蛋新鲜度无损检测方法. 农业机械学报, 2006, 37(1): 104-106.

[9] Baltazar A, Aranda J I, González-Aguilar G. Bayesian classification of ripening stages of tomato fruit using acoustic impact and colorimeter sensor data. Computers and Electronics in Agriculture, 2008, 60(2): 113-121.

[10] 郎涛，林颢. 鸡蛋蛋壳裂纹敲击振动功率谱信号特征参数筛选和分析. 农机化研究，2012, 34(7): 161-164.

[11] Yang Z J, Mao L, Yan B, et al. Performance analysis and prediction of asymmetric two-level priority polling system based on BP neural network. Applied Soft Computing, 2021, 99: 106880.

[12] Wen F, Jing F S, Zhao W H, et al. Research on optimal receiver radius of wireless power transfer system based on BP neural network. Energy Reports, 2020, 6: 1450-1455.

[13] Wang H J, Mao J H, Zhang J Y, et al. Acoustic feature extraction and optimization of crack detection for eggshell. Journal of Food Engineering, 2016, 171: 240-247.

[14] Sun L, Cai J R, Lin H, et al. On-line estimation of eggshell strength based on acoustic impulse response analysis. Innovative Food Science & Emerging Technologies, 2013, 18: 220-225.

[15] Zhao Y, Wang J, Lu Q J, et al. Pattern recognition of eggshell crack using PCA and LDA. Innovative Food Science & Emerging Technologies, 2010, 11: 520-525.

[16] Deng X Y, Wang Q H, Chen H, et al. Eggshell crack detection using a wavelet-based support vector machine. Computers and Electronics in Agriculture, 2010, 70: 135-143.

[17] Kim J, Rivadeneira R G, Castell-Perez M E, et al. Development and validation of a methodology for dose calculation in electron beam irradiation of complex-shaped foods. Journal of Food Engineering, 2006, 74: 359-369.

[18] 林颢. 基于敲击振动、机器视觉和近红外光谱的禽蛋品质无损检测研究. 镇江: 江苏大学, 2010.

[19] Pan L Q, Zhan G, Tu K, et al. Eggshell crack detection based on computer vision and acoustic response by means of back-propagation artificial neural network. European Food Research and Technology, 2011, 233: 457-463.

[20] 陆勇, 浦宏杰, 汪迪松, 等. 应用声振法对西瓜贮藏时间的无损检测研究//国际包装与食品工程、农产品加工学术年会论文集, 2015: 599-605.

[21] 袁佩佩. 西瓜成熟度无损检测的极限学习模型及应用研究. 武汉: 华中农业大学, 2017.

[22] Li N, Zhang Y G, Hao Y L, et al. A new variable step-size NLMS algorithm designed for applications with exponential decay impulse responses. Signal Processing, 2008, 88: 2346-2349.

[23] Jangannath J H, Das Gupta D K, Bawa A S, et al. Assessment of ripeness/damage in banana (*Musa paradisiaca* L.) by acoustic resonance spectroscopy. Journal of Food Quality, 2005, 28: 267-278.

[24] 李广超. 小麦水分声学测定方法的研究. 郑州: 河南工业大学, 2012.

第 8 章　多传感器信息融合检测技术

本章概述了多传感器信息融合检测技术的基本原理和使用方法，比较了贝叶斯(Bayes)方法、D-S 证据推理方法、模糊集理论、多传感交互感应信息提取分析法及神经网络法这 5 种不同数据处理方式的应用情景及各自优缺点。同时列举了多传感器信息融合技术在食品品质如农产品品质、茶叶分级及肉品质检测中的应用实例，用以佐证此法的应用效果。近些年来，随着国家科研投入不断加大，研究者可以有更多渠道购入不同的仪器，从而获得大量的数据。而数据处理逐渐成为一大难点，本章内容从多传感器信息融合技术出发，为相关从业者提供参考。

8.1　多传感器信息融合检测概述

8.1.1　多传感器信息融合的一般概念

多传感器信息融合(multi-sensor information fusion, MSIF)是模拟人脑综合处理信息的过程，充分利用多传感器资源，通过对各种传感器及其观测信息的合理支配与使用，将各传感器在时间上的互补与冗余信息依据某种优化准则组合起来，产生对观测环境的一致性解释和描述。多传感器信息融合已在食品、环境、军事等领域得到广泛研究和应用。多传感器信息融合包括三个层次，即数据层融合(低层次融合)、特征层融合(中间层融合)和决策层融合(高层次融合)。数据层融合是对传感器的原始数据进行融合，虽然融合过程中保留了尽可能多的信息，但是由于数据处理信息量大，所需要时间过长、实时性差。特征层融合是先从各传感器提供的原始数据中提取各自的特征信息，然后对这些特征信息进行融合。决策层融合主要是指不同类型的传感器分别形成各自的判别估计，在此基础上再融合，对结果进行综合评判。决策层融合具有灵活性高、抗干扰能力强等优点，但是这种融合方式造成的信息损失大，在一定程度上会影响判别的准确性；相比之下，特征层融合所提取的特征信息直接与决策分析相关，融合的结果能最大限度地给出决策分析所需的特征信息，并且实现了可观的信息压缩，有利于实时处理。通过多传感器信息的融合，可提高时间或空间分辨率，扩展时空监测范围；此外，多维度的信息可增加目标特征矢量的维数，降低信息的不确定性；多传感器信息的融合增强系统的容错能力和自适应能力，降低推理的模糊程度，提高系统的可靠性与鲁棒性[1-3]。

综上所述，多传感器信息融合的实质是将来自多传感器或多源的信息和数据进行综合处理，从而得出更准确可信的结论。事实上，多传感器信息融合在自然中随处可见。以人脑为例，多传感器信息融合就是其常见的基本功能之一。在日常生活中，人们自然地运用大脑的这一能力把来自人体各个身体感官(如眼、耳、鼻、皮肤等)的信息组合起来，各个感官之间所获得的信息也会产生交互感应，并利用已取得的先验知识去估计、理解周围的环境和正在发生的事件。人脑在处理问题时充分利用了不同传感器的信息所具有的不同特征，如实时、快变、缓变、相互支持或互补，也可能互相矛盾或竞争。而多传感器信息融合的基本原理与人脑综合处理信息一样，充分利用多个传感器的冗余或互补信息依据某种准则来进行综合，以获得被观测对象的一致性解释或描述[4]。

8.1.2 多传感器信息融合技术的原理和方法

多传感器信息融合就是充分利用不同传感器信息资源，得到描述同一对象不同品质特征的大量信息。依据某种准则对这些信息进行分析、综合和平衡，以期获得若干个最佳简化的综合变量，最终目的是找到一个基于两种或两种以上传感器信息资源的综合陈述[4,5]。

在多种传感器信息资源陈述过程中，各种传感器信息资源有可能存在相互交叉现象，因此，有必要对多种传感器信息技术融合的层面进行选择。根据融合系统所处理的信息层面，可以将多传感器信息融合分为决策层(最高层)融合、特征层(中间层)融合和原始数据层(最底层)融合三个不同的层面[6]。

数据层融合是指直接将各传感器的原始数据进行关联后，送入融合中心，完成对被测对象的综合评价，属于传感器水平上的融合，其结构原理如图 8-1 所示。它的优点是保持了尽可能多的原始数据信息，缺点是处理的信息量过大，速度慢，实时性较差。而且，当传感器的类型不一致时，由于没有合适的方法对原始数据所包含的特征进行一致性检验，所以数据层融合具有很大的盲目性[6]。

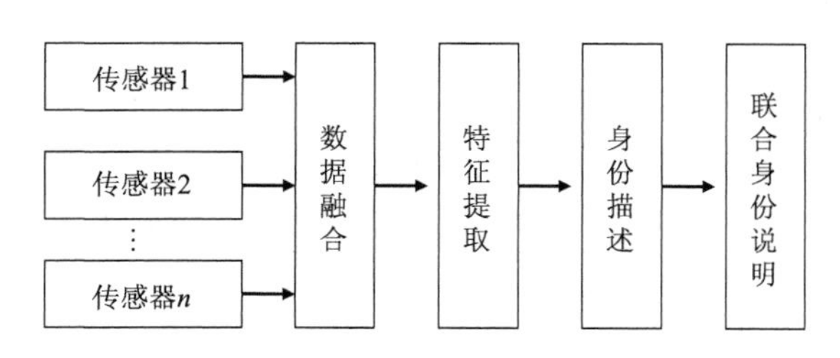

图 8-1 数据层融合

特征层融合是指把原始数据先经过特征提取，再进行数据关联和归一化等处理，送入融合中心进行分析与综合，完成对被测对象的综合评价，属于信息的中间层次融合，其结构原理如图 8-2 所示。它的优点是既保留了足够数量的原始信息，又实现了一定的数据压缩，常用于实时处理。而且，在特征提取方面前人积累了很多经验，所以特征层融合是目前应用较多的一种技术。但是，该技术在复杂环境中的稳健性和系统的容错性与可靠性还有待改善[2, 6, 7]。

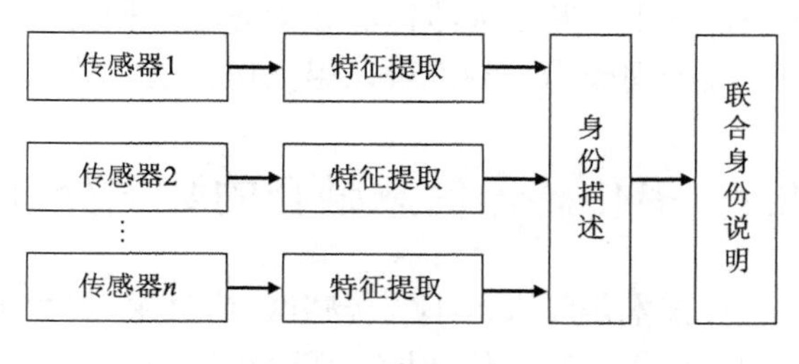

图 8-2　特征层融合

决策层融合是指在融合前，将各传感器的信号先作本地处理，即与每一传感器相应的处理单元先分别独立地完成特征提取和决策等任务，然后进行关联，再送入融合中心处理。因此，这种方法的实质是根据一定的准则和每个决策的可信度做出最优的决策，属于信息的最高层面融合，其结构原理如图 8-3 所示。它的优点是数据通信量小、实时性好，可以处理非同步信息，能有效地融合不同类型的信息。在一个或几个传感器失效时，系统仍能继续工作，有良好的容错性。其不足之处是，原始信息易遭损失，很难获取被测对象各个指标的先验知识，需要巨量的知识库等[6]。

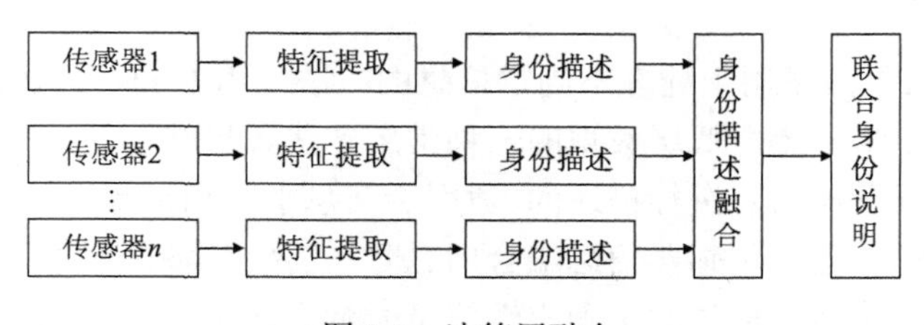

图 8-3　决策层融合

在茶叶检测体系中，近红外光谱仪器和机器视觉系统得出的数据特性不一致，信息跨度大，很难对其直接关联，因此不易进行数据层融合[8]。又由于茶叶的品质指标繁杂，如果利用决策层融合，就必须有反应茶叶品质的各个感官指标和理化指标等先验知识组成的知识库，而这些感官指标和理化指标需要通过茶叶专家的感官评定和化学方法来获取，这在实际应用中很难实现。因此，在本书中，较为实用的选择是采用特征层融合。这种方式不仅保留了足够数量的原始信息，而且实现了一定的数据压缩，有利于实时处理。

利用多个传感器所获取的关于对象和环境全面、完整的信息，主要体现在融合算法上。因此，多传感器信息融合系统的核心问题是选择合适的融合算法。对于融合系统来说，信息具有多样性和复杂性，因此，对信息融合算法的基本要求是具有鲁棒性和并行处理能力。此外，还有方法的运算速度和精度、与前续预处理系统和后续信息识别系统的接口性能、与不同技术和方法的协调能力、对信息样本的要求等。一般情况下，基于非线性的数学方法，如果它具有容错性、自适应性、联想记忆和并行处理能力，则都可以用来作为融合算法[9]。

8.2　多传感器信息融合的数据处理

多传感器信息融合技术是对来自不同传感器(信息源)的数据信息进行分析与综合，以产生对被测对象统一的最佳估计，因而可以使信息在准确性、可靠性和完备性等方面较其中任一传感器有明显提高，由于传感器提供的信息都具有一定程度的不确定性，因而信息融合过程实质上是一个非确定性推理与决策的过程[10]。

8.2.1　多传感器信息融合数据处理方法

近年来，针对多传感器信息融合中的不确定性处理，人们提出了多种不同的数据融合方法。下面将简要介绍最常用的融合方法：贝叶斯(Bayes)方法、D-S (Dempster-Shafer)证据推理方法、模糊集理论、多传感交互感应信息提取分析法和神经网络方法[11, 12]。

1. Bayes *方法*

Bayes 方法是最早用于处理不确定信息的方法，由 Duda 于 1976 年提出，是融合静态环境中多传感器低层数据的一种常用方法。贝叶斯估计是通过概率分布的形式对证据或者说信息进行描述的，适用于信息中有高斯噪声的不确定性情况。当用 Bayes 方法处理多传感器信息融合问题时，需要具备研究对象的大量先验知识，从而能够将传感器提供的不确定性信息表示为概率，并利用 Bayes 条件概率公式对它们进行处理。先验知识的获取和精确的概率表达是制约其应用的主要因素之一。另外，Bayes 方法不能区分不确定和不知道两种识别状态。

Bayes 方法用在多传感器信息融合时，是将多传感器提供的各种不确定性信息表示为概率，并利用概率论中 Bayes 条件概率公式对其进行处理。使用 Bayes 方法要求系统可能的决策相互独立。这样就可以将这些决策看作一个样本空间的划分，使用 Bayes 条件概率公式解决策问题。

设系统可能的决策为 $A_1,A_2,\cdots,A_m$，当某一传感器对系统进行观测时，得到观测结果 B，如果能够利用系统的先验知识及该传感器的特性得到各先验概率 $P(A_i)$ 和条件概率 $P(B|A_i)$，则利用 Bayes 条件概率公式，根据传感器的观测将先验概率

$P(A_i)$ 更新为后验概率 $P(A_i|B)$。当有 n 个传感器，观测结果分别为 $B_1,B_2,\cdots,B_n$ 时，假设它们之间相互独立且与被观测对象条件独立，则可以得到系统有 n 个传感器时的各决策总的后验概率为

$$P(A_i|B_1,B_2,\cdots,B_n)=\frac{\prod_{k=1}^{n}P(B_k|A_i)P(A_i)}{\sum_{j=1}^{m}\prod_{k=1}^{n}P(B_k|A_j)P(A_j)} \tag{8-1}$$

式中，$j,i=1,2,\cdots,m$，$k=1,2,\cdots,n$。最后系统的决策可由某些规则给出，如取具有最大后验概率的那条决策作为系统的最终决策。Bayes 方法多传感器的信息融合过程可用图 8-4 来表示。

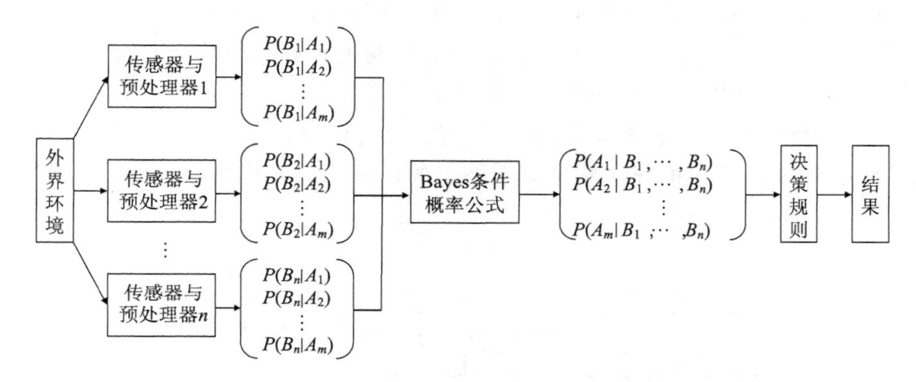

图 8-4　Bayes 方法多传感器的信息融合过程示意图

概括起来 Bayes 算法的主要步骤如下。

(1) 将每个传感器关于目标的观测转化为目标身份的分类与说明 $B_1,B_2,\cdots,B_n$。

(2) 计算每个传感器关于目标身份说明或判定的不确定性，即 $P(B_i\mid A_j)$，$j=1,2,\cdots,m$；$i=1,2,\cdots,n$。

(3) 计算目标身份的融合概率：

$$P(A_j\left|B_1,B_2,\cdots,B_n\right.)=\frac{P(B_1,B_2,\cdots,B_n\left|A_j\right.)P(A_i)}{P(B_1,B_2,\cdots,B_n)} \tag{8-2}$$

如果 $B_1,B_2,\cdots,B_n$ 相互独立，则

$$P(B_1,B_2,\cdots,B_n\left|A_j\right.)=P(B_1\left|A_j\right.)P(B_2\left|A_j\right.)\cdots P(B_n\left|A_j\right.) \tag{8-3}$$

Bayes 推理在许多领域有广泛的应用，但在身份识别中直接使用概率计算公式主要有两个困难：首先，一个证据 A 的概率是在大量的统计数据的基础上得出的，当所处理的问题比较复杂时，需要非常大的统计工作量，这使得定义先验函数非常困难；其次，Bayes 推理要求各证据之间是不相容或相互独立的，从而当

存在多个可能假设和多条件相关事件时，计算复杂性迅速增加。Bayes 推理的另一个缺陷是缺乏总的分配不确定性的能力。这些缺陷使 Bayes 方法的应用受到了限制。

2. D-S 证据推理方法

证据理论是由 Dempster 首先提出、Shafer 进一步完善发展起来的一种不确定性信息的表达和处理方法，简称 D-S(Dempster-Shafer)理论。D-S 理论是 Bayes 的扩展，因引入信任函数(belief function)和满足比概率论更弱的公理，将前提严格的统计条件从它的成立条件中分离。证据理论采用基本概率赋值，对一些事件的概率加以约束，以建立信任函数而不是精确得难以获得的概率，从而能够区分“不确定”和“不知道”之间的差异。另外，在应用证据理论时，对于某一个传感器信息，不仅能够影响单一的假设，还能影响更一般的不明确的假设，因此证据理论可以在不同细节、不同水平上收集和处理信息。

D-S 证据推理的 3 个基本要点：基本概率赋值函数 m_i、信任函数 Bel_i 和似然函数 Pls_i。D-S 方法的推理结构是自下而上的，分 3 级，推理结构如图 8-5 所示。

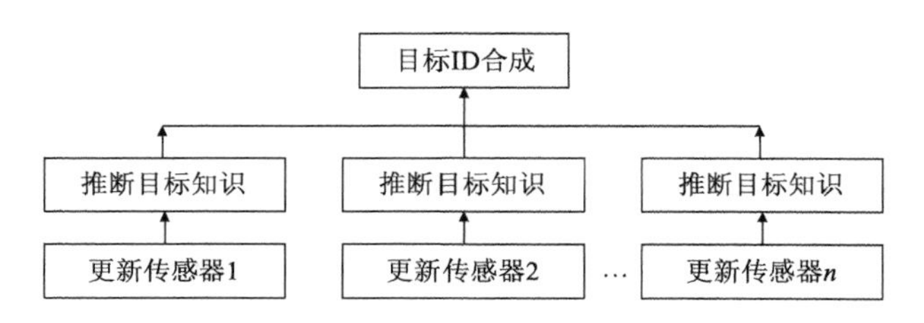

图 8-5　D-S 证据推理结构

第 1 级为目标合成，其作用是把来自独立传感器的观测结果合成为一个总的输出结果(ID)。第 2 级为推断，其作用是获得传感器的观测结果并进行推断，将传感器观测结果扩展成目标报告。这种推理的基础是建立在传感器以一定逻辑上的可信度产生的目标报告。第 3 级为更新，各种传感器一般都存在随机误差，所以在时间上充分独立地来自同一传感器的一组连续报告，比任何单一报告可靠。因此在推理和多传感器合成之前要先组合(更新)传感器的观测数据。

D-S 证据推理在多传感器融合中的基本应用过程如图 8-6 所示。它首先计算各个证据的基本概率赋值函数 m_i、信任度函数 Bel_i 和似然函数 Pls_i；然后用 D-S 组合规则计算所有证据联合作用下的基本概率赋值函数、信任度函数和似然函数；最后根据一定的决策规则，选择联合作用下支持度最大的假设。

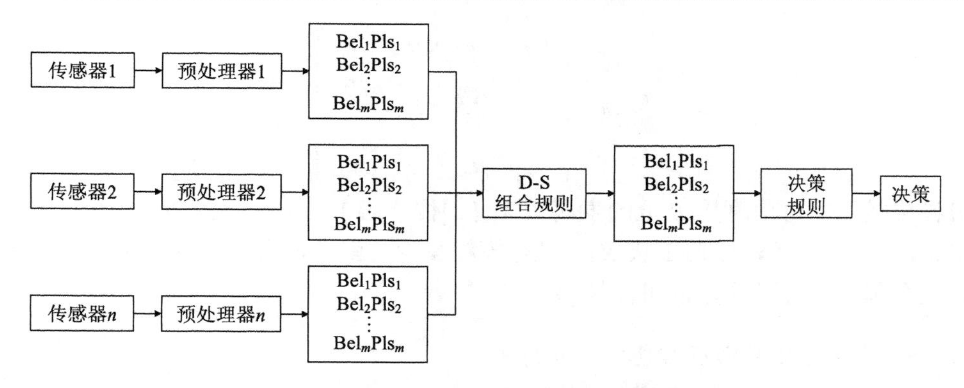

图 8-6　D-S 证据推理在多传感器融合中的应用过程

虽然 D-S 证据推理在信息融合中应用很广，但是它在应用中要求合并的证据相互独立，而且证据独立是一个很强的条件，很多情况下都不能满足，虽然大多数的研究者假设其近似独立并直接使用 D-S 证据理论，但是这样做必然会使融合结果超出估计。

随着人工智能、模糊逻辑、神经网络等学科的发展，它们往往能以简便而更有效的方式给出信息的不确定性推理过程，从而为解决信息融合算法中的不确定性问题提供了一种探索和模拟人的识别机理的途径[13]。

3. 模糊集理论

模糊集的概念是 1965 由 Zadeh 首先提出的。它的基本思想是把普通集合中的绝对隶属关系灵活化，使元素对集合的隶属度从原来只取{0，1}中的值扩充到可以取[0，1]区间中的任一数值，因此很适合用来对传感器信息的不确定性进行描述和处理。在应用于多传感器信息融合时，将 A 看作系统可能决策的集合，将 B 看作传感器的集合，A 和 B 的关系矩阵 $\boldsymbol{R}_{A\times B}$ 中的元素 μ_{ij} 表示由传感器 i 推断决策为 j 的可能性，X 表示各传感器判断的可信度，经过模糊变换得到的 Y 就是各决策的可能性。

具体地，假设有 m 个传感器对系统进行观测，而系统可能的决策有 n 个，则

$A=\{y_1|$决策 1，$y_2|$决策 2，…，$y_n|$决策 $n\}$

$B=\{x_1|$传感器 1，$x_2|$传感器 2，…，$x_m|$传感器 $m\}$

传感器对各可能决策的判断用定义在 A 上的隶属函数表示。设传感器对系统的判断结果：

$[\mu_{i1}|$决策 1，$\mu_{i2}|$决策 2，…，$\mu_{in}|$决策 $n]$，$0\leqslant\mu_{ij}\leqslant 1$

即认为结果为决策 j 的可能性为 μ_{ij}，记作向量$(\mu_{i1},\ \mu_{i2},\ \cdots,\ \mu_{in})$，则 m 个传感器构成 $A\times B$ 的关系矩阵为

$$\boldsymbol{R}_{A\times B}=\begin{bmatrix}\mu_{11} & \mu_{12} & \cdots & \mu_{1n}\\ \mu_{21} & \mu_{22} & \cdots & \mu_{2n}\\ \vdots & \vdots & & \vdots\\ \mu_{m1} & \mu_{m2} & \cdots & \mu_{mn}\end{bmatrix}$$

将各传感器的可信度用 B 上的隶属数 $X=\{x_1|$传感器 1，$x_2|$传感器 2，…，$x_m|$传感器 $m\}$表示，那么，根据 $Y=X\cdot\boldsymbol{R}_{A\times B}$ 进行模糊变换，就可得出 $Y=(y_1, y_2, \cdots, y_n)$，即综合判断后的各决策的可能性 y_i。

4. 多传感交互感应信息提取分析法

当人的某一感官在获取信息时，会有意识或者无意识地受到其他感官的影响，如在品尝黄酒滋味的时候，舌头提供的信息无疑是主要的，但是必然会受到色泽(视觉)和香气(嗅觉)的影响，也就是说，各感官之间的交互感应是客观存在的。此外，黄酒的风格感官特征描述也是人的各个感官器官经大脑综合判别后的结果，综合了各感官之间的交互影响。因此，传统的数据层融合和特征层融合得到的特征变量没有考虑各类传感器数据之间的交互作用，即没有考虑人类感官之间的交互影响[14]。

针对食品智能化评价过程中，一直被忽略的各个器官之间交互感应的问题，研究提出了食品智能化评价过程中交互感应的数学仿生理论。以黄酒为试验对象，首先，将视觉、嗅觉和味觉传感器数据进行组合；其次，通过多元线性回归(MLR)分别拟合色泽、香气、口味感官得分与99%的主成分得分传感器信息，得到能够体现交互感应的虚拟视觉、嗅觉和味觉变量；最后，通过线性和非线性模型建立虚拟的视觉、嗅觉和味觉变量与黄酒总的感官得分之间的关系，实现对黄酒感官品质的综合智能化评判。

图 8-7 显示了提取具有交互感应的虚拟视觉、嗅觉、味觉变量的过程。首先，将视觉、嗅觉、味觉传感器系统分别采集得到黄酒的 12 个、10 个、7 个特征值进行组合，共得到 29 个传感器变量，并采用 Z 得分函数对传感器数据集进行标准化预处理。然后，通过 PCA 提取传感器数据集的重要信息。再通过 MLR 将黄酒的色泽、香气、口味感官得分分别与提取得到的主成分得分进行回归，得到一系列的回归系数(权重)。主成分与它们各自回归系数的组合就构成了具有交互感应的虚拟视觉、嗅觉和味觉变量[15,16]。

5. 神经网络法

当系统的统计学模型无法得到时，神经网络提供了一个将不同传感器信息融合到一个统一框架的方法。基本的思想就是通过训练，由经过预处理的传感器信息集合，直接得到相应的系统控制输出。

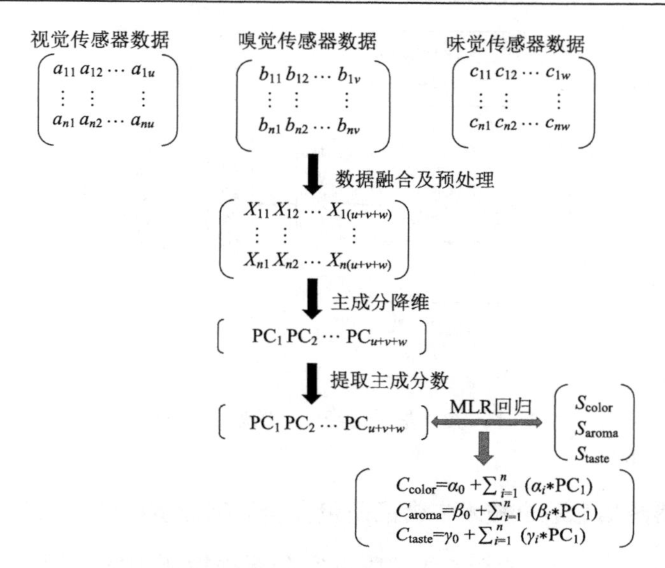

图 8-7　提取具有交互感应特征变量的步骤

S 表示人工感官评审得分；*C* 表示交互感应的虚拟变量

神经网络是由大量类似于神经元的简单处理单元相互连接而成的复杂网络系统，一般来说，它有以下三个要素。

(1) 神经元特性。它定义了将各输入合并为一个总体输入值的函数以及将该总体输入值映射到某一个输出的函数。

(2) 学习规则。它给出一组初始权值以及使用过程中如何改变权值来提高性能的方法。

(3) 网络的拓扑结构。它描述了网络中神经单元之间的连接方式。

利用神经元可以构成各种不同拓扑结构的神经网络，其中两种典型的结构模型分别是前馈式和反馈式。目前，典型神经网络有 BP 神经网络、Hopfield 神经网络、玻尔兹曼机及 Kohonen 神经网络等。

将神经网络用于多种传感器信息的融合时，首先要根据系统的要求以及传感器的特点选择合适的神经网络模型，包括网络的拓扑结构、神经元特性和学习规则。同时，还需要建立其输入与传感器信息和输出与系统决策之间的映射关系，然后再根据已有的传感器信息和对应的系统决策对它进行学习，确定权值的分配，完成网络的训练。训练好的神经网络参加实际的融合过程，如图 8-8 所示。传感器获得的信息首先经过适当的处理过程 1，作为神经网络输入，神经网络对它进行处理并输出相关的结果，处理过程 2 再将它解释为系统具体的决策行为。

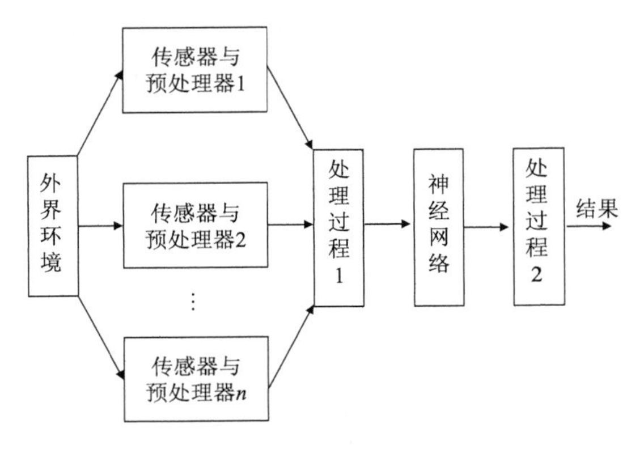

图 8-8　基于神经网络的融合过程

8.2.2　多传感器信息融合技术在食品质量安全无损检测中的一般步骤

多传感器信息融合技术在食品质量安全无损检测中的应用一般分八步进行(图 8-9)：①确定物品中那些与品质特性有关的特征；②确定用于评价所测物品质

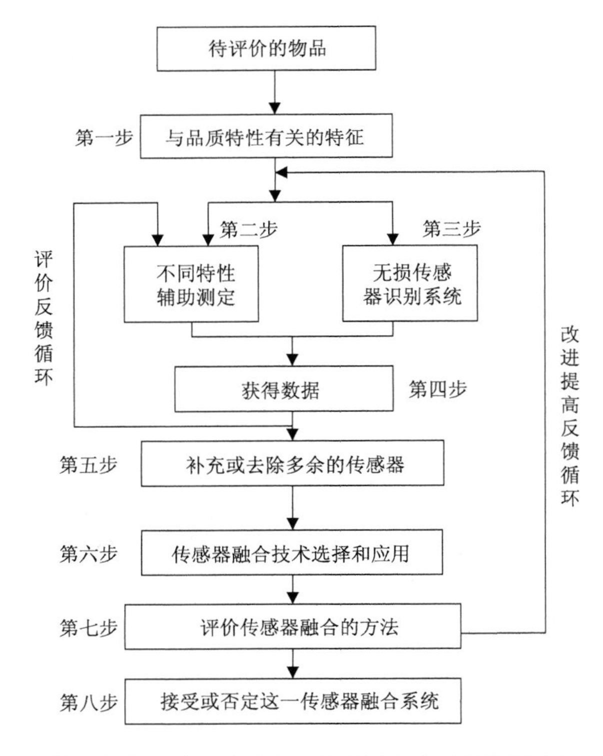

图 8-9　多传感器信息融合技术在食品质量安全无损检测中的一般步骤

量的辅助方法(定性或定量方法)；③确定能检测出所选物品特性的无损检测方法；④通过辅助方法和所选的传感器无损检测方法，从所测的物品中得到数据；⑤评价传感器无损检测所用传感器中有没有多余的或者是否需要补充新的传感器；⑥选择和应用适当的传感器融合技术；⑦通过与辅助方法所得的结果相比较，来评价或提高传感器融合系统；⑧接受或否定或继续改进所提出的传感器融合方法。

1. 与品质特性有关的特征(第一步)

在这一步中，首先了解一些物品中不同特性之间可能存在的关系是非常重要的(如水果颜色与它所含糖分之间的关系)，即使这些关系现在还不是很清楚。其次要求传感器融合设计者与专家间充分友好地合作，这些专家可以是生产领域专家或是研究农产品的专家(如食品科学领域的专家)。通过这一步所得到的结果是，得到一系列与产品品质特性相关的物理或化学特征，以及一系列这些特性之间的某些关系。

2. 确定产品质量评定的辅助方法(第二步)

辅助方法可以是用一些现有分析仪器对物品进行有损检测，得到一些品质指标信息，也可以是专家评定提供的一些定性信息。对前一种情况，测试结果可以用来建立一个自动分类库。而对后一种情况，则由专家进行分类。辅助方法的选择将为第三步传感器无损检测提供更有用的信息和知识。这一步的成功取决于传感器融合的设计者、生产领域和传感器分析领域的技术专家的合作，以及与一组化学物理测量(度量)方面的专业人员之间的合作。这一步的结果是得到一系列与第一步所选特性相关的有损检测的信息或者是专家评定结果。

3. 确定产品质量的无损检测方法(第三步)

无损检测方法是建立在那些能够用于测量物理或化学特性的模型基础上的。例如，弹性理论提供了一个用传感器测量硬度的模型，而光在水果内的漫射模型为进行水果糖分检测提供了理论基础。每个传感器所提出来的信号和特征，以及它们与第一步确定的特性度量的关系必须在这里确定下来，这一步必须同时考虑实时性和经济成本(经济实力)。某些传感器可测定物品的某些特性，可是测定时间太长，速度太慢，或者是非常昂贵(不经济)，这些传感器往往不被选用。例如，核磁共振早在 20 世纪 80 年代就已用于水果内部的伤损检测研究，但今天它仍然由于成本过高而不能用于现场集成化检测。传感器选择也依赖以下两点。

(1) 在系统中补充或去除多余的传感器；

(2) 要分析问题本身的特性。

这一步的成功与研究者的传感器知识和化学剂量学知识有关。该步得到结果是与第一步所提出的特性相关的一组传感器。很明显这一步可以与第二步同时进行而没必要一定在它后面进行，如图 8-9 所示。

4. 数据的获得(第四步)

在选择好合适的装置(传感器)和辅助方法后，紧接着就是怎样从物品上获得数据，可能有一个试验设计阶段：这里要注意检测对象的不同组分的性质(如和生面团过程中水分和面粉)，以及那些必须优化的测量参数(频率、获得时间、温度)。如果试验条件很难控制，园里水果的品质与气候条件密切相关，但大自然的气候条件是无法控制的，在这种情况下，试验设计就更难了，除非用温室大棚来模拟大自然条件。辅助方法的选择主要建立在分析专家所分类的结果和分析有损检测方法所得结果的基础上。事实上，在第四步和第二步之间存在一个循环。

5. 判定无损检测传感器中多余或需补充的传感器(第五步)

在开始传感器融合之前，判定不同传感器中所得到的信息是否为同一信息(即信息重复)是非常重要的。当不同传感器测量的是所测样品的不同特性时，则这些传感器是相互补充完善的；反之，则其中一些传感器是多余的，去掉也是可行的。在传感器阵列中描述传感器多余的标准可以用来选择传感器，但同时也得考虑第一步中确定的被测物品特性。该步骤必须确定第三步中选择的传感器是有效还是无效，即判定那些传感器是相互补充还是多余的。这一步的结果是留下一部分传感器，去除多余的传感器。这一过程通过计算一些统计指标来实现(如相关系数、相似度等)。这种描述的过程能去除那些多余的传感器和没用的特征，但又必须适当地保留一定的冗余，可以提高系统的鲁棒性，在碰到某个传感器失效时，系统仍保持一定的稳定性。

6. 选择和应用适当的传感器融合技术

这一步是建立在对生物模型的理解的基础上，通过选择适当的传感器融合层面和融合技术实现。下面逐一介绍生物模型、传感器融合层面的选择和传感器融合技术的选择。

1)生物模型

人类使用不同的感官系统得到 5 种不同的感觉，即味、嗅、视、听、触觉。这些感觉是我们的意识与外界联系的工具。科学家已经研究了感觉之间的相互作用，例如，Krause 等[17]通过测试人对乙烷基丁酸盐和糖精的反应表明在人的味觉和嗅觉间有强烈的相互作用；同样，Marks 和 Wheeler[18]研究了听觉与视觉间的相互反应，表明两种感觉都参与了接收食品传来的信息；Stillman[19]的研究也表明颜色对香味识别的影响(而香味是定义为与味觉和嗅觉有关的信息)。感官通常理解为观察和传递信息的工具，每一种感官对应其中一种单一的信息，这种方法得出的结论是有偏见的，因为人的感官间确实存在相互作用。事实上，不同感官可能同时参与对同一信息的传输，同时感官在它们的处理过程中分享大量的特性。然而，感官间的相互反应的生理学机理和人类大脑中融合机理的理解还不是很清楚。模拟人的一般感知仍然是一项极具挑战性的工作。特别是在对食品评估时感官的相互反应，即使用当今在食品加工和农业领域广泛应用的人工神经网络也无法解决。

总之，可以这样说，传感器融合的模型部分是受生物模型启发建立的，如人工神经网络。但是传感器融合技术不仅仅是对人类大脑的简单模拟，而且从多信息的视角进行处理及综合，得到各种信息的内在联系和规律，从而剔除无用的和错误的信息，保留正确的和有用的成分，最终实现信息的优化。

2) 传感器融合层面的选择

理论上，传感器融合过程应该在原始数据层面工作时最为有效，但是这种层面实际操作起来却受到诸多限制。首先，在一个系统中很少用相同或者是容量相同的传感器；其次，这种方法要求高速存储的能力，而当今高速数据处理还不实用。特征层面和决策层面融合技术所用的信息相对传感器提供的原始信号要少一些。这样，这种传送给融合过程的信息中也包括了一些错误噪声。基于特征层面和决策层面的传感器融合技术能很好地适应有不同类型传感器的情况并且具有快速处理数据的优势。另外，融合层面的选择与选择的融合技术有关。

3) 传感器融合技术的选择

信息融合领域所使用的数学工具是多样的，在不同的应用背景下发展出了多种行之有效的算法。以模糊理论、神经网络理论、证据理论、推理网络为代表的非建模化智能算法因为在对问题的描述上有着语言化的优势，易于问题的描述与处理，是信息融合所采用的主要方法；随机数学方法、统计学方法、小波分析、集合理论、决策理论与算法在信息融合中也有着广泛的应用，但是这些数据融合方法应该在实际应用中结合传感器数据的具体情况进行选择。

7. 评价多传感器信息融合的结果(第七步)

根据最后融合检测所得的结果(如测试准确率、相关系数等)来确定该传感器信息融合检测精度是否达到要求，如果不行就得重新从第二步开始优化整个多传感器融合检测系统(图 8-9)。

8. 确定多传感器信息融合系统(第八步)

确定所建立的多传感器系统是否满意，如果满意则保留，否则放弃整个系统进行重新设计。

8.3 多传感器信息融合检测技术在食品品质评定中的应用

8.3.1 多传感器信息融合技术检测黄酒品质

多传感器信息融合技术基于大量传感器数据获取的基础上，增加了数据分级的准确性，从而获取样品多方面的不同的特征数值。黄酒感官品质是衡量其品质的重要标准，包括色泽、香气、口味和风格四个方面。通常有黄酒感官评审人员通过他们的视觉、嗅觉、味觉、大脑等器官对黄酒的各感官品质进行打分评价。针对人类感官评审的局限性，研究在前面章节中已经探讨了视觉、嗅觉、味觉传感器分别模拟人的视觉、嗅觉和味觉器官，对黄酒的色泽、香气和口味感官品质进行评价。结果显示，视觉、嗅觉、味觉传感器结合合适的化学计量学方法与黄酒的色泽、香气和口味感官得分之间具有较好的相关性，可以实现黄酒感官品质的传感器技术智能化评判[15,16]。

单一的仿生传感器检测手段往往只能描述黄酒感官品质的某一方面，不能全面地描述黄酒感官品质的整体信息，具有一定的局限性。将多传感器信息进行融合，获取描述黄酒不同感官特征的大量信息，并依据某种准则对获得的多种传感器信息数据进行分析、综合和平衡，可以实现黄酒感官品质的综合评价。

针对食品智能化评价过程中一直被忽略的各个器官之间交互感应的问题，研究提出了食品智能化评价过程中交互感应的数学仿生理论。试验采用半甜型黄酒为研究对象，共 75 个样本，通过视觉、嗅觉和味觉传感器采集黄酒的色泽、挥发气味和口味。首先，将视觉、嗅觉、味觉传感器系统分别采集得到黄酒的 12 个、10 个、7 个特征值进行组合，共得到 29 个传感器变量。采用 Z 得分函数对传感器数据集进行标准化预处理。然后，通过主成分分析提取传感器数据集的 99%主成分得分信息。再通过 MLR 将黄酒的色泽、香气、口味感官得分分别与提取得到的各个主成分得分进行回归，得到一系列的回归系数(权重)。主成分得分与它们各自的回归系数的组合就代表了具有交互感应的虚拟视觉、嗅觉、味觉变量。将这些具有交互感应的虚拟视觉、嗅觉、味觉变量作为模型的输入，分别建立 MLR、BP-ANN 和 SVM 模型，比较各模型的预测能力。

表 8-1 显示了两种数据融合方法的 MLR、BP-ANN 以及 SVM 模型预测结果。从表中可知，交互感应数据融合方法所建模型的预测结果明显优于传统的特征层

数据融合方法所建模型，无论是线性的 MLR 模型，还是非线性的 BP-ANN 和 SVM 模型。这是因为传统的特征层数据融合方法没有考虑到人感觉器官的交互影响，只是将视觉、嗅觉、味觉传感器特征信息进行简单的组合。仅仅从视觉、嗅觉、味觉传感器数据中提取了各自的第一主成分信息，不足以提供全面了解黄酒品质的信息。因此，与传统的特征层数据融合方法相比，交互感应数据融合方法所提取的特征更加接近于真实的视觉、嗅觉和味觉信息，并且由交互感应数据融合方法提取的特征变量所建立的模型获得了更好的预测能力。

表 8-1　传统融合与交互感应融合方法结合不同模型的结果[16]

融合方法	模型	变量数	校正集		预测集	
			R_c	RMSEC	R_p	RESEP
传统融合	MLR	3	0.7882	3.30	0.7467	3.54
	BP-ANN	3	0.8498	2.83	0.7979	3.17
	SVM	3	0.8897	2.46	0.7729	3.33
交互感应融合	MLR	3	0.9303	1.97	0.9064	2.31
	BP-ANN	3	0.9392	1.88	0.9060	2.27
	SVM	3	0.9315	1.96	0.9071	2.31

8.3.2　多传感器信息融合技术检测茶叶品质

反映茶叶品质的指标是多方面的，既包括色泽和形状等外部品质指标，又包括茶叶的滋味和香气等内部品质指标，而某种单一的检测手段往往不能全面地描述一个对象，只能描述其中的一个或几个方面，如近红外光谱可以很好地表征茶叶的内部品质信息(包括茶叶的滋味和香气等)，但是，在茶叶外部品质特征(包括茶叶的色泽和形状等)的描述上，往往显得无能为力；反之，机器视觉技术能很好地表征茶叶的外部品质特征；但是无法获取反映茶叶内部品质的有效信息[20-23]。获取信息反映的侧重点不同，带来的局限性必然影响到检测结果的精度和稳定性。所以，如何充分利用这两种检测方法的长处，相互结合，取长补短，提高检测的全面性、可靠性和灵敏度，一直是茶叶品质快速无损检测研究的新趋势。

1. 检测绿茶品质

为了检测绿茶的品质，Chen 等[22]结合了来自近红外光谱和计算机视觉的多个传感器信息。以 4 个等级的绿茶为实验对象。得分向量是在图像信息和光谱信息的基础上，经过主成分分析后的模式识别的输入。然后通过对 2 个传感器的计算机进行优化，用 BP 神经网络构建了检测茶叶综合品质的融合模型。结果如表 8-2 所示，基于图像和光谱信息融合的模型在训练集和预测集中的识别率分别高达 98%和 89%。无论是训练集还是预测集，结果都先于单个信息模型的识别结果。因此，利用近红外光谱和变异系数的融合来鉴别茶叶的综合品质是可行的，而不是单一的，提高了数据的准确度和稳定性。研究结果为多传感器信息融合技术在绿茶品质检测方面提供了参考。

表 8-2　3 种模型识别结果的比较

模型	识别结果/%		效果比较
	训练集	预测集	
图像信息模型	90	74	一般
光谱信息模型	90	87	较好
信息融合模型	98	89	最好

2. 检测乌龙茶品质

迄今为止，味觉或嗅觉传感器被广泛应用于检测乌龙茶和其他食物的类型，模仿动物的识别器官。因此，传感器分析一组相关的化学物质，而不是选择分析特定的一个物质成分，因为整体数据被融合到一个组中，并且它们可以被某个识别程序分析。

乌龙茶是一个广泛的概念，茶香是最重要的特征，变化频繁。因此，用单一的传感器检测乌龙茶的品质是不准确的。Chen 等[24]利用味觉和嗅觉传感器的集成，从对象中获取丰富的信息，对各乌龙茶品种进行分类。这里，在标准的三电极配置中，包括金、铜、铂和玻璃碳的 4 个电极被用来完成味觉传感器系统，并且比色传感器阵列被用来开发嗅觉传感器系统。构建了嗅觉传感器系统的功能原型，其示意图如图 8-10 所示。具体来说，首先，从 2 个感官获得数据，然后分别

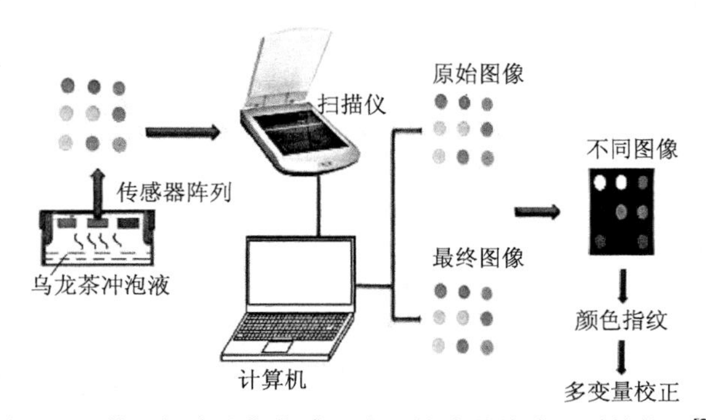

图 8-10　基于气味成像传感器阵列的嗅觉传感器系统简图[24]

进行分析。接下来，分析了双传感器系统组合的潜力。主成分分析和线性判别分析用于分析和分离数据。总之，融合系统的识别能力表现良好，优于单一传感器，LDA 通过交互验证达到了 100%的分类率。因此，味觉和嗅觉传感器的结合是乌龙茶分类的有效工具。

8.3.3　多传感器信息融合技术在肉类品质检测上的应用

1. 检测猪肉品质

猪肉变质的主要原因是微生物污染，变质猪肉的色泽、质地、组织结构、化学成分、气味等发生了变化，肉质和营养价值下降。传感技术(近红外光谱、变异系数和电子鼻)与肉类样品中化学成分、颜色、质地和(或)气体的变化之间的关系极其错综复杂，具有非线性性质[25,26]。

Huang 等[27]利用近红外光谱、变异系数和电子鼻技术，对猪肉变质过程中的化学成分、颜色、质地、气体等内外特征信息进行了提取，对猪肉的新鲜度进行了综合评价，如图 8-11 所示。然后，将这些独立特征变量进行特征级融合，并通过主成分分析提取前几个特征变量作为模型的输入，用 BP 神经网络构建挥发性总氮(TVB-N)模型。如表 8-3 所示，基于单传感器的 BP-ANN 模型的预测性能，技术数据、计算机视觉图像和电子鼻数据，模拟任意 2 种传感器技术的数据融合模型优于相应的单传感器数据融合模型，训练集校正均方根误差 RMSEC 为 4.45mg/100g，R^2 为 0.805，预测均方根误差 RMSEP 为 5.88mg/100g，R^2 为 0.682。因此，与单个传感器和 2 个传感器信息融合模型相比，传感器信息融合模型的精度和稳健性明显提高[26,27]。综上所述，本书的多传感器信息为猪肉质量安全综合评价提供了参考。

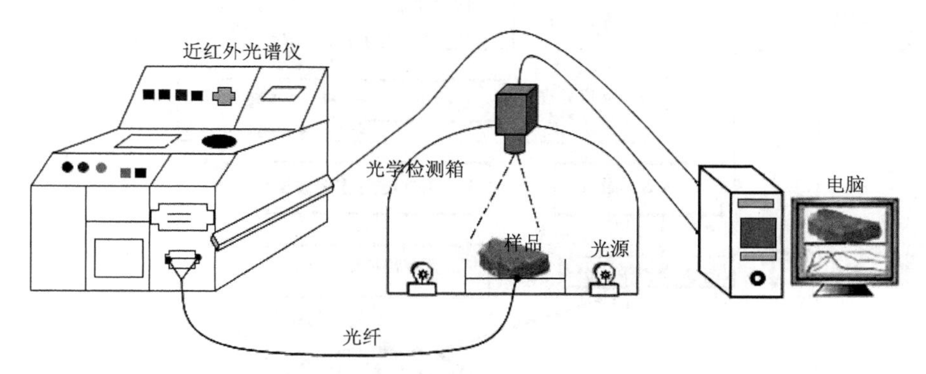

图 8-11　基于近红外光谱和计算机视觉技术的 2 种传感器信息融合检测系统[26]

表 8-3　5 次 GA-SiPLS 运算建模结果[26]

模型序号	光谱变量	最佳主成分因子数/个	训练集 RMSECV /(mg/100g)	训练集 R_c^2	预测集 RMSEP /(mg/100g)	预测集 R_p^2
1	76	7	4.62	0.785	6.84	0.543
2	**65**	**7**	4.45	**0.805**	**5.88**	**0.682**
3	69	8	4.59	0.788	6.33	0.624
4	60	8	4.76	0.774	6.01	0.654
5	63	7	4.56	0.793	5.92	0.681

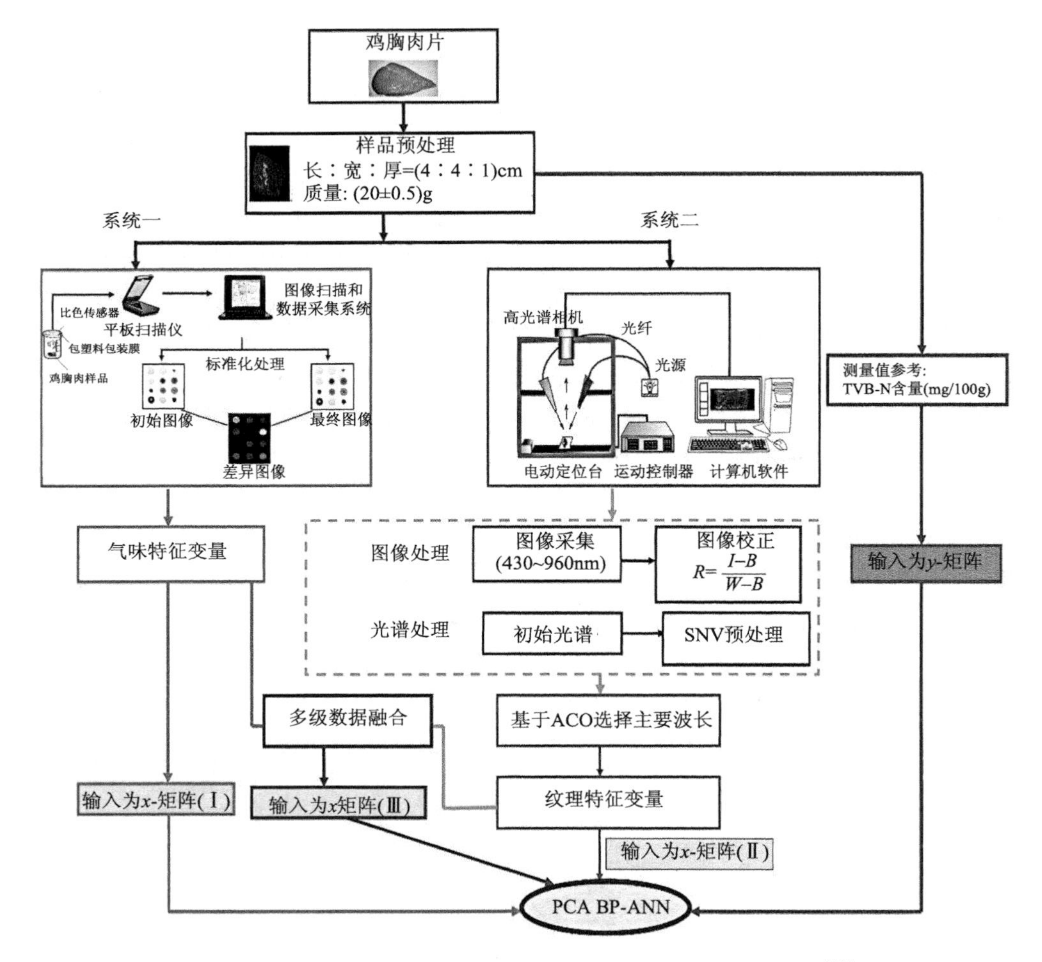

图 8-12　集成 2 个无损分析系统用于多传感器融合的示意图[28]

基于低成本比色传感器阵列的电子鼻/嗅觉系统（系统一）和高光谱成像系统（系统二）

2. 检测鸡肉品质

据国家统计局，鸡肉为禽肉的主要组成部分，在国内消费比例仅次于猪肉。根据数据显示，2021 年鸡肉产量占禽肉的 66%。多传感器信息融合是一种将不同来源的多个数据组合在一起，以实现数据的高效表示的技术。基于数据抽象的数据融合可以分为三种类型：低级抽象(low-level abstraction, LLA)或原始数据融合，中级抽象(intermediate level abstraction, ILA)或特征级数据融合，高级抽象(high-level abstraction, HLA)或决策融合。事实上，根据数据抽象的级别或从不同仪器获取数据的方式，可以分为 4 个级别。第四层被称为多级数据融合(multi-level fusion, MLF)。可以使用 MLF 方法根据特征组合的各种抽象级别来处理数据。Khulal 等[25]提出了一种基于比色传感器数据和其光学传感器的 LLA 的融合技术，以评估鸡肉中的总挥发性氮含量，如图 8-12 所示。与单一系统相比，MLF 结合主成分分析以及 BP 神经网络法产生了更好的预测结果，其中 RMSEP 达到 4.587mg/100g，R_p 达到 0.8659。另外，在施加人的相关性分析之后，为了减少数据变量而不是原始信息，预测水平 RMSEP 为 4.3137mg/100g，R_p 为 0.8819。综上所述，结果促进了 MSDF 的规模和 MLF 技术的改进，该模型能够更好地检测鸡肉的质量。

8.4　结论与展望

近年来，多传感器信息融合技术受到了极大的关注，并迅速发展成为一种新的交叉学科技术。它是一项对信息的获取、表示和内在联系进行综合处理和优化的技术，为智能信息处理技术的研究提供了新的思路。随着传感和检测技术的进步，食品不再按单一质量分类。由此，多传感器信息融合技术作为一种多学科的方法可应用于食品质量评价，将推动食品在线分类向快速、无损、准确、多指标方向发展。

参 考 文 献

[1] Paulus I, De Busscher R, Schrevens E. Use of image analysis to investigate human quality classification of apples. Journal of Agricultural Engineering Research, 1997, 68: 341-353.

[2] Martens H, Nielsen J P, Engelsen S B. Light scattering and light absorbance separated by extended multiplicative signal correction. Application to near-infrared transmission analysis of powder mixtures. Analytical Chemistry, 2003, 75(3): 394-404.

[3] Nakano K. Application of neural networks to the color grading of apples. Computers and Electronics in Agriculture, 1997, 18: 105-116.

[4] 邹小波. 计算机视觉、电子鼻、近红外光谱三技术融合的苹果品质检测研究. 镇江: 江苏大学, 2008.

[5] Steinmetz V, Roger J M, Moltó E, et al. On-line fusion of color camera and spectrophotometer for sugar content prediction of apples. Journal of Agricultural Engineering Research, 1999, 73: 207-216.

[6] Luzuriaga D A. Application of computer vision and electronic nose technologies for quality assessment of color and odor of shrimp and salmon. Florida: University of Florida, 1999.

[7] Holmberg M, Gustafsson F, Hörnsten E G, et al. 1998. Bacteria classification based on feature extraction from sensor data. Biotechnology Techniques, 12(4): 319-324.

[8] 胡文龙, 毛士艺. 基于数据融合的多传感器系统有源特征抑制. 电子学报, 1998, (26): 37-42.

[9] Zou X B, Zhao J W. The study of gas sensor array signal processing with new genetic algorithms. Sensors and Actuators B: Chemical, 2002, 87: 437-441.

[10] 刘燕德, 应义斌. 苹果糖分含量的近红外漫反射检测研究. 农业工程学报, 2004, 20(1): 189-192.

[11] 王国庆, 邵学广. 离散小波变换-遗传算法-交互检验法用于近红外光谱数据的高倍压缩与变量筛选. 分析化学, 2005, 33(2): 191-194.

[12] 吴少岩, 许卓群. 遗传算法中遗传算子的启发式构造策略. 计算机学报, 1998, 21(11): 1003-1008.

[13] Penza M, Cassano G. Application of principal component analysis and artificial neural networks to recognize the individual VOCs of methanol/2-propanol in as binary mixture by SAW multi-sensor array. Sensors and Actuators B: Chemical, 2003, 89: 269-284.

[14] 严衍禄, 张录达, 景茂, 等. 付里叶变换近红外漫反射光谱分析应用基础的研究. 北京农业大学学报, 1990, 16: 5-16.

[15] Ouyang Q, Zhao J, Chen Q, et al. Classification of rice wine according to different marked ages using a novel artificial olfactory technique based on colorimetric sensor array. Food Chemistry, 2013, 138: 1320-1324.

[16] Ouyang Q, Zhao J, Chen Q. Instrumental intelligent test of food sensory quality as mimic of human panel test combining multiple cross-perception sensors and data fusion. Analytica Chimica Acta, 2014, 841: 68-76.

[17] Krause A J, Henson L S, Reineccius G A. Use of a chewing device to perform a mass balance on chewing gum components. Flavour and Fragrance Journal, 2011, 26(1): 47-54.

[18] Marks L E, Wheeler M E. Attention and the detectability of weak taste stimuli. Chemical Senses, 1998, 23(1): 19-29.

[19] Stillman J A. Gustation: intersensory experience par excellence. Perception, 2002, 31(12): 1491-1500.

[20] Leemans V, Magein H. Destain M F. Defects segmentation on 'Golden Delicious' apple by using colour machine vision. Computers and Electronics in Agriculture, 1998, 20: 117-130.

[21] 袁洪福, 褚小立, 陆婉珍, 等. 一种新型在线近红外光谱分析仪的研制. 分析化学, 2004, 32(2): 255-261.

[22] Chen Y R, Chao K, Kim M S. Machine vision technology for agricultural applications. Computers and Electronics in Agriculture, 2002, 36: 173-191.

[23] Zhao J W, Zou X B, Huang X Y. Objective quality assessment of apple using machine vision, NIR Fiber and electronic nose. 2004 CIGR International Conference: Collection of Extent Abstracts, Beijing, 2004: 1-11.

[24] Chen Q, Sun C, Ouyang Q, et al. Classification of vinegar with different marked ages using olfactory sensors and gustatory sensors. Analytical Methods, 2014, 6: 9783-9790.

[25] Li H, Kutsanedzie F, Zhao J, et al. Quantifying total viable count in pork meat using combined hyperspectral imaging and artificial olfaction techniques. Food Analytical Methods, 2016, 9: 3015-3024.

[26] Chen Q, Zhao J, Zhang H, et al. Feasibility study on qualitative and quantitative analysis in tea by near infrared spectroscopy with multivariate calibration. Analytica Chimica Acta, 2006, 572: 77-84.

[27] Huang L, Zhao J, Chen Q, et al. Nondestructive measurement of total volatile basic nitrogen (TVB-N) in pork meat by integrating near infrared spectroscopy, computer vision and electronic nose techniques. Food Chemistry, 2014, 145: 228-236.

[28] Khulal U, Zhao J, Hu W, et al. Intelligent evaluation of total volatile basic nitrogen (TVB-N) content in chicken meat by an improved multiple level data fusion model. Sensors and Actuators B: Chemical, 2017, 238: 337-345.

第 9 章　农产品收储过程品质的快速无损便携式检测装备

农产品在收购、储藏、运输过程中，随着外界条件的变化以及自身酶的作用，其营养物质会发生一定程度的变化。例如，大米在储藏过程中其色泽和气味会随着储藏时间的延长而发生变化，这一变化直接影响着大米的商业价值。新鲜的大米颜色鲜亮，呈半透明状，有光泽，而随着储藏时间的延长，米粒变暗、变糙，垩白度增加，出现纵向白色条纹，甚至出现黄米粒；新鲜的大米气味清香、纯正，而陈化的大米则会劣变，散发出哈喇味。此外，大米在储藏的过程中蛋白质中化合键、肽等方面的变化会使蛋白质溶解度下降，米饭的黏度变差。猪肉在加工、储藏等过程中极易受到微生物的污染，微生物的大量繁殖及其分解代谢的作用，导致蛋白质降解、脂肪酸败和糖类物质酵解等现象，从而引起腐败变质。肉品在这一系列分解过程中会改变肉样原有色泽，产生黏液，发出令人厌恶的臭味，甚至产生有毒有害物质。此外，在农产品销售的过程中，对农产品的内外质量进行现场检测和分级是农产品工业化加工和生产的关键环节，此环节一方面关系着农产品增值、农民增收的实现，另一方面也关系着农产品质量安全、消费者利益和加工企业降本增效的实现。本章首先介绍了大宗农产品收储过程中常见的现场化检测指标，并针对这些检测内容系统性阐述了已有的相关农产品现场化便携式快检设备，包括其重要特点和具体的重要配置部件，最后结合应用实例阐释这些装备在农产品收储过程中的应用方法、研究方法和评价方法，对进一步提高农产品收储过程品质的快速无损便携式检测装备开发提供基础内容和研究思路。

9.1　大宗农产品收储过程现场化检测指标

农产品在收储的过程中，随着外界条件的变化以及自身酶的作用，其外观以及内部营养物质均可能会发生一定的变化，这些物质与农产品的食用价值和储藏期息息相关，对这些品质指标进行现场实时检测，对保障农产品的质量安全有重要意义。

粮油在收储的过程中，其水分、容重、脂肪酸值以及蛋白质等会随着储藏时间的延长发生变化。此外，粮油在收储过程中，也会发生陈化、霉变等现象，稻谷在储藏过程中因水解和氧化作用，脂类物质发生变化，会产生游离脂肪酸，并产生酸败味，氧化会使不饱和脂肪酸被初步氧化成氢过氧化物进而产生醛、酮等羰基化合物，出现哈喇味，从而发生陈化等现象。小麦具有后熟期长、吸湿性强、易染霉菌等特性。刚收获的小麦具有2个月左右的生理后熟期，后熟期间小麦呼吸量大，代谢旺盛，会不断地释放水和二氧化碳，引起种子表层湿润，影响储藏稳定性。小麦的籽粒有着皮层薄、组织松软等特点，且含有大量的亲水性物质，吸湿能力很强。在霉变发生的早期，通常只有干生型的灰绿曲霉等霉菌可以生长和进行代谢活动，待小麦水分含量和粮温上升到一定范围内时，达到麦粒上携带的其他霉菌进行繁殖的适宜环境条件，其他霉菌就会分解消耗麦粒中的营养物质进行生长代谢。由于微生物感染能力强和扩增范围大，在经历局部霉变之后，待整个粮堆里粮食的温湿度都满足霉菌的生长条件，整个粮仓都可能被霉菌侵染，可通过电子鼻技术、嗅觉可视化等技术对以上储粮真菌及真菌污染程度进行快速检测。

采摘后的果蔬虽然脱离了植物母体、停止了同化作用，但其呼吸作用仍然持续。果蔬储运中，随着呼吸作用的进行，果蔬中的营养物质被分解量不断增加，果蔬品质也随之下降。另外，新鲜采摘的果蔬含水量较高，在储运过程中的水分散失造成果蔬颜色及质地发生变化，故水分散失也是果蔬采后储藏品质劣变的重要原因之一。果蔬储藏中由微生物污染引起腐败变质也不容忽视，青霉属、芽孢霉属等微生物的生长繁殖引起果蔬发酵、软化、霉变、腐烂、变色等。综上，随着果蔬储藏时间增加，色泽、风味、水分、硬度、失重率、可溶性固形物含量、可溶性糖含量、可滴定酸含量、维生素C含量、丙二醛(MDA)含量等均易发生改变。但可以通过降低环境温度和富氮低氧等方式降低果蔬的呼吸作用和水分蒸发流失，以延缓采摘后果蔬品质下降速率和果蔬衰老进程。同时，果蔬储藏中可利用近红外光谱技术对果蔬的水分、可溶性糖含量等进行检测和监测。

禽蛋通常指鸡蛋、鸭蛋、鹌鹑蛋和鹅蛋，其中鸡蛋为主要种类，在我国禽蛋市场供应上占有率为80%以上。禽蛋由蛋壳、蛋白和蛋黄三大部分组成，禽蛋的钝端内部常有气室形成。蛋壳上的外蛋壳膜是禽蛋的一层保护衣，减少禽蛋受外界微生物进入蛋壳内，引起禽蛋腐败变质，蛋壳帮助固定蛋白、蛋黄形状，并进一步隔绝微生物入侵，蛋壳裂纹和强度是蛋壳质量的主要检测标准；禽蛋在储运过程中容易破损，蛋壳裂纹作为一种轻微破损，往往难以辨别，但对禽蛋质量影响非常大。蛋白中的浓厚蛋白含量与禽蛋质量密切相关，受家禽品种、季节、饲料、储藏环境和时间等影响；浓厚蛋白随着储藏时间的延长或者储藏温度的升高逐渐变稀，杀菌抑菌的溶菌酶也逐步失去活性，因此，浓厚蛋白的减少是禽蛋陈化和变质的重要表现之一。蛋白中的水分也随着时间的延长逐步深入蛋黄中，致使蛋黄体积随储存增加而增大，甚至造成蛋黄体积过大，撑破蛋黄膜而外溢形成散黄蛋。气室高度是禽蛋内部化学成分变化程度的重要表现之一，也是禽蛋新鲜度指标之一；随着储存天数的增加，气室高度增加，与蛋重损失规律一致。

高光谱技术、敲击振动信号分析技术等被广泛研究应用于检测鸡蛋气室、鸡蛋裂纹、蛋壳强度等。

肉类目前主要以冷却冷冻的方式进行储存运输，由于其富含丰富的蛋白质、脂肪等营养成分，在其储存运输过程中极易被微生物感染引起腐败变质，如沙门氏菌、蜡样芽孢杆菌、金黄色葡萄球菌、大肠杆菌、荧光假单胞菌等。腐败变质主要表现在微生物大量繁殖，代谢分解肉类基质，如蛋白质降解、脂肪酸败和糖类物质酵解等。蛋白质分解生成氨及胺类等碱性含氮物质(组胺、腐胺等)，糖类物质分解产生有机酸和二氧化碳，脂肪分解生成脂肪酸、甘油、醛类和酮类等化合物，这些分解代谢使肉色泽、纹理、气味、弹性和黏度等外观感官指标改变，也会引起挥发性盐基氮(TVB-N)、氨值、硫化氢、过氧化物酶、酸度氧化力、pH等理化指标显著变化。TVB-N、蛋白质、总糖、总脂肪、细菌总数等在近红外光谱区域均有各自的特定吸收谱峰，因此，可利用便携式近红外仪器、近红外高光谱等快检技术对猪肉的储运中品质进行快速检测。

茶叶在收储过程中容易受到外界环境的影响，如温湿度、氧气和光照使茶叶中的游离氨基酸、茶多酚、茶多糖等化学成分的种类和含量发生改变，特别是高温、高湿、富氧和强光均会加速茶叶陈化和变质。随着储藏时间的增加，普洱茶的茶多酚、咖啡碱、游离氨基酸、可溶性糖的含量和抗氧化能力逐渐降低，黄酮类化合物则增加；普洱生茶的汤色随着储藏时间的延长逐渐变成橙黄，茶香中的陈香程度逐渐增加，茶滋味也逐渐转变为浓厚微涩。对于白茶，其水浸出物、儿茶素和氨基酸总量随储藏时间增加而呈整体下降，而没食子酸、生物碱类含量和部分氨基酸则呈显著增加的趋势；其中白茶中水浸出物含量、儿茶素总量、酯型儿茶素、非酯型儿茶素和咖啡碱、可可碱、茶叶碱3种生物碱类均是白茶定等的重要指标。茶叶储运过程中的品质检测一般采用感官评审和理化分析结合的方法，感官评审易受评审人员的主观影响和环境等因素的客观影响，准确性和一致性都较差，理化分析则专业性要求强、耗时耗力，可见-近红外光谱检测技术被广泛开发研究并应用于茶叶品质检测，检测茶多酚、咖啡碱、儿茶素等，市场已有开发的便携式设备。

9.2 常见的农产品现场化便携式快检设备

9.2.1 便携式近红外光谱仪

随着数字化信息技术的发展，便携式近红外光谱仪在农产品检测中得到迅猛发展，检测精度也得到大幅提高，与传统通用型实验室光谱仪相比，其具有设备小巧、性价比高且容易根据用户需求进行二次开发等优点，比较适合用来开发便携式检测设备。下面介绍几种可用于食品、农产品品质检测的便携式近红外光谱仪。

Luminar 5030 Mini-AOTF 近红外光谱仪是美国 Brimrose 公司设计的便携式近红外光谱仪，如图 9-1(a)所示。这种光谱仪质量轻，体积小，方便携带。可以在实验室使用，也可以在生产现场、工业在线中使用，实现一机三用功能。Luminar 5030 型近红外光谱仪的光谱分辨率为 2～10nm，波长重复性±0.01nm，光谱范围分为 1100～2300nm 和 1200～2400nm 两种。IAS-8100[图 9-1(b)]手持式近红外光谱分析仪是一款用于现场快速检测的分析设备，可用于水果、烟草、木材、纺织、制药等领域原材料及辅料品质的快速检测判别。仪器方便携带，搭载触摸显示屏，交互方便。SupNIR-1520[图 9-1(c)]采用近红外光谱分析技术进行成分含量检测，可解决现有方法检测周期长、检测成本高、破坏样品等问题。该仪器可用于现场和实验室样品成分的快速检测，分析准确度高。SupNIR-1520 可通过外接电脑或独立工作实现样品分析，不仅可以实现样品定性分析，同时还可以定量分析。SupNIR-1520 广泛应用于食品卫生检测、环境样品检测、农产品检测和纺织纤维样品检测等领域。

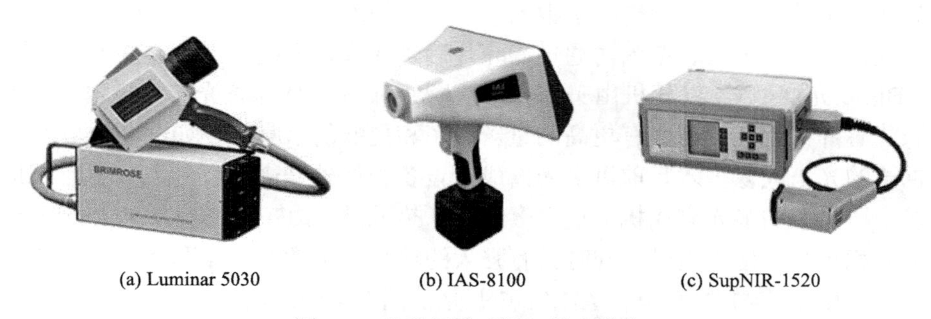

(a) Luminar 5030　(b) IAS-8100　(c) SupNIR-1520

图 9-1　几种便携式近红外光谱仪

9.2.2　便携式电子鼻

电子鼻仿生传感设备近些年发展得比较快，近年来国内外不同公司研发了多个类型的便携式电子鼻设备，用于食品的腐败、新鲜度的检测、食品化学污染等方面的检测。

图 9-2(a)的 PEN3 电子鼻由德国 AirSense 公司设计，是一种用来检测气体和蒸气的小巧、快捷、高效的检测系统，经过训练后可以快速辨别单一气体化合物或混合气体。PEN3 电子鼻广泛应用于食品腐臭分析、糖蜜种类鉴定和芳香特性分析、肉品和牛奶新鲜度分析等领域。GC-IMS 便携式电子鼻由德国 INNO_Concept 生产，其灵敏度高、重现性好，可以检测多种物质如酮类、醛类、醇类、

胺类等有机物，见图 9-2(b)。GC-IMS 内置了计算机单元，提供了友好的用户界面。在食品安全的储存条件控制、食品新鲜度监测、生产过程控制、原料检验等方面，GC-IMS 都有广泛的应用。该设备可以在许多场合下进行快速的检测。

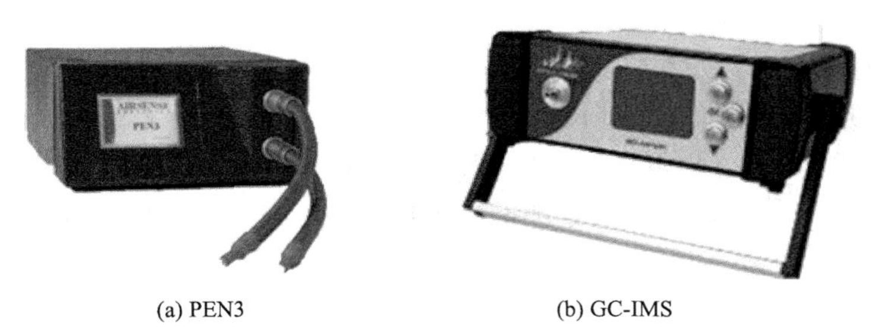

(a) PEN3　　　　(b) GC-IMS

图 9-2　电子鼻仿生传感设备

9.2.3　便携式光谱成像设备

多光谱成像检测技术融合了光谱学和成像技术的特点，在离散的光谱范围内采集和分析数据，极大地简化了数据。基于该技术开发的多光谱成像仪处理速度快。反射光在一定波长范围内通过滤光片后进入成像系统，形成样品的多光谱信息。Blaze 光谱型 CCD 相机由美国 PI 公司生产制造，依靠感光芯片技术，比传统背照式芯片在近红外波段有更高的量子效率和更低的暗噪声，如图 9-3(a)所示。便携式的光谱成像技术目前以多光谱成像设备和红外光谱成像为主。美国 Altum 开发了一系列的多光谱相机，包含多光谱、热成像、RGB 等技术。Altum 多光谱相机体积小巧，便于携带，同时具有强大的检测分析功能，如图 9-3(b)所示。该设备主要用于植物健康分析。AIRPHEN 是法国 HI-PHEN 公司开发出的一款无人机多光谱相机，如图 9-3(c)所示。该设备轻便、紧凑、可配置功能强大(波段、视野)，可进行无线操作并与相辅助的热成像 IR 相机和高分辨率 RGB 相机结合使用，是一个测量波段多、速度快、轻便、功能强大无人机多光谱相机系统，非常适合大面积林业、农业、生态调查勘测使用以及植物田间表型成像研究。

(a) Blaze高速光谱相机

(b) Altum多光谱遥感相机

(c) AIRPHEN 6通道多光谱相机

图 9-3　几种便携式光谱成像设备

Aoudun 远距离多光谱森林防火监控系统采用高性能、高灵敏度的高清彩转黑摄像机，不受多雾、多霾等恶劣天气环境影响，可对林区进行任何天气下 24h 全天候监控预警，如图 9-4(a)所示。MS-IR 多光谱红外热像仪配备了一个 8 孔位的高速旋转的滤光轮，使现场的信号被分成不同的光谱波段，如图 9-4(b)所示。滤片轮的结构设计，最大限度地提高了相机的采集帧率，可用于任何固定或旋转模式。

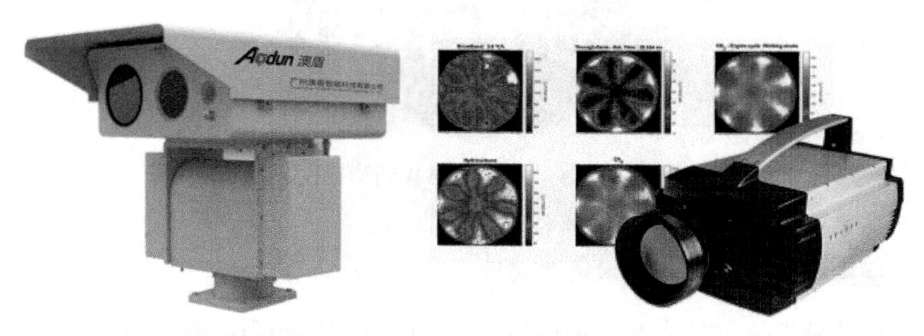

(a) Aoudun远距离多光谱森林防火监控系统　　(b) MS-IR多光谱红外热像仪

图 9-4　Aoudun 远距离多光谱森林防火监控系统和 MS-IR 多光谱红外热像仪

9.2.4　便携式声振动检测装置

声音信号会产生大量信息，这些信息无法通过视觉、触觉或任何其他感官来感知。声音信号通常与振动信号相关，并且由于声音信号的非接触性质，可以轻松收集其数据。基于通用音频/环境声音的认证机构(certificate authority, CA)技术属于人工智能在音频领域的一个分支。它是一项非常实用的技术，在医药、制造、交通、安全、仓储、农林牧渔业、水利、环境等社会经济生活方面都有很多应用。声振动无损检测主要有声阻抗法、声冲击法和换能器声共振法。将被检物体、检测传感器等的物理(机械)性能参数简化为一定的机械系统，然后根据机械振动理论进行分析处理。图 9-5 为日本 ACO 噪声振动测试仪 TYPE 6236/6238 产品。前置放大镜麦克风设计，可消除自身噪声，扩大低音下限，可测量 0dB-SPL 以下的低音。测试仪中插入“1/1 或 1/3 全音频实时分析卡”，具有噪声标准(noise criteria, NC)直方图功能，可评估 NC 值。内嵌 7052NR/7146NR 高精度电容麦克风，测量频率范围包括所有可听频率。ACO 麦克风抗震性能高，不易损坏。它结构紧凑，携带方便。该设备操作简单，测量能力强，配备 RS-232 接口，外接 CPU 连续运行，测量结果显示在液晶屏上。

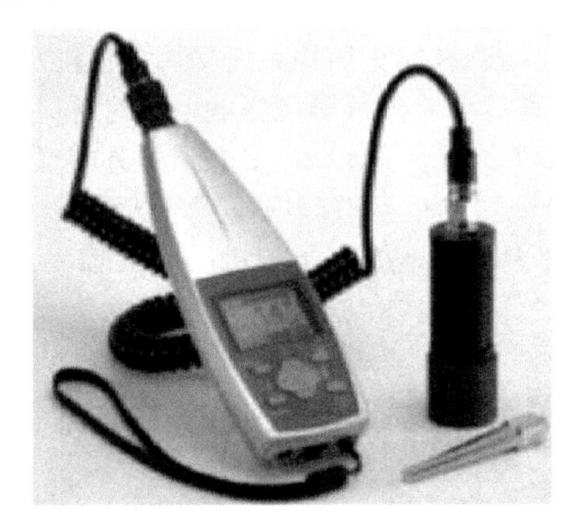

图 9-5　ACO 噪声振动测试仪

9.2.5　便携式气味成像化技术检测装置

色敏传感器阵列技术是一种模仿人类和哺乳动物的新型嗅觉系统。根据化学响应性染料与气体反应前后的颜色变化，实现待测气体的可视化。与依赖物理吸附或范德瓦耳斯力等弱力的传统电子嗅觉技术相比，色敏传感器阵列技术依赖于形成的强共价键。嗅觉可视化传感器主要由一些具有特定识别能力的染料组成。染料分子的颜色在与被检测物体相互作用后发生显著变化。当这些色敏传感器的图像信号通过计算机运行时，就会形成特定的 RGB 数据信号。然后，通过模式识别方法对 RGB 数据进行回归分析，对与气味相关的特征化学指标进行定性和定量分析。目前，色敏传感器阵列技术还处于早期科研阶段，商用仪器尚未开发。一些高校和研究团队开发并不断完善相关实验仪器。色敏传感器阵列检测系统由陈全胜团队开发，如图 9-6 所示。色敏传感器装置由阵列、气体富集模块、气体反应模块、信号处理和输出模块组成。

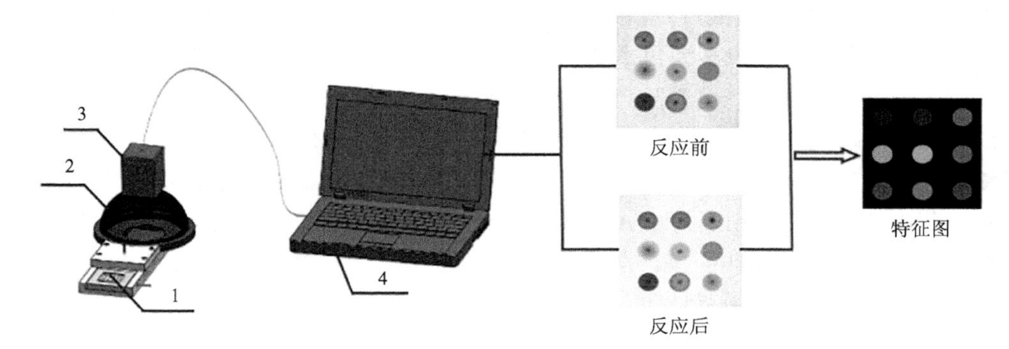

图 9-6　色敏传感器阵列检测系统

1-反应室(放置可视化阵列传感器)；2-漫反射 LED 积分球光源；3-3CCD 相机；4-计算机

9.3　农产品品质现场快检便携式系统研发案例

9.3.1　基于近红外光谱技术的水果品质便携式检测系统

樱桃番茄因其色泽鲜艳、形态优美、味美可口、营养丰富等特点，深受广大消费者的喜爱。在市场需求不断扩大的背景下，樱桃番茄产业正在迅猛发展，但在果品产中监控和产后处理上存在许多不足，同时，随着人们生活水平逐步提高，消费者对水果的内部品质提出了更高的要求。研究樱桃番茄内部品质快速无损检测方法并开发便携式检测装置，对提高樱桃番茄商品化处理水平，促进樱桃番茄产业智能化发展具有重要意义。研究采用近红外光谱技术，结合化学计量学方法，建立精度高、稳定性好、温度适应性强的樱桃番茄内部品质指标定量模型，并研发一款基于安卓(Android)系统的便携式樱桃番茄内部品质检测系统。

1. 便携式检测装置硬件设计

该设备选用的光谱仪为美国得州仪器(TI)公司生产的型号为 DLP NIRscan Nano 的一款微型近红外光谱仪，与传统光谱仪相比，它是通过采用数字光处理(digital light processing, DLP)技术来实现低成本、小尺寸、高性能的微型近红外光谱仪模块，其实物图如图 9-7(a)所示。DLP NIRscan Nano 微型近红外光谱仪的波长扫描范围为 900～1700nm，集成有光源模块，提供宽频带光信号；光谱仪微处理器板上集成有 BLE 模块，用于移动端对光谱仪的控制及数据的远距离无线传输。DLP NIRscan Nano 分光系统采用衍射光栅，利用数字微镜器件(digital micromirror device, DMD)和单点 InGaAs 探测器取代传统的线性阵列探测器，该光谱仪的内部光路及信号传输图如图 9-7(b)所示，漫反射自样品的光被采集透镜收集，通过输入狭缝聚焦在光引擎上，通过狭缝的光经准直透镜进行校准，再通过一个 885nm 长的波通滤光片，然后经反射光栅反射将光色散为连续波长光，再经聚焦透镜投射到 DLP 2010NIR DMD 上，将 900nm 波长成像在 DMD 的一端，1700nm 波长成像在另一端，中间按顺序散开其他所有波长光，通过调控 DMD 器件连续获得单波长的光，经聚光透镜到达单点 InGaAs 探测器，到达单点 InGaAs 探测器的光信号通过信号放大器和模数转换器输出数字信号，传输到微处理器板。该款光谱仪体积小、价格低、功耗低、性能优越、二次开发方便，适合开发成便携式检测设备。

(a) DLP NIRscan Nano实物图

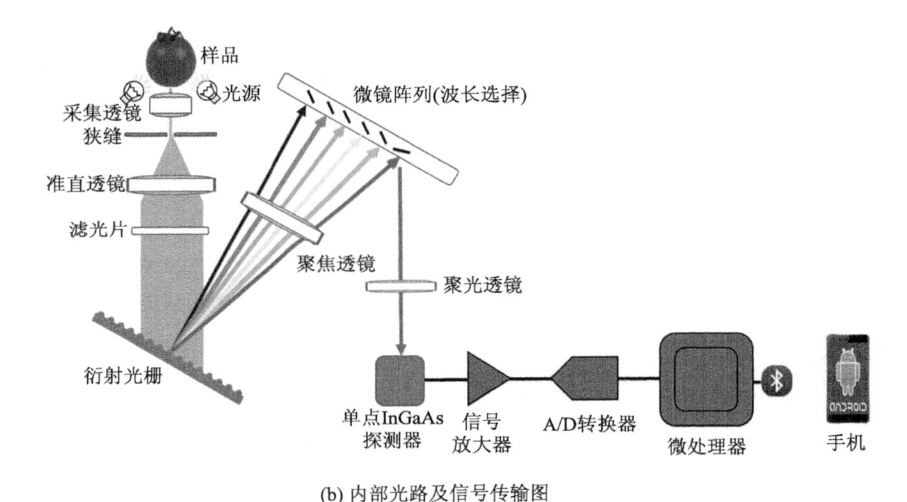

(b) 内部光路及信号传输图

图 9-7　DLP NIRscan Nano 实物图和内部光路及信号传输图

2. 便携式检测装置结构及其他组建

便携式检测装置的结构如图 9-8 所示[1]。其外观尺寸为 150mm×80mm×80mm，装置外壳加工选用的材料为铝合金，轻巧、耐用、美观，装置各部件合理布局，使整个装置结构紧凑、方便携带。近年来，智能手机行业蓬勃发展，智能手机图像处理能力、数据处理速度、数据存储能力均能与平板电脑和计算机相媲美，并且手机与平板电脑和计算机相比，有体积小、价格低、保有量多的优势，本节为了开发一款便携式检测装置，用智能手机作为终端是一个合适的选择。本节开发的便携式检测装置是基于安卓系统进行开发的，需要利用微型近红外光谱仪的开发包做二次开发编写 APP，考虑到要使用 BLE 进行通信，所以要求安卓手机支持

BLE 功能且 Android 操作系统在 4.3 版本以上，从目前市面上的安卓手机情况来看，基本所有的安卓手机都能满足这些要求。

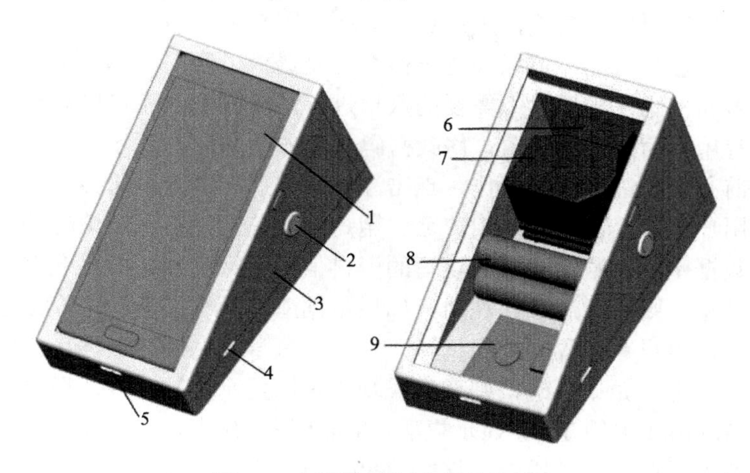

图 9-8　便携式检测装置结构图

1-安卓手机；2-开关；3-外壳；4-电源充电接口；5-手机充电接口；6-集成光源；7-微型近红外光谱仪；8-电源；9-稳压板

3. 便携式检测装置软件开发

便携式检测装置软件可以采用台式计算机、平板电脑、手机的多种形式软件的开发。下面介绍的是一款安卓应用 APP，该 APP 利用 DLP NIRscan Nano 微型近红外光谱仪的开发包在 Android Studio 开发平台上进行二次开发，按照功能进行模块化开发[2]。该 APP 根据检测装置所需功能进行模块化编写，其功能模块主要包括用户注册登录、蓝牙通信、定位、光谱数据处理、检测数据管理及用户主界面。该 APP 使安卓手机和微型近红外光谱仪之间通过 BLE 模块进行无线通信，将检测樱桃番茄近红外光谱数据实时传输至安卓手机，以实时分析、显示样品的待测指标结果。

1) Android 权限配置

手机在安装安卓应用 APP 时，用户可以看到手机系统会自动提醒我们安装该 APP 所需要的各种权限，权限是一种安全防护机制，主要用于告知用户该软件运行需要使用某些特定功能以及应用程序之间的组件访问。与其他操作系统相比，Android 系统的权限种类很多，在开发 APP 时，如果需要访问某种权限就必须要声明相应的权限，否则应用在调试和运行时就会出现错误。本设备所用到的 APP 中需要用到蓝牙功能相关权限、访问网络相关权限、访问定位相关权限、读写外部存储数据相关权限。

2）用户注册登录模块

用户要使用本软件来操作装置需要以合法的身份进入系统才可以，所以需要设计开发用户注册登录功能，用户登录界面如图 9-9（a）所示，在此界面，用户可以输入登录账号和密码，可以勾选记住密码复选框以便用户下次进入时不必再重复输入账号和密码，可以对不需要的账户进行注销操作，还可以对已经注册的用户的密码等用户信息进行修改，修改密码界面如图 9-9（b）所示。没有注册的用户在使用之前必须要进行注册操作，点击注册按钮后，进入注册界面，如图 9-9（c）所示，在用户注册界面，填写用户名、用户密码信息，将已经填好的注册信息提交到信息数据库，在数据库内对填写的资料信息进行验证。如果数据库中已有注册的用户信息，则提示用户已注册，如果数据库中没有提交的用户信息，则显示注册成功。在用户登录界面，根据输入的登录账号和密码与数据库中的信息比对来确认是否正确，如果正确，则登录成功，否则提示登录失败。登录或注册是否成功采用 Android 中的 Toast 显示提醒，Toast 没有焦点，在程序中可以使用它将一些简短的消息通知给使用者，这些消息会自动消失，并且不占用任何操作界面空间。

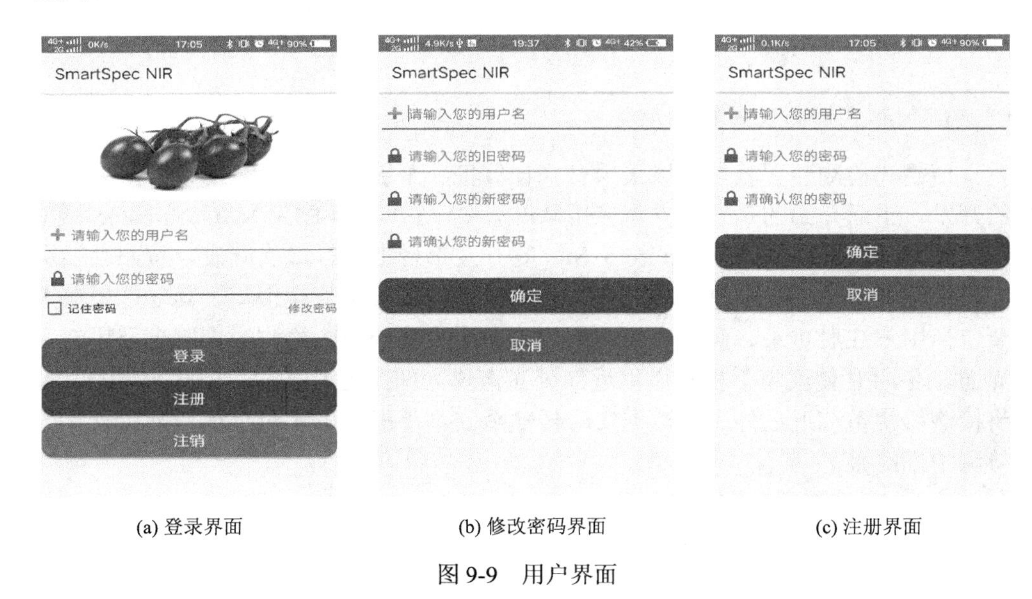

(a) 登录界面　　(b) 修改密码界面　　(c) 注册界面

图 9-9　用户界面

3）蓝牙通信模块

在 Android 4.3 及以上版本系统平台下，利用提供的 API 可以很方便实现 BLE 的核心功能。Android 连接蓝牙设备一般需要四步：注册蓝牙相关的广播、搜索蓝牙设备、配对蓝牙、建立连接。本装置中安卓手机作为中心设备，微型近红外光谱仪作为外围设备，安卓手机与微型近红外光谱仪的 BLE 配对连接并成功读取内置的光谱校正数据后，便可进行交互通信，手机 APP 可以操控微型近红外光谱仪，同时光谱仪获得的光谱数据可以实时传输到手机端。

4）定位模块

根据实际需求，开发的装置需要具有定位检测地点的功能，因此需要在软件开发中设计定位模块。Android 系统中虽然为开发者提供了专门支持基于定位服务的应用程序开发的定位功能类库，但在定位精度、定位模式选择等方面与高德地图、谷歌地图、百度地图等这些第三方定位服务公司相比略显不足，经过比较，本软件选用高德地图 Android 定位 SDK 服务接口进行定位开发。高德地图 Android 定位 SDK 支持 Android 2.2 及以上系统，提供 GPS 定位和网络定位（Wi-Fi 定位和基站定位）两种方式，并将 GPS 定位、网络定位方式进行了封装，以 3 种模式开放，开发者若不进行特定设置，则自动选用高精度定位模式。使用方法：首先需要导入高德地图的 jar 包，之后到高德官网申请 key 值，获得 key 值后，需要在 AndroidManifest.xml 文件中加入定位相关的权限，同时在<application>标签中添加 key 值信息。

5）光谱数据处理模块

装置内部的微型近红外光谱仪与安卓手机蓝牙配对成功实现通信后，通过 BLE 模块将获取的光谱数据传输至安卓手机，手机 APP 中光谱数据处理模块分析提取特征光谱数据信息，光谱数据经过适当的预处理之后，结合植入在软件中的预测模型计算待测樱桃番茄的可溶性固形物和番茄红素含量，并将检测的结果实时显示在 APP 用户主界面上。

6）检测数据管理模块

利用便携式检测装置对待测樱桃番茄进行品质检测时，需要对检测的数据进行保存以便后期的查看以及管理，软件设计了将数据保存到安卓手机的 SD 卡中，并将数据格式设置为.csv 格式，这些检测数据文件根据自定义的文件名进行保存，并显示在检测数据列表中，如图 9-10（a）所示，文件按照检测时间先后顺序进行排列，可以通过搜索历史记录工具进行快速查找所需的文件，单击打开检测数据文件，可以跳转到检测数据查看界面，如图 9-10（b）所示，详细地显示了待测样品的反射率、吸光度、强度、对象、精度、时间、检测人、地点等信息，使用户能够非常直观地对历史检测数据进行查看。

4. 便携式检测装置性能验证

在完成便携式检测装置的硬件设计和软件开发后，最终加工装配出便携式检测装置，图 9-11 为该装置的实物图[3]。

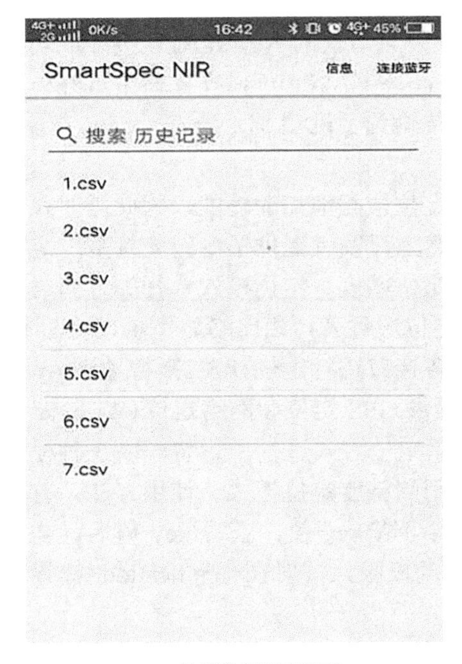

(a) 检测数据列表界面

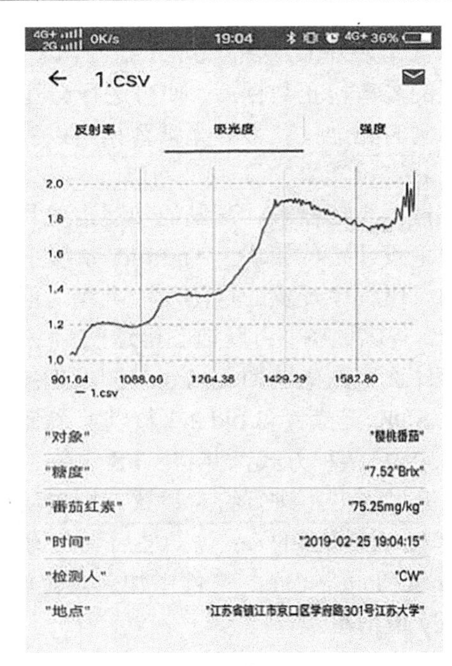

(b) 检测数据查看界面

图 9-10　检测数据列表界面和查看界面

图 9-11　便携式检测装置实物图

为了对该装置的实际使用效果进行评判，需对该装置的性能进行验证，包括检测精度和稳定性验证。选取 15 个与建模样品无关的樱桃番茄样品，利用便携式检测装置对不同温度下样品的可溶性固形物含量和番茄红素含量进行 3 次平行预测，以 3 次的变异系数衡量检测稳定性，详细检测数据如表 9-1 所示，可溶性固形物含量预测值与标准值的平均绝对误差(mean absolute error, MAE)为0.273°Brix，平均相对误差(mean relative error, MRE)为 4.04%，平行预测最大变异系数为 1.01%;番茄红素含量预测值与标准值的平均绝对误差 MAE 为 6.06mg/kg，平均相对误差 MRE 为 7.84%，平行预测最大变异系数为 1.83%。对 15 个样品的预测值和标准值进行配对 t 检验，结果见表 9-2，由表 9-2 可以看到 t 值均小于 $t_{0.05(14)}$，表明预测值和标准值之间无显著性差异。从上述结果可以说明，该便携式检测装置对不同温度条件下样品的检测精度和稳定性较好，性能优越。

表 9-1　装置测试数据统计

编号	温度/℃	可溶性固形物			番茄红素		
		标准值/(°Brix)	预测值/(°Brix)	变异系数/%	标准值/(mg/kg)	预测值/(mg/kg)	变异系数/%
1	3	7.1	7.46 7.45 7.51	0.35	67.78	70.14 71.76 70.55	0.97
2	5	6.4	6.87 6.89 6.77	0.77	70.67	70.91 67.84 68.94	1.83
3	7	6.8	6.54 6.60 6.52	0.52	75.28	67.56 65.98 65.34	1.41
4	10	5.9	6.15 6.20 6.23	0.53	58.69	50.12 51.61 51.98	1.57
5	12	8.3	8.64 8.58 8.55	0.44	105.36	91.87 92.56 90.67	0.85
6	15	7.7	8.05 7.96 7.92	0.68	99.68	90.87 88.98 89.65	0.87
7	18	5.6	5.95 6.01 6.06	0.75	50.38	42.76 43.28 41.47	1.79
8	20	6.1	6.13 6.06 6.17	0.74	85.72	83.78 84.51 81.99	1.27

续表

编号	温度/℃	可溶性固形物			番茄红素		
		标准值/(°Brix)	预测值/(°Brix)	变异系数/%	标准值/(mg/kg)	预测值/(mg/kg)	变异系数/%
9	23	7.5	7.54 7.46 7.59	0.71	96.24	92.45 91.11 93.54	1.08
10	25	8.0	7.58 7.67 7.65	0.51	94.25	101.43 99.04 98.35	1.32
11	28	6.5	6.41 6.57 6.49	1.01	62.48	70.56 72.61 70.11	1.53
12	30	6.9	7.30 7.28 7.24	0.34	88.17	77.56 78.85 75.98	1.52
13	33	5.8	6.04 6.12 6.10	0.56	78.45	83.87 82.12 82.09	1.01
14	35	7.3	6.81 6.95 6.91	0.85	81.83	90.01 91.23 91.26	0.64
15	37	6.6	6.85 6.84 6.91	0.45	77.34	77.98 78.92 77.55	0.73

表 9-2　标准值与预测值的 *t* 检验结果

品质指标	样品数	标准值	预测值	*t* 值	*p* 值	结果
可溶性固形物/(°Brix)	15	6.83±0.79	6.97±0.74	1.841	0.087	不显著
番茄红素/(mg/kg)	15	79.49±15.28	77.15±15.27	1.238	0.236	

注：表中数据为平均值±标准差(样品数、*t* 值和 *p* 值除外)，$t_{0.05(14)}$=2.145。

9.3.2　基于振动力学的农产品结构品质检测系统

不同农产品的表面结构或内部品质不同，在外界激励下做自由振动时，产生的声音响应信号会呈现不同的特点[4-6]。表面振动法已在化工、电力、交通和冶金行业得到了广泛的应用，其主要原理：在外接激励的作用下，所产生的表面振动波会受物体表面结构或内部品质的影响，选用适当的传感方式将振动信号转化为电信号，通过对信号的分析与处理，获取振动的特征参数。禽蛋可视为一个薄壳椭球结构刚体，表面振动波从敲击的区域向其他区域逐渐扩散和减弱直至消失，当禽蛋表面出现裂纹后，其表面结构会被破坏，从而影响振动波在鸡蛋表面的传播。利用这种敲击振动响应信号特性的差异，可区分出裂纹鸡蛋。本书提出振动响应信号检测裂纹鸡蛋，通过采集鸡蛋受机械激励后产生的振动响应信号，分析其在鸡蛋蛋壳表面分布、扩散及衰减情况，设计了一套鸡蛋蛋壳质量基础研究平台[6,7]。在此平台上，优化相关的硬件和软件系统，为实现一次敲击即可判别裂纹鸡蛋提供理论基础[8-11]。

1. 基于振动力学的农产品结构检测系统

硬件系统由敲击模块、支撑模块、信号的采集和处理模块三个部分组成，如图9-12所示。敲击模块从外界给鸡蛋脉冲激励，使鸡蛋受冲击后可以产生自由振动。支撑模块的作用是支撑鸡蛋，使鸡蛋在外界冲击作用和不破坏蛋壳的情况下实现最大可能的振动。信号的采集和处理模块主要对鸡蛋的振动响应信号进行采集并做相应的滤波处理，将模拟信号转化为数字信号，供下一步处理。

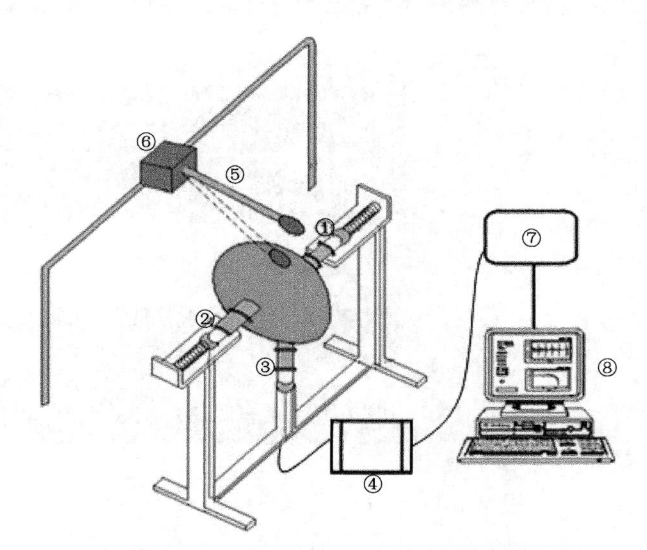

图9-12　鸡蛋蛋壳质量检测系统结构示意图

①②③振动传感器；④电荷放大器；⑤敲击棒；⑥驱动电机；⑦采集卡；⑧计算机

鸡蛋的敲击模块，主要由可调线性电源、电磁铁、驱动电机、敲击棒等组成。敲击棒执行敲击命令时，需要给电磁铁一个敲击信号，使电磁铁执行敲击命令。

同时，敲击的频率也应根据检测的需要进行调节。本书通过采集卡控制敲击模块的敲击动作指令和敲击频率大小。敲击系统的核心处理器 USB-1208FS 是美国 MCC 公司生产的总线供电的 USB 设备，基于 PC 的模拟和数字 I/O 的新标准，采样率的单位高达 50KS/s，有 8 个单端输入可选。该装置还提供了 2 个 12 位模拟输出，1 个 32 位计数器，16 位 I/O 线。

鸡蛋的支撑模块由支撑加速度传感器、固定传感器的钢板、尼龙材料的底座和支架、可移动轨道等部件构成。加速度传感器固定在可移动的钢板上，其形状和大小是按照传感器的尺寸设计而成，适合正常鸡蛋的放置；加速度传感器与钢板相套，并通过尼龙材料相隔固定于可移动轨道上。可移动轨道根据鸡蛋的大小可做适当调整，以便于对鸡蛋的全面敲击。

软件采用二维敲击振动响应信号时域值，然后通过快速傅里叶(FFT)变化转为频域信号，并采用功率谱作为统计参数。响应信号的功率谱同样可以在系统的人机界面上实时地观察到。得到响应信号的功率谱后，系统采用滤波器对信号进行滤波去噪处理，并将数据存储在计算机硬盘中，以供后续处理。基于 Labview 语言的软件系统如图 9-13 所示。

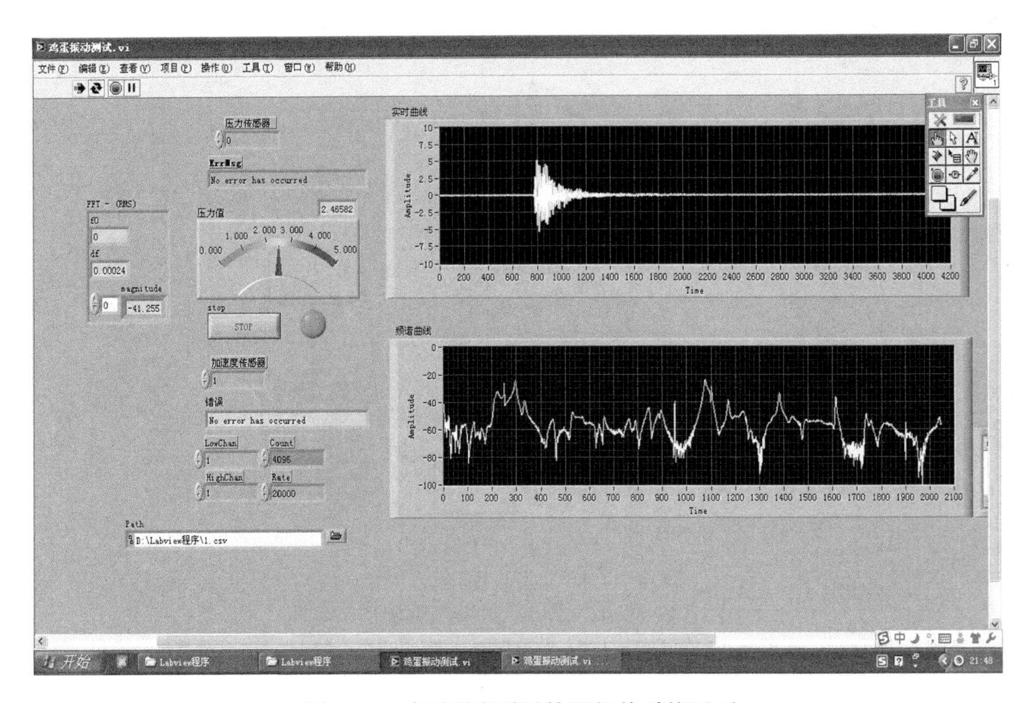

图 9-13　鸡蛋蛋壳质量检测软件系统界面

2. 鸡蛋蛋壳敲击振动响应信号的采集和处理流程

农场鸡产后 1～2d，借助放大镜仔细检查鸡蛋壳，选择 100 个完好的褐壳鸡蛋作为试验材料。试验鸡蛋的外形比较规则，大小较为一致。为了研究加速度传感器可检测的裂纹区域大小，沿鸡蛋横径最大处将鸡蛋均分为 8 个点，依次编号为 1～8，如图 9-14 所示。按编号 1～8 的顺序依次敲击鸡蛋蛋壳，并分别采集对应 8 个不同点的传感器信号，每个点重复敲击并采集 3 次，取其平均值为此敲击点的对应蛋壳振动信号。首先采集完好的 100 个鸡蛋的敲击振动响应信号，然后通过物性仪挤压这些鸡蛋，每个鸡蛋均在编号 1 位置制造裂纹，产生 100 个裂纹鸡蛋，作为试验样本。图 9-15 分别是完好鸡蛋和裂纹鸡蛋的响应信号图。为了保证模型的识别和预测能力，将 200 个试验鸡蛋分为两批，其中一批样本数为 134 的作为训练集建立判别模型；完好鸡蛋和裂纹鸡蛋数量各 67 个；另一批样本数为 66 的作为预测集来检测模型的预测能力。其中，完好鸡蛋和裂纹鸡蛋数量各 33 个。

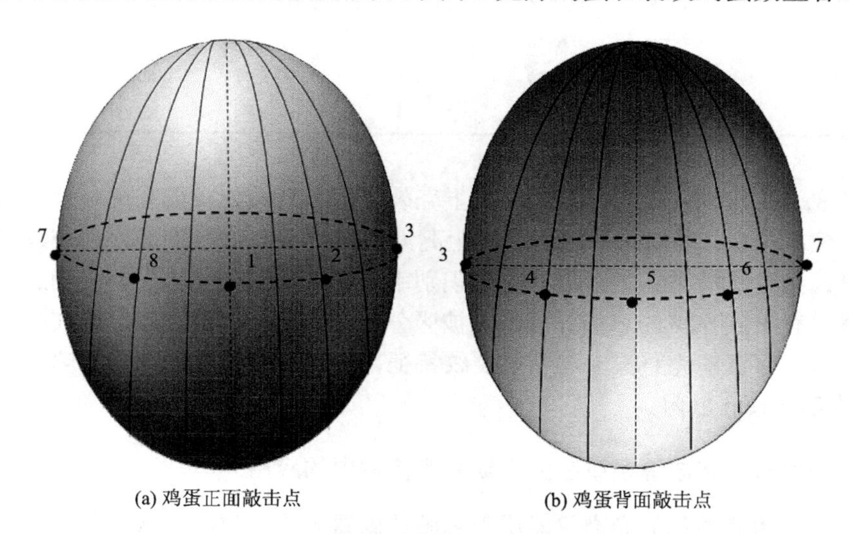

(a) 鸡蛋正面敲击点　　(b) 鸡蛋背面敲击点

图 9-14　鸡蛋敲击点示意图

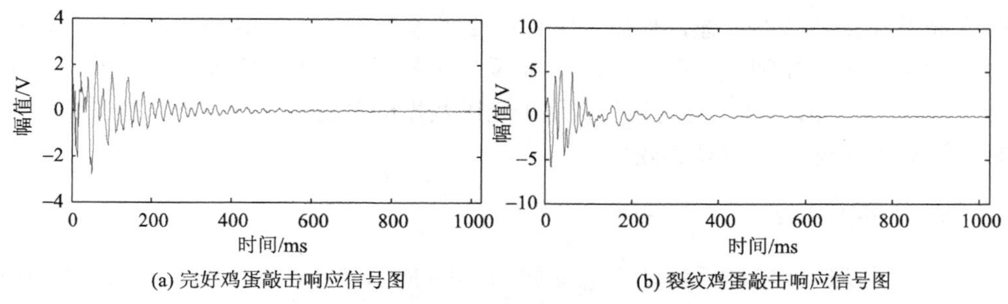

(a) 完好鸡蛋敲击响应信号图　　(b) 裂纹鸡蛋敲击响应信号图

图 9-15　鸡蛋敲击响应的时域信号

根据试验所得到的完好和裂纹鸡蛋敲击响应时域信号之间的差异，并充分考虑各个特征参数之间的独立性，选取了时域信号最大值、时域信号标准差、时域信号一阶导数最大值、时域信号二阶导数最大值、时域信号一阶导数标准差 5 个特征参数作为线性判别的特征变量。采用线性判别分析方法初步建立完好和裂纹鸡蛋的判别模型。表 9-3 为不同位置下的鸡蛋裂纹判别结果。

表 9-3　线性判别模型对鸡蛋信号的判别结果

位置	分辨结果	
	训练集(100%)	预测集(100%)
1	0.8657	0.8485
2	0.7910	0.7121
3	0.7910	0.8333
4	0.7836	0.7121
5	0.8284	0.8182
6	0.6940	0.7727
7	0.7239	0.6061
8	0.7761	0.8333

从表 9-3 可以看出，设计的鸡蛋蛋壳裂纹检测系统能实现完好和裂纹鸡蛋信号的采集和分析。当敲击位置与裂纹距离为 1cm 时，大部分的完好和裂纹鸡蛋能被区分；当距离增加到 2cm 时，鸡蛋识别率降低了 10%以上；当距离增加到 4cm 时，就只有不到 60%的鸡蛋样本可以被区分开。因此，在鸡蛋裂纹的实时在线检测中，为了保证能完整提取鸡蛋的裂纹特征，敲击棒所敲击的位置与鸡蛋裂纹应尽量保持在 1cm 以内。

9.3.3　便携式气味成像系统在大米新鲜度检测中的应用

本章采用微型化的光谱仪器用于色敏传感器光谱信息的提取，其体积小、质量轻并且价格低的特点为搭建便携式检测系统提供了可能性。为了实现大米储藏时间光谱检测系统的搭建，使用 STC89C52 型单片机作为控制器，对样品反应的时间和温度进行控制，并使用 HMI 显示反应进程以及与单片机通信。在此基础上开发一款 Windows 桌面应用软件，用于光谱数据的分析和处理。在系统搭建完成后，测试大米陈化度的分类效果。

1. *硬件系统设计*

大米储藏时间检测系统的示意图如图 9-16 所示。该系统以 STC89C52 作为控制器，主要包括光谱采集和处理模块、反应流程控制模块、反应进度显示模块和电源模块[12,13]。

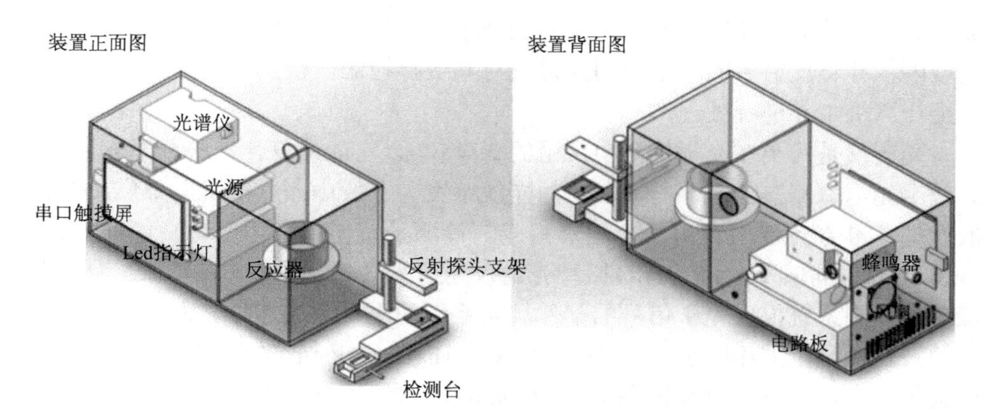

图 9-16　大米储藏时间检测系统示意图

检测系统的运作流程(图 9-17)如下：在触摸屏上设置相应的反应时间和反应温度，并通过串口对单片机进行通信；单片机接收信号后，对温度传感器供电；温度传感器开始检测反应室的温度并使用 1-Wire 协议与单片机进行通信；单片机接收温度信号后，在 HMI 上实时显示温度变化情况，同时使用 PID 算法设置固态继电器的通断时间，以改变加热膜的加热效率；当反应器温度达到设定值时，将色敏传感器和大米样品放入反应器中进行反应；并用 HMI 对反应时间计时；当到达反应时间后，HMI 向单片机发送信号；单片机收到信号后通过反应进度显示模块提示反应完成；信号采集和处理模块用于获取色敏传感器的颜色光谱信息并进行处理。

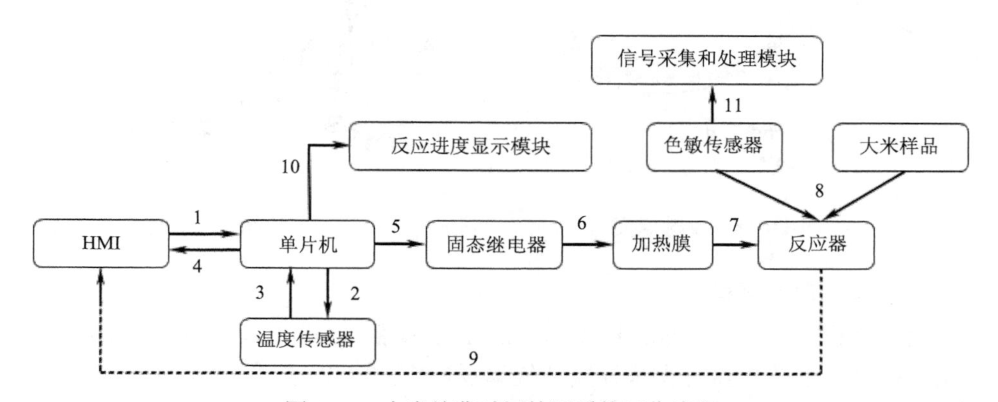

图 9-17　大米储藏时间检测系统运作流程

1) 信号采集和处理模块

信号采集和处理模块组成部分可分为光谱仪、光源、反射探头、检测台和计算机。主要功能是使用反射探头将光源产生的光信号打在色敏传感器的染料印染区域内，并将反射后的光信号用光谱仪对其进行检测，检测数据通过串口通信保存至计算机中并进行处理。

光谱仪是一类在光学检测中常用的科学仪器，它能使复合光线分离成光谱线，并使用光电探测器测量不同波长下的光线强度。一般由入射狭缝、聚焦元件、色散元件、准直元件以及信号检测器构成。检测系统使用 USB2000+可见–近红外(visible-near infrared, VIS-NIR)微型光谱仪用于光谱信息的检测。光源作为大米储藏时间检测系统提供光学信号的部件，是系统的重要组成部分。为了与微型光谱仪的波长检测范围相匹配，研究选用卤素灯(halogen lamp)作为光源。这款光源可以提供稳定的宽屏光谱输出(350～1700nm)，这使其适用于可见光与近红外光范围内的检测。此外，该光源内置的电源调节电路保证了电流的稳定，使得光源可以稳定输出。

反射探头用于提供光谱仪经色敏传感器反射后的光学信号，利用光纤束对光全反射的原理构成。如图 9-18 所示，反射探头具有 2 个 SMA905 接口，一端与光源相连以提供原始的光学信号，另一端与光谱仪相连用于获取反射后的光谱信息。

检测台用于装载反应完成后的色敏传感器，由质量轻的铝合金材料和亚克力板组成，装置如图 9-19 所示。

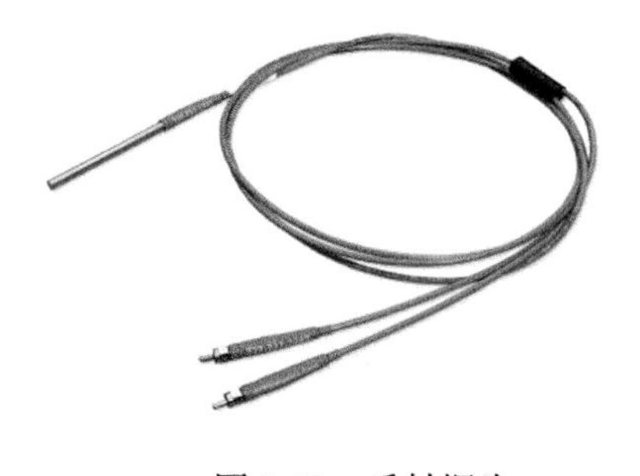

图 9-18　反射探头

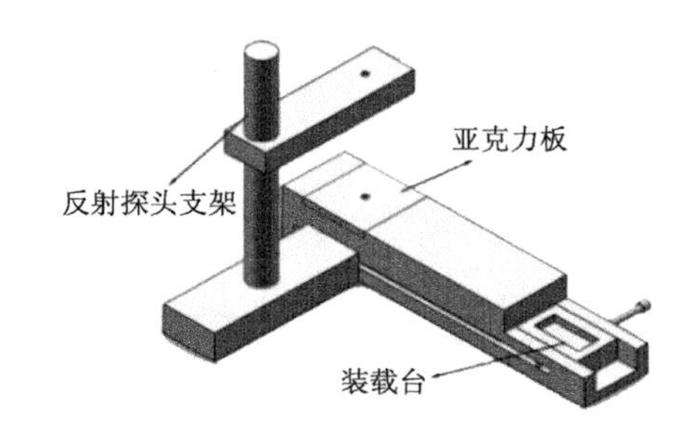

图 9-19　检测台示意图

2) 反应流程控制模块

反应流程控制模块组成：继电器、温度传感器、加热底座、风扇及 HMI。主要用于控制色敏传感器与大米挥发性气体反应室的温度与时间。模块中各电子元件的运行由单片机 STC89C52 进行控制。

(1) 温度传感器。温度作为重要的被控参数，其准确测量是提供稳定反应温度的前提。因此，考虑到温度传感器的采集速度、性价比、检测稳定性及环境适应性等因素。本节采用 DS18B20 以收集温度信息。

色敏传感器使用自由挥发的反应器反应后具有较好的显色效果，且 55℃为该反应的最佳温度。因最佳反应温度高出室温，故需要应用加热元件以使其反应室内温度上升。使用加热膜以达到升温目的，加热膜的工作电压 12V，发热功率为 25W，可在–190℃～205℃的条件下工作且具有良好的适用性。图 9-20 展示了反应室加热的效果图。将加热膜紧贴于加热底座的底部，加热底座的材质为铝合金，具有良好的导热性，边沿设计的插孔用于 DS18B20 读取加热底座的温度信息。

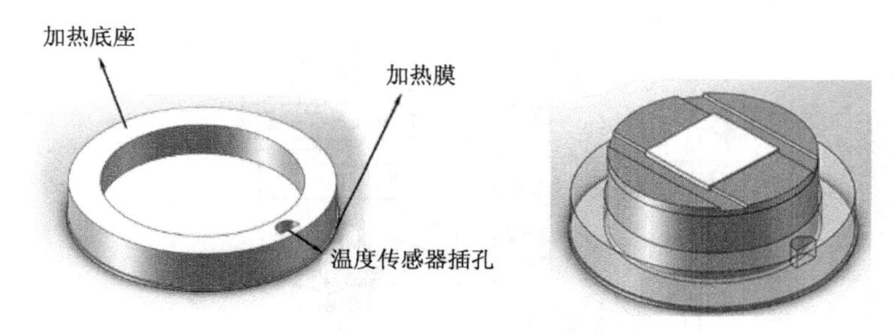

图 9-20　反应室加热示意图

(2) 继电器。为了控制加热膜的加热效率，使反应温度在 55.0℃能够基本稳定维持，加热膜的单位时间内通电时长需要随着温度的变化而发生改变。因此使用 SRD-05VDC-SL-C 型继电器模块来控制加热膜电路的通断，并将连接信号控制端与 P1.0 相连。

2. 人机交互界面

人机交互界面包括 HMI 界面和 Windows 用户界面。

1) HMI 界面

HMI 是一种实现机器和人类信息交互的设备。通常与控制类电子器件相接，以鼠标、触摸屏和键盘等作为输入单元用于参数设置或操作命令的输入，并使用显示屏进行数据输出。HMI 具有记录实时数据信息、实时数据趋势的显示以及产生并记录报警等功能。随着 HMI 的不断发展，信息的表达也已从颜色单一图形、表格等简单的平面表达形式向颜色多样化、图形 3D 化及多媒体动画播放等方向发展。研究利用 HMI 的特点，将其与 STC89C52 通过串口进行通信，以此实现对反应参数(温度和时间)和反应流程的控制；实时显示反应器的温度状态以及控制各电子器件的通断状况。

反应进度控制模块主要由 3 个发光二极管和蜂鸣器构成。二极管的颜色有绿、黄和红 3 种颜色。其中，绿色表示系统正处于空闲状态；黄色代表反应器正在升温中；红色代表传感器正处于反应阶段。HMI 的可视化界面编写由自带的开发软件 USART HMI 编写完成。通过 HMI 的可视化界面编写使得仪器操作人员能够对反应流程进行控制。STC89C52 与 HMI 通过串口通信，两者相互协调以实现对反应参数(温度与时间)的设置与检测，并且整个检测过程都能从 HMI 的界面中显示。图 9-21(a)为色敏传感器和大米挥发性气体反应的流程，图 9-21(b)为 HMI 的界面展示。

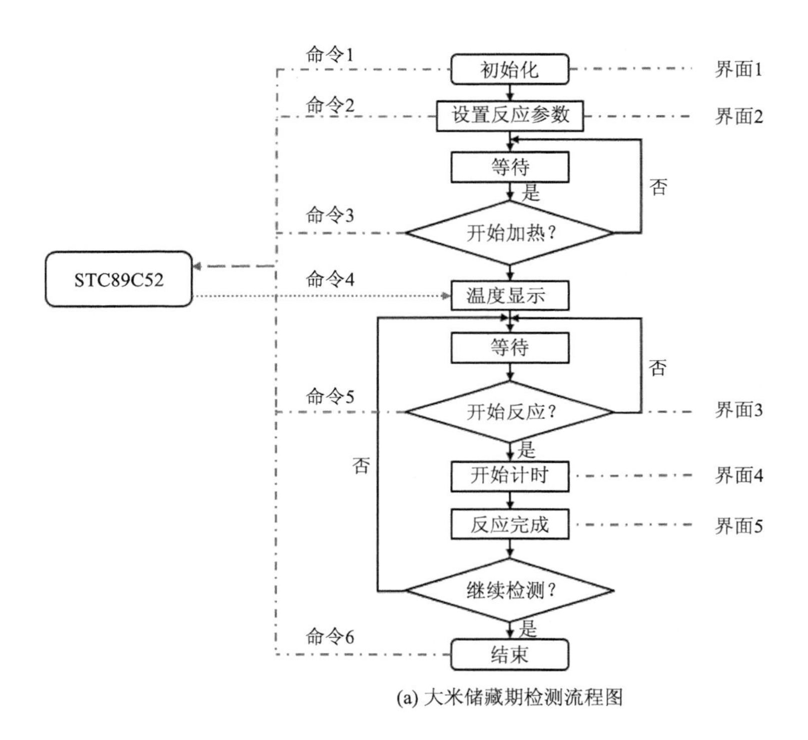

(a) 大米储藏期检测流程图

界面1

界面2

界面3　界面4

界面5

(b) HMI界面图

图 9-21　大米储藏期检测流程图和 HMI 界面图

2) Windows 用户界面

与 HMI 界面相比，Windows 用户界面主要提供光谱的可视化及其保存。软件界面如图 9-22 所示，依据各模块的功能可分：参数设置模块、数据显示模块、数

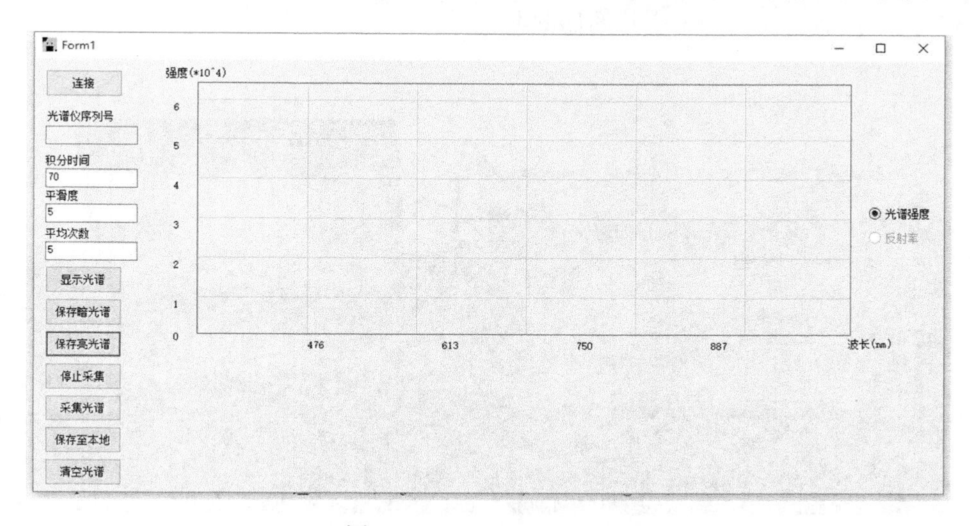

图 9-22　Windows 用户界面

据保存模块。参数设置模块：设置光谱的获取参数(积分时间、平滑度和平均次数)，积分时间设置越长，获取的光谱信号越强，平滑度的设置用于去除光谱的随机噪声，平均次数用于提高光谱数据采集时的稳定性。数据显示模块：显示经色敏材料反射后光谱的强度值以及反射率。数据保存模块：保存获取的光谱强度值及其反射率。

3. 基于可见/近红外光谱-色敏传感器的储藏期大米挥发气体检测

选用真空包装的苏软香大米作为研究对象。将新鲜大米放入恒温恒湿箱内，在设定温度为40℃和空气相对湿度为80%的条件下储藏。将大米按照储藏时间分为5组(0个、1个、2个、4个、6个月)。每个储藏时间的大米取30份样本，每份样品称取8g，总共150个样品。将每组样品按照2∶1的比例随机分配为训练集和预测集，训练集样本(100个)用于建立储藏时间预测模型，预测集(50个)用于评价判别模型的性能。所搭建的可见/近红外光谱-色敏传感器检测系统用于检测大米的储藏时间，实物如图9-23所示。

表9-4展示了应用该设备结合3类不同变量筛选算法的LDA分类结果。用UVE-SiPLS所提取的光谱变量建立预测模型后，取主成分数为9时，训练集的正确识别率为98%，预测集的正确识别率为96%。用GA-SiPLS所提取的光谱变量建立预测模型后，取主成分数为7时，训练集的正确识别率为92%，预测集的正确识别率为92%。用ACO-SiPLS所提取的光谱变量建立预测模型后，取主成分数为10时，训练集的正确识别率为98%，预测集的正确识别率为90%。由此可见，UVE-SiPLS提取光谱变量所建立的预测模型识别率最高。在预测集中仅2份新鲜大米样品被误判为1个月的储藏期。

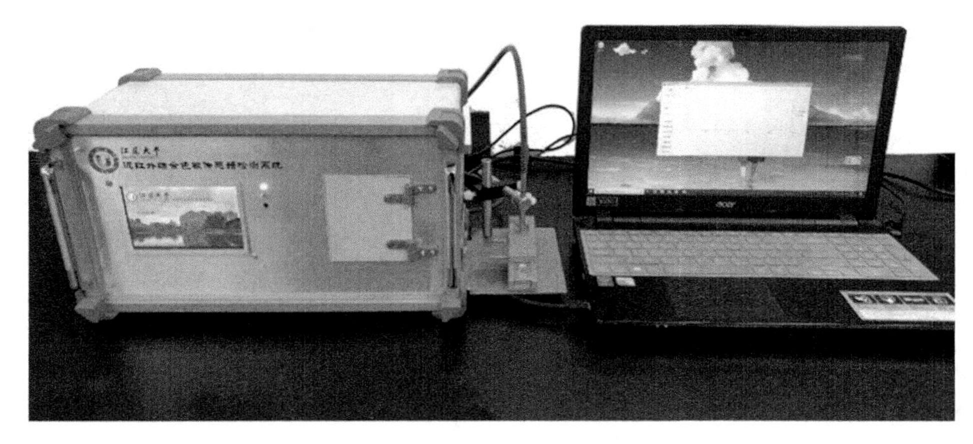

图9-23　可见/近红外光谱-色敏传感器检测系统

表 9-4　3 类不同变量筛选算法的 LDA 分类结果

变量提取方法	光谱变量数	最佳主成分数	识别率/%	
			训练集	预测集
UVE-SiPLS	68	9	98	96
GA-SiPLS	69	7	92	92
ACO-SiPLS	20	10	98	90

9.3.4　基于电子鼻传感器阵列的茶叶风味分析系统

电子鼻系统是对气体传感器阵列响应的电信号进行模式识别的一种系统。国外已经开发商业化的电子鼻仪器往往涉及方方面面的气味且价格昂贵，本节旨在研究电子鼻传感器阵列柔性平台，传感器可随意集成和拆卸，根据所测定食品、农产品的气味特征，选择传感器阵列组合。

本节研究根据茶叶所挥发出的香气成分，在对传感器进行优化的基础上，最终选择 12 个传感器组成气体检测阵列，结合 PLC 设备可以实现 A/D 转换、温度调节和传感器数据的实时在线显示。此外，在信号传输中，采用 RS-232 的串行通信方式与上位机通信，其特点是成本较低廉、传输速度较低、适用距离较近，这样就可以实现上位机中传感器数据的实时显示和数据分离、保存等操作。

1. 电子鼻系统整体硬件设计

电子鼻系统的设计包括与气体反应的硬件部分和数据处理分析的软件部分两大类。硬件系统包括气体采集模块、信号采集调理电路板和以 PLC 电气装置为核心的控制系统。软件部分包括数据采集、上下位机通信和由 Delphi 7 设计的上位机检测界面。

如图 9-24 所示，PLC 模块设计构成了整个电子鼻系统硬件核心。考虑到温度对传感器性能的影响，因此必须控制反应室的温度。通过与空气压缩机和冷凝风扇相连接，点击 PLC 控制系统中的触摸屏控件可以控制空气压缩机风扇的运行状态，以此来控制反应室的温度。在信号采集方面，通过 PLC 模块的 A/D 采集卡进行信号采集并传输至触摸屏和上位机检测软件。在整个电子鼻系统的设计中，加入 PLC 控制系统不仅实现了对温度的控制，同时使试验过程的操作变得非常方便。此外，高精度的 A/D 采集卡和抗电磁干扰设备的使用保证了信号采集的精确度。

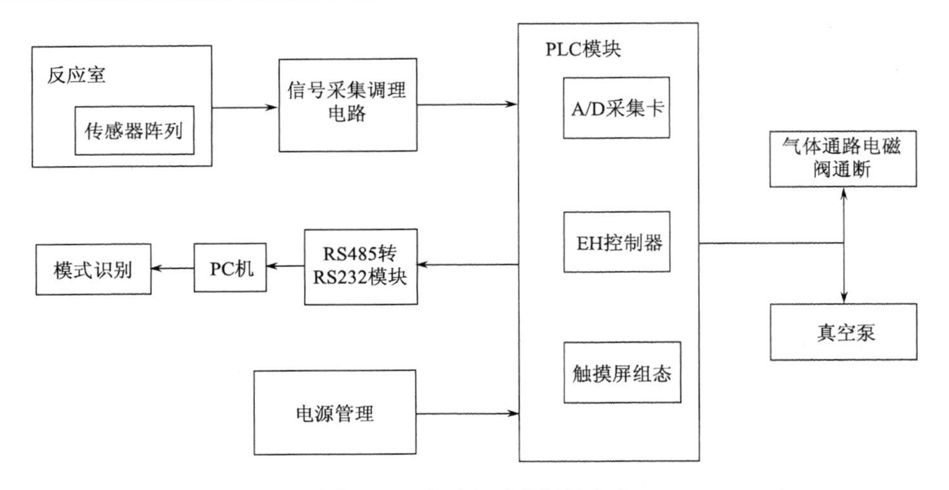

图 9-24 电子鼻系统设计方案

与此同时，本节对测试回路的设计进行了优化。气体传感器对气体的响应实质是传感器内部金属氧化物的氧化还原过程。每次测试完成后，要对传感器进行还原处理，使之恢复到初始状态，以便进行重复试验。通常情况下，依靠空气流动对传感器进行还原需要较长时间。为了减少气体在气路中的停留，缩短试验时间，对整个气路做了优化。图 9-25 为自制电子鼻系统工作流程图，图中分别用①、②、③表示电磁阀的位置。

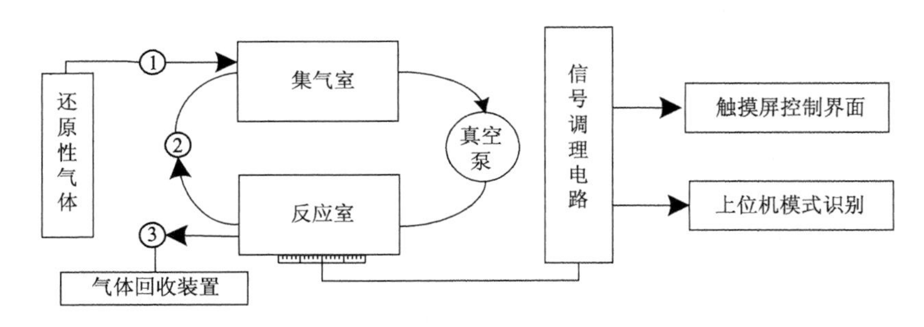

图 9-25 电子鼻系统工作流程图

在气体测试过程中，测试气体只在集气室、真空泵与反应室之间循环；对传感器进行还原时，将配比好的还原性气体依次通过集气室、真空泵和反应室。这样既保证了气体管路中残留气体最少，又可以最大限度地缩短试验时间。图 9-26 为电子鼻系统的设计实物图。

图9-26　电子鼻系统实物图

该系统的试验流程：①采用静态顶空法，将茶叶样本静置于集气室中进行气体富集。②打开上位机检测软件，点击“开始”菜单，并打开触摸屏上的“测试”按钮。此时，待测气体在真空泵的作用下，沿着测试回路快速循环。通过反应室时，与传感器阵列发生化学反应，内部阻值发生变化产生初始电信号。这些电信号经电路调理(滤波、信号放大)后，经A/D采集模块传输到上位机和PLC触摸屏中实时显示并保存，用于后期的数据处理。③测试结束后，点击“还原”按钮，通入配比好的还原气体对整个气路进行还原，最后用气体回收装置收集试验后的废气，避免空气污染，方可进行下一次试验。

电子鼻系统的硬件模块主要完成气体信号的采集与处理。主要硬件包括数据采集卡(DVP04DA)、DOPB08S触摸屏及EH系列PLC控制器等电气控制机构和压缩机、真空泵、电磁阀等气路与温度控制元件。硬件模块设计按实现功能可划分为气体采集模块、反应量的设计与优化以及控制系统三部分，以下从这三个功能模块对设计的电子鼻系统展开详述。

1)气体采集模块

气体采集模块由气体传感器阵列、气室和气体控制回路系统组成，其中气体传感器阵列放置于反应室中。气体传感器阵列是电子鼻系统的核心部分，阵列的选取将很大程度上决定最终的识别效果。

在食品、农产品品质检测中，往往所要检测的对象气体是包含多种气体成分的混合物，单一传感器并不足以提供有效的信息量对其进行判别。本节通过使用多个传感器元件组成气体传感器阵列对碧螺春茶香气品质判别来解决这一问题。

本节研究的电子鼻系统所包括的传感器阵列主要采用目前使用最广泛的电阻式半导体气体传感器和固体电解质传感器。

将独立的传感器元件组合在一起组成传感器阵列，增加了信息量。本试验采用专用型传感器和通用型传感器相结合的方式，一定程度弥补了选用单一传感器的检测精度和检测范围不足的问题，选取日本费加罗公司 TGS2600、TGS2602、TGS2610、TGS2611、TGS813、TGS822 通用传感器以及 TGS822TF、TGS825、TGS826、TGS880、TGS4160、TGS5042 专用型传感器共 12 个构成传感器阵列并置于反应室中。表 9-5 列出 12 路传感器的性能指标。

表 9-5　传感器阵列性能指标

传感器型号	敏感气体	检测范围/(mg/L)
TGS825	硫化氢	最低检测可达 5
TGS822TF	一氧化碳、氢气，对于有机溶剂和挥发性气体的灵敏度低	200～5000
TGS822	可用于检测酒精、其他有机溶剂	50～5000
TGS813	可燃性气体	500～10 000
TGS2611	甲烷、天然气	500～10 000
TGS2610	对丙烷和丁烷有很高的灵敏度	500～10 000
TGS2602	氢气、酒精等	1～10
TGS2600	香烟的烟雾或烹调臭味	1～10
TGS5042	一氧化碳	0～1000
TGS4160	二氧化碳	300～5000
TGS826	氢气、氨气、乙醇等	30～3000
TGS880	蒸气	50～300

2) 反应室的设计与优化

由于气体具有扩散特性，这使得气室中存在吸附气体而产生气体残留。通常，惰性气体如 CO、H_2、NO 不存在吸附现象，而如 SO_2、H_2S、NH_3 的吸附程度较严重。因此，设计测试装置时，要保证待测气体不被吸附在装置的材料上，造成气体浓度的下降，从而影响到测试结果。

气室采用不锈钢材料制成，管路采用具有干燥作用的硅胶制品，在气室环路中安装真空泵加速气体流动。前期试验表明，采用较高的气体流速和较细的管线可大大减弱吸附现象，最终采用流量规格为 8L/m 真空泵和内径 3.3mm 的硅胶管组成回路。传感器阵列安装在圆柱形气室的圆形截面板上，所有传感器的敏感部分侧向气体流动方向，以避免过大的气流浓度造成传感器中毒。反应室结构图如图 9-27 所示。

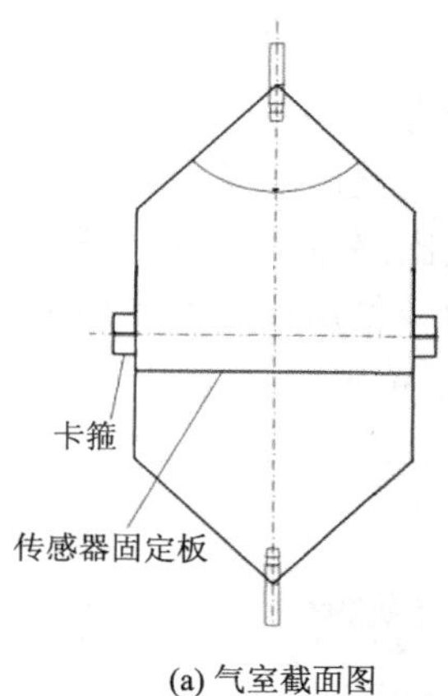

(a) 气室截面图

(b) 气体传感器阵列

图 9-27　反应室结构图

研究搭建的电子鼻系统是一套基于气体传感器阵列的柔性平台，除用于茶叶香气品质检测外，还可用于检测其他气味物质。通过对传感器进行优化，挑选适合待测气体的传感器组成最优传感器阵列，再置于气室中，就可以实现检测。

传感器阵列与待测气体发生还原反应后，仅依靠空气的氧化作用使其各个传感器恢复到初始值的状态需要较长时间。本次研究采用从外部通入按照 1∶4 配比的氮气和氧气与内部真空泵抽吸气流相结合的方式，加速氧化反应，缩短试验时间。将两通的电磁阀放置在气体回路的不同位置，在不同的测试状态下，分别保持通断状态，来实现对还原过程与氧化过程中不同的气体阻隔回路，缩短对传感器的还原时间和减少管道中的气体残留，保证试验效果。气体通路的设计如图 9-28 所示。

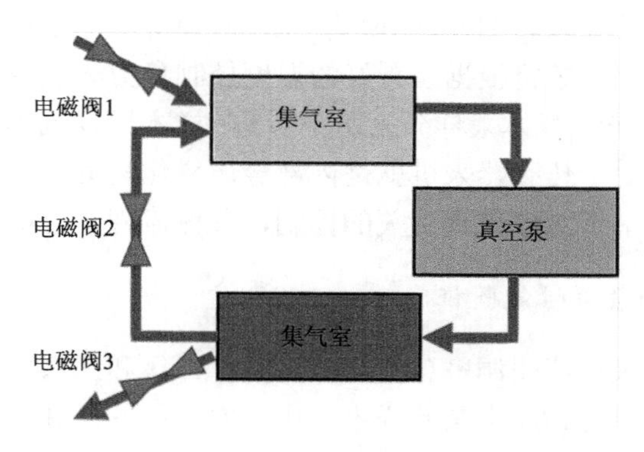

图 9-28　气体通路示意图

3) 控制系统

(1) 温度控制系统。温度控制是整个试验过程中比较重要的环节，温度过高或过低都会对传感器的性能造成影响。由于大部分传感器选用的是金属氧化物传感器，它们在工作之前需要加热，试验过程中也会散发出热量使温度上升，因此，必须对整个反应过程进行恒温控制。温度控制模块由冷凝风扇、空气压缩机和箱体内部的风扇构成。图 9-29 为触摸屏组态软件的设计界面。

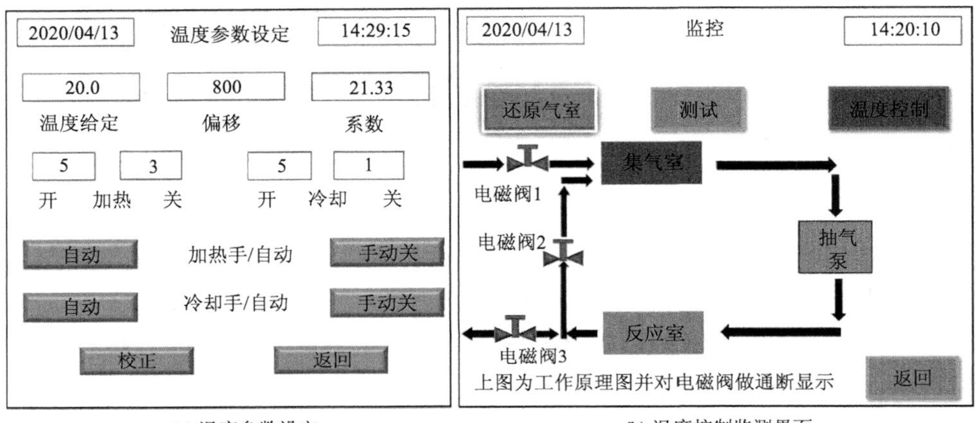

(a) 温度参数设定　　(b) 温度控制监测界面

图 9-29　温度控制的触摸屏界面

在试验过程的准备阶段，首先应该对初始温度及其他参数进行设定，如图 9-29(a)所示。本试验温度设定为(20±1)℃，即自动温控设置状态下，反应气室温度超过设定范围 1℃时，压缩机将采用不间断制冷，对加热采用缩短加热时间的方式自动加热或制冷。此外，也可以采用手动模式对温度进行控制，这样保证了不同试验的温控需求。图 9-29(b)为 PLC 触摸屏的温度控制监测界面，点击“温度控制”按钮，系统将根据设置好的温度控制参数来实现对温度的控制。

(2) 气路控制系统。气体采样分为两个步骤：样本挥发气体的测试过程与整个气路的还原过程。对于传感器来讲就是内部金属氧化物的氧化与还原过程。整个试验过程的实现是基于对电磁阀开关的控制，具体流程示意如图 9-30 所示。

2. 便携式检测装置性能验证

试验茶叶分别来自苏州洞庭(山)产的一级、二级和三级碧螺春茶叶，共 3 个等级，各 20 个样本，共 60 个茶叶样本。由于农产品的风味一般较为多样化，通常一个传感器只能检测特定的一种或几种性质相近的气体。本节优选出 12 个传感器组成阵列对茶叶香气品质进行检测。茶水比 1∶50，取 5g 茶叶用 250mL 水冲

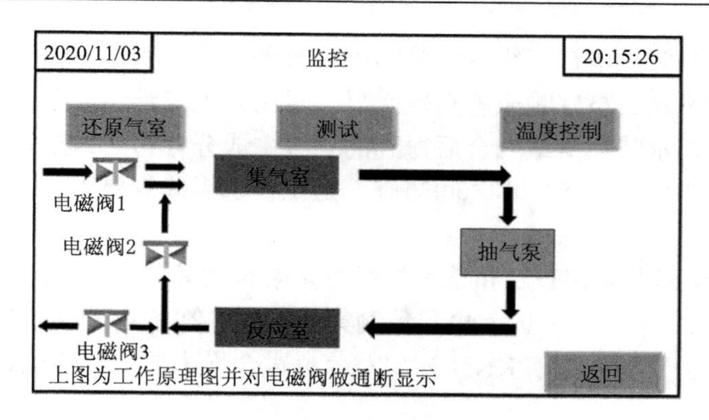

图 9-30　气路控制触摸屏组态设计

泡。泡茶用水为沸滚适度 100℃的纯净水，冲泡时间为 5min，然后将茶水滤出。将茶水和茶底分别放在 500mL 的烧杯中密封、静置 45min，使得烧杯顶空富集茶叶挥发性成分的同时，水温也冷却至室温。考虑到传感器的标准试验气体条件，将实验室室温保持在(20±1)℃，湿度为 65%，以确保测试过程中传感器灵敏度达到最佳。此外，由于茶水和茶底中水蒸气很多，因此检测时在集气室中要放些硅胶等干燥剂，以减少水蒸气的影响。图 9-31 为所采集的电子鼻信号图。

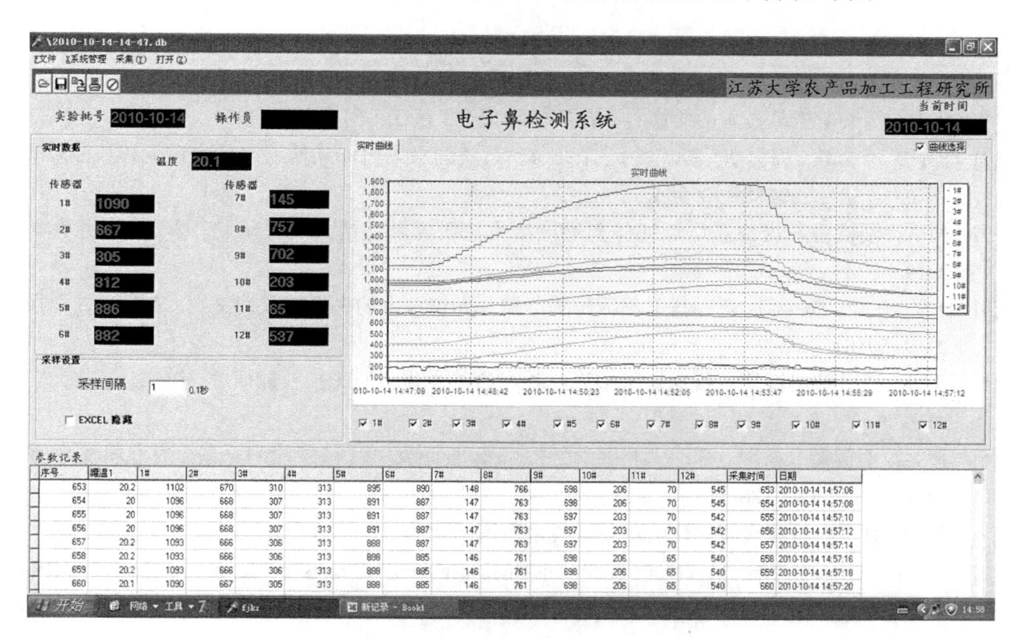

图 9-31　电子鼻信号图

不同等级茶叶样本在三维主成分图中分布差异比较明显，表明传感器阵列对于不同等级的茶水、茶底响应差别较明显。对比以上三维主成分图可以看出，将同等级茶底和茶水特征变量融合后得到的三维主成分分布图效果较为理想，但是不同茶叶的主成分分布图样本之间却有一定重叠，因此需要进一步模式识别方法将其区分开。

采用 KNN 模型识别茶底和茶水特征变量融合的效果最佳。在 PCs=5，*k*=6 时 KNN 模型的识别率最好，训练集和预测集的识别率都达到了 83.33%。表 9-6 为不同主成分因子数和 *k* 值下 KNN 模型对信息融合样本的交互验证识别率。

表 9-6　KNN 模型训练和预测的结果

类别	主成分因子数 (PCs)	*k* 值	识别结果			
			样本数		识别率/%	
			训练集	预测集	训练集	预测集
茶底	1	9	40	20	83.33	72.22
茶水	6	3	40	20	80.95	77.78
茶底和茶水	5	6	40	20	83.33	83.33

参 考 文 献

[1] 陈哲. 基于电子鼻技术的碧螺春茶品质检测研究. 镇江: 江苏大学, 2012.

[2] 程武, 陈全胜, 郭志明, 等. 基于 Android 系统的水果内部品质近红外光谱无损检测软件 V1.0. 登记号: 2018SR909995.

[3] 程武. 樱桃番茄内部品质近红外光谱检测方法研究及便携式装置研发. 镇江: 江苏大学, 2019.

[4] 林颢, 王卓, 陈全胜, 等. 基于色敏传感器结合光谱技术的大米储藏期鉴别. 农业机械学报, 2019, 50(6): 359-364.

[5] 林颢. 基于敲击振动、机器视觉和近红外光谱的禽蛋品质无损检测研究. 镇江: 江苏大学, 2010.

[6] 孙力, 蔡健荣, 林颢, 等. 基于声学特性的禽蛋裂纹实时在线检测系统. 农业机械学报, 2011, 42(5): 183-186.

[7] 孙力. 禽蛋品质在线智能化检测关键技术研究. 镇江: 江苏大学, 2013.

[8] Lin H, Zhao J, Sun L, et al. Freshness measurement of eggs using near infrared (NIR) spectroscopy and multivariate data analysis. Innovative Food Science & Emerging Technologies, 2011, 12(2): 182-186.

[9] Lin H, Zhao J W, Chen Q. Eggshell crack detection based on acoustic impulse response combined with kernel independent component analysis and back propagation neural network.

Intelligent Automation and Soft Computing, 2010, 16(6): 1043-1050.

[10] Lin H, Zhao J W, Chen Q S, et al. Eggshell crack detection based on acoustic response and support vector data description algorithm. European Food Research and Technology, 2009, 230: 95-100.

[11] Lin H, Zhao J W, Chen Q S, et al. Eggshell Crack Detection Based on Acoustic Impulse Response and Supervised Pattern Recognition. Czech Journal of Food Sciences, 2009, 27(6): 393-402.

[12] Sun L, Bi X K, Lin H, et al. On-line detection of eggshell crack based on acoustic resonance analysis. Journal of Food Engineering, 2013, 116 (1): 240-245.

[13] Sheng R, Cheng W, Li H, et al. Model development for soluble solids and lycopene contents of cherry tomato at different temperatures using near-infrared spectroscopy. Postharvest Biology and Technology, 2019, 156: 110952.

第 10 章　食品加工过程品质在线智能监控装备

农产品、食品在收储后，通常经过在初加工产地商品化处理或进一步的加工处理后出售。随着信息技术、自动化技术和智能化技术等在农产品流通领域的渗透，农产品初加工检测技术和成套分级装备也日趋成熟，特别是在农产品的清洁、分级、包装、干燥、畜禽屠宰、冷藏保鲜等众多环节已有成熟的技术和加工装备，从而实现在产地的农产品商品化、集约化处理，提高了农产品的产品附加值，增强了农产品的市场竞争力。此外，在食品的加工过程各个程序中，一些重要的物理和化学指标在不断地变化，是需要不断监控的，很多的工艺步骤也需要根据这些指标的变化而进行适当调整。然而，由于原料品种差异、加工的季节、环境条件等诸多因素的影响，食品在加工过程的不同批次之间总是存在着种种差异。在储存期间，又受到储存条件(容器、温差、湿度、通风)和储存时间的影响，也使其品质发生一些变化，如挥发性物质的变化。因此，为了保证食品加工过程中不同生产批次质量的一致性，需要对其加工过程中的一些重要指标进行实时监控。因此，本章根据主要食品加工过程中面临的品质控制问题，结合一些具有代表性的应用案例，分别具体阐述了农产品初加工、固态发酵食品加工、乳制品和肉制品加工过程中的在线监控技术应用情况。

10.1　食品加工过程在线智能监控概述

我国农产品在线初加工系统建立得相对较晚，目前，已建立起较为成熟的初加工检测分级体系，商品化处理的农产品主要集中在禽蛋、果蔬类农产品及粮油类农产品。

禽蛋品质可分为外部品质与内部品质，其中，外部品质主要包括禽蛋外形尺寸、蛋壳品质、蛋壳颜色、蛋壳表面洁净程度及禽蛋质量等；内部品质主要包括禽蛋新鲜度、血斑与肉斑等。禽蛋品质检测分级标准中，主要有欧盟标准、美国标准和日本标准三大标准，根据禽蛋的外形尺寸、质量、蛋壳表面缺陷(裂纹、污斑面积)、蛋壳颜色、血斑及肉斑等指标进行分级，如美国禽蛋品质分级标准中，根据禽蛋蛋壳、蛋白、蛋黄、气室、胚胎等指标进行分级，将合格禽蛋分为 AA、A、B 三级，不合格禽蛋列为 C 级。我国鲜蛋的卫生标准主要对鲜蛋的感官指标、理化指标等作出了要求，对蛋壳、蛋白、蛋黄、异物、哈夫单位、质量等作了规定。在禽蛋初加工检测分级的过程中，主要通过机器视觉技术等对禽蛋的外观品质进行检测分级，通过振动力学分析方法等对禽蛋的裂纹和蛋壳硬度等结构刚度进行检测分级，通过近红外光谱技术等对禽蛋新鲜度等内部品质进行快速检测，建立光、声、电传输特性与其内外品质指标的相关模型，实现禽蛋初加工的快速检测和分级。

果蔬类农产品在采摘收购后，通常会进行一系列的初加工商品化处理和分级。商品化处理包括对水果快速称重、大小分级、颜色分级、成熟度的判别、可溶性固形物(如糖度)的无损检测、硬度检测及质量分级等。在水果的初加工检测分级过程中，通常利用光、声等信号在对水果外观特征的投影或在其组织中的传输，利用机器视觉技术、近红外光谱技术[1]、压力传感器信号分析技术对水果内外品质进行快速检测，建立光、声传输特性与其内外品质指标的相关模型，实现水果初加工的快速检测和分级。

收获后的小麦、稻谷、玉米等农产品含水量较高，不利于保持其品质，因此刚收获的粮油农产品需要立即进行干燥降水。高温热风干燥是应用最为广泛的干燥方式，干燥过程中的各种控制条件对粮油农产品的品质有不同的影响，包括水分含量、爆腰率、整精米率、脂肪酸值、发芽率等，如升温过快、干燥时间过长等会引起爆腰率和脂肪酸值升高、发芽率降低、水分含量过低，也会增加干燥成本。因此在干燥过程中要监测温度、农产品的水分等，以尽可能保证干燥过程的科学设计与操作，最大限度地保持粮油农产品的原有品质。利用近红外光谱法、微波吸收法、直流电阻率法与电容法等可进行粮油农产品的快速检测，其中近红外光谱法更适合于干燥过程中的在线监测。近红外光谱技术利用水分子可以吸收一定频率红外光的原理进行检测，已经在中国、美国、加拿大的谷物快速检测中推广应用。

风味食品(如酒、醋等)在固态发酵过程中会经过一系列的成分变化，风味食品加工过程中的成分监控对其质量安全保障有重要意义。酒类食品一般以稻米、黍米等为主要原料，经蒸煮、加曲、糖化、发酵、压榨、过滤、煎酒(杀菌)、储存、勾兑等工艺而成。以黄酒为例，黄酒的酿造是边糖化边发酵的过程，其中各种酶系对原料的缓慢液化、糖化，酵母发酵糖转化为酒精和少量有机酸，同时，乳酸杆菌发酵糖转化为有机酸，并伴随蛋白质和脂类的分解，是一个复杂的生物化学变化过程。发酵醪中总糖、酒精度、酸度等含量的变化，以及温度、氧气等环境因素，反映了黄酒的整个发酵过程的动态变化。在黄酒发酵的过程中，一些重要的物理和化学指标是需要不断监控的，通过机器视觉技术、近红外光谱技术以及仿生传感技术，可对黄酒发酵过程的理化、风味指标等进行监控，从而可优化工艺，保障酿造黄酒的品质。根据发酵方式的不同，可将醋的发酵工艺分为固态发酵和液态发酵两类。固态发酵工艺是由多菌种共同参与发酵的工艺，它也是我国传统的酿醋方法。固态发酵的食醋一般以糯米、高粱等为主要原料，经过酒精发酵，即将食醋的原料经过蒸煮，先使淀粉糊化；随后在糖化酶的作用下，使得糊化的淀粉分解成葡萄糖，然后葡萄糖在酵母菌发酵的作用下生成酒精，为醋酸发酵提供前体物质；而后进行醋酸发酵，醋酸发酵主要靠醋酸菌的作用将乙醇氧化成醋酸，再进行封醅和淋醋，即可获得成品食醋。在食醋的酿造过程中，酒精和醋酸均易挥发，如若管理不当，则会造成酒醋损失。而且当酒精耗尽后，醋酸菌会将醋酸进一步氧化成二氧化碳和水，造成食醋产量下降。通过近红外光谱技术、色敏成像技术等可对食醋发酵过程中的成分变化以及挥发性物质进行智能监控，保障酿造食醋的品质。

茶叶加工过程中需要经过多道工序，对其加工过程中的品质变化进行实时在线监测，对于保证产品质量和稳定性，降低劳动力成本和生产能耗，提高茶叶加工过程的自动化和智能化水平有重要作用。以红茶为例，红茶是以合适的茶鲜叶为底料，经萎凋、揉切(捻)、发酵、烘焙等传统工序制作而成的发酵茶，并具有特殊的色、香、味等品质特色。发酵是生产红茶中关键的一步。随着发酵的延续，破损的叶片表面或内部将在大量活性酶的参与下发生各种生化反应，产生新的功能性物质，并导致叶片外部色泽发生显著的变化，逐步由青绿、黄绿、红黄、红到暗红这一趋势渐变。其实质是液泡中叶绿素成分的分解，以及茶多酚等成分被氧化为茶黄素(theaflavins, TFs)和茶红素(thearubigins, TRs)等呈色物质。传统红茶加工企业对发酵程度的判断主要依靠有经验的制茶师傅，通过观察叶面色泽变化，进行粗略的感性判断。此法尽管操作简单、有效，但是判断结果易受环境因素干扰，随机误差大，导致成品红茶品质难以保证，不适宜工业在线批量生产。利用机器视觉法和分光光谱测色法检测茶叶发酵过程中的颜色成分变化，对其质量安全的控制有重要意义。

畜禽肉通常作为主要原材料加工制作成各种各样的肉制品，如香肠、腌腊肉等。传统香肠的发酵制作主要包括 3 个阶段，即准备阶段、发酵阶段和成熟阶段，准备阶段的关键步骤是控制制作香肠用的瘦肉 pH 较低(5.4～5.8)和确保肥肉部分尽可能多选用猪背膘等结实性强的肥肉，且绞制肉及灌肠的环境温度控制在较低温度；发酵阶段主要使乳酸菌在适宜的温湿度下迅速繁殖、分解碳化水合物产生乳酸，使 pH 下降、蛋白质凝胶产生；成熟阶段中蛋白质凝胶被酶解，通过糖酵解反应、蛋白质水解反应、氧化脱氨基反应、转氨基作用等使有机醛类、酯类、酮类、氨基酸、小肽等物质增加，形成香肠的特殊风味。综上，香肠的制作过程伴随着 pH、蛋白质、脂肪酸、氨基酸等物质的变化，因此，可根据这些物质对近红外-可见光光谱的吸收特征，利用近红外-可见光高光谱等技术对加工过程中的有机物质种类和含量进行实时监测[2]。

乳制品富含蛋白质和人体必需氨基酸，深受消费者欢迎，如酸奶、纯奶液体乳类及多种乳粉。以酸奶为例，首先对原料乳进行净乳去杂、标准化处理等，并使其固形物含量为 12.0%～12.5%、脂肪和蛋白质含量为 3.0%～3.5%；然后发酵生产，包括混料、脱气均质、杀菌、冷却、添加发酵菌、发酵、破乳和冷却，发酵过程中蛋白质、脂肪和乳糖分别水解和分解，蛋白质被逐步分解为多肽类物质和氨基酸，脂肪被水解为甘油和脂肪酸，乳糖被发酵菌代谢转换为果糖和丙酮酸、乳酸；然后是无菌罐装、产品冷却和储藏运输。这个生产过程中氨基酸含量、脂肪酸含量、乳酸含量、酸度、香味、黏稠度等品质和物理性状均是重要的生产监测指标，通过光谱技术、电子鼻技术、机器视觉技术等可以对这些工艺生产中的指标进行快速检测。

10.2　食品加工过程在线智能监控装备

10.2.1　基于近红外光谱技术的农产品在线监测装备

近红外技术是使用极为广泛的技术之一。波长为 0.78～2.5μm 的红外线称为近红外线。所谓近红外分光分析法，就是基于样品内所含各种成分的分子结构在近红外区域的吸收现象，利用多元回归分析等统计方法及计算机技术，进行成分、理化特性分析的方法。其原理是当近红外线照射到样品时，一部分被反射，一部分被吸收，检测与成分相关的特定的吸收波长，就可算出成分含量。例如，日本三井金属矿业公司20世纪80年代末就开发出了柑橘糖酸度无损伤在线监测装置，主要由光源、光学传感器、数据处理三大部分组成。利用该装置，在柑橘不受任何破坏的情况下，即可获得糖酸度值。装置示意图如图 10-1 所示。

图 10-1　柑橘糖酸度近红外在线监测装置示意图

利用近红外搭建的老陈醋在线监测装置主要由近红外监测箱体、近红外光谱仪、光源、蠕动泵、光纤、软管、西门子 PLC、施耐德继电器、金属开关、微型电磁阀、三通接头、冲洗水箱、蓄水池、废液池、电源插板和电脑共同组成。其中，光谱仪选择的是国产的 MAX2000-Pro，所用光源为 HL2000 型号多用途卤素灯光源。大功率卤素灯光源采用了高品质的光谱测量专用卤素灯泡，具有输出功率大、功率稳定和寿命长的特点，使用 220V 交流供电，灯泡功率为 10W。实验所用的蠕动泵为卡川尔流体科技(上海)有限公司生产的智能蠕动泵，采用高精度步进电机，额定电压 220V，最大功率为 75W，吸程大于 2m，扬程大于 2m，转速范围 1～300r/min，流量范围 0～1300mL/min，可选连续模式与分配模式。光谱检测区域由光谱仪、卤素灯光源、蠕动泵、光源支架、流通池和光纤组成。采集时老陈醋样本从样品池中由蠕动泵作用从流通池下端进入流通池，待样品在流通池中稳定后，光谱仪开始采集光谱，然后传输给 PC 端。

检测控制区包括蠕动泵、PLC、电磁阀、继电器、三通管、软管及系统开关。系统开关可以控制自动控制系统，当主机系统出现不可操控的故障时，即可以通过系统开关手动操控关闭自动检测系统。当系统开始运行时，PLC 会进入 STEP0，光谱仪设备启动并预热 20min；预热结束 PLC 进入 STEP1，进醋阀和排液阀打开、蠕动泵以 0.1L/min 的流量向流通池泵送待检测液体，执行 30s(充满流通池)；进样结束后进入 STEP2，关闭进醋阀、排液阀和蠕动泵，开始检测，为期 30s；检测完毕进入 STEP3，打开冲水阀、排液阀和蠕动泵，执行冲洗，为期 15s；冲洗完毕再次进入 STEP1 开始循环。系统软件组成如图 10-2 所示。

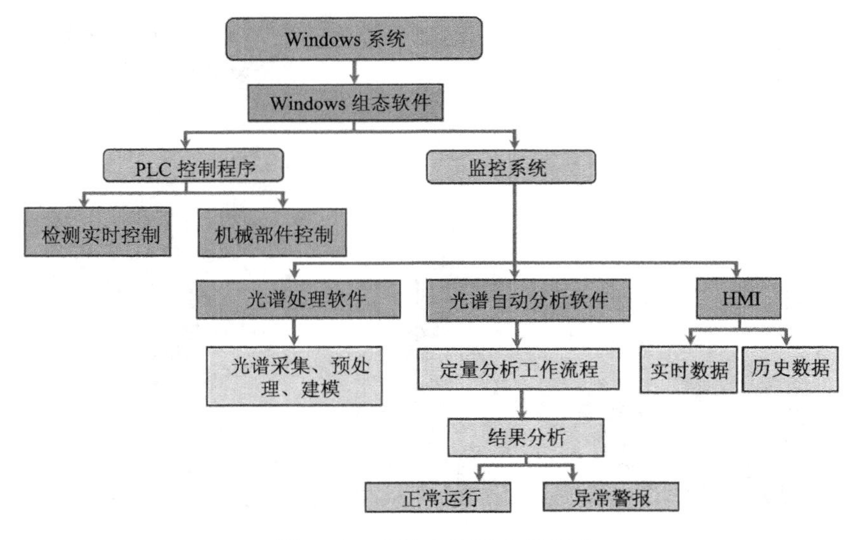

图 10-2　系统软件组成示意图

10.2.2　基于电子鼻的农产品在线监测装备

电子鼻对果蔬加热干燥的气味在线监测装置主要包括石英晶体振荡器电子鼻、冷凝器、控制电路、微波炉、特氟龙容器和储气罐等。具体装置流程图如图 10-3 所示。特氟龙容器盖上有 3 个孔，1 个孔用于插入温度传感器对加热干燥的果蔬测温，另外 2 个小孔分别用于导入压缩空气以及导出果蔬加热时散发的气体，导出的气体经冷凝气体滤去水分，通入电子鼻进行气味检测，得到的气味信号数据经 RS-232 输入计算机。其中，电子鼻为一种典型的石英晶体振荡器电子鼻，购自美国 Electronic Sensor Technology 公司(7100 型号)。

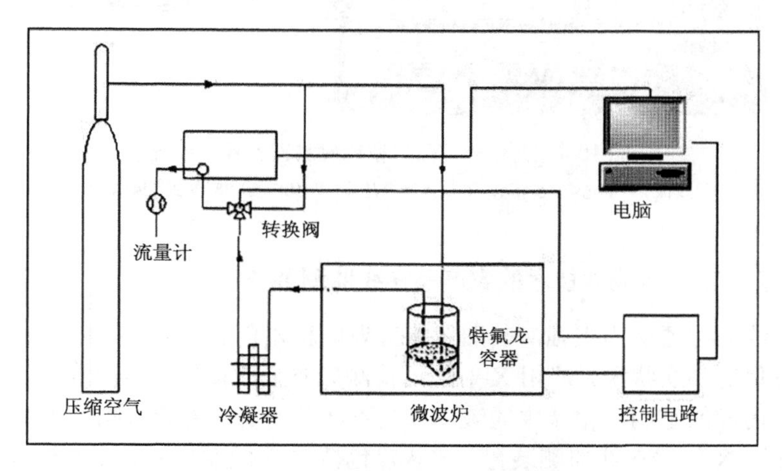

图 10-3　电子鼻在线监测装置流程图

10.2.3　基于机器视觉的农产品在线监测装备

鉴于机器视觉技术对禽蛋品质检测与分级能够有效地排除人为干扰，减小了检测与分级误差，可提高分级精度和生产效率[3]。故针对鸡蛋蛋形指数、质量及蛋壳表面洁净程度等指标，孙力等[4]开发了一套基于机器视觉技术的鸡蛋外形特征检测装置。该装置主要包括相机、计算机、光箱、禽蛋输送线、红外触发装置和 USB 转 I/O 电路，其三维效果图如图 10-4 所示。禽蛋输送线带动禽蛋滚动前进，当禽蛋经过检测工位时，红外触发装置发出高电平信号至计算机，通过视觉系统软件触发摄像机拍摄禽蛋图像，并提取所需特征参数。采用计算机主频为 2.20GHz；相机型号为美国 Lumenera 公司 LU075C，镜头产自日本 Computar 公司，焦距为 8mm，曝光时间设置为 7ms，所采集的图像大小为 640 像素×480 像素；红外光电开关采用德国巨龙集团生产的对射式光电开关，型号为 OA-D3224PA；

采用了商业版的 USB 接口 8 路数字 I/O 输入/输出模块，其主芯片型号为 CH341。

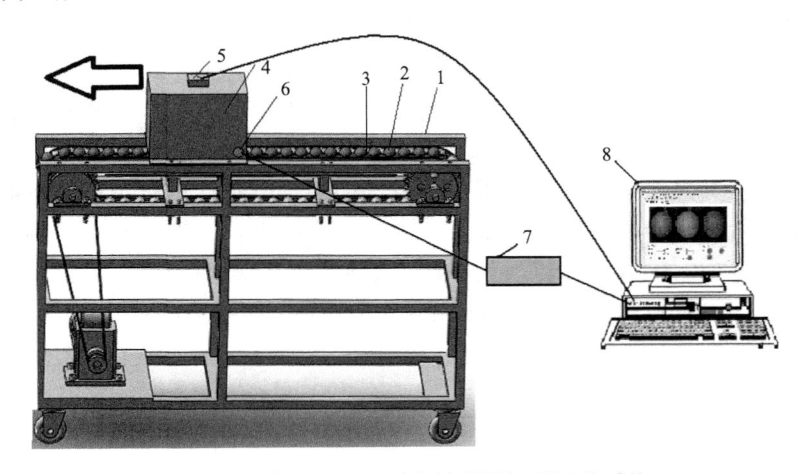

图 10-4　禽蛋外部品质在线检测机器视觉系统

1-机架；2-鸡蛋；3-尼龙辊子；4-光箱；5-相机；6-红外光电开关；7-USB 接口 8 路数字 I/O 输入/输出模块；8-计算机

10.2.4　基于 X 射线成像技术的农产品在线监测装备

X 射线的穿透能力很强，其图像能直观地反映食品及农产品内部的缺陷、结构组织变化等品质状况。应用 X 射线可检测如苹果的损伤、腐烂及水心病，马铃薯、西瓜内部的空洞，柑橘中的皱皮以及农产品的病虫害等缺陷。因此，基于 X 射线搭建了 X 射线在线监测装置，该装置包括 X 射线发生器、X 射线探测器、机械传动装置、防护装置、图像采集卡、计算机、图像采集及处理软件等几部分组成。X 射线成像检测实验装置如图 10-5 所示。

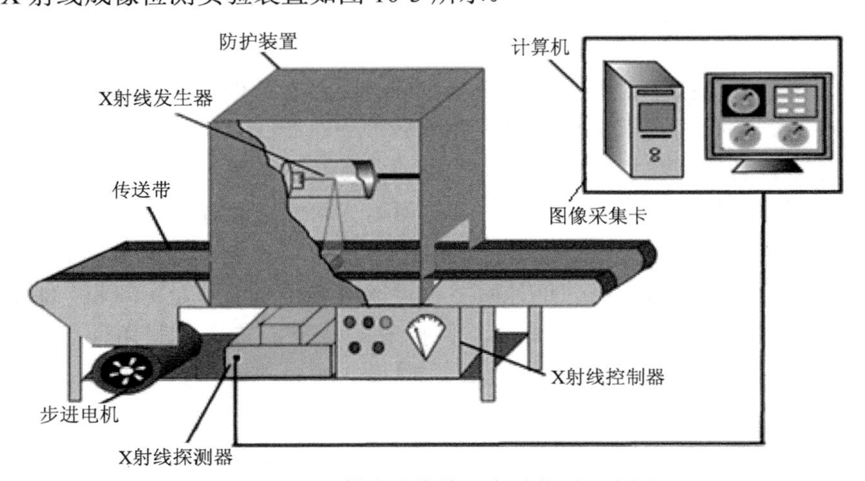

图 10-5　X 射线成像检测实验装置示意图

其中，①X 射线发生器主要用来产生和控制检测样品所需的能量，其由高压发生器、X 射线管、X 射线控制器这几部分组成。其中，X 射线管是 X 射线源的核心，其基本结构是一个高真空度的二极管，由阴极、阳极和保持高度真空的玻璃外壳构成。②X 射线探测器，主要用来接收穿透被检样品的 X 射线，通过荧光屏将接收到的 X 射线转换成可见光，探测器单元中的感光二极管受到可见光的照射会产生电压信号，该信号经过集成电路(ASIC)的处理变成数字信号并传送至计算机。③图像采集卡主控计算机的主板 PCI 插槽，通过 PCI 总线与主控计算机通信。④射线防护装置部分经过理论计算，必须完全符合国家最新颁布的射线防护标准。除待检样品进出口部分，其余均采用 3mm 复合铅板作为内衬防护材料，支架部分采用 2mm 钢板。⑤机械传动装置部分包括传送带、变频三相异步电机、变频器三部分，一般农产品的在线监测采用辊式和带式这两种传送方式。而对于 X 射线稳定成像的要求，故采用带式传送方式。电机带动皮带运动，传送速度由变频器控制，传送带采用食品级包装塑料作为样品接触面。⑥触发器，这里使用的是日本 Omron 公司生产的 E3X-DA11-N 数字光纤放大器，它是对射型光纤放大器，如果检测物体进入投光器和受光器之间遮蔽了光线，进入受光器的光量将减少，根据这种原理检测待测物体有没有输入到当前位置。

10.2.5　基于声学技术的农产品在线监测装备

禽蛋裂纹在线检测系统机械结构示意图如图 10-6 和图 10-7 所示，主要包括：电机、禽蛋输送机构、电源模块、激励机构阵列、控制及信号采集硬件系统及其相关传感器。其中输送链由一个功率为 180W 的电机驱动，其型号为 OTG-61K180RGN-CF。输送链前进速度最快可达到约 6 个/s。组成输送机构的支撑辊

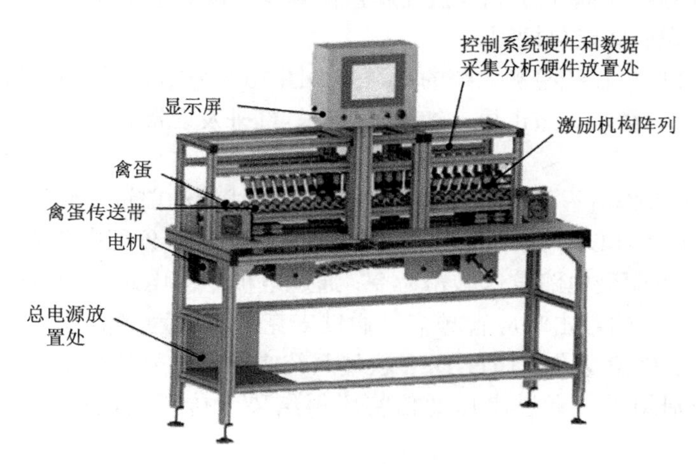

图 10-6　禽蛋裂纹在线检测系统机械结构示意图

图 10-7　禽蛋蛋壳质量检测系统实物图

轮在前进的同时进行滚动，从而带动放置在 2 个辊轮中间的禽蛋的滚动。激励机构阵列由 24 个完全相同的激励机构组成，沿输送链运行方向，激励机构的间距与相邻辊轮轴距相同。24 个激励机构根据敲击方向的不同分成 3 组，每组 8 个。

禽蛋裂纹在线检测硬件系统主要包括控制系统和信号采集分析系统，其中控制系统包括总控制电路、24 个激励机构的驱动电路及各传感器，包括光电开关、接近开关、编码器、位移传感器。其主要功能是通过传感器检测禽蛋位置、禽蛋有无、禽蛋的大小等重要参数，通过精准地控制激励机构使得装置能够依据每个禽蛋的大小做出合适的敲击动作。

一套基于敲击振动响应信号分析的鸡蛋蛋壳质量在线检测系统，可以完成对受检鸡蛋的自动敲击、信号采集与处理；研究还分析了鸡蛋蛋壳质量在线检测中的各种影响因素，并建立了鸡蛋蛋壳质量检测模型，实现对鸡蛋蛋壳质量(蛋壳裂纹及强度)的在线智能化检测。

禽蛋蛋壳质量在线检测系统的示意图如图 10-8 所示。系统由支持滚轮、链条、工程塑料平台、禽蛋、敲击棒、红外接收器、红外发射器、麦克风、DSP 及计算机等组成。

系统主要操作流程如下：首先禽蛋随着生产线滚动前进，到达敲击工位时，红外光电开关会向 DSP 发出触发命令。之后，DSP 进入外部中断服务程序，通过 GPIO 口向电机驱动电路发送敲击命令，通过电机驱动电路驱动电磁铁执行敲击动作，敲击产生的敲击响应音频信号通过麦克风转化为电信号。该信号经信号调理电路后由 DSP 采集，通过 DSP 软件系统实现对信号的分析与处理，并计算出相应的判别结果。通过串口通信将所得结果上传至上位机显示，实现人机互动。

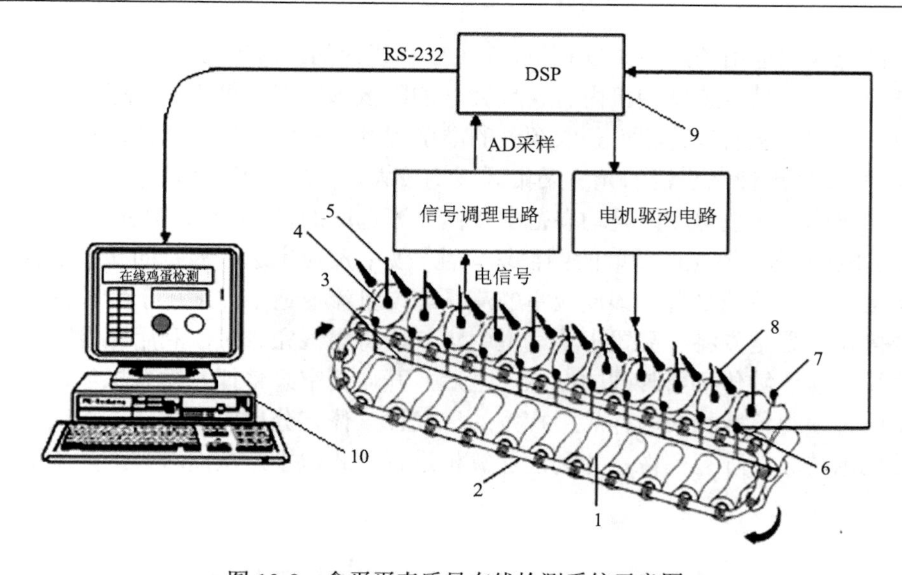

图 10-8　禽蛋蛋壳质量在线检测系统示意图

1-支持滚轮；2-链条；3-工程塑料平台；4-禽蛋；5-敲击棒；6-红外接收器；7-红外发射器；8-麦克风；9-DSP；10-计算机

10.2.6　基于气味成像化技术的农产品在线监测装备

气味成像化技术是一种基于仿生传感器的检测技术。工作时，气味传感器相当于生物体的嗅细胞，其会对待测气体进行吸附。通过传感器阵列中每个传感器对不同的气体的灵敏度不同，从而产生不同的响应信号，借助于模式识别方法，最终实现气体的分析。便携式色敏传感器系统[5,6]主要由集气室、真空泵、相机、光源、反应室、色敏传感器阵列以及计算机组成，图 10-9 是便携式气味传感器系统的示意图。

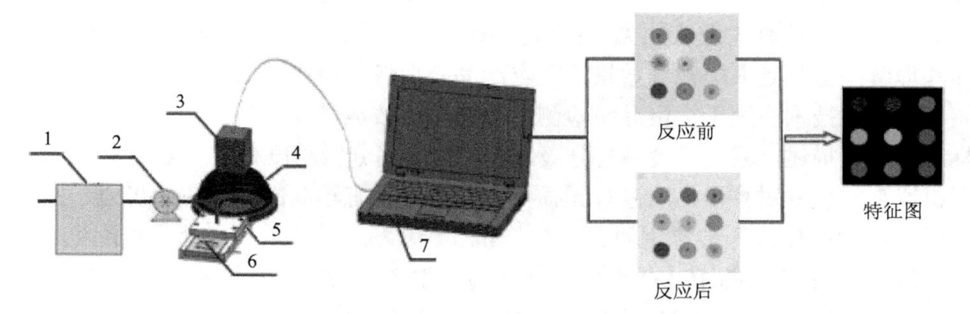

图 10-9　便携式气味传感器系统示意图

1-集气室；2-真空泵；3-相机；4-光源；5-反应室；6-色敏传感器阵列；7-计算机

图像获取选用的是3CCD相机，3CCD相机内的三棱镜可将光源分为红、绿、蓝三原色光，且3CCD相机内有3块独立的影像感应器，可将红、绿、蓝三原色光单独处理，从而改善相机获取颜色的准确程度及影像质量。此外，3CCD相机的3块CCD影像感应器的光线采集区域均较大，使得3CCD相机与CCD相机相比，信噪比高、敏感度好且动态范围宽；光源选取的是OPT-RID150型积分球漫反射LED光源，该光源获取的图像均匀性较好；反应室选取的是面状接触反应气室来搭建最终系统平台，该反应室的流场均匀且流速适中，适用于实验操作。其主要操作步骤是先将样品置于集气室中集气，待集气完成时，利用图像获取装置采集反应前色敏传感器阵列的图像。之后，开启真空泵将挥发性有机气体送入反应室中，使得色敏材料与样品中挥发的挥发性气体充分反应。之后，再获取反应后的色敏传感器阵列图像，并利用计算机进行模式识别，从而对被测样本进行分析。

10.3　农产品初加工在线检测分级的应用案例

农产品收购后，通常需要对其进行简单的初加工处理，包括农产品的清洁、分级、包装、干燥等。畜禽屠宰、冷藏保鲜等众多环节已有成熟的技术和加工装备，无损检测技术可在线对农产品的大小、颜色、缺陷等品质进行检测分级，从而实现在产地的农产品商品化、集约化处理，提高了农产品的产品附加值，增强了农产品的市场竞争力。目前，已建立起较为成熟的初加工检测分级，商品化处理的农产品主要集中在禽蛋、果蔬类农产品。

10.3.1　禽蛋初加工过程中的智能化监控分级

禽蛋的长轴、短轴、蛋形指数、质量及蛋壳表面缺陷等指标是禽蛋品质的重要特征，也是禽蛋分级的一个主要评判指标。而机器视觉技术以其检测速度快、信息量大、功能强大及应用方便等优点得到了广泛应用，其目的是通过电子化感知和理解图像复制人类视觉效果，在农产品外形参数检测中已得到了广泛的应用。将机器视觉技术应用于禽蛋品质检测与分级可有效地排除人为主观干扰，对检测指标进行定量描述，减小了检测与分级误差，可提高分级精度和生产效率。因此，利用机器视觉技术对禽蛋品质进行无损检测与分级具有较高的实际应用价值。

禽蛋智能化检测装置主要包括摄像机、计算机、光箱、禽蛋动态检测生产线、红外触发装置和USB转I/O电路。禽蛋动态生产线带动禽蛋滚动前进，当禽蛋经过红外触发装置工位时发出高电平信号至计算机，通过视觉系统软件触发摄像机拍摄禽蛋图像，并通过数字图像技术对禽蛋图像实时处理，提取所需特征参数。

软件系统主要完成图像的采集、处理、特征的提取及特征数据的存储。软件系统界面如图 10-10 所示，主要有用户登录模块、设备测试模块、图像采集与显示模块、检测参数显示模块以及数据库模块。软件中通过定时器中断函数检测红外信号，当检测到信号为上升沿时，即鸡蛋刚进入红外光电开关范围，通过软件触发方式开启相机进行图像采集，并通过数字图像处理方法提取禽蛋的外部特征，利用数据库将特征参数存储，便于查阅分析。

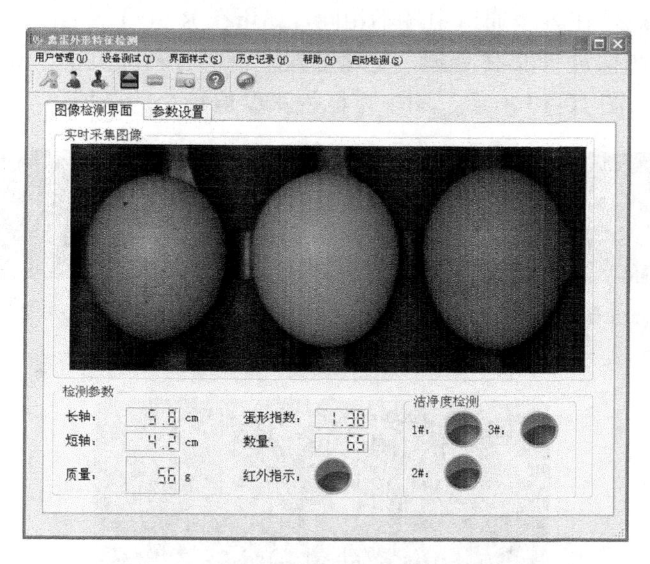

图 10-10 鸡蛋外形参数在线检测软件系统界面

开始采集图像之前，首先开启暗箱中的光照设备，调节 CCD 摄像机的光圈、焦距到合适设置，使得鸡蛋样本图像能被清晰地捕获，并将图像传送至上位机。该系统中选用 Halcon 函数采集仅需 48ms，所采集图像颜色格式为 RGB、3 通道 8 位的彩色图像。从 CCD 摄像机采集得到的鸡蛋图像如图 10-11 所示。

(a) 原始图像 1

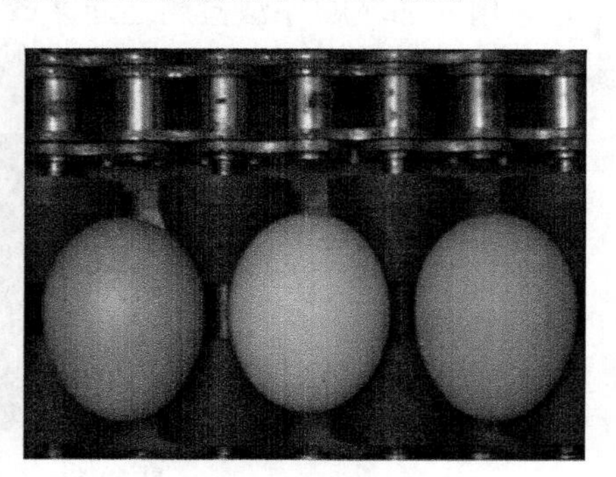

(b) 原始图像 2

图 10-11 采集的鸡蛋图像

为了节省图像处理的时间，在进行图像分割之前先对感兴趣区域进行提取，该系统中鸡蛋位置比较稳定，感兴趣区域设置为矩形区域。阈值分割是一种常用的图像分割方法，处理过程简单省时，而该系统中图像较为稳定的采集环境为采用固定阈值分割方法提供了前提条件。分别提取图像的 R、G、B 3 个通道下的图像，如图 10-12 所示。由图可发现，黑色辊子和金属亮斑在三个通道中均表现得比较稳定，而鸡蛋在各个通道中各不相同，鸡蛋在 R 分量下最白，而在 B 分量下最暗，因此对图像进行 R-B 处理，处理过程中将所有灰度值小于 0 的像素点赋值为 0。其结果如图 10-13 所示，图中方框为灰度值较小的区域。

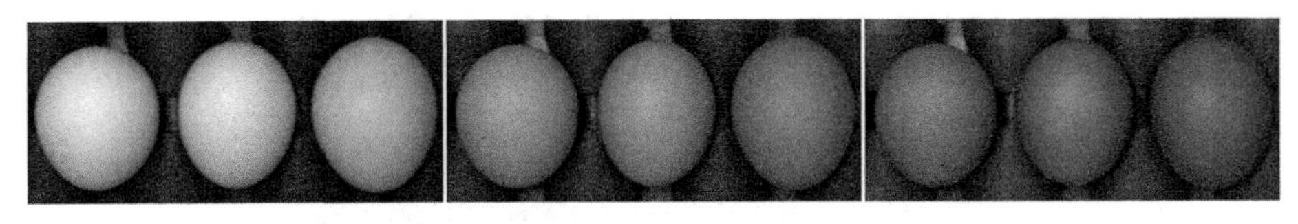

(a) R 分量图像　　(b) G 分量图像　　(c) B 分量图像

图 10-12　鸡蛋图像的 RGB 分量

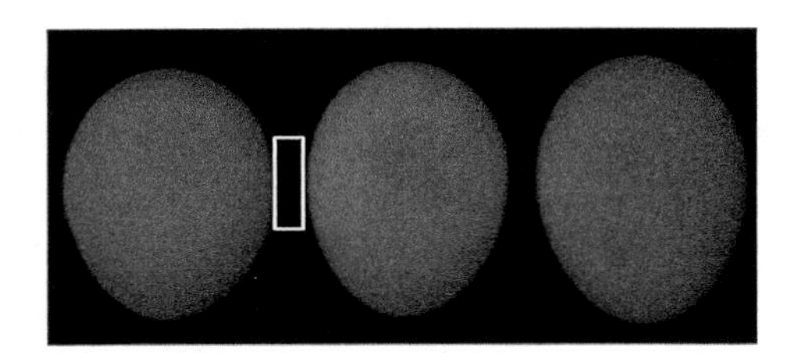

图 10-13　鸡蛋图像的 R-B 图像

经过大量图像的验证及鸡蛋边缘区域完整性的考虑，该检测系统将阈值设置为 25。但还存在小部分大于阈值的点且都位于滚轮金属部位，与鸡蛋边缘不存在连接，采用四邻域顺序法检测连通区域，并通过面积阈值去除噪声小区域，分割结果如图 10-14 所示。

图 10-14　分割的鸡蛋图像

1. 鸡蛋尺寸的检测

鸡蛋在进入图像检测工位时基本处于稳定状态，且其长轴与水平方向的夹角约为 90°；由于椭圆拟合的原理主要是将轮廓点到椭圆的距离最小化，而在椭圆上确定与每个轮廓点最接近的点需要找到四次多项式的根，该方法计算较为复杂耗时；进一步比较拟合椭圆与平行于坐标轴的外接矩形(以下简称为矩形法，如图 10-15 所示)两种方法对鸡蛋尺寸检测的准确性及鲁棒性。按照这两种方法分别计算得到 159 枚鸡蛋实验样本的长轴与短轴像素尺寸，用于建模的鸡蛋尺寸参考值均使用数显游标卡尺实测得到，随机选择 106 个鸡蛋用于建立线性模型，剩余 53 个作为预测集用于验证模型，训练集与预测集中长、短轴参数如表 10-1 所示。

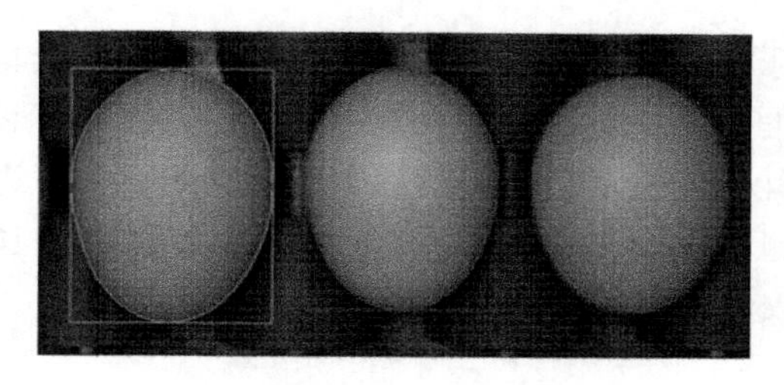

图 10-15　矩形法示例图

表 10-1　样本长、短轴尺寸参数

样本	样本数	长轴/mm			短轴/mm		
		范围	平均值	标准差	范围	平均值	标准差
训练集	106	52.28～64.51	58.0214	2.4896	39.72～47.07	43.8869	1.2947
预测集	53	52.95～62.39	57.7191	2.1772	40.31～46.43	44.0704	1.4707

对鸡蛋参考尺寸与图像处理的像素尺寸建立一元线性回归模型，并通过预测集样本对模型进行验证。回归模型的形式及其回归系数如式(10-1)所示。经 MATLAB 建立的回归模型、相关性和显著性指标值如表 10-2 所示。两种方法提取长、短轴像素值与参考值之间均有较好的相关性；模型 F 值也较大，表明回归模型具有较高的显著性；相对长轴模型，针对短轴建立的模型显著性比较差；拟合椭圆法与矩形法相比，其优势不明显；针对长轴或短轴建立的回归模型的回归系数偏差很小，说明两种方法提取的鸡蛋图像尺寸比较接近。

$$Y=\begin{cases}\alpha+\alpha\cdot X\\ \beta+\beta\cdot X\end{cases} \tag{10-1}$$

式中，X 为图像提取的长轴、短轴的像素尺寸值；Y 为鸡蛋长轴或短轴的参考值，

mm；α,β 为鸡蛋长轴、短纵轴线性回归模型系数。

表 10-2 不同方法下长、短轴模型

检测方法	指标	相关系数 R	RMSECV	F 值	回归模型
拟合椭圆法	长轴	0.9582	0.7103	1165.2886	$Y=0.1995X+10.8237$
	短轴	0.9149	0.5078	533.9422	$Y=0.1731X+12.5835$
矩形法	长轴	0.9584	0.7078	1174.3426	$Y=0.1972X+11.2863$
	短轴	0.9074	0.5285	484.9213	$Y=0.1689X+13.2926$

2. 蛋形指数检测

蛋形指数是用于描述蛋形状的一个参数，其定义为鸡蛋长轴与其短轴之比。蛋形虽不影响鸡蛋的食用价值，但关系到种用价值、孵化率和破蛋率。应用矩形法预测的长、短轴计算的蛋形指数与游标卡尺所测的参考值进行了比较，其参考值与预测值的拟合直线如图 10-16 所示，误差分析参数如表 10-3 所示。绝大部分鸡蛋蛋形指数在 1.25～1.4，整体检测误差较小。

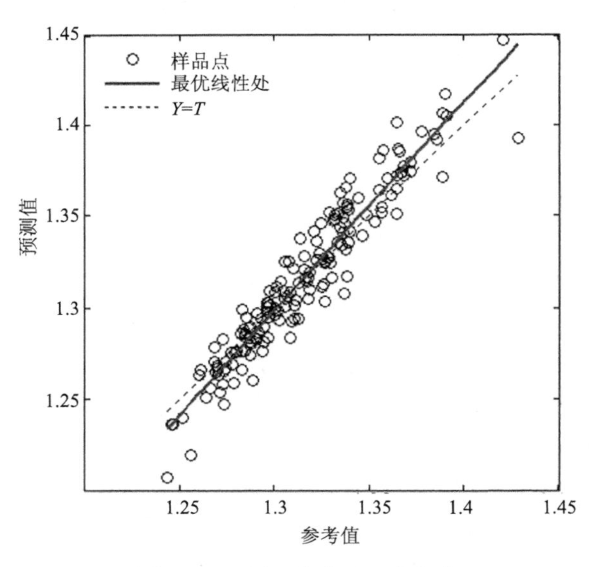

图 10-16 蛋形指数验证数据集

表 10-3 蛋形指数模型误差分析

相关系数 R	RMSEP	误差范围	绝对误差平均值
0.9552	0.0138	–0.0366～0.0371	0.0107

3. 鸡蛋质量检测

鸡蛋的体积可应用鸡蛋的长、短轴进行估算，鸡蛋的体积与其质量值高度相关，根据图像方法测量得到的鸡蛋尺寸值将可以用于预测新鲜鸡蛋的质量。采用盐水法悬浮测量鸡蛋密度，并证明了同品种鸡蛋密度一致性。研究 102 个鸡蛋密度，结果如图 10-17 所示。同批次新鲜鸡蛋密度存在个体差异性，密度分布服从正态分布，且密度分布范围为 1.071～1.087g/cm^3。由于密度分布较为集中，故验证了利用鸡蛋尺寸预测鸡蛋质量具有科学理论基础。

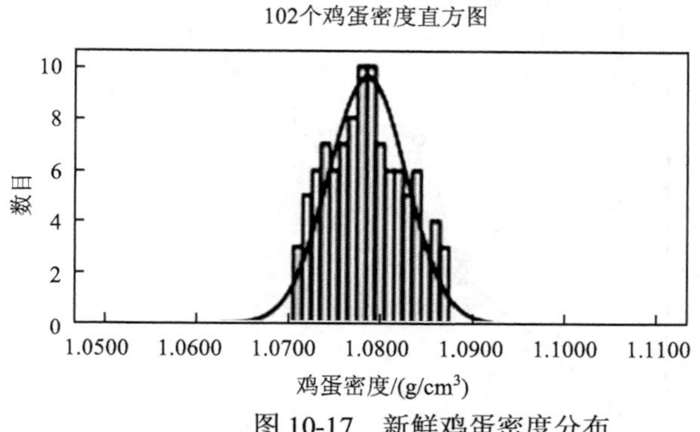

图 10-17　新鲜鸡蛋密度分布

鸡蛋的体积与 LB^2 高度相关，鸡蛋质量的参考值用电子天平实测得到，单位为 g，精度为 0.001g，鸡蛋质量值结果如表 10-4 所示。

表 10-4　样本质量参数

样本	样本数	质量/g		
		范围	平均值	标准差
训练集	106	51.241～76.219	62.8321	5.4026
预测集	53	53.278～73.273	62.4467	4.9388

建模得到鸡蛋质量预测模型的系数，模型表达式如式(10-2)所示。训练集的相关性和显著性指标及预测集相关性和预测精度参数如表 10-5 所示，质量参考值与预测值的拟合直线如图 10-18 所示。模型对于预测集及训练集均具有较好的相关性；模型 F 值也较大，表明回归模型具有较高的显著性；预测绝对误差平均值 1.5042g，能较好地预测鸡蛋的质量；有部分鸡蛋预测误差偏大，数量不多。

$$W = \alpha + \beta L \cdot B^2 = \alpha + \beta(\alpha_1 + \beta_1 L_P) \cdot (\alpha_2 + \beta_2 B_P)^2 \tag{10-2}$$

式中，W 为鸡蛋重量，g；α、β、α_1、β_1、α_2、β_2 为回归模型系数；L 为鸡蛋长轴尺寸，mm；B 为鸡蛋短轴尺寸，mm；L_P 为鸡蛋长轴图像像素尺寸，pixel；

B_P 为鸡蛋短轴图像像素尺寸，pixel。

表 10-5　鸡蛋质量预测模型误差分析

样本	F 值	相关性 R	RMSE	误差范围/g	绝对误差平均值/g
训练集	144.6928	0.9373	1.8738	–4.4589～4.0260	1.5336
预测集	—	0.9187	1.9048	–5.0679～3.1299	1.5042

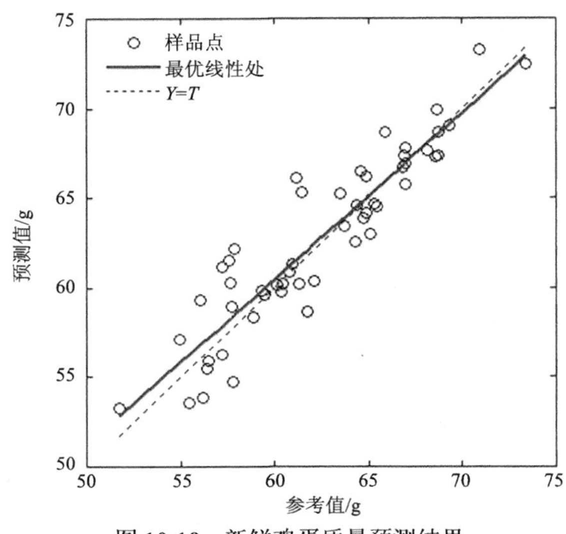

图 10-18　新鲜鸡蛋质量预测结果

4. 鸡蛋表面污渍检测

鸡蛋图像中蛋壳表面的污渍或斑点往往相对于鸡蛋表面亮度比较暗，而且表现为亮度局部不连续，因此将鸡蛋图像从 RGB 彩色空间转换到 HSV 彩色空间。H 表示色彩信息，即所处的光谱颜色的位置；S 表示饱和度，表示所选颜色的纯度和该颜色最大的纯度之间的比率；V 表示色彩的明亮程度。分析其 V 分量图像，带有污渍的鸡蛋图片如图 10-19 所示，污渍识别流程如图 10-20 所示。

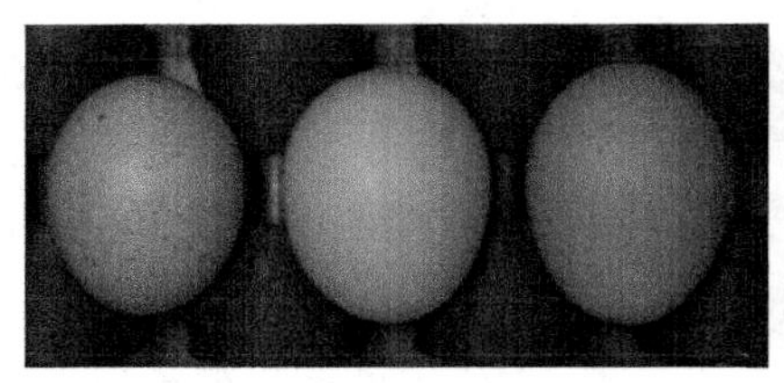

(a) 原始感兴趣区域

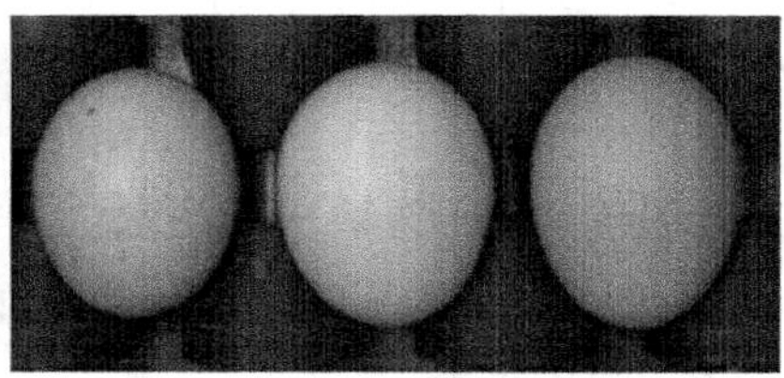

(b) V 分量图像

图 10-19　带污渍的鸡蛋图像

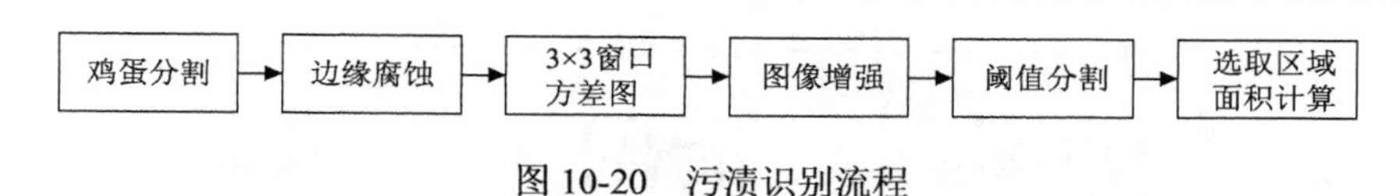

图 10-20　污渍识别流程

图像分割方法分割得到鸡蛋区域，采用了腐蚀算法缩小边缘区域，使得腐蚀后的区域均在鸡蛋内部；为了表征鸡蛋表面的不连续性，针对 V 分量图像下各个像素计算 3×3 窗口中灰度值的方差，形成的方差图中使得表面的污渍区域以较高灰度值表现出来；图像增强方法增强了高频部分的灰度值，以此增强方差图中污渍区域与其他连续区域的对比度；对腐蚀区域中的增强方差图进行阈值分割，并计算提取区域的面积值，当面积大于阈值时将被认定为带有污渍的鸡蛋，识别效果图如图 10-21 所示。智能在线检测系统应用以上算法对试验中的 159 枚鸡蛋进行了验证，对表面无斑点或者污渍的鸡蛋无误识别现象，对试验样本中的 19 枚带有污渍鸡蛋的识别率为 94.74%。

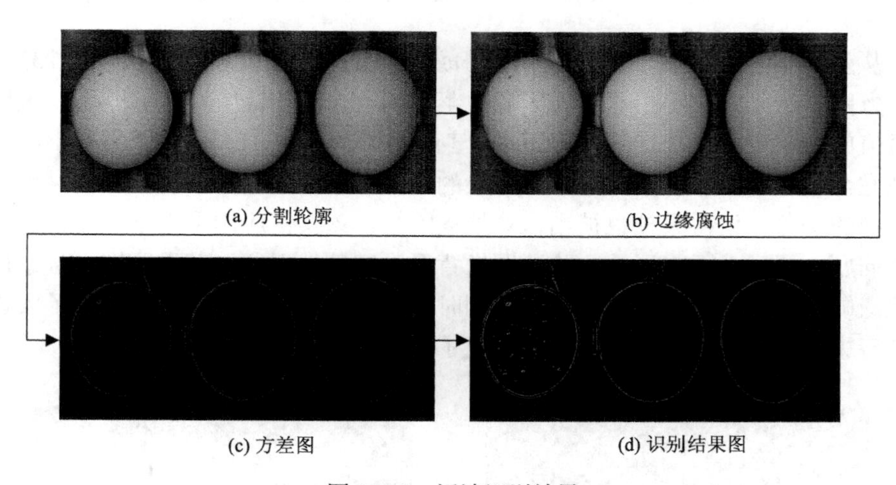

图 10-21　污渍识别效果

10.3.2　苹果在线智能化监控分级

大小、形状、颜色和表面缺陷是苹果外观的主要指标，可见光成像技术是目前国内外普遍采用的快速、无损检测苹果外观的技术。在信息获取过程中，采用一个摄像头通常都难以全面检测到苹果图像外观信息，造成信息遗漏，因此该实例为一种基于三摄像系统的苹果外观检测方法[7,8]。

三摄像系统由 3 个布置在不同部位的相机组成，构成一个小型的局域网，同时获取苹果的 9 幅图像，如图 10-22 所示。

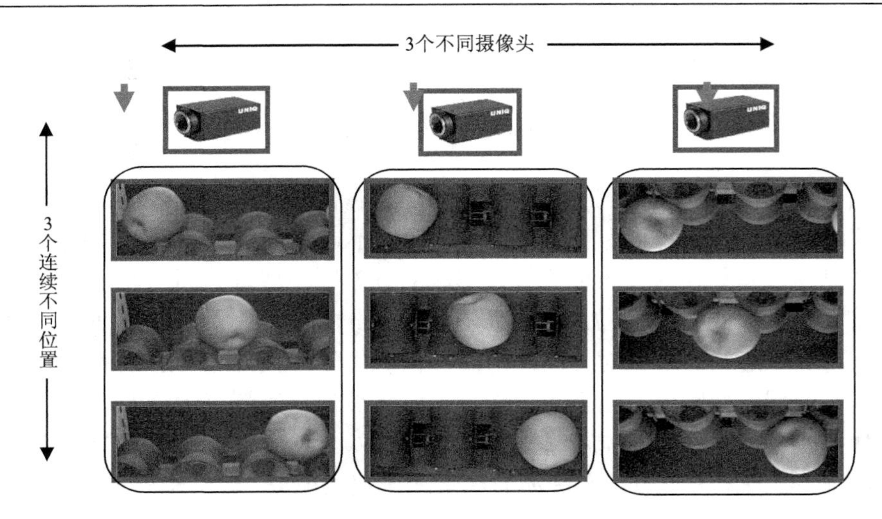

图 10-22　三摄像头在线获取的 1 个苹果 9 幅图像

从生产线拍摄的图像可以简单地分成两部分，即苹果和背景(图 10-23)。通过直方图，可以分析出拍摄到的图像中苹果和背景存在比较鲜明的差别，采用全局阈值的方法可将苹果图像从背景中分割出来[图 10-23(c)]。从图中看出，背景已被完全去除，但发现由于第一个苹果的中心即果梗处存在果锈，几乎呈现和背景一样的颜色，使得果梗也被当作背景去除掉，该实例应用了上下夹逼算法解决这个问题。通过上下夹逼法去除了图像背景，完整地保留了苹果区域，且果梗、果萼或缺陷也不会被当作背景去掉，同时，也有效地消除了噪声，减少了去背景后噪声去除的过程，节省了时间，加快了检测速度。

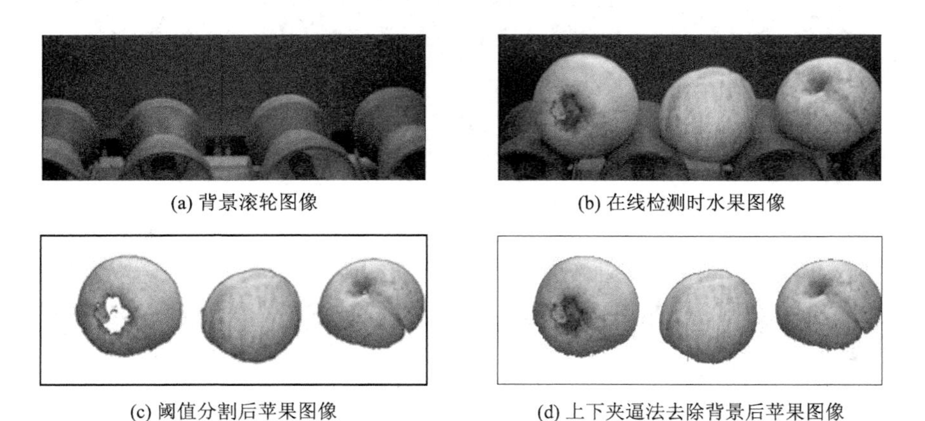

(a) 背景滚轮图像　(b) 在线检测时水果图像

(c) 阈值分割后苹果图像　(d) 上下夹逼法去除背景后苹果图像

图 10-23　苹果图像的获取

大小是苹果外观品质检测中一个重要的指标。为从图像处理中获得最大横断面直径，提取每个苹果 9 幅图像的当量直径，再求这些当量直径的平均值，作为最终的横断面直径值。当量直径是指利用苹果的面积获得近似的直径。把抓拍到的苹果图像看作一个标准圆，当求得其面积 S 时，则其直径便可求得，这个直径就是当量直径，其计算公式为

$$D=2\times\left(S/\pi\right)^{\frac{1}{2}} \tag{10-3}$$

式中，S 为图像中苹果区域的面积；π 为圆周率。S 通过扫描图像统计像素数求得。经过图像的预处理后，背景被赋值为白色，获得了受测苹果的一幅图像。设置一个累计值 sum 统计图像像素，其初始值为 0，开始从子图像的左上角扫描，当像素点的 RGB 值不全为 255 即不为白色背景点而为苹果点时，sum 累加 1；如果像素点的 RGB 值全为 255，该点即为白色背景点，程序直接跳过，检索下一个像素点，直至子图像扫描结束，此时的 sum 即为 S 的大小。求得 S 后，便可利用公式求得当量直径 D。每一个苹果有 9 幅图像，求出这 9 幅图像的苹果当量直径 D_1，D_2，…，D_9，那么该苹果的最终当量直径为 $D=(D_1+D_2+\cdots+D_9)/9$。

在国家标准中，对苹果颜色的规定：具有本品种的色泽，红色品种的鲜艳红色着色比例在一定的范围内，如精品果接近 100%，一级果 90%以上，二级果 70%以上，三级果 60%以上。图 10-24 为不同等级苹果的实拍图像，(a)表示精品果的红色度接近 100%，着色非常均匀，(b)表示着色较均匀的二级果，(c)、(d)为着色不太均匀的三级果和四级果，而(e)的五级果上有明显一块青斑，属着色明显不均匀。色泽不同的苹果色度分布图如图 10-24 所示，(a)表示一级果及其色度分布图，通过统计得到其色度在 359～43，其中在 359～20 之间占 98%，峰值在色度值 10 处；(b)表示二级果及其色度分布图，其色度在 357～44 之间，其中 357～20 占 92%，峰值在 12 处；(c)表示三级果及其色度分布图，其色度在 5～38，其中色度值 5～21 占 60%，其中峰值在 20 处；(d)表示四级果及其色度分布图，其色度在 5～46，其中 5～24 的占 60%，5～25 的占 70%，其峰值在 25 处；(e)表示五级果及其色度分布图，其色度在 11～55，其中在 11～20 只占 0.25%，峰值在色度值 35 处。从以上分析可以看出，不同颜色等级的苹果，其色度直方图的峰值不同，等级越高，其峰值所对应的色度值越小。因此，采用峰值所对应的色度值为阈值能够比较准确区分出苹果的颜色特征。

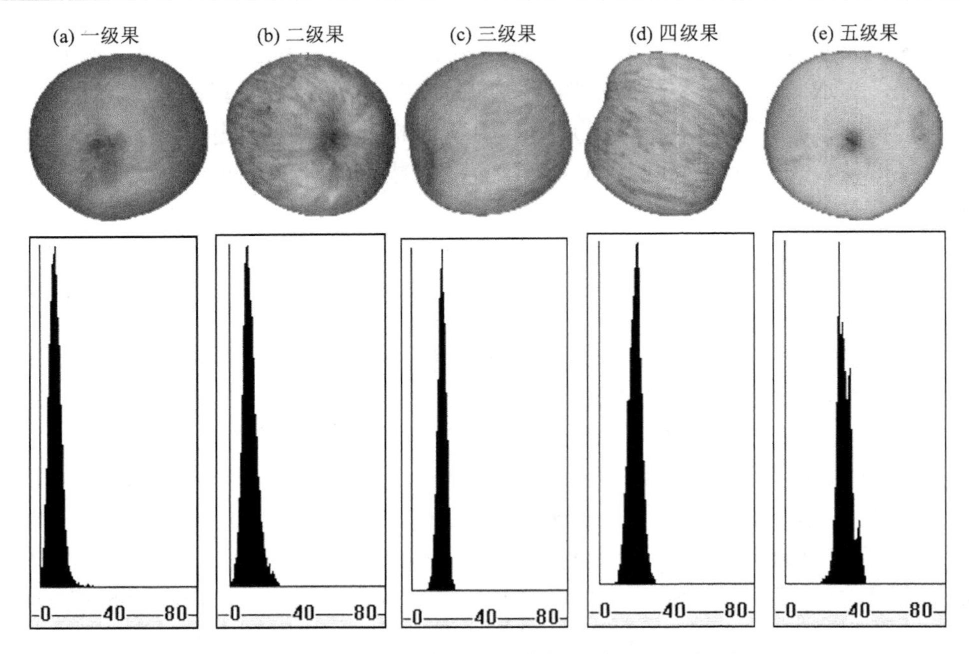

图 10-24　不同等级苹果的实拍图像及其直方图

10.4　食品加工过程智能监控应用案例

食品加工过程的各工序中，由于原料品种差异、加工季节、环境条件等诸多因素的影响，其理化指标在不断变化。为了保证食品加工过程中生产批次的一致性，需要对其加工过程中的一些重要指标进行实时监控。食品无损检测技术为加工过程的快速智能监控提供了可能。

10.4.1　酿造酒发酵过程的质量在线监控

黄酒的酿造工艺是采用传统酿造法，主发酵期在大缸中进行，后发酵期在大罐中进行。黄酒发酵过程的主发酵期和后发酵期(图 10-25)，前后共 35d，发酵过程的变化是先快后慢，然后趋于平稳。黄酒的发酵醪液非常稠密且浑浊，在线监控中为保证光谱采集和化学试验条件的一致性，试验对醪液样本进行了过滤和离心预处理，以得到更好的试验结果[7-10]。

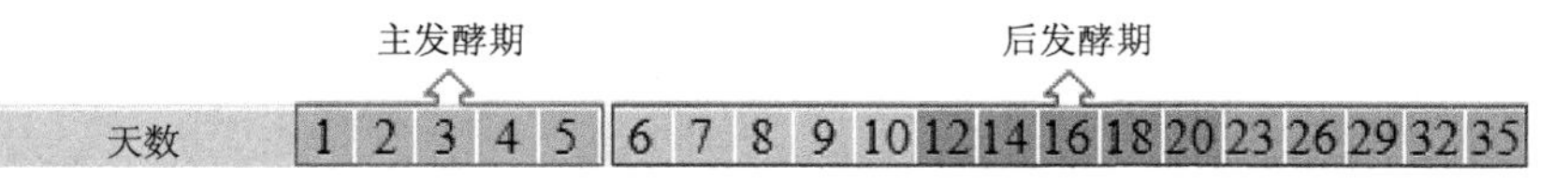

图 10-25　样本采集天数

图 10-26 为便携式的可见-近红外光谱检测系统采集的黄酒发酵过程醪液样本光谱。可见-近红外光谱检测系统包括以下五部分：①光源(卤素灯和 LED)；②光纤可调衰减器(FVA-UV)；③透射模块(光程可调)；④微型光谱仪(SD1220)；⑤计算机。光纤可调衰减器与透射模块，以及透射模块与光谱仪之间通过光纤连接。选用 5mm 光程的石英比色皿作为采集黄酒发酵过程样本光谱的样品池。光谱采集时，积分时间设为 50ms，采集次数为 5 次，并采用 11 点 Savitzky-Golay 平滑预处理，以光强表示样本的光谱值。

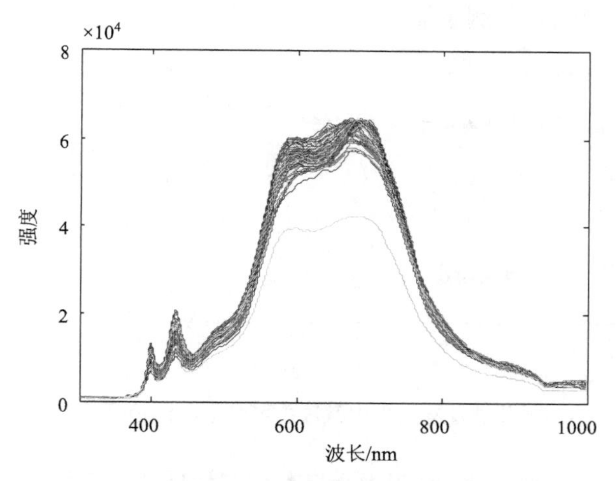

图 10-26　便携式的可见-近红外光谱检测系统

黄酒发酵过程的品质与其成品的品质是密不可分的，必须保证黄酒发酵的品质才能生产(勾兑)出品质优良的黄酒。黄酒发酵是双边发酵，糖化和发酵是同时进行的。糖化是将淀粉水解成酵母菌可利用的葡萄糖、麦芽糖等可发酵性糖；发酵是可发酵性糖在酵母酒化酶的作用下生成酒精和二氧化碳；并伴随其他物质的生成。因此，酒精度和总糖的变化可以反映黄酒发酵的进程，是黄酒发酵过程的关键指标。在酿造过程中，企业需要对这些指标进行实时监控，很多工艺步骤(开耙、保温等措施)也要根据这些指标的变化进行适当调整。本实例采用了一套可见-近红外光谱系统，用于黄酒发酵过程醪液样本的总糖、酒精度等品质参数的快速监测。模型建立过程中，采用联合区间偏最小二乘法(SiPLS)优化模型，对各品质参数的特征波长变量进行筛选，以简化模型和提高模型的预测性能。

由于发酵过程的变化是先快后慢，然后趋于平稳，试验在主发酵期是每天进行采样，后发酵期先是每天采样，然后每隔 2d 采样，之后是每隔 3d 采样。除了主发酵期的前 3 天(4+12+12=28 个样本，由于快速的发酵过程变化)，之后是根据实际情况，每次采集 4 个或者 8 个样本。前后共采集 132 个试验样本，其中主发酵期 36 个样本，后发酵期 96 个样本。图 10-27 显示了黄酒发酵过程中醪液样本总糖含量和酒精度的变化趋势(当天采样各参数的平均值)。从图中可以看出，发酵醪液的总糖含量是逐步减少的，而酒精度是逐步增加的，表明了黄酒发酵过程中糖转化为酒精的过程，在发酵初期(前 5 天)，总糖含量和酒精度的变化比较明显，之后变化缓慢且逐步趋于平稳。模型建立时，将 132 个样本随机划分为校正集和预测集，其中校正集共 88 个样本，用于建立模型，预测集 44 个样本，用于评价所建模型的稳健性。表 10-6 显示了校正集和预测集中黄酒发酵过程醪液样本的总糖和酒精度的实际测量值。

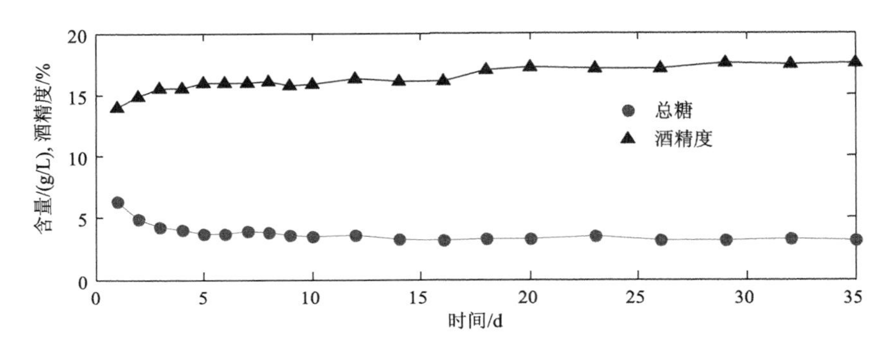

图 10-27 黄酒发酵过程中醪液总糖含量和酒精度的变化趋势

表 10-6 黄酒发酵过程中醪液样本的总糖和酒精度的实际测量值

参数	单位	样本集	样本数	范围	平均值	标准偏差
总糖	g/L	校正集	88	2.9～7.2	3.7114	0.7136
		预测集	44	2.9～6.8	3.7132	0.7315
酒精度	%(体积分数)	校正集	88	13.6～18.2	16.321	1.058
		预测集	44	13.6～18.2	16.327	1.060

黄酒发酵醪液的可见-近红外光谱中依然含有大量与待测组分不相关的信息及冗余信息，采用联合区间偏最小二乘法将同一次区间划分中精度较高的几个局部模型所在的子区间联合起来共同建立 PLS 校正模型，从而简化模型的复杂度并显著提高模型的预测能力。

对于总糖含量的 SiPLS 预测模型，当全光谱区间划分为 11 个子区间，并联合[6、8、11]3 个子区间时，模型的校正集和预测集均获得最高的预测相关系数，其模型的预测性能最佳。图 10-28(a)、(b)分别显示了 SiPLS 模型筛选的预测黄酒发酵醪液总糖含量的最佳光谱区间，以及预测总糖校正集和预测集样本中实测值与预测值的散点图。

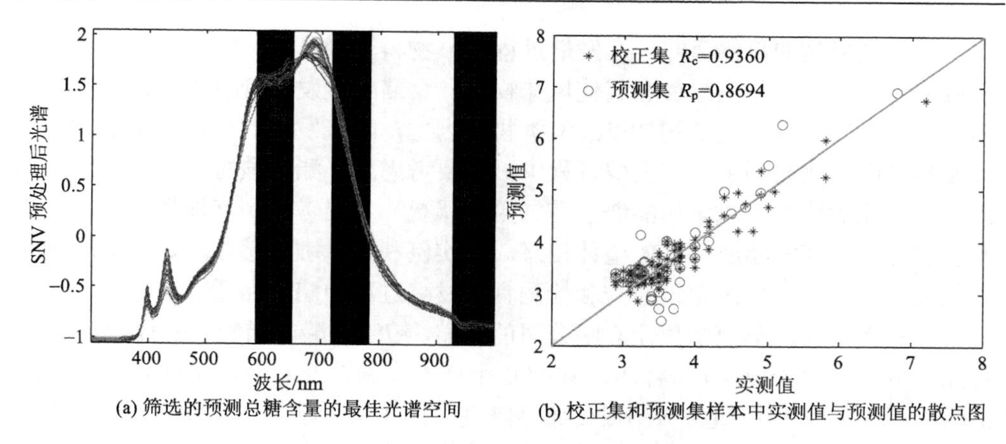

(a) 筛选的预测总糖含量的最佳光谱空间　(b) 校正集和预测集样本中实测值与预测值的散点图

图 10-28　总糖含量 SiPLS 模型

为展示可见-近红外光谱结合 SiPLS 模型预测黄酒发酵醪液中品质参数的优越性，研究将其结果与全光谱 PLS、iPLS 模型及 GA-PLS 模型相比较。不同模型对黄酒发酵醪液中总糖含量和酒精度的预测结果如表 10-7 所示。从表中可以看出，可见-近红外光谱系统监测黄酒发酵过程中总糖含量和酒精度的变化是可行的。预测酒精度的最优光谱区间对应于 504.27～559.98nm、740.17～802.29nm、867.62～932.54nm 和 933.44～999.56nm，其中大部分的光谱区间在近红外波段，主要是与乙醇(C_2H_5OH)中的—CH_3 和—CH_2 基团有关。

表 10-7　不同 PLS 模型建立黄酒发酵醪液样本中品质参数的分析结果

指标	模型	变量数	主成分因子数	校正集		预测集	
				R_c	RMSEC	R_p	RMSEP
总糖	PLS	894	5	0.8991	0.311	0.8129	0.478
	iPLS	81	4	0.8528	0.371	0.7746	0.506
	SiPLS	**243**	**9**	**0.9360**	**0.250**	**0.8694**	**0.438**
	GA-PLS	111	5	0.9135	0.289	0.8256	0.502
酒精度	PLS	894	2	0.6977	0.754	0.7510	0.698
	iPLS	81	6	0.7944	0.639	0.7852	0.660
	SiPLS	**297**	**5**	**0.8185**	**0.604**	**0.8097**	**0.617**
	GA-PLS	32	5	0.8364	0.577	0.7799	0.661

10.4.2　食醋酿造过程的质量在线监控

食醋既是人们喜爱的调味品，也是我国典型的传统发酵食品。我国拥有悠久的酿醋历史，传统的醋酸固态发酵阶段是制醋工艺中的重要环节，也在很大程度上决定了其成品的最终风味。在发酵过程中，物料(醋醅)呈半固态形式，醋酸菌等微生物将酒精氧化为醋酸和其他风味物质。食醋醋酸发酵阶段所挥发的气味为多种香味物质并存，发酵初期以醇酯类物质为主，随着发酵的进行，中后期逐步过渡到以酸类物质为主。在发酵过程中，既要考虑醇、酯、酸等主要挥发气体物质含量变化的检测，以掌握醋醅发酵的主体状况，也要考虑到其他挥发气体的检测和表征，以获得醋醅气味的整体信息。本实例利用色敏传感技术进行醋醅气味表征和分析，并定性及定量监控和检测食醋发酵过程中醋醅品质。

本实例采用江苏恒顺集团有限公司的醋醅，镇江香醋的醋酸发酵周期共 19d，翻醅后取样，每天取 10 个样本，共 190 个样本。利用 9 种卟啉类化合物及 3 种 pH 指示剂共 12 种色敏材料制成传感器阵列。图 10-29 是对不同发酵阶段的醋醅进行区分，用第一主成分和第二主成分构建的二维散点图，前 2 个主成分的累计方差贡献率达到 55.44%(PC1=34.52%，PC2=20.92%)。发酵过程中所有的醋醅样本在散点图中均呈现一定的聚类趋势，随着发酵天数的增加，集群的样本继续传播；尽管样本随发酵阶段呈现一定的趋势性，但是，由于固态发酵的连续性和不均匀性，其样品分离得不是特别清楚，特别是在提热阶段和过杓阶段的样本有一些重叠，这是由于在过杓阶段，每天的翻醅使得下层的醋醅翻至上层，这是菌种扩大培养的过程，这使得下层的酒醪等底物与上层发酵的醋醅混合，对前面发酵的醋醅有一定的稀释作用。

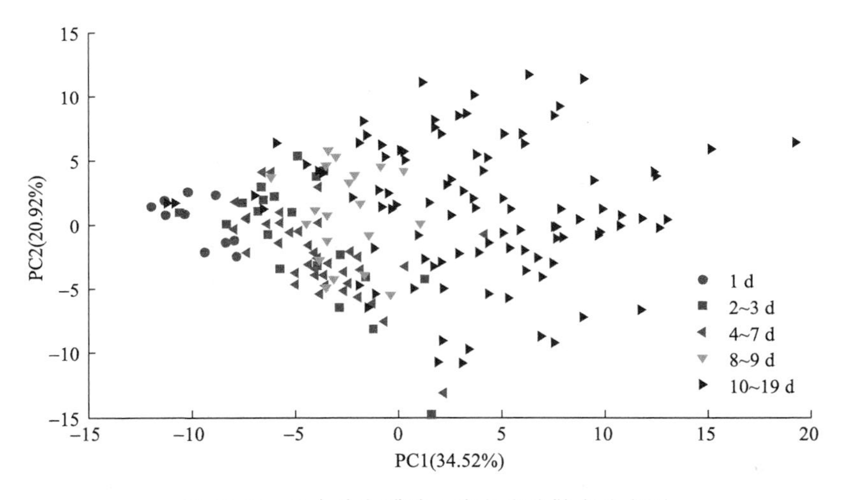

图 10-29　5 个阶段醋醅二维主成分散点分布图

为了进一步探讨采用色敏传感器阵列醋酸发酵过程中醋醅挥发性气体的表征，用线性判别分析算法来鉴别醋醅的发酵天数。主成分数作为潜变量被用于 LDA 分类器的向量输入。将 190 个醋醅样本的色敏传感器阵列特征图像中所提取的36个特征值代入LDA进行分析。结果表明，若将整个醋酸发酵过程中的醋醅样本分成19类，有80.53%(153/190)的样本能够与它们发酵的天数正确对应，虽然有一些判别错误，仍表现出良好的鉴别能力，发生的判别错误大多是相近天数。

在镇江香醋的固态分层发酵过程中，乙醇可被作为醋酸发酵阶段的指示剂，醋醅中酒精度的准确测定对于醋酸发酵过程的分析与控制具有十分重要的意义。本实例首先利用色敏传感器技术对不同发酵阶段的醋醅挥发性气体进行了整体表征，再用气相色谱-质谱联用(GC-MS)技术对不同发酵天数的醋醅的乙醇含量进行定量分析，然后利用纳米卟啉传感器阵列结合相关的模式识别方法对不同醋酸发酵天数的醋醅进行定量检测，为实现食醋生产实时在线监控提供理论依据。

采用江苏恒顺集团有限公司提供的醋酸发酵过程中的醋醅样品。镇江香醋的醋酸发酵周期共19d，在醋酸发酵的第3天、第7天、第11天、第15天和第19天取样，翻醅前取样，每个阶段取12个样本。9种纳米锌卟啉及3种酸碱指示剂(中性红、溴甲酚绿、尼罗红)沉淀于PVDF膜上，制得色敏传感器阵列。

GC-MS技术检测醋醅发酵过程中酒精度，图10-30是醋酸发酵过程中乙醇的含量变化，随着醋酸发酵的进行，乙醇的含量逐渐减少，这是由于酒精在微生物的作用下与空气中的氧结合生成醋酸，待醋酸发酵至第19天时乙醇的含量几乎为0，此时，酒精转化完全，发酵结束。因此，在后期生产过程中，可以通过测量醋酸发酵过程中的酒精度来控制醋酸的发酵过程，若酒精度过低，则及时补充酒醪，以免乙醇不够，生产出的醋酸被醋酸菌继续氧化生成二氧化碳和水；若酒精度过高，则适当添加麸皮原料，增加食醋产量，提高工厂效益。

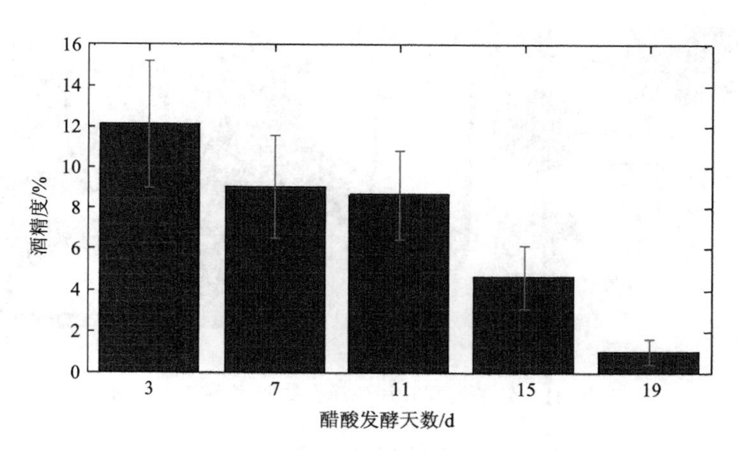

图10-30　醋酸发酵过程中乙醇的含量变化

将 60 个样本随机抽取 40 个样本作为训练集，剩下的 20 个样本作为预测集。利用嗅觉可视化技术结合 BP-ANN 模型来检测醋酸发酵过程中的乙醇含量。选取前 6 个主成分数作为输入变量时，酒精度实测值与 BP-ANN 模型预测值的相关关系，训练集的 R_c 值为 0.9998，RMSECV 值为 0.1039，预测集的 R_p 值为 0.9578，RMSEP 值为 1.2204。因此，色敏传感器阵列采集到的不同发酵天数醋醅的气味信息与 GC-MS 测得的乙醇含量的相关度较高，该技术不仅操作简便，而且适用范围广，结果可靠，可以作为醋酸发酵过程中固态醋醅酒精度的检测方法。

10.4.3　茶叶发酵过程的品质在线监控

茶叶加工过程中色、香、味等品质变化的在线监控，对于保证产品质量和稳定性有重要意义。

色泽已成为评价各类产品质量的一项重要指标，并在食品行业得到了实际应用。利用分光光谱测色法的原理，结合可见光光谱仪，采集发酵叶片的反射光谱，参考《物体色的测量方法》(GB/T 3979—2008) 中的获取三刺激值的方法，计算其色度值变化，监测系统实物图如图 10-31 所示。首先采集叶片表面的光谱数据并计算反射率，然后拟合换算 380～780nm 内整波长下的数值，共获得有效的 81 组数据；其次，根据国家标准中所述，使用 5nm 等波长间隔求和法替代积分法求取 *XYZ* 值，再根据相应的公式换算 L*a*b*颜色值。相比较第 3～4 章介绍的机器视觉和色差计，该方法利用光纤实现红茶发酵过程中颜色变化的远距离监测，通过光学传感器与高温高湿环境的间接接触，保障了监测结果的精度与稳定性。

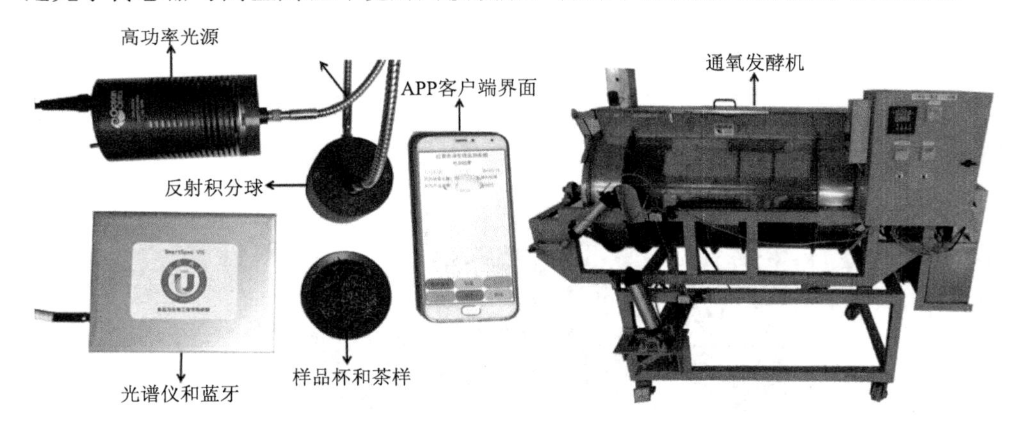

图 10-31　红茶发酵叶片色泽在线监测系统实物图

红茶样本由杭州茶叶研究所提供，1、2、3 三个等级各有 15 个样本，共计 45 个，如图 10-32 所示。分别利用本色泽监测系统与 ColorQuest XE 型标准色差计同时测量，对比分析两者的实验结果，验证该色泽测量系统的稳定性与准确性。

图 10-32　三个不同等级红茶实物图

分析得到 L^*值的回归方程：$y = 0.9957x - 0.0267$，其中 R^2=0.9542，说明线性相关性较高，并且两种仪器所测同一样本的误差绝对值均在 0.00～0.17，将间隔相近的两类茶样归为一类，分为 0h、1h、2h、3h 和 4h 5 个发酵节点进行处理，其叶片的实际颜色变化如图 10-33(a)所示。所有样本在 L*a*b*三维空间中的整体色泽变化趋势如图 10-33(b)所示。在整个红茶通氧发酵过程中，L^*值、a^*值和 b^*值均可从单一方面不同程度上反映叶片表面色泽的变化规律。

为了验证基于色度值判断红茶通氧发酵过程在线监测的可行性，采用三种不同发酵程度的茶样对监测系统进行测试，并利用上位机软件对发酵程度进行智能判别，然后对比人工专家评审小组，计算该监测系统的正确识别率。当红茶发酵达到适度后，其叶片色泽的 L*a*b*值应当处于该色彩空间内的某一区域，该区域就是需要建立的评判标准。因此，首先利用采集的 60 个发酵适度的样本建立评判模型，其次选用不同发酵程度的 60 个样本，利用该监测系统进行判别验证，然后结合茶厂感官评审小组的判断结果，对比分析，计算两种方法一致的识别率，即为该监测系统判断红茶发酵程度的正确率。

(a)

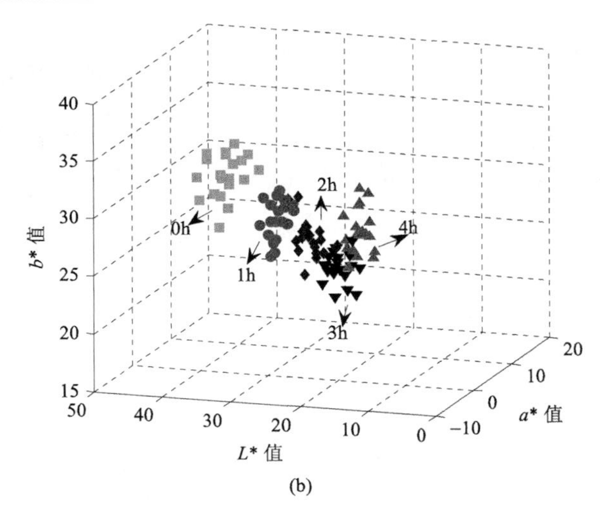

图 10-33　不同发酵时间下的叶片色泽变化图(a)及色泽的整体变化趋势图(b)

选用 60 个经人工评审专家确认的、发酵适度的红茶叶片作为样本，利用红茶通氧发酵色泽监测系统在线测定其 L*a*b*值。计算求取 L^*、a^*、b^*的平均值分别为 25.84、10.42、21.63，并以该值为原始坐标记为点 O，然后计算所有茶样的 L*a*b*值到 O 点的欧氏距离，得到最大值 D=3.82。因此，以 L*a*b*三维色彩空间的 O 点为球心，以 D 为半径，获取一个空间三维球体，该球体就是所需要的发酵适度判别模型。

在此基础上，选用红茶通氧发酵过程中不同发酵程度的 60 个样本作验证测试，其中发酵适度的有 30 个，发酵不足与过度的各有 15 个，所有样本均经过茶厂感官评审小组鉴定，然后，利用该色泽监测系统读取其 L*a*b*值，并计算每个样本的 L*a*b*值到球心点 O(25.84，10.42，21.63)的欧氏距离。对于发酵适度的样品，若所得欧氏距离小于或等于半径 D 值，则认为判别正确，否则就是判错；对于发酵不足或过度的茶样，若所得欧氏距离大于半径 D 值，则认为判断正确，否则就是判错。经过计算判别，并参照人工评审结论，60 个茶样的判别结果如表 10-8 所示，发酵不适的有 4 个判别出错，发酵适度的有 5 个判别出错，共计有 51 个样本判别正确，总体正确识别率为 85.0%，详细结果见表 10-8。然后，将这 60 个不同发酵程度的红茶样本的 L*a*b*值绘制在其三维空间的判别模型中，结果如图 10-34 所示，其中“●”代表判别正确的样本，“▲”表示判错的样本。60 个样本共有 9 个判错，正确识别率为 85%。

表 10-8　监测系统判断结果

种类	数量/个	识别正确/个	识别错误/个
发酵适度	30	25	5
发酵不足	15	13	2
发酵过度	15	13	2

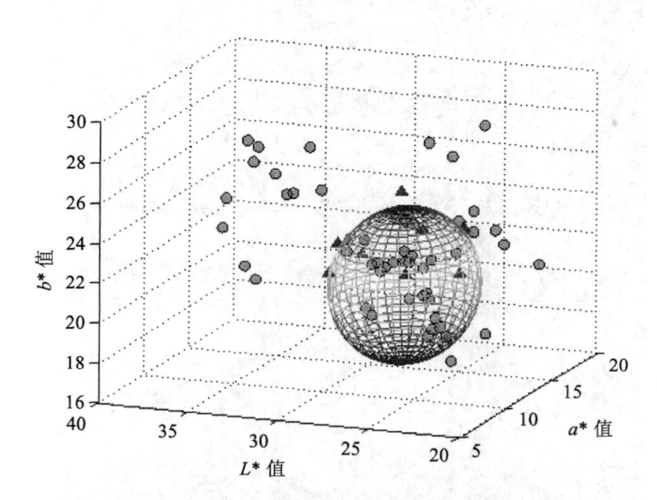

图 10-34　L*a*b*色泽判别模型范围与验证样品分布图

分析结果表明，不同时间节点下的叶片的色度值在 L*a*b*三维空间中的变化是有规律的，其中，*L**值呈现总体下降的规律，*a**值呈现先上升后趋于平缓的规律，而 *b**值的变化虽然整体呈下降规律，但在 0.5h 和 4h 的趋势有所波动，证明此法在实践当中是可行的。最后对基于叶片色泽的红茶通氧发酵程度在线监测的可行性进行了验证，正确识别率达 85%。

10.4.4　肉制品的品质在线监控

香肠等加工过程需要经过各个工艺程序，对加工过程的品质变化进行在线监控，对保障其品质有重要意义。

目前，对香肠的制作工艺优化和质量控制研究较多，而对于肉制品的品质在线监控研究相对偏少，利用电子鼻对肉制品的风味进行了定性研究，该技术在线监控的指标有限。合肥工业大学开展了利用 405～970nm 的多光谱成像技术对香肠的多元品质进行无损快速检测，检测范围涵盖了香肠的硬度、菌落总数、水分含量、保水性、凝聚性、血红素铁和非血红素铁，如图 10-35 所示。采用偏最小二乘回归(PLSR)、支持向量机(SVM)、主成分分析(PCA)、连续投影算法(SPA)

和灰度共生矩阵(GLCM)等方法对变量进行选择和提取；仅基于多光谱信息，可建立香肠硬度和菌落总数的 SVM 和 PLSR 预测模型；对于香肠的水分含量、保水性、凝聚性、血红素铁和非血红素铁，利用了主成分图像的纹理信息与光谱信息融合进行预测分析，如图 10-36 所示。

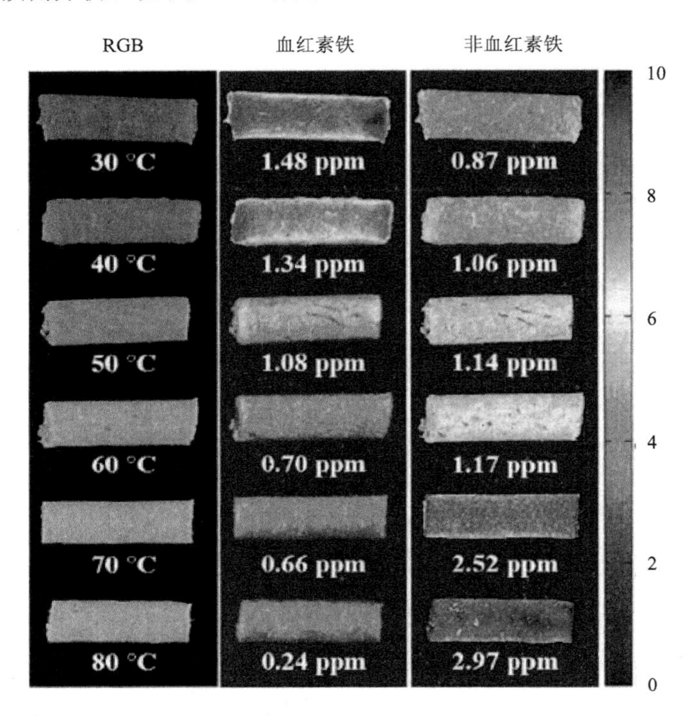

图 10-35　香肠血红素铁和非血红素铁含量分布图(1ppm=1mg/L)

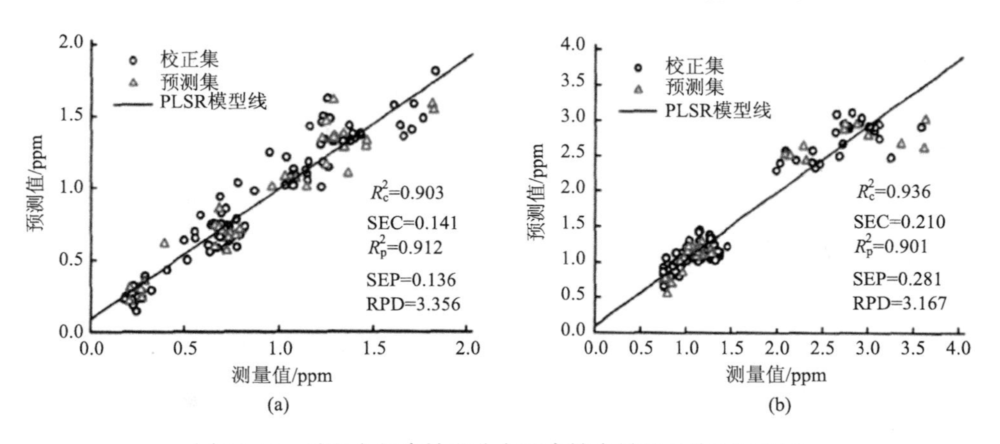

图 10-36　香肠血红素铁和非血红素铁含量测量值和预测值

10.4.5　乳制品的品质在线监控

乳制品加工过程中，其蛋白质、脂肪和乳糖分别被水解和分解，蛋白质被逐步分解为多肽类物质和氨基酸，脂肪被水解为甘油和脂肪酸，乳糖被发酵菌代谢转换为果糖和丙酮酸、乳酸；然后是无菌罐装、产品冷却和储藏运输。这个生产过程中氨基酸含量、脂肪酸含量、乳酸含量、酸度、香味、黏稠度等品质和物理性状均是重要的生产监测指标，通过光谱技术、电子鼻技术、机器视觉技术等可以对这些工艺生产中的指标进行快速检测，代表性的研究见表 10-9。

表 10-9　牛奶的品质在线监控技术研究

技术	检测指标	分析模型	文献
近红外光谱	蛋白质、脂肪、乳糖	PLS+ANN	[9,10]
高光谱	蜡样芽孢杆菌等细菌	N-PLS	[2,11]
电子舌	牛奶表观黏度	PLS	[12]
电子鼻	脂肪酸值、微生物	PLS	[13]

以上在线监控技术中，近红外光谱技术是研究较为广泛的技术。该技术原理为：被检测样品中某一化学成分对某段或某些近红外光谱吸收特性，基于其特有的吸收特性进行的定性和定量检测分析。近红外光谱中显示的是综合波带与谐波带，是 C—H、O—H、N—H、S—H 分子团产生的吸收频率谐波，也受它们基团的倍频和合频的重叠主导。建立蛋白质和脂肪光谱预测模型，蛋白质的预测线性方程 $Y = 0.5225X + 0.8332$，脂肪的预测线性方程 $Y = 0.9959X + 0.0114$，两个预测模型的相关系数均在 0.85 以上。

参 考 文 献

[1] 欧阳琴. 仿生传感器及近红外光谱技术在黄酒品质检测中的应用研究. 镇江: 江苏大学, 2014.

[2] 刘佳丽, 吴海云, 卫勇, 等. 基于高光谱技术结合纹理特征分析牛奶致病菌. 农技服务, 2017, (5): 1-3.

[3] 孙力. 禽蛋品质在线智能化检测关键技术研究. 镇江: 江苏大学, 2013.

[4] 孙力, 蔡健荣, 李雅琪, 等. 禽蛋蛋壳品质无损检测方法研究进展. 中国农业科技导报, 2015, 17(5): 11-17.

[5] 管彬彬. 基于嗅觉可视化技术的醋醅及食醋挥发性气体的表征与鉴别. 镇江: 江苏大学, 2014.

[6] 管彬彬, 赵杰文, 林颢. 嗅觉可视化技术鉴别不同原料和不同批次的食醋. 农机化研究, 2013, 35(11): 202-205.

[7] 刘文彬. 基于三摄像系统苹果外观品质的全面快速检测研究. 镇江: 江苏大学, 2006.
[8] 赵杰文, 刘文彬, 邹小波. 基于三摄像系统的苹果缺陷快速判别. 江苏大学学报(自然科学版), 2006, 27(4): 287-290.
[9] 殷秀秀. 红外光谱技术用于牛奶的回归分析及模式识别研究. 无锡: 江南大学, 2013.
[10] 郭朔, 连紫璇, 刘素稳. 近红外光谱分析技术快速检测液态乳制品品质的研究. 现代养生, 2010, (5): 23-27.
[11] 赵紫竹, 卫勇, 常若葵, 等. 牛奶中蜡样芽孢杆菌高光谱检测模型构建与分析. 现代食品科技, 2017, 33(12): 249-254.
[12] 吴从元, 王俊, 韦真博, 等. 电子舌预测不同体积分数牛奶的表观黏度. 农业工程学报, 2010, 26(6): 226-230.
[13] 李宁, 郑福平, 李强, 等. 电子鼻对牛奶、奶油、奶味香精检测参数的研究. 食品科学, 2009, (18): 335-339.

索　引